新版

犬のしつけ学

（基礎と応用）

小西伴彦

BASIC &
PRACTICAL
DOG
TRAINING

「犬を飼うこと」すなわちともに暮らすこと。ただし、容易なことではない！

新版にあたって

2011 年に「犬のしつけ学（基礎と応用）」を出版してから、早いもので９年が経ちました。この本の出版を機に、読者の皆様から「なかなか難しい本ですね」とか「勉強になりました」「誘導法ってなに？」など様々な意見を頂戴することがあり、出版後もいろいろな情報を蓄積してきました。

今回の新版では、これまでに蓄積してきた情報と、主宰する犬のしつけ方教室で得てきた情報などを盛り込んで、さらに内容を充実させました。特に、犬種ごとの行動特性などを拡充し、問題行動の対処については問題点をピックアップしました。また、仕事をする上で欠かせない人とのコミュニケーションについてもボリュームを出しました。

前版から９年が経過していますが、犬の教育現場にはあまり変化がないように感じています。犬の行動に振り回されて、犬との生活に疲れている飼い主さんが未だに多いように感じることもしばしばあります。私が提唱している「犬を飼うこと、すなわちともに暮らすこと。ただし、容易なことではない！」という状況に変化がないということです。

そのような状況をふまえて、この「新版 犬のしつけ学（基礎と応用）」は、専門学校の学生はもとより、ペットショップのスタッフ、動物病院の獣医師や動物看護師、そして犬のトレーニングに携わっている方々に、手にとっていただきたい内容となっています。

大切なことは知識の吸収とその知識を飼い主さんへフィードバックすることであり、本書を読んで学んでいただくことで、確かな情報を飼い主さんにお届けできると信じています。

たくさん偉そうなことを書きましたが、愛おしい我が犬たちを「幸せな一生」に導いていけるだけの飼い主さんになってほしい、そのような飼い主さんを育ててほしいという想いを込めて、「新版 犬のしつけ学（基礎と応用）」を執筆しました。ぜひ、ご活用ください。

2020 年2月

小西　伴彦

第1版　はじめに

みなさん、はじめまして。

JAHA の認定家庭犬しつけインストラクターの小西伴彦といいます。

私は、高校を卒業して民間の警察犬の訓練所に入り、４年弱の間シェパード犬 120 頭、ラブラドール 30 頭などの世話と訓練を続けていました。

その中で、犬の特性、特に警察業務に使われる臭気選別および足跡追求訓練、襲撃訓練を利用した訓練を行ってきました。そのような訓練では、犬に対して厳しい状態で言うことを聞かせるために体罰を使用します。この経験は私にとっては大きな衝撃的な出来事で、「力」だけが犬を訓練できるものであると信じてきました。ある日、お預かりしている犬の訓練が終わり、飼い主様の所へお返しして、犬の扱い方を教えている時に、飼い主様に対して「犬を叱る」ことばかりを教えている自分に気がつき、「何かおかしい」と感じるようになってきました。

その後独立し、自分で犬の訓練を始めるようになって、そのやり方も「預かり訓練」からその当時はめずらしい「しつけ方教室」へと移行し始めました。飼い主様と接する時間が多くなるにつれ、次第に「あそこは犬を叩いて訓練している」という声が多くなり、お客様の数が減り始めたのです。

この時感じたことが「私は犬を叱って叩く訓練方法しか知らない」ことでした。

ちょうどそのころ、高齢者福祉施設から「犬を活用して高齢者の生活の充実を図りたい」との依頼があり、そのような活動をしていた日本動物病院福祉協会を知りました。そこではしつけインストラクターの養成講座があり、その時の講師テリー・ライアン女史に出会いました。この出会いが私にとって大きなターニングポイントになりました。テリー・ライアンは動物の学習理論の必要性、トレーニングにその学習理論を上手に利用することを教えてくれました。これが「陽性強化によるトレーニング法」との出会いでした。

今まで、技術を身に付け、その技術を利用して仕事をしてきたものの、その技術の科学的裏付けを知らずに行ってきました。テリー・ライアンとの出会いで、その技術の裏付けを知ることができたのは、私にとって大きな財産になりました。

現在では、各地で犬のしつけ方教室を開いたり、動物系の専門学校でしつけトレーナーの専門講師をするなど、人に教えるという分野で仕事をしています。

今回このような本を書くことになったきっかけは、この専門学校で講師として犬のしつけの方法を学生に教える際に、技術を身につける上で理論的なことを教える必要があると感じたことからです。犬のしつけに関して指導する際には、多くの書籍を必要としますが、適切な書籍が少ないと感じています。犬と関わってきて 28 年が経過した今まで、いろいろな書籍を読み、その知識を元にトレーニングを実施することで、私が持っている技術にしっかりとした裏付けができるようになり、学生や飼い主に指導をする際に大きな自信になっています。

今は、動物愛護団体の代表理事という役も頂きながら、犬の管理としつけの分野の発展を願いながら活動をしています。

今回の出版に当たり、きっかけを頂きました学校法人国際ビジネス学院の理事長大聖寺谷敏先生、インターズーの太田宗雪様はじめ、スタッフのみなさまのご尽力を頂きまして、心より感謝いたします。

2011 年3月

小西　伴彦

もくじ

基礎編

1 しつけ学という学問

現在社会でますます必要性を高めているペットの存在。身近な存在になるにしたがい、生活の中で起こる問題も多くなっています。犬のしつけの必要性の再認識と、飼い主の意識向上に伴い、ドッグトレーニングインストラクターやトリマー、動物看護師の果たす役割はますます高まっています。そして、そこには行政の動物管理担当者も含まれています。

まずは、犬と生活をしていく上で「しつけ」もしくは「トレーニング」は欠かせないものであることをしっかり理解し認識していく必要があります。犬を飼っている一般の飼い主はもとより、特に動物を専門に扱ったり、学んだりする人たちにとっては「学ぶ」という姿勢がとても大切なものになってきます。

1．犬の暮らしに欠かせない「しつけ」という教育

「しつけ」は、犬との生活には欠かせないものです。犬を飼おうとする人、すでに飼っている人、犬にかかわるすべての人が、そう思っていることでしょう。それにもかかわらず、犬との生活を楽しんでいる人にも、ペット業界の中でも、しつけの重要性はまだまだ浸透していません。

というのも、犬のトイレの問題や吠える問題などは後を絶たず、動物病院やペットショップでの会計時に「ちょっと聞きたいんだけど」と、ついでに聞いてみるというスタンスが見受けられます。一方、応える側も「こうしとけばいいんじゃないですか」というような応対にとどまってしまい、問題の改善へと至らないケースは多いのではないでしょうか。

◆ペット業界への規制と飼い主の飼養管理責任

昨今では、ペットの管理環境、福祉環境の向上を目指し、「動物の愛護及び管理に関する法律」（動物愛護管理法）が５年ごとに見直し・改正が行われたり、ペットの販売規制、管理の厳格化などペット業界への規制が始まったりしています。ペットの販売時には、ペットショップ店員やブリーダーによる飼い主への飼い方指導が「動物愛護管理法」によって義務化され啓蒙も行われています。

飼い主の飼養管理責任も、動物愛護管理法の改正ごとに明確になってきています。第二条（基本原則）には「人と動物の共生に配慮しつつ、その習性を考慮して適正に取り扱う」また「適切な給餌及び給水、必要な健康の管理並びにその動物の種類、習性等を考慮した飼養又は保管を行うための環境の確保を行わなければならない」とあり、第七条にも所有者の責務として挙げられています。であるにもかかわらず、犬の飼い方やしつけについての啓発が一般的ではないのです。

2．犬を扱うすべての専門家に対して

ペットショップなどにおけるペット販売の主流は「犬」です。手軽に入手できる一方で、飼い始めると「こんなはずではなかった」という状況になってしまいがちです。この背景には小型犬の飼養が非常に多くなっていることが考えられます。私たちへの影響力が強いメディアなどから“小型犬は体が小さいから「誰でも簡単に飼える」”という間違った情報が流されていること、屋外飼養から室内飼養へと変化したことで、人との親密度が増え、今までになかった様々な問題を抱えてしまう飼い主が増えたことなどが“「こんなはずではなかった」の原因”ではないかと考えられます。

併せて、本来であればそのような問題の対応をするべきペットショップスタッフや動物病院の動物看護師の「犬のしつけ方」に対する知識や技術の不足も要因の一つとして挙げられるのではないかと考えます。

◆飼い主を導く役割が求められる

ドッグトレーニングインストラクター（以下、インストラクター）、トリマー、動物看護師の方々には、犬を飼い始めた飼い主を導き、適切なアドバイスをしていくことが求められます。そのため、犬の起源やその役割、犬のコミュニケーション方法、犬の成長に伴う学習の変化、ボディーランゲージといった基本的な知識が必要となります。

それに加えて、しつけやトレーニングをする際に必要なこと、飼い主へのアドバイスの基本、犬のしつけ方教室やトレーニングの方法、犬との生活における問題点の改善方法などを学習し、習得する機会も必要となってきています。

3．犬を知ることの大切さ

本書は、現在主流になりつつある「陽性強化」、いわゆる「正の強化」という理論に基づいて、犬はどのように行動し、どのように学習を進めていき、生きていく術を身に付けていくのかを学ぶ内容となっています。

様々な場面で必要とされるペットだが、ともに暮らす中での問題も多くなっている。

◆犬の観察が重要

現代社会における様々な場面において、より一層ペットの必要性が謳われ、ペットを取り巻く環境も刻々と変化しています。それに伴ってペットの問題、特に犬との生活で生じる問題はこれから多くなっていくことが想定されます。問題となる行動に対処する方法は様々ですが、犬の基本行動を知らない人が間違った対処法を講ずることで、さらに問題を複雑化させてしまうケースも出てきています。

犬は社会性がとても高い動物であり、様々な性格や気性、行動特性があり、基準を明確にして決めることはできません。したがって犬の行動に対する早期的な判断は、必ずしも良い結果をもたらすとはいえません。仔犬のときの接し方や扱い方、成長過程でのしつけやトレーニング、社会化の再教育であるリハビリトレーニングにおいて、一方通行的な押し付けのトレーニングでは、失敗する傾向が強くなります。

しつけやトレーニングを行う際は、その犬の観察が最も重要であり、適切な判断を下すためにも個々の状況をよく吟味した社会化教育が重要であると考えています。

◆陽性強化

陽性強化という考え方は非常に幅広く、様々な分野で活用されています。ペットにかかわる分野において、ヒューマン・アニマル・ボンド（Human Animal Bond：HAB＝人と動物の関係）の国際的な権威で

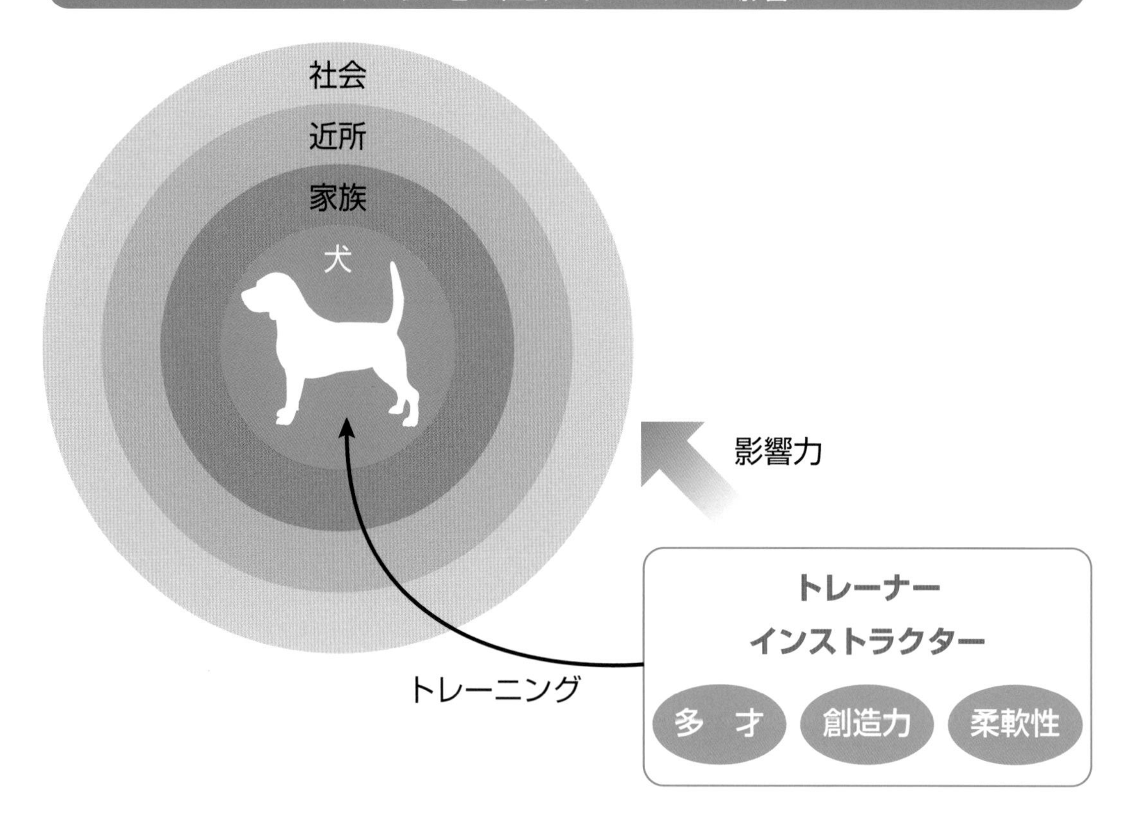

あるアメリカのデルタ協会（Delta Society、現・Pet Partners）は、動物が人に対してどのような影響をもたらすかということを理論的なデータを活用しながらAAA（動物介在活動：Animal Assisted Activity）やAAT（動物介在療法：Animal Assisted Therapy）、AAE（動物介在教育：Animal Assisted Education）、補助犬の育成プログラムを積極的に行っています。

日本では、公益社団法人日本動物病院協会（Japanese Animal Hospital Association：JAHA）が、日本社会における犬と人とのかかわり合い、特に変化していく犬のトレーニング分野の最前線にいます。

4．インストラクターの影響力と資質

現在、犬のトレーニングは多様になり、成長し続けている分野です。最もトレーニングを必要としているのは、家庭でペットとして飼われている犬たちであり、インストラクターが及ぼす影響は、１頭の犬とその家族や近所の人たちにとどまりません。社会全体に対しても影響力をもっているのです。

そんな影響力をもつインストラクターは、多才で創造力豊かであることが要求されます。インストラクターを目指す人たちも同様です。現代社会は急速に発展し、急激に変化し、都市化も進んでいる環境で、時には不自然な状況にある犬をトレーニングするには、柔軟に考え新しいアイデアを思い付く必要があります。

陽性強化による学習理論を理解し、人道的な犬のトレーニングは、犬との生活において良い基盤となることを覚えておきましょう。

学習のポイント

しつけの必要性や重要性を今一度見つめ直します。インストラクターを目指す人は、ペットショップや動物病院、ブリーダーなどに関する基礎知識、動物愛護管理法といった法律、動物福祉や倫理、使役犬やアニマルセラピーなどの現状と課題など、犬にかかわる様々な事柄について、多くの知識や情報を得ることが求められます。

インストラクターは、社会にどのような影響を与える存在なのかを十分に考えてみましょう。

Column 1

「犬のしつけは、ココロを優しくする」

しつけは

　　「成功を繰り返す」ことが大切

成功を繰り返すことは、

　　喜びをたくさん与えること

喜びをたくさん与えると

　　集中力がどんどん高まる

成功を繰り返すという作業は

　　やれることをしっかりとほめてあげること

そうすることで

　　やれていないことへ挑戦する気持ちが出てきて

やれていなかったことが

　　できるようになっていくもの

不器用、なんらかの障害、ものの見方が何となく違う、

　　それは、みんなとは違う速さで進んでいくもの

コンプレックスやストレスも

　　みんなよりたくさんもっていることで、豊かな経験の持ち主

陽性強化を応用した犬のしつけ方教室は、

飼い主さんが「犬をほめること」を覚えることにつながる、

大切なことは

そして「他人をほめること」を覚えることにつながる

2 犬のしつけやトレーニングの考え方と必要性

人にとって犬は、昔からとても身近な存在ですが、ライフスタイルの変化によって、その関係性は大きく変わってきています。社会に適応するためのマナーやルールを教えるために、犬のしつけとは何なのか、トレーニングをすることの効果や社会への影響とはどんなものなのかを考えます。ただ単に「しつけをすればいい」ということから、一歩進んで、その必要性を認識することが重要になってきます。

1．よりよい共同生活のために

犬は、たいへん社会性の高い動物です。しかし教育しなければ、無分別（むふんべつ）で反社会的な動物になってしまいます。

人とともに生活を送る動物の中で、犬はとても素晴らしい友人となる資質をもっています。よくしつけられた犬は、一緒に暮らしていても楽しく、留守番をしていても、私たちが家に帰ればいつも大喜びで迎えてくれます。時には、悩み事があると心配そうな顔で、相談にのってくれます。また、散歩で気晴らしができて健康維持に役立ってくれます。

人とよりよい共同生活をしていくために犬たちに必要なのは「よりコミュニケーションをとり、ストレスの少ない生活」を送ること、そして必要な教育（しつけ）を受けることなのです。

●必要とされるマナーとルール

現在は、人と犬との関係においても、昔とはずいぶんと変わってきています。昔は「犬は玄関先につないで飼うもの」とされ、番犬として来客を知らせたり、危険を知らせたりする使命がありました。しかし今では、住宅事情やライフスタイルの変化から、昔のような飼い方は少なくなってきました。

より社会に適応した生活を送るためには、近隣地域を含む社会に迷惑をかけないこと、飼い主は犬との生活の中でマナーを守り、しっかりとしたルールづくり

犬との共同生活。散歩は気晴らしにもなり、犬は健康維持の友にもなってくれる。

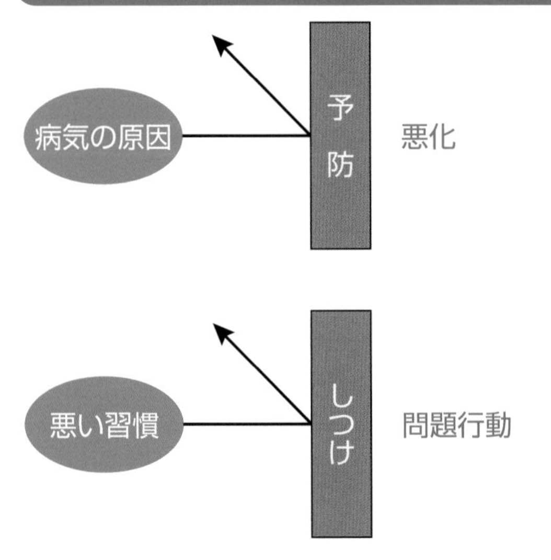

野生下なら親犬に教わることを、飼育下では人が教えなければならない。

を行い、近隣とのコミュニケーションをとっていくことが必要となっています。

●しつけによる「予防」

犬との生活において大切なことは、「予防をする」という考え方です。病気になってから治すことはとても大変です。それと同様に、犬が悪い習慣を身に付けてしまう前に、良い習慣づくりを心がけるようにしましょう。そうすることで、大きな問題につながる芽を摘(つ)むことができ、人社会の中で犬の市民権を得ることができるのです。

2．犬が人社会で生きるために

以前とは生活する上での犬の使命が変わり、今では家族の一員として家庭の輪の中に入り、行動をともにするようになってきました。それに伴い問題となる行動も複雑化しています。犬の教育をする、つまり「しつけ」をすることが容易(ようい)ではなくなってきているのです。

◆関係性を重視したトレーニングが必要

「しつけ」は、野生の世界でも行われる「生活をしていくための基礎」となるものです。野生の世界なら、一人立ちして生きていけるだけの様々な戦略を親犬からの教育で身に付けていきます。人とともに生活をする犬に「しつけ」を教育する場合は、人社会の中で生きていくための基礎を身に付けさせるように、飼い主が行わなくてはいけません。

しつけを上手に実施するためには、特に飼い主の指示に従うオベディエンス・トレーニング（Obedience Training）や、リーダーシップ（Leadership）やリレーションシップ（Relationship）のような関係性を重視したトレーニングが必要です。これは飼い主が犬とのコミュニケーションやコントロール性能を高めるために行うものであり、ルールやマナーといった人社会での約束事を明確にしていくことで効果を発揮していきます。

●学習理論に則(のっと)ったトレーニング

現在、日本における飼育犬種は小型犬が主流です。そのため、安易に飼育できるという間違った情報によって飼養が始まり、やがて「こんなはずではなかった」という状況に陥(おちい)りがちだということは先述しました。それに対する手法も多種多様で、犬にも飼い主にも混乱を引き起こしています。

犬との生活において必要なしつけ教育とルールやマナーを教えていくには、学習理論に則ったトレーニングが必要になります。

学習のポイント

犬のしつけやトレーニングはなぜ重要なのかということが、大きなポイントです。そして、上手にしつけやトレーニングをするための考え方やその背景を知ることがとても重要となります。

3 犬のトレーニングについて

犬のトレーニングには、理論や手法の異なる様々な方法がありますが、大きく2つに分けられます。この2つの方法について、それぞれの長所と短所を把握しておきましょう。現在、家庭犬のトレーニングにおいては、陽性強化による手法が一般的となっています。

1．2つのトレーニング方法

かつて日本におけるトレーニングの手法は、警察犬や警備犬、盲導犬や災害救助犬など使役犬として仕事に従事することを目的とした犬にスパルタ的にトレーニングしていく「強制法トレーニング」が主流でした。

◆トレーニング業界の大変革期

その後、1995（平成7）年に学習理論に基づく「陽性強化法トレーニング」という方法が欧米よりもたらされました。この手法が取り入れられたことは、日本の動物のトレーニング業界において「大変革期」となりました。これまで行われてきた動物に対して厳しく接するスパルタ的なトレーニングは、動物にかかるス

2つのトレーニング方法

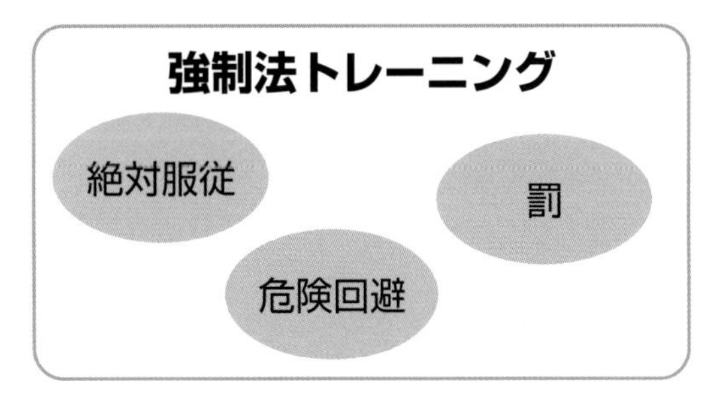

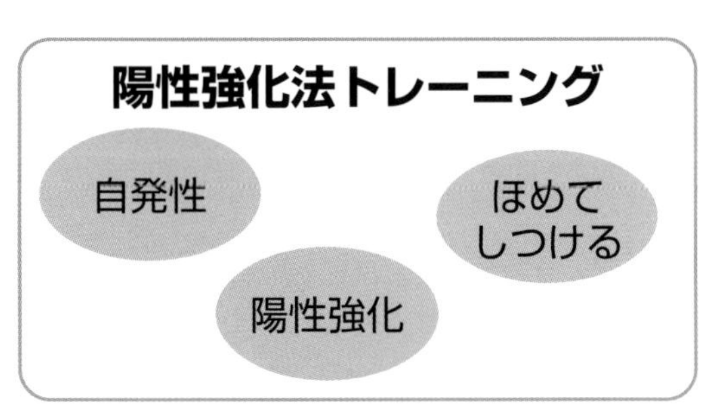

トレスがとても大きく、問題行動の引き金になっているとの意見や、虐待的な動物の取り扱いが問題視されており、より人道的な陽性強化法トレーニングへと変化してきたのです。

陽性強化によるトレーニングは、動物の自然な行動特性を把握し、どのような方法で学習するのかを理解することで、動物にかかるストレスをできるだけ小さくし、動物の自発的な行動を促していくことを目標とします。動物の行動や学習を理解し、科学的根拠に基づいてトレーニングを実施していくことで、より人道的な動物の取り扱いができるようになります。

とはいえ、今までのトレーニング方法が間違っていたわけではありません。強制法トレーニングと陽性強化法トレーニングという２つの方法を理解しトレーニングを実施することができれば、犬のトレーニングは飛躍的に上達します。どのような方法で行うとしても、その長所と短所をしっかりと理解しておくことが大切です。

２．強制法トレーニング

「犬の訓練」というと、強制法トレーニングを思い浮かべる人が多いと思います。実際に「○○警察犬訓練所」や「犬の学校」と称する施設におけるトレーニング方法の８割程度が、この方法を取り入れているといえます。言葉的にかなり厳しい印象で、「嫌悪トレーニング」や「処罰法トレーニング」ともいわれています。つねに犬に緊張感をもたせる「服従行動の絶対性」という概念に従ったトレーニングです。大型犬を対象としたトレーニングもこの方法をイメージする人が多いでしょう。

強制法トレーニングは、犬へのストレスが大きく、犬の性格の見きわめとストレス緩和方法を身に付けること、絶対的なタイミング（賞罰ともに）を習得することが求められます。そのため、プロフェッショナルのトレーナーやインストラクターが用いることが望ましい技法です。一般の飼い主への指導の際には十分注意が必要であることから、安易に使用することはできない技法と思われます。

チェーンカラー（右）とピンチカラー（左）。

●強制法トレーニングとは

一般的に、強制法トレーニングとは、犬に選択肢を与えず、飼い主もしくはハンドラーが望むことを強制する方法です。

この方法が処罰法といわれるのは、犬が飼い主などの意に沿わない行動や動作をしたときに罰して行動を矯正することによります。ただし、決して犬を叩いたり蹴飛ばしたりすることがよいと考えるのではなく、動物がもっている生得的行動の一つである「危険回避行動」を上手に利用してトレーニングを行っているのです。

このように、犬の学習方法を理解していくことが必要で、やみくもに精神的に追い込む扱いや威圧的な接し方をすること、犬の行動を力で抑え込むこと＝強制法トレーニングではありません。

●チェーンカラー（チョークチェーン）

強制法トレーニングを用いる人は、チェーンカラーを使用する傾向にあります。チェーンでできた首輪（カラー）のことで「チョークチェーン」とも呼ばれており、引っ張るとチェーンが締まり犬の首が締まる仕組みになっています。締まる長さを調節できない（実際には、できないわけではない）ため、結果として犬の首を締めてしまうことになり、場合によっては、事故につながるケースも見られます。

訓練士が好んで使うことが多いのですが、その理由は、金属でできており「ジャリジャリ」という素材の摩擦音がつねにすることにあります。この音が犬の行動時のサインとなり、犬に緊張感をもたらす効果があるのです。

●ピンチカラー（スパイクカラー）

内向きに鋲の付いたカラーのことです。犬が引っ張るとその鋲が首に刺さるため、犬は痛みを覚えて引っ張らなくなる効果があります。金属製のカラーに鋲が付いているものや革製のカラーに鋲が付いているものなどがあります。

力の強い犬や支配性が強い犬には、ピンチカラーを使用する場合もあります。犬の首に鋲が食い込むため、犬が強い力を出しにくい、力を出そうとするときの抑止力になるという利点があるため、現在も多くの人が使用しており、犬の訓練競技会などでは、このようなカラーを付けた犬に出くわすことがあります。しかし人道的観点から、ピンチカラーの使用には十分注意が必要です。

●犬の行動を洗練させたり、思いもよらない行動を引き出したりする

強制法トレーニングでは、チェーンカラーやピンチカラーを使用して、トレーニングをしている場合が多く見られます。

「ジャーク・アンド・ポップ・トレーニング」は、犬にチョークチェーンを装着し、犬が適切でない行動（引っ張るなど）を取ったときに、リードを引きチョークチェーンを締めて犬の首にショックを与えます。ショックを与えることで「その行動はいけない」というこちらからのサインを明確に犬に送り、適切な行動に促していく方法です。また物理的（強制的）に犬に特定の姿勢をとらせ、望ましくない行動を矯正する場合もあります。

強制法トレーニングについては、どうしても犬に接する態度がかなり厳しく、一般的に受け入れがたいものであることは否めないのですが、この方法を用いることで、犬の行動を洗練させたり、思いもよらない行動を引き出したりすることが可能であることも事実です。

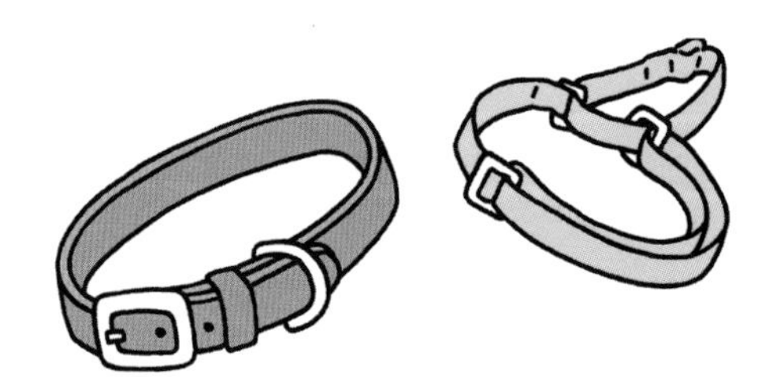

バックルカラー（左）とプレミアカラー（右）。

＜警察犬の訓練科目の例＞

1. **物品監守**…かばんなど重要な物品を守り抜く
2. **禁足咆哮**…不審者を威嚇しその場に立ち止まらせる
3. **パトロール**…一定地域の広い範囲の地形捜索をハンドラーの指示どおりにパトロールする
4. **襲撃咬捕**…被疑者（犯人）を逃走できないように足や腕などに咬み付いて捕らえる
5. **犯人監視**…被疑者（犯人）が逃走しないように監視する
6. **足跡追及**…特定の人の足取りを追及していく
7. **臭気選別**…特定の人のニオイを多くのニオイの中から選ぶ

3．陽性強化法トレーニング

陽性強化法トレーニングは、「誘発法トレーニング」「モチベーショナルトレーニング」とも呼ばれています。犬の自発的な行動を誘発してトレーニングを行うため、このようにいわれます。

動物の学習は、そのほとんどが陽性強化に基づいています。陽性強化の基礎は、後述する古典的条件付けやオペラント条件付けのように、科学的に実証されている学習理論です。

●バックルカラー

ベルト式で、ホームセンターなどでも販売されている一般的なカラーです。素材の種類も豊富で革製、布製、ナイロン製などがあります。

カラーというアイテムは、散歩に出たり、犬を捕まえたりするなど、犬との生活には欠かせないものです。できればつねに装着しておくことが望ましいのですが、小型犬で長毛種が主流の昨今では、室内ではカラーを付けない飼い主が多くなっています。

●ハーフチェックカラー（プレミアカラー）

プレミアカラーはアメリカのメーカーの商品ですが、これが日本に入ってきて以来、これと似たような商品が多く出回るようになってきました。

このカラーは、首に巻いて留めるバックルカラーとは違い、大小２つの「輪っか」からなっていて、鼻先から頭を通すように装着します。

ハーフチェックという言葉どおり、サインを軽く犬に出して、行動に反応するきっかけをつくったり、カラーが頭から抜けてしまうのを防いだりするために用いることが望ましいでしょう。

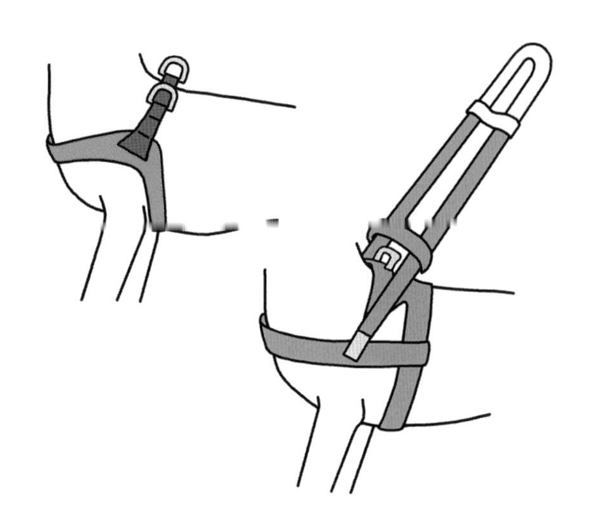

一般的なハーネス（左）と盲導犬用のハーネス（右）。

●ハーネス（胴輪）

犬の胸部（きょうぶ）に装着するもので、犬の身体に負担の少ないアイテムです。ソリを引く犬や荷車を引く犬に使用されています。

盲導犬にもハーネスが使われていますが、盲導犬のハーネスは、犬に伝えるべきサインを明確にさせる必要があるため、一般的に販売されているハーネスとは異なります。

●カラーの選択

陽性強化法トレーニングのしつけ方教室では、飼い主から「カラーがいいのですか、それともハーネスがいいのですか？」とよく質問されますが、どちらでもかまいません。一般的に普及（ふきゅう）しているカラーやハーネスを使用しましょう。

カラーは、使い方によっては、犬の頸椎（けいつい）を痛めてしまうおそれがありますが、あくまでも使い方次第です。

●ほめてしつける

陽性強化法トレーニングは、犬に「次はどのようにしたらいいだろう」という「考える力」を身に付けさせながら進めていく方法で、しつけ方教室や犬の問題行動改善プログラムなどで利用されています。

一般的に犬をほめることで行動を強化（教える）していく「ほめてしつける」方法で、飼い主にも犬にもストレスが少なく、飼い主が犬をトレーニングする方法として長（た）けているため、犬にも飼い主にも一番優しい方法といえます。

ほめることの一つに犬の好きなものを与えることがあります。これはとても大切なことです。犬をよく観察して好きなものを見つけるようにしましょう。

学習のポイント

犬をトレーニングする手法をよく理解し、それぞれのもつメリット、デメリットをよく考えることがポイントです。「殴る、蹴る」などの体罰は、決して学習には反映しないことを理解しましょう。

トレーニングについては「第14章」でも解説しています。

4 犬の起源と変化

「犬」――人にとって、こんなにも身近で、魅力的な動物はいません。つねに寄り添い、私たちに活力を与えてくれる犬たち。いったい犬は「いつ、どこで」こんなに身近な存在になったのでしょう。

1．犬への道のり

「犬」はイヌ科イヌ属に分類されていて、学名は「イヌ（イエイヌ）／Canis lupus familiaris」といいます。犬は動物の中で最初に家畜化された種であり、肉食動物に共通した「ミアキス（Miacis）」が祖先動物で、イエイヌの始祖種は「トマークタス（Tomarctus）」であるといわれています。

犬の起源は、ミトコンドリアDNAの解析（2002＜平成14＞年）により、東アジアのオオカミであると断定されていて、最初の犬は１万5,000～数万年前に誕生し、そこからアラスカや南アメリカの在来犬種はベーリング海を渡り、それぞれの地に移動した犬がもととなっていると考えられてきました。

そしてすべての犬に共通した直接的な祖先は、当地に生息していた「タイリクオオカミ（Canis lupus）」という説が有力ですが、現在では、中国オオカミが祖先であるという説や、中東、ヨーロッパ、アフリカなどに存在する土着のオオカミからわずかな時間差をもってそれぞれの地で犬が生まれたという説も提唱されています。

さらに核DNA塩基型の違いにより、小型犬の発祥の地は中東であるという説（2010＜平成22＞年）が最新の情報となります。スウェーデン王位工科大学のサボライネン博士は、ユーラシア大陸にいるオオカミ38種と世界の654犬種のDNAサンプルの遺伝子配列を調査し、遺伝子が分岐してきた過程をたどり、この結論に達しました。

そして、カリフォルニア大学のレナード博士のグループは、コロンブス上陸前の中南米の遺跡で発見された人の骨、18世紀以前のアラスカにいた人の骨のDNAを調査し、南北アメリカ大陸の犬の祖先は、ユーラシアと陸続きだった１万2,000～１万5,000年前にヨーロッパ・アジアから人とともにやってきたと推定しました。

犬の祖先はオオカミと考えられている。

●犬の起源は諸説ある

犬という動物種がオオカミの亜種なのか、それともオオカミから分かれて派生した別種なのか、という議論はまだ結論が得られていません。

犬の起源についてはいろいろな説があり、犬の家畜化についても２つの経緯が考えられます。一つは、人の手によるオオカミの家畜化であり、もう一つは、すでにオオカミから犬となった野生動物「犬」の家畜化であるというものです。いずれにせよ、何千年もの間、人と犬は特別な関係、つまり相互依存の関係にあり、互いの利益のためにしっかり結ばれていたこと

は、疑いの余地がないと思います。実際に、人と犬との結び付きは、壁画や化石として残されています。

北アフリカで発見された3,000年前の壁画には、人と犬が協力してバイソン狩りをしている様子が表されています。イスラエルでは、１万2,000年前頃の人骨の化石が発見されましたが、その脇には犬の骨が丁寧に置かれていました。人の手が犬の身体の上にきちんと置かれていたことから、この犬はコンパニオンアニマルであり、腕に抱かれていたことがうかがわれます。

人とオオカミの緩やかな接触は30～40万年前のイギリス（ボックスグローブ遺跡）や中国（周口店遺跡）の遺跡から発掘された化石からも見られ、この頃に犬の祖先にあたる動物が現れたと考えられています。

◆地域特性に合った体型や習性へ変化

現在も研究は進行中で、１万4,000年前の化石から多くの犬の骨が出土し、ロシアのラズボイニクヤ洞窟では３万3,000年前の犬の骨が出土したことから、今後も様々な見解が出てくるものと思われます。

犬の祖先は約100万年前頃からアジアやユーラシア大陸に出現し、長い間をかけてアメリカ大陸へと行き来したと考えられています。その頃は、ほとんどが北半球のみの移動だったようで、南半球のオーストラリア大陸では古代犬の化石は発掘されていません。やがて広大なエリアに分散し、その地域特性（山岳地帯・草原地帯・荒地帯・水辺地帯・砂漠地帯など）に合った体型や習性へ様々な変化を遂げ、その犬の特徴ができあがってきたといわれています。

●オオカミから犬への進化

ノーベル生理学・医学賞受賞者の動物行動学者、コンラート・ロレンツは『人イヌにあう』という古典的著作の中で、犬との関係はサーベルタイガー（剣歯虎）が生息していた古生代にまで遡り、石器時代の穴居人の子供が、退屈まぎれに野生の犬の巣穴に入ってそこから仔犬を連れて帰ってきた様子を描いています。ロレンツが提唱する、人がオオカミの子を馴らすことによって、人為的にオオカミから犬へと進化してきたとされる説です。

その他の説として、オオカミの群れの中でも最下位に位置するオオカミ（オメガオオカミという）が存在したというものがあります。オメガオオカミはグループの儀式に参加することも、食餌にありつくことも、狩りに参加することもままならない状況で次第に群れから外れ、そのオオカミたちによるグループが、人の住居付近でうろつくようになりました。そのことがきっかけになり、人が捨てた食べ残しを得ようとして、人の住んでいるところに近付くようになったオオカミ（逃走距離が短くなったオオカミ）が、その地域で優位個体となり、徐々に犬の進化が進んだのではないかとするものであり、オオカミのもつ行動特性に気付いた人たちが、彼らに住居付近にいることを許したことに始まるという説です。

すなわちオオカミは、人が使用できずに廃棄した腐った肉、皮、骨、食べ残しを摂食（せっしょく）する動物でした。人はこれらをオオカミに採食させることで、同じものをあさりに集落へと近付いてくる、人間に対して危害を加える野生動物の接近を防ぐことができたと思われます。また、オオカミは人の約５倍の周波数まで聞き取ることができる優（すぐ）れた聴覚をもっていたので、野生動物の接近をより早く察知（さっち）し、声を出して暴れるといった行動を示しました。それにより人は、野生動物に対応する準備を促されたと見られています。人にとって、オオカミによるこれらの行動はたいへん魅力的な特性でした。

そこで人のそばで暮らし始めたオオカミ（または犬）の中で産まれた子やとくに人馴（ひとな）れのよい個体を囲い込むことが生じ、交配が進むこととなります。やがて社会性が高く、人に対して豊かな愛情表現を示し、人との間に相互行動を示す性質が固定化され、オオカミから犬という動物がつくり上げられていった、または犬が家畜化されたというものです。

別の説として、セルフドメスティケーションすなわち犬自身による家畜化が考えられます。すでにオオカミから分化し、動物種として存在していた犬にとって、人のそばで生活することは食料を得る意味でも、外敵から身を守る上でも有利であったと思われます。そこで犬自身が人に寄り添う形で自らを家畜化していき、その中で性質や行動特性が変化し、その後、人の手による選択育種（せんたくいくしゅ）が始まったというものです。

◆犬によって初期の警戒態勢を手に入れた

犬は次第に人の狩猟にも同行し、狩りを手伝う見返りに獲物を与えられていたのではないか、また、人のそばで生活する上で、犬のもつ危険察知能力（天敵回避行動）が状況の異常を知る良いきっかけとなり、それが人にとって有利に働くことを知ったため、好んで犬を傍（かたわ）らに置くようになったのではないか、といったことは、容易に想像できるのではないでしょうか。

このように人は、最初は子供のおもちゃだった犬を狩猟の友にし、犬とつながりをもつことが互いの利益になることを知り、協力して外敵にあたる仲間、つまり初期の警戒態勢を手に入れたのではないかと思われます。

人は、獲物を追跡して捕獲（ほかく）する技術が人よりも格段に優れている狩猟のパートナーを得ることができ、犬はその見返りに食料と住処（すみか）を確保することができたと推測できます。ただし、すべてにおいて推測の域（いき）を出ていないのが現状です。

●犬とオオカミ、ジャッカルの類似点

古代犬の血を引く犬たちは、外見はオオカミに似ていましたが、性質や性格はジャッカルに近い動物だったようで、時には自分たちで狩りも行うけれど、おもにほかの肉食獣の食べ残した獲物か死肉をあさっていたと思われています。約50万年前の旧石器時代の人類は、まだ犬やその他の動物を飼育することはなかったようです。

犬はオオカミに最も似ているとよくいわれています。オオカミは、ヨーロッパ・アメリカやアジアなど、おもに北半球に生息しており、一般的には北方の寒い地方のオオカミは大型で、保護色のためか毛色が薄く、荒々しい気性をしています。反対に北半球でも温暖な地域に棲むオオカミは、気性も北方に比べるとおとなしく、小型で黄褐色（おうかっしょく）、腹部に向かって淡い色になるという、イエイヌによく見られる色の傾向をもっています。

2．犬への進化は「ネオテニー形質」にあり

オオカミから進化した犬は、頭蓋骨が小さくなり脳容積の縮小化が起こり、口吻（こうふん）部の短縮と増幅（ぞうふく）により歯牙（しが）の密集が見られます。また、家畜化により成犬になっても幼犬の性質や行動が残存（ざんぞん）するなどの「ネオテニー（幼形成熟（ようけいせいじゅく））」が見られるようになったといわれています。ここで押さえておかなければならないこと

は「ネオテニー形質」です。

ネオテニーとは、性的に完全に成熟している個体でありながら、未成熟な部分つまり幼体の性質が残る現象のことを表します。子供は好奇心が強く警戒心が弱いものですが、成熟した個体になると警戒心が強くなり防御的な攻撃性を示すようになります。

◆選択繁殖

動物の家畜化は、人馴れした個体を選択繁殖していくことでもあり、成熟した個体になっても警戒心の弱い幼児性を備えた個体が残されていきます。このように意図的または自然淘汰により「人懐こさ」や「攻撃性の少なさ」を基準に選択繁殖していった結果、成熟してからも変わらない従順さなどを備えた犬の原形がつくられていったと考えられます。

犬の祖先であるオオカミは、身体の大きさもある程度保たれ、毛色はおもに単色で、犬のような斑をもったものは存在せず、垂れ耳の個体もいません。

一方、犬は一つの動物種でありながら、形も大きさも様々で、バラエティー豊富な品種があります。チワワのような小さいサイズからグレート・デーンのような超大型まで大きさに幅があり、ブルドッグのようにマズル（口吻）の短い品種もいれば、ボルゾイのようにマズルの長い品種もいます。また、長毛種や短毛種、ヘアレスのように被毛にも違いがあります。オオカミと犬のこのような違いは選択繁殖による「ネオテニー形質」であり、家畜化が進むことにより起こってきた変化なのです。

●人の歴史と犬の関係

3,000～4,000年前の古代エジプトやギリシャの壁画や壺などには、現在のマスティフ・タイプやグレーハウンド・タイプの犬の絵が描かれていて、この時代に存在したであろうことがうかがえます。ローマ時代には狩猟犬、護衛犬、牧羊犬、愛玩犬といった現在飼われているおもなタイプの犬種がつくられ、その特性や機能性が記録されています。

ルネサンス時代には交易や民族の移動が盛んになり、様々な目的に合わせた品種が各地でつくられるようになってきました。また、この時代には上流社会と犬の結び付きの強さを表す絵画や彫刻が残されています。

フランスでは15世紀に狩猟がブームになり、それに合わせて狩猟犬が貴重な存在として扱われるようになりました。それと時期を同じくして、イギリスでは用途別に細かい品種がつくり出され、実用的ではなく愛玩や審美を目的とした品種までに広がってきたという歴史があります。

◆産業革命期に発展

特に爆発的に犬種が増えたのは18世紀後半から始まった「産業革命」の時期だといわれています。また、島や山奥などの隔離された環境にいたものは、ほかの犬との交雑が行われなかったため、そのまま純粋犬種として確立されたものもあるとされています。

この産業革命期には、様々なものが生み出されたり発明があったりと現代の草創期にあたるなど、目覚ましい発展とともに、階級社会の確立がありました。中流階級の貴族たちが「形の美しいもの」に惹かれ、建築しかり、所持品しかり、そして犬などにも美しさを求めたといわれています。そのときに貴婦人たちが、こぞって手にしたのが「小型犬」であり、白い被毛をもった美しい犬が、室内でも外出先でも重宝されたようです。

3．動物の変化について

「犬はどこから来たか」を考えていくときに、どのように変化してきたのかを知る必要があります。ここに動物の変化で有名な研究を紹介しておきます。

まず、飼い馴らされた動物とは、「接近されても逃げない程度に人の存在に馴れてはいるが、生まれもった野生の衝動は保持している」と定義されていることを頭に入れておきましょう。対して家畜化とは、集団での選択過程をとおして人のコントロール下（管理や扱い方、繁殖など含め）での飼養が可能な状態をいいます。

●キツネの繁殖

動物の変化について有益な研究は、ロシアの生物学者（遺伝学）であるドミトリー・ベリャーエフが行ったもので、犬はなぜ家畜化されたのかという研究（実験）が発端となり、1950年代にロシアのキツネの毛皮牧場で行われました。この牧場では、繁殖（交配）をするにあたり危険な状態（人への攻撃性が強い個体が多く産まれる状態）を改善することがなかなかできませんでした。そこで、作業員が扱いやすい程度にまで馴らしたキツネを繁殖することが課題になりました。

人に対して友好的で、逃避や闘争行動を最小限にしか見せないキツネだけを繁殖に利用していきました。すると18世代目（約６年後）には、人とのつながりをもちたがるようになり、扱いやすいキツネの個体群ができあがってきました。それとともに、キツネの容姿にも変化が表れたといいます。例えば、毛色が野生のものとは違って白い斑模様が表れたり、耳が垂れていたり、尾が巻いていたりするなどの変化が生じてきたのです。

対して、逃避や闘争行動が強く、人に対する敵対行動の強い者同士の繁殖の結果は、ものすごく攻撃的であり、たとえ飼養環境を整えたとしても、人に友好的で逃避性も攻撃性もない動物にはならないとしています。

◆遺伝子レベルでの変化

これらの変化は、犬がオオカミから家畜化されたときと同じ変化なのではないかと考えられ、同時に遺伝子レベルでの変化であるとされています。野生の動物を、生まれたときから人の手で育てても、遺伝子レベルの変化は起こらず、飼い馴らす程度までにしかならないということを、裏付ける研究であるといえます。なお、このような研究は、現在でも各国で行われています。

●犬の分類

犬というこの不思議で身近な友人たちは、哺乳類の中の陸棲肉食獣に分類されています。この陸棲肉食獣は、イヌ科、ネコ科、イタチ科、アライグマ科、パンダ科、クマ科、ジャコウネコ科、ハイエナ科の８種に分かれ、犬は、イヌ科のイヌ群に属しています。

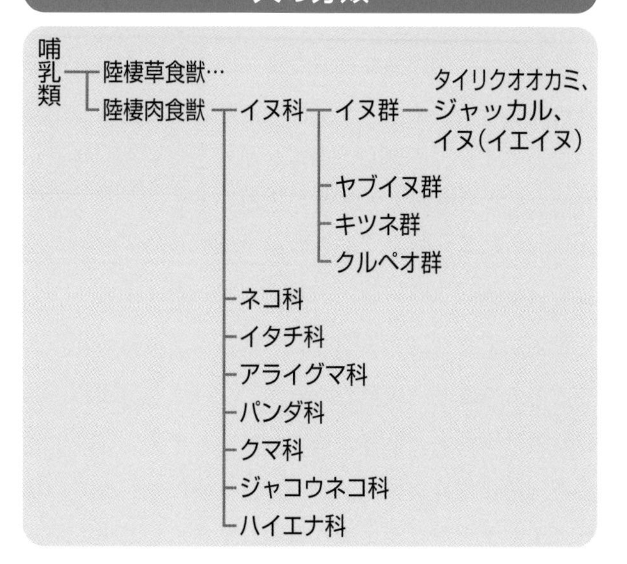

イヌ科はこの他に、ヤブイヌ群（ヤブイヌ・カニクイイヌ・オオミミギツネ・タヌキ・ハイイロギツネなど)、キツネ群（一部のキツネを除くほとんど)、クルペオ群（フォークランドオオカミ・クルペオギツネ・スジオイヌ・アンデスオオカミ・タテガミオオカミなど）に分かれます。

いずれにせよ古代とは別の動物である犬は、自然界よりも人社会で生き抜く特質をもちながら進化してきました。

現代の犬は、それほど用心深く見知らぬ人を威嚇する恐ろしい存在である必要はありません。人と生活するのであれば、まわりの小動物を追いかけて殺したりせずに、より穏やかで素直になることで社会に順応していかなければならないのです。

学習のポイント

どのような学問をするにしても、その起源、歴史を知ることはとても大切なことです。犬がどのようにして現在の犬へと変化してきたのかということを、しっかりと理解することは、動物の変化の状況を知り、遺伝的な変化を知識として身に付けることとなります。

この章では、特に動物の変化とネオテニー形質についての知識を学びましょう。

5 犬の役割について

人との生活の中で、犬は様々な役割を担うようになりました。その中には姿を消しつつある役割もあれば、新たに生まれる役割もあります。家畜化され、多くの場面で活躍する犬ですが、本来の気質と本能的な知恵は消えずに受け継がれていることを知っておきましょう。

1．家畜の番から始まった選択育種

犬は、人から見てどんな役割を担っているのでしょうか？

歴史的に見ると、現在の多くの犬種は人との生活に必要な用途に適するようにつくられてきました。人がほかの動物種（ウマ、ウシ、ヒツジなど）の家畜化を手がけるようになると、犬はヒツジやウシ、ヤギの番をするようになりました。そのため肉体的、精神的にもこの役割に最もふさわしい「仔犬」を選択育種する必要が出てきました。こうして新しい地域種が生まれてきたといわれています。

また、人の生活形態の変化に伴い、犬の品種も変化に富むようになりました。貴族階級から珍重された小型犬やミニチュア犬*はその一例です。

この他にも、軍用犬や猟犬、荷車やソリを引くための犬、現在では犬の最も優れている鼻を活用する警察犬やいろいろな探知犬、犬の警戒能力を利用した警備犬、そして盲導犬をはじめとする補助犬（介助犬や聴導犬など）として活躍しています。また、高齢者や情緒的に不安定な人、自閉症の子供たち、末期患者にとって犬が様々な形で役立ち、治療上の効果も出てきています。

*ここではマルチーズやシー・ズー、チワワなどの一般的な小型犬に対し、トイ・プードルやミニチュア・ダックスフンド、ミニチュア・シュナウザーといった、身体の大きさでそれぞれの種類があり、より愛玩色が強いものを意味する言葉として「ミニチュア犬」を使用しています。

2．多様化する犬の役割

文化によって犬との接し方が異なることも覚えておきましょう。 犬に対する見方や扱い方が変化し多様化してくると、人と犬の関係をめぐる新たな現象が生まれてきます。

例えば、林業害虫を探し出すのに犬を用いる人やシロアリ探知犬なるものをトレーニングしている人、メスウシの発情期を見分けるために犬を使う人がいます。犬専門の心理分析医や動物行動コンサルタントを仕事にしている人もいますし、犬を失った深い悲しみを乗り越えようとしている人の手助けをするカウンセラー犬も登場しています。

犬のより高度な性能を活かすために、人気（ひとけ）のない場所で道に迷った人や地震被災地で瓦礫や倒壊した家屋に埋もれている人の救助活動に携わっている犬もいます。

◆姿を消しつつある役割

一方で、姿を消しつつある、また減少している役割もあります。闘犬がそうです。闘犬は公衆の娯楽や個

犬の家畜化は、ほかの家畜の番から始まった。

人的な利益のために、ほかの犬と闘争するように育種、訓練された犬のことです。

また、牧羊犬（現在ではボーダー・コリーが代表的）を飼う人は多いのですが、本来の目的であるヒツジが存在しない場所で飼育され始めています。そこで愛好クラブなどをつくり、基本的な訓練を受けさせ、犬を誘導して楽しんだり、競技会に参加したりして牧羊犬との生活を楽しむ飼い主たちが増えてきています。

3．現在も進む動物行動学の研究

オオカミやジャッカル、キツネなどの群れの行動や学習に関する研究は、その動物のDNAや血液の分析などといった科学的なものや、世界各国の自然公園などに入り込んでの観察によるものなど、また、ある程度管理されている施設（実験場）などで行われています。その中で、実際の集団内における優劣や愛情、協調性、群れとリーダーに対する忠実さ、子供への協力的な世話などに基づいた複雑な社会秩序を明らかにしたり、学習の進め方を実証したりしてきました。

その研究により、人の傍らにいる犬は、人間の家族を群れの代わりにして暮らすことに容易に適応したり、残飯や腐肉をあさって食べたり、獲物を自力で、あるいは群れと協力しながら捕獲したりすることができることがわかりました。犬が進化の過程で身に付けた本来の気質と本能的な知恵は、家畜化された今日でも消えずに受け継がれています。

◆幸せ物質「オキシトシン」

犬は人を信頼するパートナーとして意識しており、人になでられることや優しい言葉をかけられることで、幸せ物質ともいわれる「オキシトシン」が分泌され、落ち着いた心をもつことが、科学的に実証されています。これは、人がかけがえのないパートナーと一緒にいることで「オキシトシン」が分泌され、安心感や高揚感を得ることと同じだとされています。

大切なことは、犬において（人も同じですが）誤った育て方をすると前述した性質を台無しにしてしまうこともあるということです。

4．犬種について

では、人はなぜこれほどまでに多くの犬種をつくり出してきたのでしょうか？　そして、その品種をこれほどまでに大事に育て、守ってきたのでしょうか？

人が守り育ててきた犬種について、少し説明をしていきます。

●畜犬登録団体について

人の生活とともに育ってきた犬たちには、様々な品種が存在し、その多くは人がつくり上げてきました。

国内での犬種数は、日本最大の畜犬登録団体である「一般社団法人ジャパン ケネル クラブ（Japan Kennel Club：JKC）」に登録されているもので200種あまりいます。世界に目を向けると800もの種類があるといわれています。

各国には純粋犬種の犬籍登録および有能優良犬の普及などを目的とする組織（畜犬登録団体）があり、世界で初めて設立された団体は、1873年にイギリスに誕生した「ザ ケネル クラブ（The kennel Club：KC）」です。アメリカでは1884年に「アメリカン ケネル クラブ（American Kennel Club：AKC）」、日本では1948（昭和23）年にJKCの前身である全犬種団体「全日本警備犬協会」の設立が図られ、翌年に農林大臣より設立を許可されました（JKCの名称が採用されたのは1952＜昭和27＞年）。

各国でケネルクラブが設立されると国際交流をする動きも活発になり、1911年には国際協力による畜犬活動と純粋犬種普及、向上を目的とした「国際畜犬連盟（Fédération Cynologique Internationale：FCI）」がヨーロッパ５カ国（フランス、ドイツ、ベルギー、オーストリア、オランダ）のケネルクラブにより創立され、日本を含め現在は98カ国が加盟しています（加盟国数は2022年10月現在）。さらに、1972＜昭和47＞年にはJKCが中心となり、アジア諸国における畜犬活動と純粋犬種の普及、向上を目的としたアジア畜犬連盟（Asia Kennel Union：AKU）が創立され、アジアの11カ国が加盟し、活動していましたが、2019年12月31日をもって解散となりました。

●犬種の用途とルーツについて

畜犬登録団体により、公認している犬種数やグループ分けには違いがあります。ここでは、FCIが分類している10のカテゴリーから、グループごとにおもな所属犬種と特徴について紹介していきます。

◆G1（第１グループ）
シープドッグ＆キャトル・ドッグ（スイス・キャトル・ドッグを除く）

ジャーマン・シェパード・ドッグやコリー、ボーダー・コリーといった広大な牧草地にいる無数の家畜（おもにヒツジ）を、人の指示どおりに集めたり誘導したりする仕事をするシープドッグ（牧羊犬）や、オーストラリアン・キャトル・ドッグやブービエ・デ・フランダースのように、ウシやブタを市場などへ移動させるときに家畜の群れを監視する仕事をするキャトル・ドッグ（家畜追い犬）のような仕事に携わる犬種のグループです。

人にとって大切な財産である家畜を、人の手足となって誘導したり、守ったりする能力に優れた犬たちです。中でも訓練性能や運動能力が非常に高く、作業能力の高さやタフさが評価されるジャーマン・シェパード・ドッグやベルジアン・シェパード・ドッグなどは、警察犬や災害救助犬などとしても活躍しています。

＜代表的な犬種＞

・ベルジアン・シェパード・ドッグ（グローネンダール、ラケノア、マリノア、タービュレン）
・ジャーマン・シェパード・ドッグ
・ボーダー・コリー
・ラフ・コリー
・シェットランド・シープドッグ
・ウェルシュ・コーギー（カーディガン、ペンブローク）

◆G2（第２グループ）
ピンシャー＆シュナウザー、モロシアン犬種、スイス・マウンテン・ドッグ＆スイス・キャトル・ドッグ、関連犬種

ピンシャーやシュナウザーはテリアと同様に、ネズミ捕りの仕事をするためにドイツで改良された犬種です。ちなみに、テリア種はイギリス原産がほとんどで、このグループはドイツ原産でネズミ捕りをおもな仕事とする犬種となります。ジャイアント・シュナウザーやバーニーズ・マウンテン・ドッグなどスイス地方で家畜追いや荷車を引くことを仕事にしている大型

犬は人とともに多くの場面で活躍する。

犬もこのグループに所属しています。

また、第2グループにはモロシアン犬種も含まれます。モロシアン・タイプとは古代ローマ時代の軍用犬、ナポリタン・マスティフなどをベースに改良された犬種で、ボクサー、ロットワイラーなどに見られるように大きなスカルと力強い顎、筋肉が発達した体躯が特徴となっています。番犬、警護犬として活躍しています。

見た目は大きくて強そうですが、気の優しい水難救助犬としての才能をもつニューファンドランド、山岳救助犬として名高いセント・バーナードなどもこのグループに含まれています。

＜代表的な犬種＞

・バーニーズ・マウンテン・ドッグ
・マスティフ
・ブルマスティフ
・ボルドー・マスティフ
・ナポリタン・マスティフ
・土佐
・セント・バーナード
・ロットワイラー
・ニューファンドランド
・シュナウザー（ジャイアント、スタンダード、ミニチュア）
・グレート・ピレニーズ
・グレート・デーン
・ボクサー
・ドーベルマン
・ブルドッグ

◆G3（第3グループ）

テリア

テリアとはラテン語で「穴を掘る」もしくは「地」という意味で、キツネやアナグマなど比較的小さめの獣を土の中の巣穴まで追い詰めて勇敢に戦い、狩りをする猟犬を祖先にもつ犬種のグループです。

小動物への狩猟意欲を利用してネズミ捕りにも多く利用された経緯があります。属する犬種のほとんどがイギリス原産ということもこのグループの特徴といえます。身体の大きさも様々で、愛玩犬として飼われている小型犬も多くいます。

＜代表的な犬種＞

・エアデール・テリア
・ブル・テリア（ミニチュア）
・ジャック・ラッセル・テリア
・スコティッシュ・テリア
・ウエスト・ハイランド・ホワイト・テリア
・ワイアー・フォックス・テリア
・ヨークシャー・テリア

◆G4（第4グループ）

ダックスフンド

日本で人気犬種であるダックスフンドはドイツ原産であり、ダックスとはドイツ語で「アナグマ」、フンドは獣猟犬の「ハウンド」という意味をもっています。テリアと同様にアナグマやアライグマ、野ウサギの狩猟に利用され、小動物の巣穴にスムーズに潜り込めるように短脚の容姿に改良されてきました。

犬種の歴史は古く、古代エジプトの壁画にはダックスフンドに似通った躯体の絵が残されています。別名「ダッケル」「ケッテル」とも呼ばれ、古来より小動物のいる地下の穴での狩猟に適した犬が選択繁殖されてきたようです。

スイスのジュラハウンドが祖先犬といわれており、ドイツやオーストリアにいた中型のピンシェル種との雑交によりスムースヘアー種の原型がもたらされました。当時の体重は10～20kgと大きく、シュナウザーとの交配によりワイアーヘアー種がもたらされ、15世紀にはスパニエル種との交配によりロングヘアー種が作出されました。その後、体重が15kgもあるアナグマの狩猟を目的に、また、負傷した獲物の捜索や追跡のために改良され、地下での狩猟に適するように繁殖が続けられました。

19世紀頃には、スタンダード・ダックスフンドが入れない小さな穴に入り、アナグマ、ネズミ、アナウサギ、テンなどを狩猟することを目的としたミニチュア・ダックスフンド、カニーンヘン・ダックスフンドが誕生した経緯があります。

＜代表的な犬種＞

・スタンダード・ダックスフンド

・ミニチュア・ダックスフンド
・カニーンヘン・ダックスフンド

◆G5（第5グループ）

スピッツ＆プリミティブ・タイプ

スピッツとはドイツ語で「とがったもの」を意味しており、このグループにはとがった耳先と口先、巻き尾の特徴をもつ犬種が多く所属しています。

また、氷上や雪上の交通手段の要(かなめ)である「ソリを引く犬」として存在感を放つシベリアン・ハスキーやサモエド、アラスカン・マラミュート、加えて多くの日本原産の犬たち（秋田や柴、甲斐(かい)や紀州など）もこのグループに属しています。

プリミティブとは「原始的な、素朴(そぼく)な」という意味があり、中央アフリカ原産のバセンジー、タイ原産のタイ・リッジバック・ドッグ、マルタ原産のファラオ・ハウンドなど少し特異な犬種も第5グループに属し、改良される以前の最も古いタイプであるとされています。

＜代表的な犬種＞

・アメリカン・アキタ
・アラスカン・マラミュート
・バセンジー
・柴、北海道、秋田、甲斐、紀州、四国
・日本スピッツ
・キースホンド（ウルフスピッツ）
・ノルウェジアン・エルクハウンド・グレー
・ファラオ・ハウンド
・ポメラニアン
・サモエド

・シベリアン・ハスキー

◆G6（第6グループ）

セントハウンド＆関連犬種

セントとは「ニオイ、臭跡(しゅうせき)、嗅覚(きゅうかく)」、ハウンドとは「獣猟犬」という意味をもっています。地面に鼻を付けて獲物や血のニオイを嗅(か)ぎ分けながら、執拗(しつよう)に追い続ける能力に長けている犬種のグループです。

代表犬種として、ビーグル、バセット・ハウンドなどが挙げられます。ほかにフランス原産の小型獣猟犬として使われ、長めの胴体をもつバセット・グリフォン・バンデーンやアフリカ西部原産でライオン狩りに使われたローデシアン・リッジバック、馬車の伴走(ばんそう)犬だったダルメシアンも第6グループに属しています。

＜代表的な犬種＞

・バセット・ハウンド
・ビーグル
・ブラッド・ハウンド
・ダルメシアン
・バセット・グリフォン・バンデーン（グラン、プリケ、プチ）
・ローデシアン・リッジバック

◆G7（第7グループ）

ポインティング・ドッグ

ライフルなどの鉄砲（ガン）でカモなどの鳥を撃ち落とす猟で使用されてきたガンドッグ（鳥猟犬(ちょうりょうけん)）のグループです。ジャーマン・ショート・ヘアード・ポインターやワイマラナーといったポインターの仲間やイングリッシュ・セターやアイリッシュ・セターといったセターの仲間が中心となります。

鳥を発見するとその位置をハンターに知らせるために、ポインターは片方の前肢を少し上げてポイントし、セターは体を低くしたセッティングポーズをとり、ハンターが来るまでそのままの姿勢で待機します。

このグループの犬たちは、狩猟民族の国、特にハンティングが長い歴史とともに文化として根付いているヨーロッパにおいて古くから愛好されており、現代においてもポピュラーに飼育されています。

＜代表的な犬種＞

・ブリタニー・スパニエル
・イングリッシュ・ポインター
・イングリッシュ・セター
・アイリッシュ・セター
・ワイマラナー

◆G8（第8グループ）
レトリーバー、フラッシング・ドッグ、ウォーター・ドッグ

イングリッシュ・スプリンガー・スパニエルなど草むらに隠れている鳥を追い立てて飛び立たせたり、おびき出したりするフラッシング・ドッグ、撃ち落とした獲物を回収するレトリーバー、冷たい水をも弾(はじ)く耐水性(たいすいせい)のある巻き尾をもつアイリッシュ・ウォーター・スパニエルなど水辺の猟で活躍する水泳の得意なウォーター・ドッグが含まれています。

人との共同作業を進んでこなし、撃ち落とされた獲物の回収作業がおもな仕事になるため、闘争心や攻撃性が薄く従順な性質をしています。

＜代表的な犬種＞

・アメリカン・コッカー・スパニエル
・イングリッシュ・コッカー・スパニエル
・イングリッシュ・スプリンガー・スパニエル
・フラットコーテッド・レトリーバー
・ゴールデン・レトリーバー
・ラブラドール・レトリーバー
・コーイケル・ホンディエ

◆G9（第9グループ）
コンパニオン・ドッグ＆トイ・ドッグ

身体が小さく、愛らしい容姿をもつ愛玩犬のグループで、遠いルーツをたどれば、猟犬や番犬として活躍した犬もいます。特に日本では不動の人気犬種グループといえます。

＜代表的な犬種＞

・ビション・フリーゼ
・ボストン・テリア
・キャバリア・キング・チャールズ・スパニエル
・チワワ
・狆(ちん)
・チャイニーズ・クレステッド・ドッグ
・フレンチ・ブルドッグ
・マルチーズ
・パピヨン
・ペキニーズ

・プードル（スタンダード、ミディアム、ミニチュア、トイ）
・パグ
・シー・ズー

◆G10（第10グループ）

サイトハウンド

サイトとは「視力、視覚」という意味で、目で獲物を探し素晴らしい脚力で追いつめるハウンド（獣猟犬）が所属しています。

グレーハウンドやアフガン・ハウンドなどに見られるように、空気抵抗を極力少なくする厚みのない引き締まった身体と瞬発的なスピードを生み出す骨格やバネをもっており、古代の猟犬の面影を色濃く残しています。

＜代表的な犬種＞

・アフガン・ハウンド
・ボルゾイ
・グレーハウンド
・イタリアン・グレーハウンド
・アイリッシュ・ウルフハウンド
・サルーキ
・ウィペット

学習のポイント

なぜ多くの犬種が生まれ、どのように人の役に立つ分野で活躍してきたのかを知ること、日本においてJKCによる犬種カテゴリーを理解することが大切なポイントとなります。

6 犬の心理と行動の関係

犬は、身体を使って様々な意思表示のサインを示します。出会ったときの近付き方やこちらの態度によって、犬の動作や態度が変わるため、そのサインから心理状態を読み取ることができます。また、私たちが犬をコントロールする際に、鼻口部や首筋といった部位が重要になることも知っておきましょう。

1．身体を使った意思表示

犬には、ほかの犬とのコミュニケーションを円滑に行うためのディスプレー（誇示）と呼ばれる、身体を使った多様な意思表示の信号があります。この信号のことをカーミング・シグナルという場合もあり、その犬の心理状態を知る手がかりでありバロメーターにもなります。犬のボディーランゲージ、およびカーミング・シグナルについては第９章、第10章で詳述します。

◆心理状態の変化の表れ

犬はその時々で、身体を大きく構える動作をしたり、その逆に縮こまった動作をしたりします。これは、相手となるほかの犬や人との向き合い方や接し方における、心理状態の変化を表しているもので、対応の仕方一つで動作などの行動がコロコロと変わっていく場合があります。

頭を上げて堂々としている状況でゆったりと構えたディスプレーには、強気、攻撃的、威圧的というような意味のほかに、じゃれ合いたいといった遊びに誘う友好的な意味が込められています。基本的に相手よりも優位または主導権を握りたい、という意思が表れています。

一方、頭を下げて縮こまった様子のディスプレーは、恐怖心や不安を示していたり、相容れない状況での敵対心、受動的な服従との関連があったりします。これ以上ストレスをかけないで、というような意思表示でもあります。

◆犬の個性を読み取ることができる

犬の性格には、気が小さいものや態度の大きいものがあり、ディスプレーの状況や身体、頭部、尾の動かし方を参考にして、犬の個性をある程度正確に読み取ることができます。

また、生まれつき服従する犬がいることを忘れてはなりません。犬が身体を横たえる受動的服従の動作は、友好的な感情表現ともいわれています。友好的で服従的な犬は、自分よりも優位な犬に対して、身体を横たえて上になったほうの後ろ足を持ち上げて、鼠径部や股の付け根のあたりを露出してみせるという行動をします。特に仔犬の場合は服従的な放尿を伴うことがあります。

2．犬のマウンティング行動

犬はオスやメスにかかわらず、人との生活において様々な場面で、マウンティング行動を表します。いわゆる、前足で人の足にしがみついて腰を振る行動です。

犬が感情を高ぶらせるなど、興奮した状態になるとこのような行動をします。また、危険をはらんだ出会いの場合にも、あたかも性的な衝動に駆り立てられたかのように、相手の犬にマウントしようとすることがあります。

腰を振るマウンティング行動を、抱擁行動とか性行動と解釈する飼い主がよく見られますが、多くは優位性を示す信号であると思われます。

犬の感情的に興奮した状態とは、喜びや遊んでほしいなどの「ポジティブなもの」と、不安、危険、攻撃などの「ネガティブなもの」の2つの要素があることを忘れてはいけません。マウティング行動は、犬だけに限らず霊長類やほかの動物にも見られ、優位性を示す場合が多いとされています。

3．犬の尾を振る行動

犬の尾を振る行動は、心理状態を如実に表しています。

多くの飼い主は、尾を振っているのはつねに友好的な信号であると誤解する向きもありますが、必ずしもそうではありません。実際には「感情的に興奮」している状態を表しています。

尾を高く上げてちぎれんばかりに振っているような状態はポジティブな心理状況での喜びの表現であり、遊んでほしいというような場合であると思われます。

一方、尾を高く上げてゆっくりと振るなど振り方が不自然なときは、相手よりも優位で攻撃の意思を示す場合もあるといわれています。

背線より下げて尾の先を激しく振っている場合は、友好的ではありつつも緊張を伴っている状態と思われます。これは犬の服従性や神経質などの性格が反映されています。

犬の尾が水平な状態にある場合は、何かに関心をもっていたり、あるいはそれを確認しきれていなかったりする場合などで、警戒的な緊張の状態であると思われます。

このように尾の振り方一つをとってみても、よく観察する必要があります。

4．犬同士の向き合い方（接し方）

犬の行動で特に重要なのは、出会ったときにどのような向き合い方をするのかということです。

初対面であれば多くの場合、身体の側面を向けながら互いに近付き、ニオイを嗅ぎ合い、互いに円を描くような動きをした後で、一方の動きが止まり、相手の犬にニオイを嗅がせます。しばらくすると、ニオイを嗅がせていた犬が、入れ替えで相手の犬のニオイを嗅ぐようなしぐさに変わり、ニオイを嗅いでいた犬は動きを止めて、ニオイを嗅がせるような行動をしながら、相手を確かめていきます。

通常、初対面の犬は正面から近付こうとはしないものです。正面から近付くのは、互いによく知っていて遊ぼうという意思や、友好的な意図が明らかなとき、あるいは逆にライバル同士が出会ったときです。

◆見知らぬ犬を扱う場合の大原則

私たちが見知らぬ犬を扱う場合には、近付くときに直接目を合わさないことと、正面から接近しないこと、こちらからアプローチしないことが大原則となります。この方法は、初対面の犬に対してストレスの回避、軽減をもたらすことができます。

こうした社会的儀式を無視して、見知らぬ犬に正面から近付いてアプローチしていけば、いくら犬の専門家であるインストラクターといえども吠えたり咬み付かれたりしてしまうことになります。犬の行動をきちんと知識として身に付けておく必要があります。

犬を扱う専門家であるインストラクターやトリマー、動物看護師、ショップスタッフは、心得ておいていただきたいものです。

友情と尊敬の表現として、犬は身体の側面を近付けてきて愛着を示します。

5．アイコンタクトについて

相手をにらみつけるという行動は、相手を怯えさせて服従的で受動的なふるまいをさせたり、その逆に挑発したりする意味があります。したがって、犬をにらみつけるというしぐさは社会的な制御をする際に役立つと考えられます。ただし、その犬の行動特性を知っていて、扱い方に自信があるという状況で行うことが重要となります。扱い方に自信がない犬に対して、にらみつけて服従させようとすれば、相手を混乱させる上に威嚇など攻撃的な行動を引き起こしてしまう可能性が高くなるので、十分注意して行いましょう。

◆言葉と同時にアイコンタクトをはかる

トレーニングしたり、保定やトリミングをしたりなど、いろいろな場面で犬を扱う際には、言葉で命令すると同時に「アイコンタクト」をはかることも忘れてはなりません。

優位な犬は挑戦するような目付きで相手をにらみつけたがりますが、一方、相手が優位である場合（犬が劣位の場合）は「アイコンタクト」を避ける傾向にあります。これは服従の信号ではなく無関心の信号であり、その場を平和に乗り切るためのサインだといわれています。

飼い主はこのような行動を応用することができます。もし攻撃的な犬に出会ったら、相手の犬から顔を背(そむ)けて無関心を装(よそお)ってみます。そうすると相手の犬は落ち着きをなくしてしまうでしょう。これは「視線をそらす」という行為が、相手の自信と心理的優越感を外す信号となり、攻撃の対象ではないとして解釈したと考えてよいのです。ただし後ずさりしながら目をそらすのは、相手に対する恐怖と服従を意味している場合が多く、注意が必要です。

6．心理的にコミュニケーションを深めるために

◆マズルコントロール

犬の身体の中で心理的に重要な部位となるのが、鼻口部（鼻面・マズル）です。犬の鼻口部を手でつかむのは、犬を心理的にコントロールしたり、優位を主張したりする方法として大変有効です。

「マズルコントロール」といいますが、あくまでも優しくそっと触るようにします。強い力で威圧的に触る、もしくは強くつかむことは絶対に慎(つつし)むべきです。犬のマズルをつかんで、こちらの意のままに振り動かすことがマズルコントロールではありません。

◆行動特性を見きわめた上で扱いは慎重に

犬は、相手の犬の鼻をめがけて襲いかかるか、首筋のあたりに咬み付いて激しく身を揺さぶることで、自分の優位を示そうとします。この行動は獲物を倒し、息の根を断つときの行動でもあり、犬の捕食行動の最終段階に見られます。

この行動を、私たちが真似ることができるかはわかりませんが、手に負えない犬を扱ったりトレーニングしたりする際にとる手段として考えることもできます。ただし、慎重に行う必要があります。

相手の犬に対して、自分の優位を示してコントロールする場合に、重要な部位があります。まず首筋や肩の部分、この部位を優しくつかむ、または腕をそっと乗せるなどの動作をすることで優位を示すことができます。犬を強い力で振り動かしたり、殴ったりする必要などありません。犬を支配したり、コントロールしたりする目的で殴るのはもってのほかです。ただし、優しくつかんだり腕をそっと乗せたりしたときに犬の種類や性格によっては逆に襲いかかってくることもありますので、行動特性を見きわめた上で扱いは要注意です。

◆親しみのある声かけ

親しみのある声をかけることも、犬とのコミュニケーションを深める方法として有効です。犬が日本語を理解するかどうかは実際にはわかりませんが、親しみのある声かけは、犬に「安心感」を与えることができ、行動を安定させる効果があります。

「よし、よし、よし」「いい子、いい子、いい子」といった同じ言葉の繰り返しによる発語(はつご)は、良い状況であることを犬に伝えることができ、緊張感を和(やわ)らげることができます。逆に「ダメ！」「イケナイ！」などの強い口調は、緊張感を増強させ、犬の行動をネガティブにさせていく可能性が高くなります。

犬の鼠径部や股の付け根あたりに触れてみるなどの動作も、犬とのコミュニケーションを深めていくことができる所作(しょさ)の一つです。

友好的な行動をとってみてうまくいかない場合には、犬の首筋や鼻口部を優しくつかんだり、アイコンタクトをしたり、適切な唸(うな)り声をあげてみたりするといった「心理的な技」をかけることで、ほとんどの犬を効果的に扱うことができます。服従的な犬は顔をなめたりする行動に没頭(ぼっとう)することがあります。この行動は、仔犬が母親に食べ物をねだる行動に由来するものと考えられています。

7．犬のマーキング行動

犬の行動には心理状態を探る上で興味深いものがあります。犬は「ニオイを嗅ぐ」「尻尾を振る」「鼻にシワを寄せる」「ウーと唸る」といった、感情を表現する動作をします。そして、電柱などに足を上げてオシッコをするマーキングという動作も、感情や性格の表現の一つでもあります。

犬のマーキングは、散歩のときに多く見られます。オスであれば、電柱に高々と片足を上げてオシッコをする動作を知っていると思いますが、それ以外にも、ほかの犬のオシッコのニオイを嗅いだ後に同じ場所にオシッコをする動作、新しいニオイや緊張をもたらすニオイに対してオシッコをする動作、そしてマーキングは室内でも起こります。カーペットの上、ソファーやテーブルの脚、かばんなどに対してです。

◆マーキングはニオイに関係している

犬のマーキングは、そのすべてがニオイに関係しています。様々なニオイに対して、自分のニオイを付けるという動作には、縄張りを誇示する、挨拶（あいさつ）のため、共有しているものとして、自己主張をするためなどいろいろな意味があります。また、緊張を和らげるためにする場合もあるといわれています。

基本的にマーキングは、社会的なコミュニケーションの儀式として重要なものと考えられます。そのため、犬と散歩に出かけたらそのようなニオイの場所を嗅ぐ時間を十分に与えることも必要なのです。

犬がマーキングするのは、自分のテリトリーを見張るというよりも「名刺」を残すという意味があります。深い絆で結ばれた犬同士、特にオスとメスの場合は、コンパニオンである相手がマーキングした場所に念入りにマーキングします。

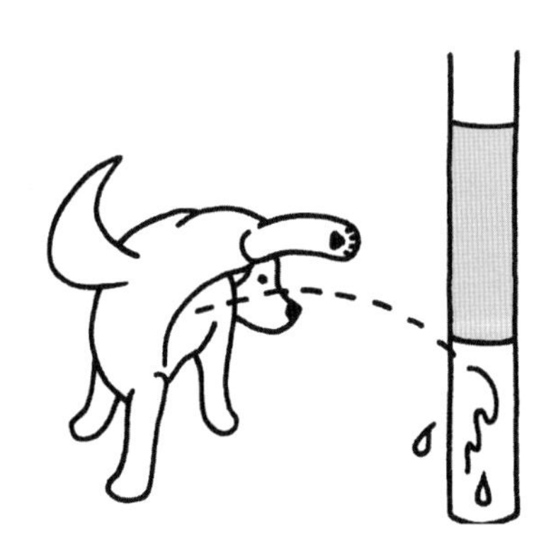

マーキングが終わると、犬は足で土をかく動作をします。これは自分のいた場所に視覚的な目印を残す効果があります。また、犬は悪臭のする汚物（おぶつ）の中を転がり回るのが大好きな動物でもあります。ニオイを身にまとうためだと考える人もいますし、自衛本能によるものだという人もいます。

学習のポイント

犬の行動から、その心理状態を知ることができます。また、そこで得た知識を応用して、犬の行動をコントロールすることができるのです。

この章で重要なことは、犬をコントロールすること（トレーニングを含む）は、その犬の行動を見て心理状態を把握することから始まるということです。

7 成長過程での学習の大切さ（発達行動学）

犬は、成長過程において異なる行動の特徴や学習の仕組みをもっています。もともと犬に備わっている学習する喜びを目覚めさせるためには、適切な時期に適切な刺激を与えることが重要です。それぞれの時期における学習方法を学びましょう。

いつも身近にいる犬たちと仲良く平和に暮らしていくために、飼い主は犬たちのことを知る必要があります。そして、犬との暮らしを始めるにあたり「しつけやトレーニングをしなくてはいけない」ということも知っています。

なぜ、犬に「しつけ」が必要なのでしょうか？　それは、犬も人と同じように高度な社会性を築き、そして何よりも感情表現が豊かな動物であるためです。犬の成長は、人の成長にとても似通っている部分もあれば、野生に満ちた部分もあります。特に犬の一生において、生まれてからの1年は、とてもとても大切な時期となります。

1．犬の個性を形成する「遺伝」と「環境・学習」

では、犬という動物がどのようにして成犬への道を歩んでいくのか考えていきましょう。

犬は、親の代から受け継いだ「遺伝」と、生後の「環境や学習」という2つの要素からつくり上げられています。「遺伝」は先天的なものであり、親やそのまた親から受け継がれてきたものです。成長途中で変化するようなものではなく生まれもったもので、個体により様々です。一方、「環境や学習」は、後天的なものであり、生まれた後の生育環境や学習状況に依存するものです。

この2つの要因のどちらが重要であるかは判断できませんが、現在では、様々な実験や調査によって、遺伝も環境も、ともに重要であるということがわかっています。「第8章」で詳述します。

●学習の機会は適切な時期に

犬は環境や生活の中で接する事柄から物を学び、そこで蓄積した様々な経験に頼って生きていく動物です。このため犬は、好奇心とともに学ぶことを喜ぶという性質をもっています。そして飼い主は犬のこの性質を伸ばしてやらなければなりません。

特に重要なのは、最も適した年齢において、犬のもつ好奇心とともに喜んで学ぶことを教えることです。例えば、発育盛りの時期に十分な栄養を与えられなければ、その仔犬は栄養失調で兄弟犬よりも貧弱なまま成長していきます。成犬になってしまってから、仔犬時代に栄養が不十分だったことを慌てても、すでに取り返しがつきません。学習に関してもまったく同様で、適切な時期に、仔犬にふさわしい刺激を与える必要があります。

◆パピー期を安易に過ごしてはならない

犬が成長し生後1年が経過する頃を人の年齢に置き換えると、18歳程度の情緒反応を示すといわれています。18歳といえば高校を卒業する年齢です。これは、犬が1年で実に多くの事柄を経験する必要がある証でもあります。

学習について特に重要な時期は、人では10歳程度までといわれており（感受性期）、大人になって生活する際に最も大切な事柄をこの時期に学びます。犬において、人のこの時期に相当するのは生後５カ月までになります。要するに、生まれてから５カ月の間に、飼い主は犬にかなり多くのことを学ばせ、経験させる環境を提供しなければなりません。このことは、仔犬の時期（パピー期）を、安易に過ごしてはならないという根拠になります。

●親犬から学ぶ服従と学習

100万年におよぶ犬の進化の過程では、種族が未来永劫生き残るために非常に複雑な行動形態を発展させてきたといわれています（「第４章」参照）。生き延びるために様々な獲物をターゲットとし、その情報を脳で蓄積し、それを仲間たちと分かち合うことができなければ、現代にまで繁栄することはなかったでしょう。

イエイヌの祖先では、種族が生き残ることができるように、仔犬時に両親犬のもとで周囲との協調性や狩りの方法などの職業訓練を受けます。将来自分が生き延びて家族という「群れ」をもてるように学習する過程において、まず両親犬からの保護を受けるために、服従することを学びます。

◆仔犬と楽しく遊ぶ

次いで、学習することの喜びを目覚めさせるために、両親犬は仔犬と大いに楽しく遊んでやります。遊びを通じた学習と同時に、仔犬は掟のような厳しい規律も教え込まれます。ここで大事なことは、家庭犬において仔犬の両親犬にあたるのは飼い主だということです。飼い主は、いたずら好きの仔犬を良い成犬にするための努力が必要となります。

このとき、犬の「学習する」という性質を正しく理解し発展させてやることができれば、良い成犬にするという目的をうまく達成することができるでしょう。そのためには、仔犬の成長過程に準じた学習方法を飼い主がしっかりと学ぶ必要があります。

２．胎教期（胎子期）および新生子期（出生～生後２週）

●胎教の重要性

犬は哺乳動物であり、母犬の腹（子宮内）で成長していきます。犬は母犬の腹の中に約63日間います。妊娠後期になると外見からもわかるようになります。

腹の中にいる胎子は、雄性ホルモンであるテストステロンを浴びることでオス特有の中枢機構（身体的な変化）をつくるといわれています。これは、最初はすべての胎子がメス特有の身体的特徴をもっており、受胎し胎子を育てる段階の妊娠後期にオスに変化していくというものです。

犬は多胎*動物であり、胎子が隣り合わせに成長していくことから、テストステロンを浴びた胎子はオスになり、浴びなかった胎子はメスということになります。テストステロンの影響は少なからず周辺にあるといわれ、オスのような行動をとるメスは胎子期にテストステロンの影響を受けたのではないかと考えることができます。

＊２個以上の胎子を同時に身ごもること。

◆母犬の環境を整備する

飼養者（飼い主）は、妊娠期の母犬がトラウマを抱えるような大きいストレスを感じないように配慮します。そのためには、日頃から母犬とコミュニケーションをしっかりと図り、出産する場所を落ち着いた部屋に設置するなど安心して出産ができる環境づくりが必要となります。

もし母体に大きなストレスを与えるような環境の場合、胎子の神経内分泌系や行動に変化が現れたり、母性行動に変化が現れたりするといわれています。妊娠期の母犬の環境は仔犬の将来に大きな影響を与えかねません。したがって、パピーミル（子犬工場）と称されるような劣悪な環境下で生まれてくる仔犬たちには、性格形成において問題のある可能性が高くなります。

日々の管理の中で、肥満に注意しながらしっかりと運動をさせて、落ち着いた環境を提供するようにしましょう。

◆両親犬の性格や生活環境を調べられるといい

犬との暮らしを始めたい場合、できるだけ両親犬を見て犬を選べるとよいでしょう。両親犬の性格や生活環境をよく調べた上で、ニオイがなく清潔な環境で育ち、陽気で朗らかな性格の仔犬を選ぶことで、将来的にも安定した行動特性を示す確率が高くなります。両親犬の生活環境がストレスいっぱいで不潔な状況だと、生まれてきた仔犬に与える影響もかなり大きいと考えられます。

●母体から離れ、自立を始める

生まれたばかりの仔犬は、小さな叫び声から始まります。仔犬は胴体を地面に付けて這い、次いで母犬の腹に取り付き、ある程度の時間はかかってしまうとしても、乳房を探し当てることができます。

生まれたばかりの仔犬の瞼は閉じており目が見えず、耳も聞こえません。おそらく嗅覚も発達していません。

この時期は仔犬の生活のすべてにわたって母犬が世話をしていきます。授乳をし、排泄刺激を促しながら仔犬とコミュニケーションを図ります。仔犬は母犬と触れ合うことで、落ち着く作用を促すフェロモンを受け取っているといいます。このフェロモンは、母犬の乳腺付近から分泌されていて、仔犬の成長には欠かせないといわれています。また、母犬の仔犬への毛づくろい行動のような触覚（接触）刺激は、成長後の行動（特に不安行動）に対して大きく作用し、将来の問題行動の重要な因子につながると考えられています。

では、なぜ生まれたばかりの仔犬が母犬の乳首を見つけられるのでしょうか？　これは、哺乳動物のほぼすべてに該当しますが、生まれたときから脳に組み込まれている行動機能（これを本能という）とでもいうべきシステムによります。

●遺伝的相互作用

動物比較行動学という分野においては、いろいろな意味をもつ「本能」という言葉の代わりに「遺伝的相互作用」という概念を用います。この概念を用いると、複雑で理解の難しい本能的行動をいくつかの「遺伝的相互作用」に分解することができます。

「遺伝的相互作用」とは、周囲の特殊状況がきっかけで活動を開始する動力源ともいうべき概念といわれています。このきっかけを「鍵となる刺激」と呼び、その鍵が錠前を開け「遺伝的相互作用」が解放されるという仕組みです。

◆乳首を探し当てる行動

「遺伝的相互作用」を使って、乳首を探し当てるという行動を考えてみると、以下のようになります。

①円錐形をして毛のない乳首は仔犬にとって「鍵となる刺激」となる。それに触れることで「遺伝的相互作用」が促され、乳首を口に含む動作が現れる。

②乳首を口に含む動作が次の「鍵となる刺激」になり、舌で乳首を揉みながら乳を吸うという行為を促す。

③そして、乳を吸うという行動が「鍵となる刺激」になり、前足を使って足踏みをするように乳房を押したり引いたりする動作を促す。

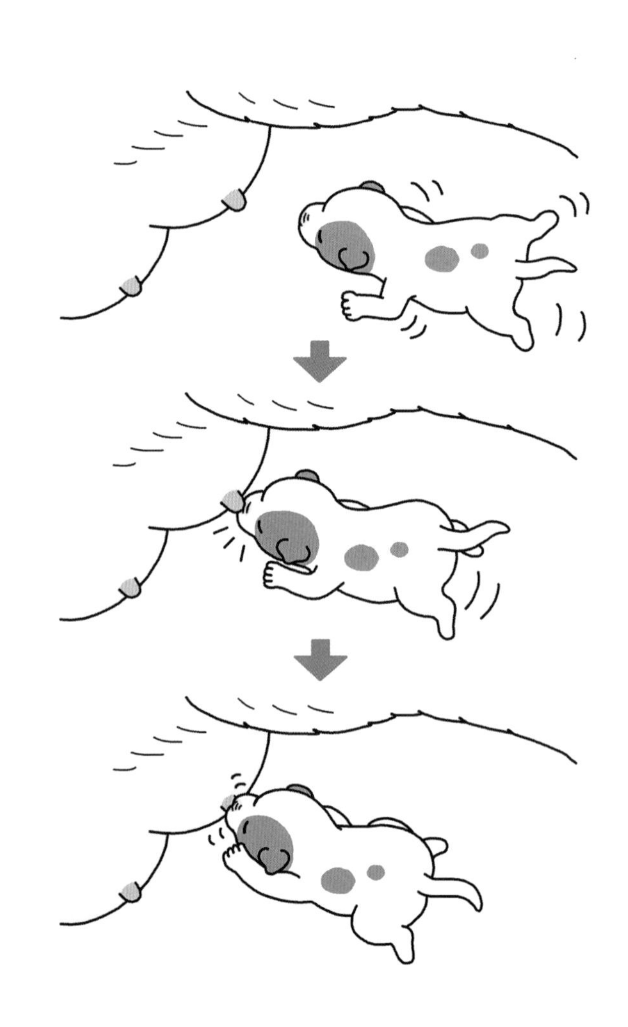

④さらに、乳房を押したり引いたりする行動が「鍵となる刺激」になり、次の動作である後ろ足で踏ん張って、より乳を吸うという行為へとつながっていく。

◆授乳中の２つの動作

授乳中には２つの動作も見受けられます。一つは後ろ足を踏ん張り乳首を離すまいとする動作で、もう一つは乳腺の方向に頭を強く動かす動作です。

授乳へと至る行動は遺伝的行動ですが、このとき仔犬の頭は左右に揺れ動き、自身の動きを補(おぎな)います。周囲を知覚する主要な器官は鼻面の先端付近にあるため、仔犬は頭を振る動作により周囲を万遍(まんべん)なく確認できることになります。

また、仔犬は乳を飲む際に母犬の腹にたどり着き乳首のありかを探さなければなりません。このため、仔犬は毛の中で鼻を持ち上げる動作をしながら、同時に息を吸い込み、乳首が見つかるまで毛をかき分けます。

●遺伝的な行動

ほかにも、生まれたばかりの仔犬は、遺伝的ないくつかの行動形式をもっていると考えられています。

仔犬たちは何かが欠乏(けつぼう)したり、不愉快(ふゆかい)なことがあったりするとすぐ声を出して鳴き始めます。これが母犬への「鍵となる刺激」の役割を果たし、母犬はすぐその仔犬の面倒を見ようとします。仔犬は、母犬の温かい身体に寄りかかるか、兄弟犬と一緒になるか、乳を飲むか、をすればすぐに鳴きやみます。

この関係を見ていくと、空腹が満たされたり、寒さがやわらいだりするなど仔犬の欲求が満たされると、仔犬を鳴きやませることができると考えられます。しかし、現在では多くの純血種のメス犬がこうした反応を示さなくなっています。

また、まだ目の見えていない仔犬はまっすぐではなく、必ず円を描いて這う行動をします。この動作も本能行動の一つと考えられ、このような行動をしていれば巣からひどく離れてしまうことはありません。温(ぬく)もりと寄りかかるものを探そうとするとき、仔犬の特殊な頭の動作が役に立ちます。

新生子期の仔犬の成長

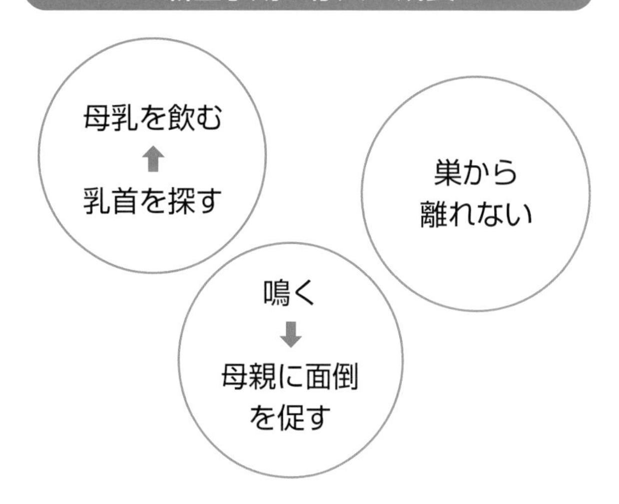

以上が、生まれたばかりの仔犬ができる動作や行動のすべてとなります。

◆体重増加が最重要

この時期においては、体重を増加させることが最重要となりますが、犬の繁殖者を志(こころざ)すのであれば、新生子期の仔犬をよく観察して最初の動作を十分に把握し、ほかの兄弟犬との違いを確認することが大切です。

生まれてきて最初の２週間で兄弟犬との違いが明確にわかる仔犬は、成犬になっても、どことなく健康体ではない可能性が高いのではないでしょうか。

この時期は、これから成長していくことを踏まえ、すべての機能がそろっていることが求められるといえるかもしれません。

３．移行期（生後２～４週）

●安全／そうでないものを区別するようになる

仔犬は、生まれて２週間を経過すると、次第に身体的な変化が起こり始めます。生後13日頃には瞼と外耳(がいじ)が開き始めますが、それからしばらく経たないと器官としての活動は開始しません（おおよそ18日目程度）。要するに、瞼と外耳が開いた時点では視覚や聴覚、嗅覚は活動を開始せず不完全であり、完全な状態になるのは、さらに数日が必要といわれています。

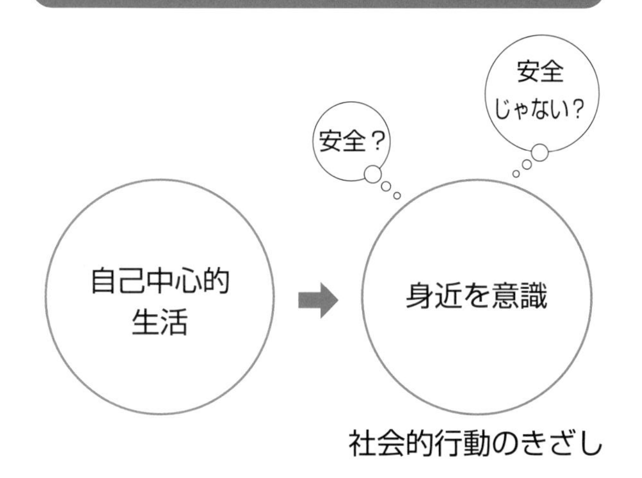

これまでの「乳を吸い、眠る」という自己中心的な生活から、身近な環境を意識する、すなわち「安全」と「そうでないもの」を区別する段階に入ります。

この時期の行動の変化が重要なことから、移行期といわれています。犬の社会的行動のきざしともいわれる、兄弟犬に対する接触が最初に行われるのもこの時期となります。

◆母犬から離乳食をもらう時期

野生であれば母犬は仔犬に補助食を与える時期にあたります。母犬は半分消化された軟らかい食餌を口から戻して与えることをします。つまり離乳食を与えているのです。このような方法で一度でも追加の食餌をもらえることがわかると、仔犬は両親犬の口が貴重な食べ物の出てくる場所であるとただちに学びます。

野生であれば巣に戻ってきた大人の犬におねだりをする習慣が「互いの挨拶」に変わり、飼養されるようになるとそれは犬同士のみならず人に対しても示されるようになっていきました。

ここで示しているように、犬は学習する動物です。生まれながらの知識は学習が十分なされるようにつくられていて、犬は経験によって得た知識をもとに学習を続けていく動物なのです。人の学習形態とよく似通っているため、犬は人の生活の中に入り込むことができるのでしょう。

最初に経験するこの重要な項目が、犬の一生にわたる行動様式を植え付けることになっていきます。

●「服従の姿勢」を見せる

それまで巣から離れようとしなかった仔犬たちは、21日目を過ぎる頃から自然に変化していきます。母犬に付いて歩くという衝動が芽生え、巣の外に出るようになります。このとき見られる現象はイヌ科の動物特有のものです。

◆父犬と遊ぶ

巣の外に出るようになった仔犬たちと遊ぼうとするのは、おもに父犬です。しかも手荒な方法で行います。例えば、鼻面で仔犬を突き飛ばしてみたり、足でひっくり返してみたり、仔犬をくわえて数メートルも先へ放り投げてみたりするのです。仔犬たちは父犬のその行為に対して、大声で鳴きながら背中を下にしてひっくり返るのです。そうすると父犬は仔犬に対して背を向ける態度をとり、乱暴な遊びが中断します。

この仔犬の行為は「服従の姿勢」と呼ばれ、正常な犬同士の間では確実に相手の攻撃性を抑制したり、親犬の介抱を促したりするものとなります。このようにこの時期の仔犬たちは身の処し方をよく心得ています。

◆飼い主に甘えるときに腹を見せる

次第にこの行為は人との生活の中にも表れてきます。そうです！　飼い主に甘えるときも腹を見せるようになるのです。人（飼い主）は、犬がするこの行為を見て「この犬は私に服従をしている」と思うでしょう。犬がこの行為をするということは、この時期の行動の学習がうまくいっていることを示していると考えられます。

この時期にこのような行動を仔犬がするのは、元来備わった能力と経験の見事な結び付きであり、そして状況全体を的確に把握していることを示しています。しかし、成犬になったときに頻繁にこの行動を見せる場合は「服従」ではなく「要求」を満たすためであることが少なくありません。

4．刷り込み期／社会化期初期（生後4～7週）

●五感、運動神経、歯列の発達

この時期になってくると仔犬の五感が発達し、いろいろな物を鼻、耳、目で確かめ、それが何であるかを確認することが徐々にできるようになってきます。緊張した面持ちで周囲の動静を観察することも始めます。

この間に仔犬の運動神経は非常な発達を遂げていき、遊びを通じて「速さ」「柔軟さ」「確実性」を身に付けていくようになります。

また歯列の発達に伴い、仔犬は両親の食べ物に深い関心を示し、それを奪う権利すらもつようになります。最初のうちは肉を噛むことしかできませんが、徐々に肉を切り裂き飲み込むことを覚えていきます。この時期は、通常の場合まだ授乳期にありますが、歯列の発達に伴い母犬は次第に仔犬を追い払うようになっていきます。

●社会的行動の発達

この段階で仔犬のいろいろな社会的行動が観察され始めます。うれしさのあまり興奮したり、懐かしがって尾を振ったり、尾を股に挟み込んで恐怖や不安を表現したり、友好と愛情の印として口角をなめようとしたりします。また、食べ物の取り合いを真剣にし始めたり、毛を逆立て耳を寝かせ口角を後ろに引いて歯を剥き出して唸ったりと、学習するための準備が完了し、食べ物の摂取、社会的行動の領域で迅速な成果が現れてきます。

しかし、この時期はまだ巣に対する結び付きが強く、巣の外に出ていても迷うような場合には必ず巣に戻っていきます。

◆手当たり次第に噛んでみる

また、好奇心と学習したいという衝動が大きな特徴となります。環境にあるすべてのものが探索の対象となり、触れるものを手当たり次第に噛んでみるという行動をするようにもなります。この時期になると「噛む」ことで、そのものは何であるかという「確かめる」行動も増えてきます。

●性格形成への影響

一般論として「あることはある決まった時期に学ぶプログラムが自然によってつくられている」とあります。言い換えれば、適切な学習はそれに適した時期に学ばなければいけないということです。

仔犬がこのように定められた一定の時期に学ばなければならないことを学習できないと、それに関する様々な行動に異常が出る可能性がきわめて高くなります。最悪の場合は学習能力の一部が完全に麻痺してしまう可能性さえあります。つまり、学ぶべき時期に学ぶことができないと、一生取り返しが付かないことになってしまうのです。

加えて、犬と人との関係性のより良い将来のためには、仔犬のこの優れた学習能力は、大いに磨きをかけられなければならないとされています。

このように、ある特定の（そして厳密な）時期にある決まったことを学習する現象を「刷り込み」といいます。成長した犬と人とが良い関係でいられるかどうかは、この刷り込みにかかっているといわれています。

●人との結び付きをしっかりと

この時期、毎日十分に手で仔犬に触れてやると、人との接触を大変好む犬になっていきます。逆に、その機会を少ししか与えないと人にあまり懐かない犬になってしまいます。刷り込み期の仔犬の取り扱いは大変重要で、扱いを誤ると犬は「恐怖による咬み付き」癖をもちかねません。

◆いろいろな経験をさせる

この時期の仔犬にはいろいろな経験をさせる必要があります。仔犬と人との接触においては、ただ毎日、人の姿を見るだけ、あるいは人の手から直接食餌をもらうだけでは不十分で、仔犬は直接人に触れられなくてはなりません。というのも、学習には嗅覚が重要な役割を果たすからです。

多くの人たちと触れあった仔犬は、将来、たくさんの人たちの前でも元気に楽しくふるまうことができます。しかし、もし仔犬がたった一人としか触れあったことがなければ、成長してからもほかの人に慣れることがなく、落ち着いたふるまいをできません。

刷り込み期に仔犬が両親犬や兄弟犬と触れあい、そのニオイを嗅ぐのと同じように、人と触れあってニオイを嗅ぐことによって、仔犬も人とも同じ「種」の仲間だと刷り込まれます。

◆性質の大部分が刷り込み期に影響を受ける

刷り込み期という一定の時期に仔犬が学習できることを正確に知ることは、仔犬のしつけに対して大きな意味をもつでしょう。なぜなら、犬の生まれながらの性質のかなり多くの部分が刷り込み期に影響を受けるからです。また、刷り込み期の影響は生まれながらの性格に優先したり、その環境により変化したりすることが大いにあるといえるからです。

犬の生来（しょうらい）の性格を判断するには、犬種による普遍的な傾向、血統のもつ傾向、固有の遺伝要素、若い犬の

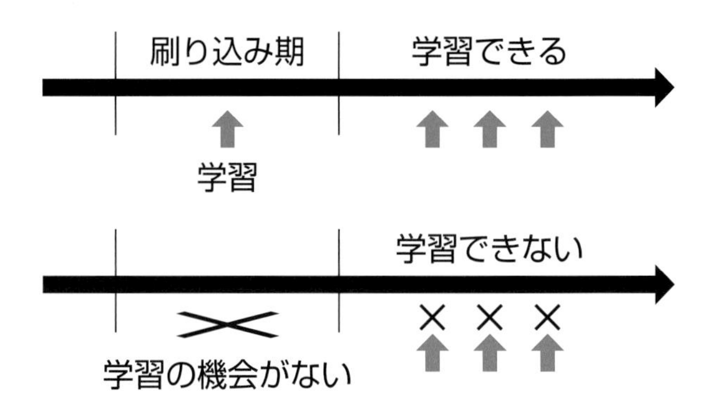

発育過程においてその精神構造を変化させるようなすべての要素を知り、今後の成長を注意深く観察することが必要です。

5．社会性を身に付ける時期／社会化期中期（生後8～12週）

●頻繁になるケンカごっこ

この時期もまた、仔犬にとってとても重要です。今後の社会形成の基礎となるため、「社会性を身に付ける時期」「社会化期」と呼ばれています。

◆攻撃を抑制する行為が見られるのが特徴

この時期、仔犬たちはより頻繁に狩りをする遊び、すなわち戦闘遊戯（ゆうぎ）（ケンカごっこ）をします。その様子は断片的な争いではなく、様々な行動形態、ことに上下関係を決める行動が入り交じり、複雑なものになります。仔犬たちのケンカごっこでは、その立場は固定されてはいないものの、必ず勝敗が付きます。特徴的なのは、生まれながらにもっている生得的（せいとくてき）な行為だけでなく、それまでの経験から学習した、攻撃を抑制する行為が見られるということです。

ケンカごっこ中に、1頭が相手の身体の敏感な部分を強く噛んだとします。すると噛まれた仔犬は防御反応によって悲鳴をあげ、噛んだ相手に対して度が過ぎていたことを知らせます。つまり「今のは痛かったよ！」と伝えるのです。噛んだ仔犬は相手の反応によって自分の力の程度がわかり、「ごめん、痛すぎたね。次から加減するよ」と、それを制御する方法を学

んでいきます。

◆ケンカごっこの相手は飼い主家族

この時期というのは生後60日頃で、家庭犬であれば新たな飼い主のもとにいることになり、ケンカごっこの相手は飼い主家族ということになります。一般的にいう「甘噛み」が起こるのは、このような根拠によります。

遊びながら頻繁に噛んでくる仔犬に対して、「人の手はそんなに頑丈(がんじょう)にできていない」「人の手はおもちゃではない」と十分に教え込むことができれば、成犬になっても犬は手加減して遊ぶようになります。

このように、仔犬はケンカごっこを通じて社会的絆（飼い主との関係性）を弱めることがないよう、同属（仲間）に対して危害を加えないような行動を身に付けていきます。

●学習の喜びを教える

◆仔犬と飼い主との絆を構築

社会的行動、特に両親犬との結び付きは遊びを通じて現れます。このことは飼い主にとっては大きな意味があることです。つまり、仔犬が親との絆を深くするのと同様に、仔犬と飼い主との絆を構築しなければならないからです。もし飼い主がそれを怠れば、仔犬は人よりも犬、またその他の動物に対しての絆を強くしてしまいます。

仔犬と遊ぶときには、その遊びには上下関係など序列が存在するのではなく、互いが対等の立場で、その上で喜びや楽しみがあると仔犬が受け取れるようにしなければなりません。

遊びの中で、仔犬が望ましい行動を取ったときにはほめてやりますが、こうした行為は通常、何度か繰り返してみせる必要があります。なぜかというと、仔犬は自分を教育しようとしている飼い主の態度に一貫性(いっかんせい)があるかどうかをつねに確認し、リーダーとしての資質を試そうとしているからです。

◆できるかぎり仔犬と遊ぶ

大切なのは、できるかぎり仔犬と遊んでやることです。人と遊ぶことが楽しければ楽しいほど、犬は学ぶ

ことに喜びを感じます。この段階では、これはとても重要なことです。また、人との触れあいの中で、仔犬が自信を深められるようにすることも必要です。

このようにして、仔犬が飼い主との共同作業に喜びを感じられれば、しつけやトレーニングも喜びの中で身に付けていくことができるでしょう。犬が成長してからでも学習することが喜びになり、人は犬の教育者として、また社会生活のパートナーとして安定的な生活を送ることができるようになります。

●犬の心に焼き付けられる「褒美(ほうび)」と「罰」

ここで一つ考えてほしいことがあります。仔犬が飼い主の望む行動をとったときに、ほめたり、なでたり、褒美を与えたりします。あるいは間違った行動（タブー）を犯したときに罰を与えることもあります。この時期には、ほめることだけでなく、罰も仔犬の心に焼き付けられるということを忘れないでください。

◆罰は仔犬が容認できる範囲にする

特に、規律を守らせるための「罰」という手段は、仔犬が容認できる範囲であるべきです。

弱い罰は、効果がないばかりか仔犬の行動を助長(じょちょう)してしまう可能性があります。反対に、強い罰は、仔犬の心身や今後の成長に影響を与えかねません。そのため、罰を与えるときには次の原則を守る必要があります。

□罰を与えるのは、仔犬が明らかに掟を破った、悪い行動をした場合に限ります。

□時間をおいてから仔犬を叱っても意味がありませ

ん。仔犬が、自分の犯した悪い行動（罪）と罰とを結び付けられるように、つまり悪い行動をしたから罰を与えられたのだと仔犬がわかるように、悪い行動と同時に罰を与えなくてはなりません。そのためには、つねに仔犬を観察していなければならず、もしそれができないのであれば、悪い行動を犯さないように安全な場所をつくり、そこに仔犬を入れておく必要があります。

◆与える罰は犬の性格に応じる

与える「罰」の範囲は、「低い声や大きな声で叱ること」から「強く叩いたり仔犬の身体を揺さぶったりするもの（つまり体罰）」まで、非常に広いものです。どんな罰を用いるべきかという定義はなく、飼い主自身が自分の犬の性格に応じて決めるべきでしょう。

しかしながら、罰の使用については十分注意が必要であると考えます。特にこの時期は、飼い主との結び付き（絆）を強くしなければならず、罰を与えることで飼い主との関係が悪化し、今後の成長に悪い影響を与えてしまう可能性があるからです。

◆望ましい行為は褒美によってのみ実現される

基本的に、仔犬に望ましい行為をさせるのであれば、それは褒美によってのみ実現されることを覚えておきましょう。

仔犬にとっての褒美とは、仔犬が喜ぶもの、楽しいと思えるもので、ボール遊びが好きならボールが褒美となります。食べることが大好きな仔犬ならば食べ物（おやつ）、飼い主と遊ぶことが好きならば楽しく遊んでやることが褒美に該当します。

また、仔犬が飼い主の望まない行為をしたときには、叱るのではなく、仔犬が喜ぶ行為を止めてしまうことが有効な方法となります。仔犬にとっては、遊びの中止が規律に従うことを学ぶ方法となるのです。

社会化期に仔犬の扱い方を誤ると、犬に不信の念を植え付けることになり、一生取り返しの付かないことになるでしょう。「癒（いや）すことのできない闘争の衝動は、一生を通じ犬の精神に深く刻み込まれてしまう」（『犬の行動学』より）ことを忘れてはなりません。

●注意！

犬を薬殺（安楽死）せざるをえない原因の一つは「飼い主に咬み付いた」「他人に咬み付いた」「犬に咬み付いた」などの咬傷（こうしょう）事故によるものです。

日本においてはいまだに「咬み付く犬は殴るべきだ」と主張する人たちが多く、そのような内容の本も見かけます。しかし、行動学上においても、人道的に見てもこの考え方は間違いだと私は思います。

◆社会化期に罰を考える理由

犬が人に対して攻撃的行動を示すのは、犬の成長段階での性格形成に大きく起因していると考えるべきだと思います。

犬の行動学の専門書である『犬の行動学』の中で訳者の渡辺格氏が書いていますが、犬がもともと臆病（おくびょう）に生まれてしまい、人に対して十分な社会化がなされなかったのであれば、犬が人の手を恐れて噛むようになることは容易に想像ができます。そして、矯正しようと殴ればそのような犬がどうなるのか、考えればわかると思います。「このような犬に対しては、一切の体罰をさけ、忍耐（にんたい）強く『人間性善説』を植え付けること以外に方法がない」（『犬の行動学』内、渡辺格氏の言葉より）のです。

なぜ、社会化期に仔犬への罰について考える必要があるのでしょうか？　それは、飼い主が犬との生活の中で短期的にもしくは長期的に（要するに将来を考えて）良い犬にしなければいけないと考えたり、また犬

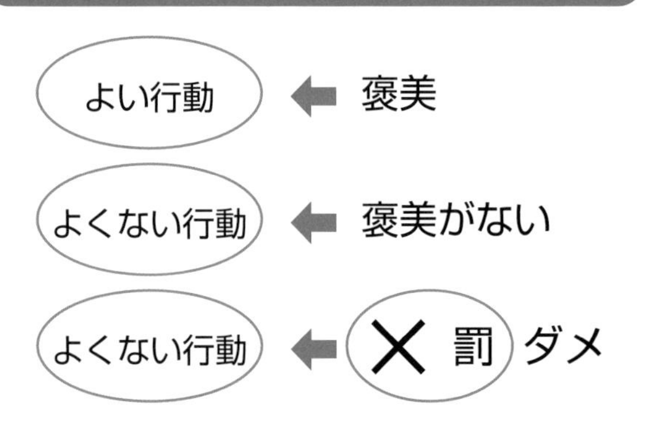

の「いたずら」行為が旺盛になり、飼い主が「犬になめられてはいけない」という根拠のない論法によってその行為の抑制のために罰の使用を考え始めたりする時期だからです。

6．仔犬間の階級が確立する時期／社会化期後期（生後13～16週）

●経験を積んだものへの尊敬

このくらいの時期になると、「個性」が出てきて、「すべての月齢の犬がこのようになる」と明確に認識することが難しくなってきます。犬種による特徴があったり、成長の早い個体や遅い個体がいたり、これまでの人との接し方であったりと、犬種差や個体差でかなりの違いが見られるようになります。性格がそんなに強くない犬よりも、基本的に性格が強く、攻撃性の強い仔犬の行動や性質の特徴が際立ってきます。いわゆるリーダー性を発揮する個体の行動が顕著になってくるのです。

より進化した高度な社会生活を送る動物においては、群れを導く個体は、体力が一番優れているものより、知能的に優れ、経験を最も積んだものであることが、いろいろな観察を通じてわかっています。これは、精神的優位性を示しています。群れの若い個体が、知能的に優れており経験を最も積んだ個体の権威を認めるようにしつけられていることを示すものだといわれています。

◆尊敬に値するものに従う

犬の場合も同様で、階級の確定する時期が明確になり、尊敬に値するものに従うという行動が顕著になってきます。犬の群れにおいては、尊敬に値するものはやはり親犬です。親犬が尊敬されるのは、単に体力によるものではなく、経験を最も積んだものとして認識されていることの証でもあります。

この時期に親犬は、仔犬たちと狩猟に似た遊びを繰り返します。それによって、仔犬たちは十分訓練され、狩猟の役に立つ技術を学んでいきます。

●狩りに似た遊びを取り入れる重要性

狩りに似た遊びとはどういったものなのかを考えてみましょう。

野生の親犬は、仔犬に狩りを学ばせるために、狩りに似た遊びをいろいろ取り入れて、多くのことを教えます。飼い主もこの時期に、親犬と同じような遊びを取り入れることで、多くのことを仔犬に教えることができます。

ここで大切なのは、仔犬にほめ言葉をかけながら、望む行動をさせていくことです。

◆犬の行動の連鎖

犬の行動には次のように連鎖があります。

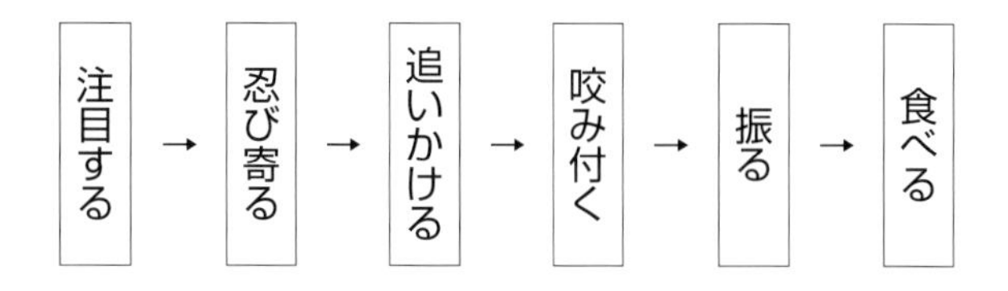

という順序で起こります。この中の「注目する」「追いかける」「咬み付く」「振る」という行動を抜き出して、それに似た動作を促す遊びを考えればいいでしょう。

すぐに思い浮かぶのは、ボール遊びではないでしょうか。飼い主がボールを投げようとすると、犬は飼い主の動作に注目します。ボールを投げると犬は追いかけ、追い付くとボールをくわえます。この一連の動作は、狩りに似た遊びの一つであるといえます。

この際に気を付けたいのは、ボールを投げるタイミングを一定にしないことです。投げるボールも同じところに同じ軌道で投げるのではなく、緩急を付けてみます。犬がボールをくわえた後に呼び戻すときには、飼い主がいろいろな動作をして呼んでみるなど、毎回同じと思わせない工夫が必要です。

●犬とともに作業をする、すなわちトレーニングを始める

いよいよ犬のトレーニングを始めていかなければならない時期になりました。狩りに似た遊びを取り入れる目的は、飼い主と犬との絆を築く第一歩となるからです。犬との関係性を築いていく中で、規律を少しず

つ教えていきます。つまり、徐々に飼い主のいうことを聞く犬にしていくのです。

仔犬は学習することの楽しさやコマンド（号令）に従うことの喜びを知り、飼い主との絆も強くなります。犬がコマンドに従うことに喜びを感じるようになってくれば、犬の観察力は強くなり、今後の事情が大きく変わってきます。

仔犬に最初に教える動作として「座らせる」ことが挙げられます。ここで気に留めておきたいのは、犬は「座る」という動作を知っており、実際に飼い主の命令なしでも座っていることは多いものです。

ということは、飼い主が犬に教えなければならないのは、意図したとき（要するに「スワレ」もしくは「オスワリ」と命令した＜コマンドを出した＞とき）に、犬が「座る」動作をすることとなります。飼い主がコマンドを出したとき、犬がそれに従って動作をすることが、一つの規律を教えることにつながります。

実践するにあたり、いくつかルールがあります。

◆褒美を与える

仔犬に初めて「座る」という動作を教えます。犬の名前を呼び、「スワレ」とコマンドを出して、仔犬が「座る」動作をしたなら、すぐにおもちゃやフード、ボールといった、仔犬の褒美になるものを与えることが重要です。

これにより、仔犬は「座る」動作と、喜びに値する褒美を結び付けて考えるようになります。

◆同じ行為を連続でさせない

ここで注意したいのは、犬がコマンドどおりに動作をしたら褒美を与え、すぐ別のことを命じることです。つまり、仔犬に「座る」動作を連続でさせないようにします。なぜなら、同じコマンドが繰り返されると、仔犬は「これでもまだできていないのか」と認識し、自分に自信をもつことができなくなってしまうからです。

◆長時間続けない

毎日行う基本的なトレーニングのため、仔犬の集中力についても十分に考慮し、あまり長い時間（おおよそ15分以上）続けないように心がけましょう。

大事なのは「次につながる」ように学習させることで、仔犬が飽きるまで遊ばないことです。仔犬に「まだ、遊びたい」と思わせた状態で終えると、次に遊ぶときには、前の楽しかったことを思い出して、一層集中するようになります。

◆なじみのある場所で行う

トレーニングに集中させるためには、環境状況も大切です。好奇心旺盛な仔犬は気が散りやすいので、特に目新しいもののない、仔犬がよく慣れている場所でトレーニングを行いましょう。そうすれば仔犬はトレーニングに集中することができ、飼い主も仔犬に「集中するように」とうるさく命じる必要がありません。

●リーダーに従うことの重要性

この時期の仔犬は、自分がどんなリーダーに従うべきかを理解します。暴力的なリーダーではなく、知識と経験の豊富なリーダーを信頼することによって、リーダーの権威が自分の命を守ってくれるからです。

この概念は、この時期のはじめには存在しないようですが、徐々に成熟していき、生後４カ月目の終わりになると非常にはっきりしてくるといわれています。

仔犬同士、あるいは仔犬と親犬との遊びは、知識や経験を身に付けるためのトレーニングだけではなく、共同作業という意味合いが加わります。そのため、一緒に遊ぶことに喜びを感じるようになっていきます。

◆仔犬はつねに環境を受け入れる準備ができている

この段階でわかってくるのは、仔犬の精神はつねに環境を受け入れる準備ができていること、生涯にわたってもち続ける学習能力があること、そして経験を活かして環境に順応する性質を生まれながらにもっていることです。

すなわち家庭犬が飼い主と遊ぶのは、自分の知識を発達させること、あるいは自分自身の行動そのものに楽しみがあるのではなく、飼い主との絆を深めることで従うべきものの優越性と権威を認めるためなのだと思います。

仔犬の階級が確立する時期の仔犬の成長

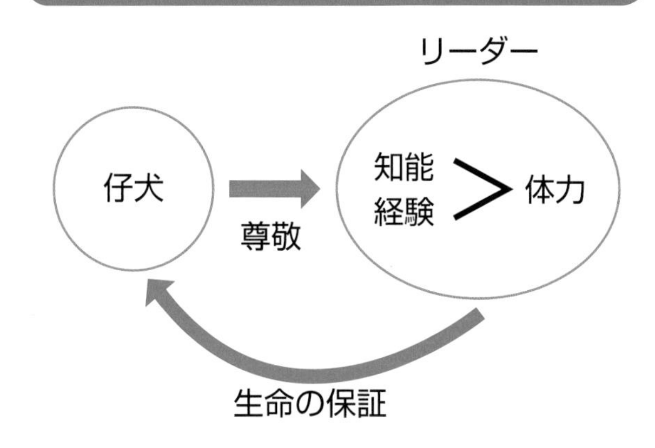

7. 群れの中の階級が定まる時期／若年期（生後５～６カ月）

●共同作業を学び、絆を深める

生後５～６カ月になると、若い犬は、両親犬や大人の犬たちにとって、立派な狩猟仲間となります。また、群れの厳しいルールの中で、両親犬との絆がより一層強く育まれる時期となります。もって生まれた行動形態だけでなく、成長の過程で学んだ行動形態がしっかりと犬に焼き付けられていきます。人と犬との良好な関係構築のためにも、この時期を有効に過ごしましょう。

野生であれば、知恵と経験のあるリーダーの指導のもとで、協力して狩猟をすれば良い結果に結び付くことを学び、それによって群れの一体感も生まれます。経験を通じて連帯感が築かれていきます。そして、いずれは独立して自分の群れをもつようになります。

ところが家庭犬は、ずっと人とともに生きていきます。そこで、野生下で犬が群れのリーダーから学ぶこと（協力して狩猟する）を別の形で実現する必要があるのです。

野生において群れで行う狩猟は、個々が勝手に行動しているのではなく、一定のルールがあります。それと照らし合わせると、家庭犬に必要なのは、社会的な絆を強くするためのルールのある遊び、つまりトレーニングです。

これは犬だけではなく、ほかの哺乳動物にも見られる行動です。野生動物のミーアキャットであれば、天敵から身を守るためにつねに空を見上げる行動と素早い行動を、仲間との遊びを通じて身に付けていきます。断崖絶壁で暮らすシベリアアイベックスは、仲間との遊びの中で、断崖を迅速に駆け下りたり駆け上ったりすることを頻繁に行っています。これは、生活において天敵から素早く逃げることが必要なためといわれています。

●リーダーを求めている

ここで重要なことは、作業をする犬（使役犬）や猟犬に限らずどんな犬にでも、学習能力の高いこの時期に、些細なことであれ何かしら教える必要があることです。

成長段階から見てこの時期は、飼い主が群れのリーダーとなり、細かい共同作業を通じて、犬との絆を深めていくことができます。反対に、飼い主が犬の学習する機会を奪ってしまうと、犬の学習能力は発揮されず、むしろ退化し、リーダーとの絆を築くことができなくなるかもしれません。

◆飼い主は犬に自信を示す

飼い主はいろいろなトレーニングを通じて犬に「自信」を示すことにより、リーダーとしての地位を確かなものにしていく必要があります。大切なのは「自信」であって、「力」ではありません。若い犬は、経験を積み自分の模範となる優れたリーダーを求めています。これはこの時期における様々なトレーニングが飼い主と犬との結び付きを強くすることを意味しています。

実際に、私が主宰するしつけ方教室で、飼い主以外にリーダーを求めている犬にたびたび遭遇します。例えば、すでに２、３頭と多頭飼育をしている家に生後５～６カ月の仔犬を迎えた場合、先住犬をリーダーと見てしまい、飼い主のいうことを無視することがあります。また、この時期の仔犬を犬の訓練の専門家に預けてトレーニングをお願いすると、家族ではなくその専門家がリーダーになってしまうこともあります。

この時期の若い犬は、いろいろな観点から精神的に優れたリーダーを求めていることを忘れてはなりません。

●リーダーがいなければ、犬はリーダーになる

犬は非常に優秀な観察眼をもっています。犬が慎重で優れたリーダーを求めているこの重大な時期に、飼い主がリーダーとして認められないのであれば、この先のトレーニングは非常に難しいものとなる上に、犬の地位も向上してしまいます。

犬の地位が向上するということは、すなわち犬との生活の中で、飼い主にとって問題となる行動が増えることが考えられます。すると、飼い主はますます犬を命令に従わせようとするでしょう。こうなると事態は悪化の一途（いっと）をたどり、犬は飼い主を脅（おびや）かす存在になるかもしれません。

近年、飼い主のリーダーシップの必要性が謳われるようになりました。犬のリーダーとなるために体罰は必要ありません。重要なのは、犬の成長過程に合わせて、適切な時期に犬にしっかりと学習する習慣を身に付けさせ、そのことによって飼い主の権威を示すことなのです。

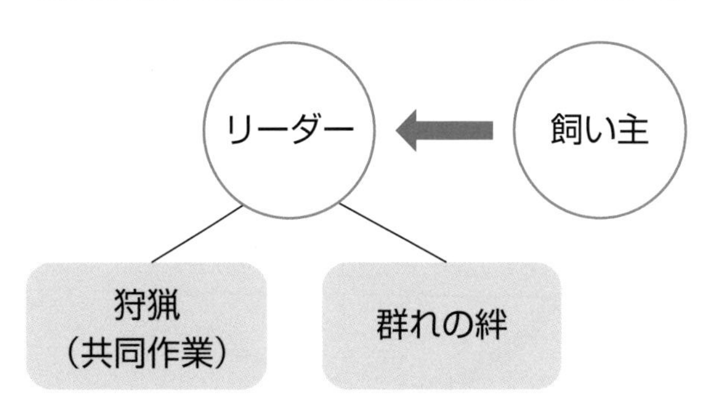

学習のポイント

犬は感情表現が豊かな意思をもった動物です。

本章では、成長における感情表現の基礎となる学習について、また犬の成長過程、特に生まれてから6カ月齢に至るまでの学習の変化と行動の流れを追っています。特に「動物の愛護及び管理に関する法律」（動物愛護管理法）における幼齢（ようれい）動物の販売規制において根拠となる、とても大切な項目といえます。

8 しつけに必要な理論

犬のしつけやトレーニングを裏付けるものは、科学的根拠をもとにした学習理論です。犬がどのように行動を理解して学習していくかを学ぶことで、適切なしつけやトレーニング、アドバイスを行うことができるでしょう。

●学習理論を理解する必要性

犬のしつけやトレーニングに「学習理論」や「行動理論」などの知識がなぜ必要なのでしょう？　それは、犬には感情があり、行動をその感情によって制御しているからです。そして何より社会性がとても高い動物であるからです。社会性の高い動物は絶えず周囲を感知し、つねに平和な生活環境をつくろうと努力していきます。

◆理に適った方法で行う

人と犬が共生できる社会を築くには、「犬への教育」はとても大切であり、その際に、どのような方法を用いるかを考えなければなりません。手法は様々ありますが、大切なことは犬やその飼い主にとって「理に適っているか」ということです。理に適った方法で行うことにより、学習が適切に進み、動物の行動に反映されていきます。つまり犬がしっかりと学習し、それをもとに自ら進んで行動を起こしているかということです。そして、理に適った方法であれば、飼い主が納得して犬へのしつけやトレーニングを実施することと思います。

決して精神論的な扱いや、威圧的な指導方法で学習させるのではありません。威圧的に接して強制的に行動を起こさせても、適切な学習には発展しないことを理解しましょう。仮にとても困難な問題行動があったとしても、威圧的に接して行動を抑え込み学習させてはいけません。その場は回避できても、後で大きな揺り戻しがあることを忘れないでください。学習や行動は継続されていくのです。

◆学習の原理を理解する

「学習の定着」において、陽性強化法によるしつけやトレーニングはとても大切です。実践する際には、犬がどのようにして行動を理解して学習していくのか、科学的、心理学的な根拠をもとに、学習の原理を理解して行います。なぜ様々な訓練方法があり、それがどうして有効なのでしょうか？　また、いろいろな種類、性格の犬をしつけたりトレーニングしたりしていくには、どのような学習理論が有効なのでしょうか？　それらを知り、その犬の良い性格を伸ばしていきます。

そして犬の専門家（インストラクターやトリマー、動物看護師など）として、扱いにくい犬に仕上げない努力が必要です。

適切なアドバイスの根底にあるものは、しっかりとした理論に基づいた説明です。

1．生得的行動と習得的行動を理解する

「第７章」の冒頭で、動物の行動は、親から受け継いだ遺伝と生後の環境の２つの要素からつくり上げられていると述べました。本章で、もう少し詳しく説明していきます。

動物の行動には、生まれもって決まっている「生得的行動」と、環境や経験を通して学習した「習得的行動」の２つがあります。

●生得的行動

生得的行動とは、同じ動物種（犬なら犬、猫なら猫ということ）なら個体差が少ないとされていて、同じ動物種であればおおよそすべての個体がもっている行動のことです。

しかし、人との生活に入り込んでともに生活をしている動物では、同じ動物種でも大きな違いが見られる行動もあります。特に犬や猫では品種（チワワや柴、グレート・デーンなど）によって異なる行動が見られます。例えば、猟犬としてつくられてきた犬種ではテリトリーを守るための攻撃行動を強く示すことがありますが、愛玩ペットとしてつくられた犬種ではこの行動は弱い傾向にあるといわれています。

生得的行動には、走性（向性）や無条件反射、本能的行動などが含まれます。

◆走性

犬のしつけに直接関係するわけではありませんが、魚やミミズ、昆虫など比較的単純な動物に見られる**走性**という行動があります。これは環境にある刺激に対して身体全体を単純に移動させる生得的行動であり、刺激に向かっていく正の走性と刺激から遠ざかろうとする負の走性があります。例えば、ガは光に集まる正の走光性という性質をもっており、ミミズは湿気のある場所を好むので正の走湿性をもっています。

犬では、生後まもない仔犬を斜めにした板の上に頭を低いほうに向けて置くと、自然に頭を持ち上げるような行動をします。この行動を**負の走地性**といい、犬が成長して学習を始めるようになると、この行動はなくなるといわれています。基本的に哺乳動物が学習を始めるようになると、この走性という行動はほとんどなくなるといわれています。

◆無条件反射

無条件反射は、刺激に対して身体の一部が単純反応を起こすことをいいます。大きい音や強い光などの刺激に驚いて跳び上がる「**驚愕反射**」、めずらしい音や物などの刺激に耳や頭を向ける「**定位反射**」、口に入った食べ物などの刺激に対する「**唾液反射**」、周囲の明るさに応じて瞳の大きさが変わる「**瞳孔反射**」などがあります。頭で学習をするという順序を経ることなく行動が引き起こされるものです。特に犬のしつけやトレーニングにおいては、驚愕反射や定位反射を利用することが多くあります。

◆本能的行動

本能的行動とは、**狩猟採食行動・天敵回避行動・なわばり防衛行動・排泄行動・性行動**などをいいます。

本能的行動には、その動物の歴史や経緯、品種、系統、性別により差があります。例えば、犬は祖先であるオオカミ（DNAの鑑定で確定した）の習性を多く受け継いでいるため、群れ社会の秩序を構築・維持するための支配的行動、服従的行動がはっきりしています。ところが、人と生活をするようになり、選択交配

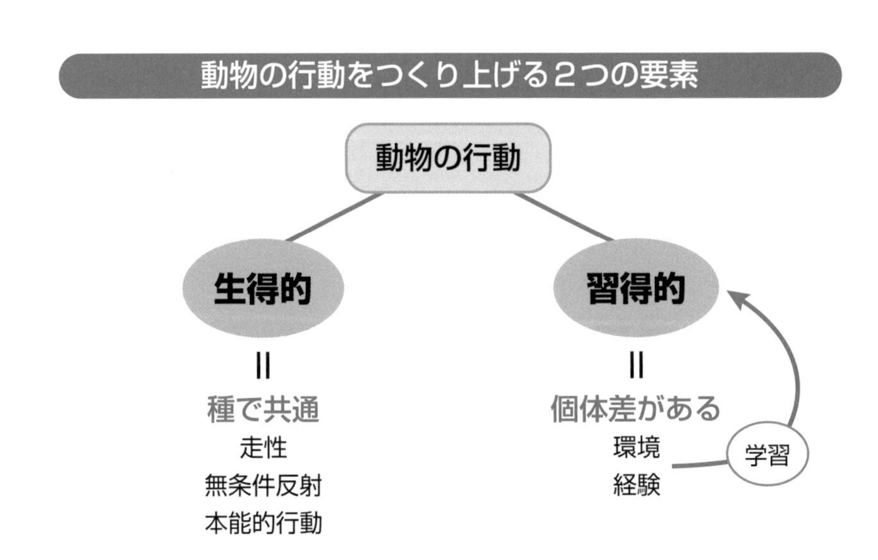

が進むことで、本能的行動が弱まってしまっている犬種もあります。

猫は行動特性が犬とは違うため、支配的行動・服従的行動はあまり顕著ではないといわれています。

本能的行動は、その動物の動機付けにより「強さ」や「出現頻度（ひんど）」が異なるなど大きく作用されます。この本能的行動を引き起こす刺激は「解発子（かいはつし）（リリーサー）」と呼ばれています。

●習得的行動

動物は、基本的に生得的行動をもとにして、習得的行動が生まれてきます。動物が受ける刺激や経験、環境が影響するため、同じ動物種でも刺激や経験および環境が異なれば、習得的行動はおのずと異なり、兄弟であっても成長するにつれて大きな違いが生じることになります。

動物の学習においては、様々な刺激や経験および環境の中で生活をすることになるため、習得的行動が大きく影響を与えることになります。

この習得的行動をきちんと理解することで、犬のしつけやトレーニングを容易に、かつスムーズに進めることができます。

2．馴化（じゅんか）と鋭敏化（えいびんか）を理解する

犬のしつけには、人社会への社会化が大きく影響しますが、社会化を行う際に十分理解しなければならない事柄に**馴化**と**鋭敏化**があります。

生得的行動を引き起こす刺激を繰り返し受けることで、動物の反応が表れます。「馴化」とは動物がその刺激に慣れて、引き起こされる生得的行動反応がだんだん少なくなることをいい、「鋭敏化」とはその逆で、引き起こされる生得的行動反応が強くなっていくことをいいます。すなわち強すぎる刺激は鋭敏化を引き起こし、トラウマ（精神的外傷）となりかねません。経験により変わっていくので、馴化と鋭敏化は学習の一種ということになります。

ある特定の刺激に対して反応が馴化しても、その他の刺激には反応が引き起こされることがあります。これを「**刺激特定性**」といいます。また、ある特定の刺激と似通った刺激に対しては反応が引き起こされない、つまり馴化したことを「**刺激般化（はんか）**」といいます。

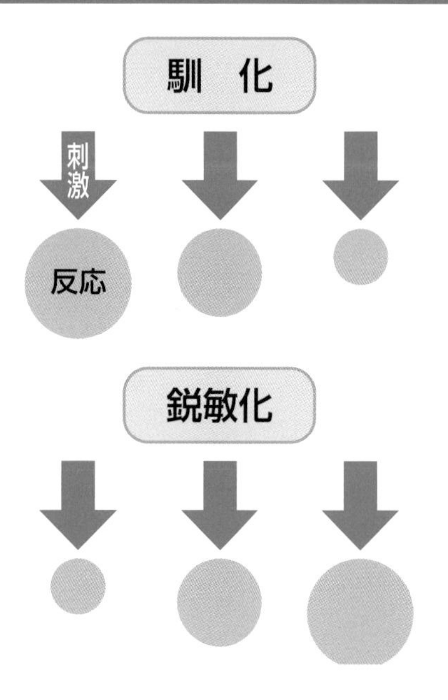

馴化した刺激であっても、その刺激と同時にほかの刺激を与えると再び反応を引き起こすことを「**脱（だつ）馴化**」といいます。

そして、一度馴化した反応については、その後永久に馴化することはありません。つまり、ある刺激に慣れても、その後、その刺激にさらされる回数などが減ったり、その刺激にさらされることなく時間が経過したりすると、再びその刺激が反応を引き起こすようになります（反応はもとに戻る）。これを「**自発的回復**」といいます。

馴化は、刺激が弱いほど早く大きく進み、刺激が強くなるにつれて遅くなります。刺激の強いものに対して馴化させると弱い刺激に対しては反応を示しにくいため、馴化の効果は大きいといえます。また、馴化させる刺激を同じ回数与えても、刺激を与える間隔が長くなると馴化の進行は遅くなります。

3．刷り込みと社会化を理解する

◆刷り込み

動物（人も含む）が生まれてしばらくの期間経験した刺激に対して、その後も付いて歩くような愛着行動

刷り込み

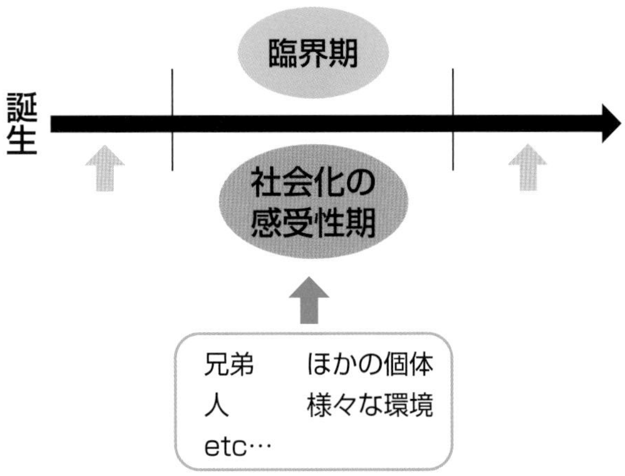

臨界期

誕生

社会化の感受性期

兄弟　ほかの個体
人　様々な環境
etc…

を示すようになることを「**刷り込み**」といいます。生まれてすぐ目にするのは親の姿で、聞こえるのは親の声なので、子供が自分の親を認識するための仕組みだと考えられている、学習の一種です。

刷り込みは、ふつうの学習とは異なる特徴をもっています。それは生後の一定期間にしか生じない「臨界期」があるということと、不可逆的*で、一度形成されると失われたりほかの刺激に新たに刷り込まれたりしないといわれています。

ただし、これは動物種によって異なります。鳥は孵化した瞬間に刷り込みが行われることは知られています。犬や猫においては、生後４週目から３～４カ月程度かけて刷り込みが行われ、後々になってからでも新たに刷り込まれることがあるといわれています。

＊不可逆とは、一度変化したものが再びもとの状態に戻らないこと。

◆社会化

犬や猫の**社会化**においては、刷り込みという特殊な学習を行うこの時期（社会化の感受性期）に、兄弟や同動物種の他個体、人などほかの動物との接触経験がないと、神経質で社会性のない犬になり、問題行動を引き起こしやすくなってしまいます。つまりペットとして飼育していくことや、しつけやトレーニングをうまく行うためには、この時期の適切な経験が最重要課題となります。

発達初期の経験つまり初期経験は、その後の行動全般に大きな影響を及ぼしていくため、早い段階での人社会への社会化はきわめて重要となります。

これは、早い時期のしつけ、いわゆるパピートレーニングが最も重要であるという根拠になります。

４．古典的条件付けを理解する

人を含む動物は、つねに「古典的条件付け」という学習をもとに行動を起こしているといわれています。

◆パブロフの犬

ロシア帝国（現・ロシア）の生理学者イワン・パブロフは、今から100年ほど前に、「パブロフの犬」として有名な実験の中で「条件反射」という現象を発見しました。

空腹の犬に食餌を与えると唾液の分泌が見られます。これは生得的行動で、「食餌」を**無条件刺激**、「唾液の分泌」を**無条件反応**とした**無条件反射**です。犬に食餌を与える直前に、毎回ベルの音を聞かせます。こうすることによって（**手続き**という）、犬はベルの音を聞くだけで唾液を分泌するようになります。この場合、はじめはベルの音では唾液分泌を引き起こさないのですが、ベルと食餌の**対呈示**（時間的に近付けて与える）をすることで、ベルの音が唾液分泌を引き起こす力を得ることになります。このとき、ベルの音を**条件刺激**、それが引き起こす唾液分泌を**条件反応**といい、条件刺激が条件反応を引き起こすことを**条件反射**といいます。

こうした手続きを行って、動物が新しい刺激に反応するようになることを、「古典的条件付け」または「レスポンデント（反応的）条件付け」といいます。

無条件刺激によって無条件反応がもたらされますが、古典的条件付けでは、条件刺激との対呈示によって無条件反応が条件反応へと変化していきます。

◆自然な行動を意図的に起こす行動に変えていく

このように古典的条件付けは、動物がもっている自然な行動（無意識的に起こる行動）を、意図的（こちらの意図するところ）に起こす行動に変えていく手続きです。基本的に「条件刺激」を呈示した後に行動が起こるものと考えます。

例えば、犬の基本的なしつけに、オスワリをさせてから食餌を与えることがあります。これは、犬が無意識に座るという行動をしていること、座るという行動が日常的に多く起こっていることが前提となります。

食餌の入った食器を持って犬に近付き、犬が何気なく座ったときに「オスワリ！」のコマンド刺激を与えて食餌を与えます。毎回、これを繰り返していけば、犬は食餌の時間には座るという動作を頻繁に行うようになります。

これは、食餌＋座るという生得的行動（無条件反射）が、オスワリ！（食餌の連想）＋座るという習得的行動（条件反射）に切り替わったことを意味しています。オスワリの動作を促した後に食餌など褒美となる満足刺激を与えていけば、次第に「オスワリ！」のコマンドで犬が座るという動作が促されていくことになります。

5．強化スケジュールと高次(こうじ)条件付けについて

●連続強化と部分強化

無条件刺激（動物にとって重要な刺激）と条件刺激（関連性のある中性的な刺激）の対呈示のことを「**強化**」といいます。

条件刺激と無条件刺激を毎回必ず対呈示することを「**連続強化スケジュール**」、もしくは「**連続強化手続き**」といい、時々無条件刺激を与えないようにすることを「**部分強化（または間歇(かんけつ)強化）スケジュール**」も

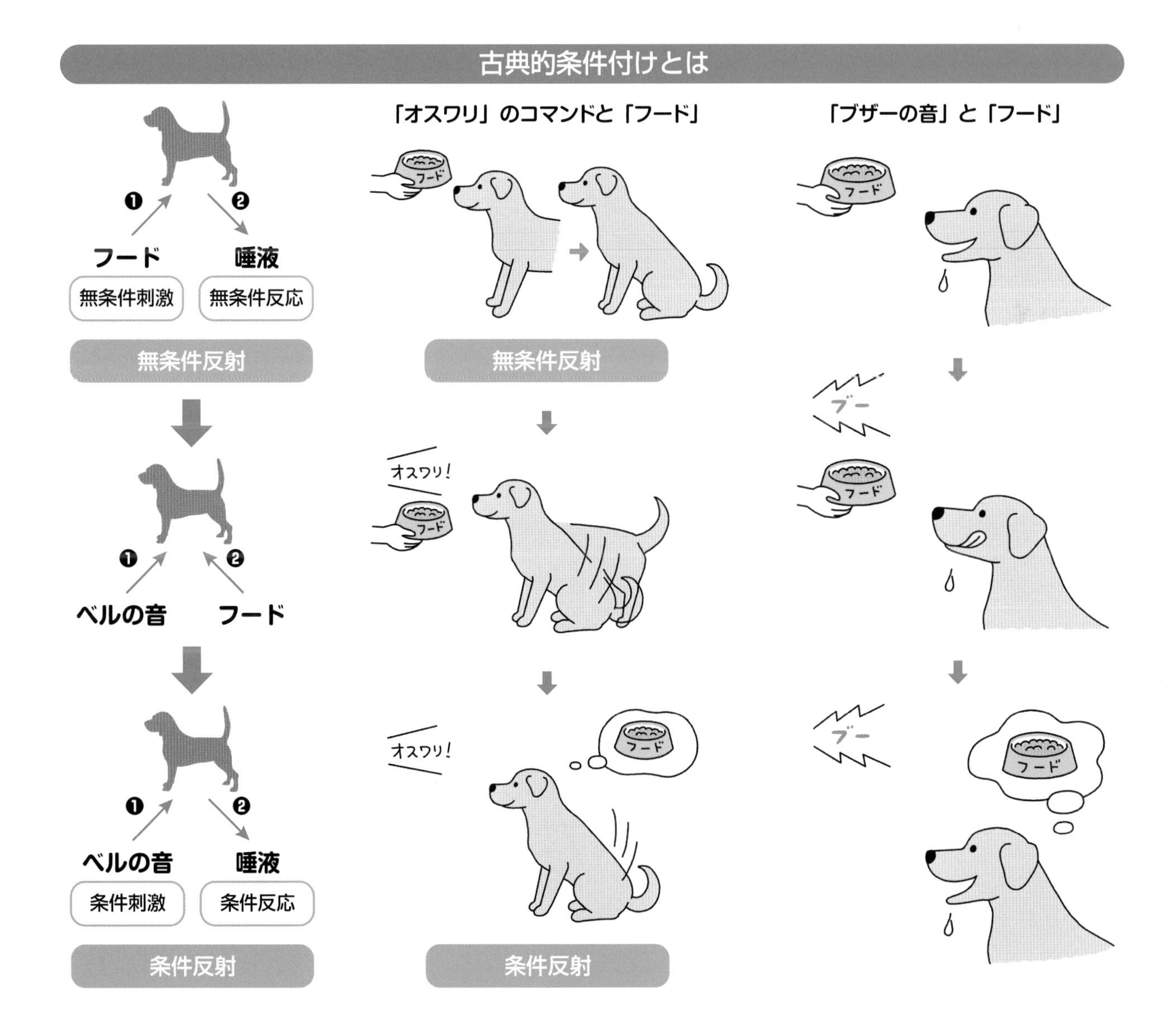

連続強化スケジュール

〈条件刺激〉	〈無条件刺激〉
オスワリ	褒美
オスワリ	褒美
オスワリ	褒美
オスワリ	褒美
オスワリ	褒美
オスワリ	褒美

部分強化スケジュール

固定比率強化スケジュール

〈条件刺激〉	〈無条件刺激〉
オスワリ	
オスワリ	
オスワリ	褒美
オスワリ	
オスワリ	
オスワリ	褒美

変動比率強化スケジュール

〈条件刺激〉	〈無条件刺激〉
オスワリ	褒美
オスワリ	
オスワリ	褒美
オスワリ	
オスワリ	
オスワリ	褒美

＊オスワリ3回に1回の褒美の例

連続強化スケジュール

部分強化スケジュール

しくは「**部分強化手続き**」といいます。

通常、連続強化スケジュールのほうが、部分強化スケジュールよりも「強化」の度合いは強く有効的です。

●部分強化の種類

部分強化スケジュールには、様々な方法があります。

決めた回数（例えば５回）の行動をした後に無条件刺激を与えることを「固定比率強化スケジュール」、行動を起こした回数を定めずに無条件刺激を与える方法を「変動比率強化スケジュール」といいます。

また、行動を起こし無条件刺激を与えてから、一定時間が経過した後に行動を起こすと無条件刺激を与える方法を「固定時隔（じかく）強化スケジュール」、時間間隔を変動にする（決めない）方法を「変動時隔強化スケジュール」といいます。

●高次条件付け

古典的条件付けは、上記のような無条件反射以外の生得的行動に対しても形成することができるので、応用の幅は広いといえます。

形成した古典的条件付けをもとにして、次の学習をさせることもできます。例えば、ベルの音に対して唾液を出すようになった犬に対して、ランプの光を見せてからベルを鳴らすという手続きを実施すると、ランプの光にも唾液分泌の条件反応が見られるようになります。これを「二次条件付け」といいます。このランプを使って、さらに別の刺激に対して反応させると、三次条件付けということになります。二次以上の条件付けをまとめて「高次条件付け」といいます。

高次条件付けは、学習した行動をもとにして別の習得的行動をつくり上げる古典的条件付けです。これに対して、生得的行動をもとに習得的行動をつくるふつうの古典的条件付けを「一次条件付け」といいます。

6．古典的条件付けの時間的な関係（タイミング）

条件反応を確実なものにするためには、条件刺激と無条件刺激の時間的関係が非常に重要となります。

条件刺激の後に無条件刺激を見せたり与えたりすることを「順行（じゅんこう）条件付け」といい、条件刺激と無条件刺激を同時に見せたり与えたりすることを「同時条件付け」、無条件刺激を見せたり与えたりした後に条件刺激を与えることを「逆行（ぎゃっこう）条件付け」といいます。

形成される条件反応は、順行条件付けが最も大きく、次いで同時条件付けとなります。逆行条件付けでは条件反応の形成は難しくなります。

◆順行条件付け

順行条件付けは、「延滞条件付け」と「痕跡（こんせき）条件付け」に分類されます。「延滞条件付け」は、条件刺激がまだ示されているとき（または条件刺激を示し終わった瞬間）に無条件刺激を見せたり与えたりしますが、「痕跡条件付け」では条件刺激を示し終わってし

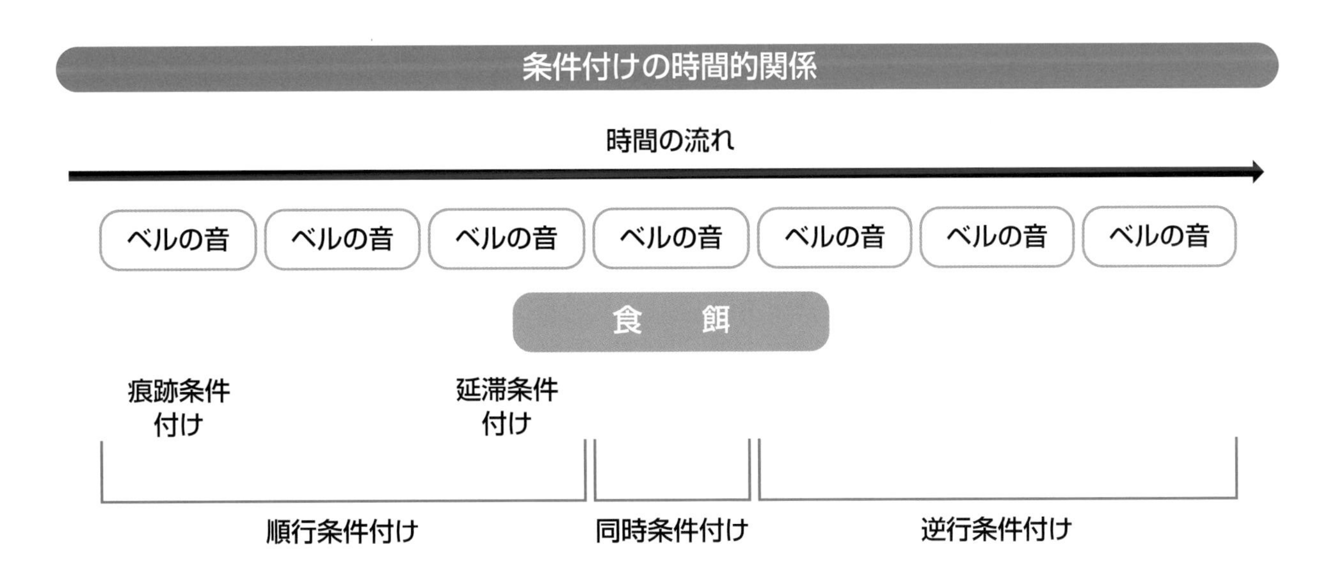

ばらくして無条件刺激を見せたり与えたりします。

ここでポイントになるのは、条件刺激の呈示開始と無条件刺激の呈示開始のタイミングです。どのくらい経過して無条件刺激を出すと効果的に条件反応を形成することができるかは、条件刺激や無条件刺激の種類、条件反応の種類、動物種によって異なり、またその動物（特に犬）の性格も大きく影響します。

条件刺激と無条件刺激を時間的に近付けすぎると同時条件付けになり、効果的ではありませんが、離れすぎていても条件付けが生じないことも頭に入れておきましょう。

条件刺激と無条件刺激の対呈示を１回行うことを「１試行」といい、ある試行から次の試行までの時間間隔も条件付けにおいては重要となります。

7．古典的条件付けの刺激性制御

古典的条件付けでは、条件反応形成後に条件刺激以外の刺激にも条件反応が見られることがあります。これを「**刺激般化**」といいます。その刺激が条件刺激に似ていれば似ているほど、刺激般化は大きくなります。

また刺激般化の程度を測定することで、どの刺激とどの刺激が似ていると動物が感じているのか調べることもできます。

動物が２つの刺激に対して同じように反応（刺激般化）していても、この２つを区別できないわけではありません。

「**分化条件付け**」というテクニックを使えば、刺激を区別して学習させることができます。例えば、ベルの音のときには食餌を与え、ブザーの音のときには与えないという手続きを行えば、ベルの音のときに唾液を出し、ブザーの音のときには唾液分泌がなくなります。

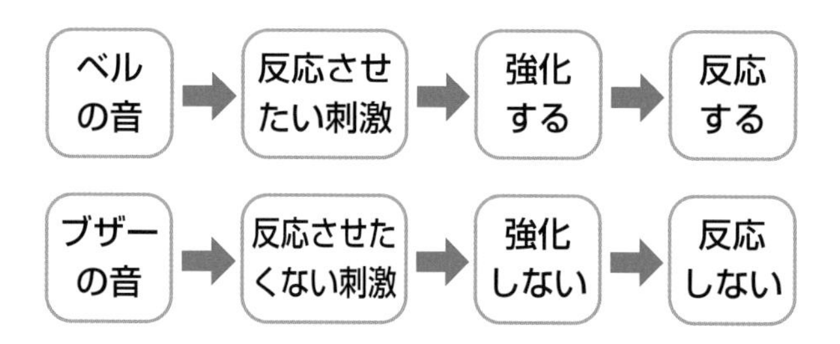

複数の要素からなる刺激の場合、最も目立つ刺激要素（刺激B）が条件反応を示すとき、その刺激要素がほかの刺激要素（刺激A）を「**隠蔽**（いんぺい）」しているといいます。何が条件刺激になるかは、過去の経験によっても異なります。この「隠蔽」は、「刺激のパッケージ」という項目とも関連があるため、本章の第９節で後述します。

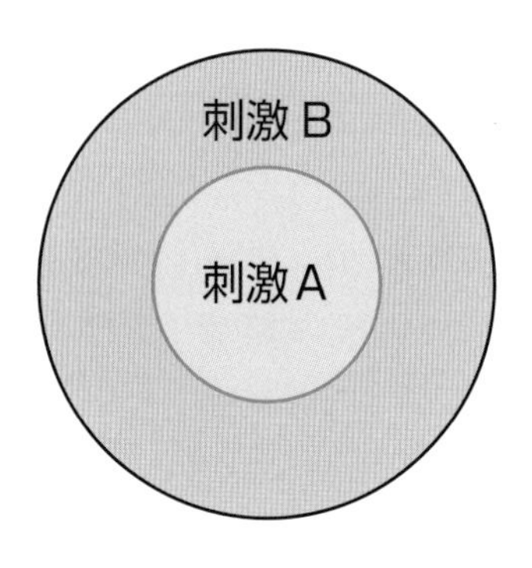

次に、動物に食餌を与える前にベルを鳴らして合図することを毎日繰り返して、ベルの音（刺激B）に条件付けをしたとします。ある日以降、ベルの音だけでなく身振り（刺激A）も一緒に加えて食餌の合図にしようとしても、身振り（刺激A）は条件刺激にはならない場合があります。なぜなら、ベルの音だけで食餌をもらえることを理解しているからです。これは、身振り（刺激A）が条件刺激になることをベルの音（刺激B）が「**阻止**（そし）」したことになります。

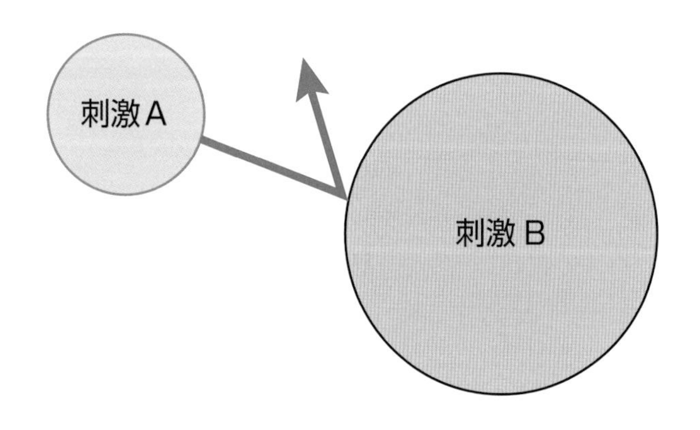

般化、分化条件付け、隠蔽、阻止といった現象に示されているように、何が条件刺激として条件反応を引き起こすかということは「**刺激性制御**」（刺激による反応の制御）の問題と考えていきます。

この刺激性制御については、本章第９節でも詳しく説明をしています。

8．オペラント条件付け

古典的条件付けは、無条件反応を条件刺激により条件反応に変化させていく学習で、行動を誘発する無条件刺激が必要でした。オペラント条件付けでは、結果を自らが誘発できるよう行動して学習していきます。

◆基礎的な考え方

試行錯誤説で有名なアメリカの心理学者であるエドワード・ソーンダイクは、**効果の法則**「ある反応の後に満足できる状況が続いて起これば、その反応は繰り返される傾向にある」ことを提唱しました。これはオペラント条件付けの基礎的な考え方で、その後バラス・フレデリック・スキナー博士によって４つの分類からなる学習方法として確立されました。この学習方法のことを「行動随伴性（ずいはん）（behavior contingency）」といいます。

オペラント条件付けが古典的条件付けと異なっているのは、「何らかの結果を引き出すためには、必ず何か行動を起こさなければならない」という点です。行動することで状況を操作し、結果が生み出されるということです。古典的条件付けでは２つの刺激を関連付けていきますが、オペラント条件付けでは行動とその結果を関連付けていきます。

●定義

◎**強化の定義（Reinforcement）**：トレーニングでの強化は、犬の観点から考えて本当に行動を強化する効果がなくてはならず、飼い主の推測ではいけません。

◎**正の定義（＋）**：正とは数学的に何かを加えることで、心地よいなどの感情を表していくものではありません。

◎**負の定義（－）**：負とは数学的に何かを取り去ることで、これも感情を表していくものではありません。

◎**弱化（じゃっか）（罰）の定義（Punishment）**：トレーニングでの弱化（罰）は、行動を抑制または減少させるもので、犬の観点から考えて行動を抑制するものであれば何でも弱化（罰）になります。

※従来では、反応が減ることを「罰」と表現していま

「効果の法則」のイメージ。「満足」意識が高ければポジティブな行動を、「不満足」意識が高ければネガティブな行動をとる。

したが、文字にすると「罰」は直接的に何かを加えることを連想してしまうこと、また別の意味をもつ場合もあることから、ここでは「弱化」という表記を用いています。

●強化と弱化の種類

◎正の強化（＋R）報酬が加えられる：犬の行動が何か良いことを起こします。

◎負の弱化（－P）報酬が差し引かれる：犬の行動により良いことがなくなってしまいます。

◎正の弱化（＋P）嫌悪不快感を加える：犬の行動により何か嫌なことが起こります。

◎負の強化（－R）嫌悪不快感が取り除かれる：犬の行動が不快なことを取り除きます。

これらの行動随伴性を活用して、多くのいろいろな行動（例えばトレーニングや問題となる行動）を分析することができます。

オペラント条件付けで考えられる４つの行動と学習

	加える（＋）	取り去る（－）
良いこと（好子（こうし））	正の強化（＋R） 反応が増える	負の弱化または罰（－P） 反応が減る
嫌なこと（嫌子（けんし））	正の弱化または罰（＋P） 反応が減る	負の強化（－R） 反応が増える

●消去について

消去は、以前に強化されていた行動が強化されなくなったときに起こります。過去に報酬が与えられていた行動に対して、強化をなくせば、その行動を減少あるいは消滅させる効果があります。

消去では、対象となる行動に対して、それまでに正の強化（＋R）があったことが前提条件となります。正の強化は、注目やフード、身体的接触、自由など、その動物の行動を強化するような報酬が与えられていた行動のみを示します。

一般的に消去手続きといいます。

◆消去と負の罰の相違点：負の罰で行動を抑制する場合には、過去にその行動が強化されている必要はなく、現時点での状況に対して何かをすることになります。つまり、そのときに与えている褒美を取り上げる状況をつくればよいという考えです。抑制したい行動を引き起こす原因となる刺激（褒美）は強化（正の強化）されたものではなく自然の流れの刺激となります。

◆消去バースト：犬の行動を消去手続きによりやめさせるようにしている場合に、その行動がより頻繁になることを意味します。犬のある行動が「消去バースト」であるかどうかを判断することは大変難しく、前後の行動をよく吟味（ぎんみ）する必要があります。消去バーストである場合には、あきらめずに行動を促します。犬の粘り強さに屈しないことが大切です。

◆自然回復：消去手続きによって、ある行動を減少もしくは消滅させても、その行動が自然に復活することがあります。なぜなら、消去手続きによって行動を減少させることは、実は減少させる行動を強化していることでもあるからです。その行動を強化しなくなる（休憩するような感じ）などすると、もとの行動（減少させたい行動）が復活することがあるのです。要するに、消去手続きにより行動の減少が見られれば、多くの場合、その動作を止めてしまうということを意味しています。この場合には、すべての行動パターンを見直してみる必要があるかもしれません。

9．犬の学習について

犬はつねに「学習」していて、様々な経験を通して行動が定着していきます。犬の学習において、幼齢～若齢（じゃくれい）期（生後４週～７カ月）はとても重要な時期に相当します。この時期に、人との生活（社会性）を十分に経験させなければならないことは、すでに述べてきました。

◆犬が飼い主をトレーニングする？

犬は執拗に飼い主を観察しています。これは、犬が生活していく中でつねに「コミュニケーション」が必要なためです。できるかぎり「自分のほうを向かせて、たくさんのコミュニケーションをとって、満足できる状況」をつくるためなのです。その挙句(あげく)に、犬は飼い主をトレーニングすることさえあります。しかも飼い主自身が、犬によって「トレーニングされている」などとは夢にも思わない方法を使って行います。

例えば、飼い主が帰宅すると、犬はすかさず歩み寄り、ひっくり返って腹を見せることがあります。それを見た飼い主は「寂しかったのか、よしよし」などと声をかけながら、ひっくり返った犬の腹をなでたりします。犬のこのような動作は、飼い主を自分の思いどおりに動かしていく一つなのです。腹をなでた時点で、飼い主は、犬の思う壺にハマってしまっているのです。

犬が腹を見せるのは「服従している動作」だと思っている飼い主が多いと思いますが、明らかに違います。犬のこのような動作は「かまってほしい」「遊んでほしい」という要求の表れなのです。

犬がこのような動作をするのは、ふだんから飼い主をしっかりと観察し、どのような行動をすればいち早く自分のところに来てくれるのかということを、上手に学習した結果でもあります。こうなると飼い主も気が抜けません。犬をつねに観察して、どのような行動特性があるのか、どんなものを怖がるのか、どんなことをしたら喜ぶのかなどを知っておく必要があります。

観察を重ねて、犬の行動特性をある程度理解でき、性格も把握したのであれば、犬がつねに学習していることがわかると思います。では、行動はどのように起こるものなのでしょうか?

●三項随伴性

動物の行動は三項随伴性により起こるといえます。三項随伴性とは「弁別(べんべつ)刺激」「行動」「結果」の3つの要素が関係しあって行動を起こすことを指します。

オペラント条件付けの影響による行動を考える上では、この理論をしっかりと理解しておく必要があります。

□弁別刺激(先行事項)

犬に何かするように伝えるための出来事、シグナル、合図、刺激など、犬が認識できるものすべてが含まれます。行動の前に起こるものを指し、犬に行動を起こさせるための「コマンド」(号令、ハンドシグナル)も当てはまります。

□行動

犬がすることのすべてを指します。歩いたり、吠えたり、座ったりといった行動も含まれます。先行する出来事(弁別刺激)を認識したときに、犬がどのように行動するか、というのがトレーニングの意図です。すなわちコマンドを与えて、次に犬がとる行動すべてが当てはまります。

□結果

犬がとった行動の結果として表れることを指します。良い結果だけでなく、悪い結果になることもあるかと思いますが、結果を考えることで、犬がどのように学習をしているかがわかります。「結果が行動を引き起こす」ことを覚えておきましょう。

先行事項 (ANTECEDENT)	行　動 (BEHAVIOR)	結　果 (CONSEQUENCE)
犬がオイデを聞く	犬が飼い主のところへ走る	飼い主が犬にチーズを与える
犬がオテの合図を見る	犬がオテをする	飼い主が犬をほめてなでる
麻薬探知犬が麻薬のニオイを嗅ぐ	犬が吠える	ハンドラーの税関職員が犬と引っ張りっこのゲームをして遊ぶ

◆犬をトレーニングする際に使うコマンドについて

コマンド(号令)を学術的な正しい専門用語で表現すると“刺激”になります。いろいろなものが犬にとってのコマンドになります。例えば、飼い主の言葉、投げられたボール、場合によっては車などでも、刺激が行動を誘発します。

刺激は行動の前に起こるものなので、弁別刺激(先行事項)ということになります。

◆弁別刺激(先行事項)としてのフード

犬のトレーニングをする際に、褒美としてフードを利用したり、おもちゃを動かしてみたりすることがあります。このとき、褒美を与えるのは行動のきっかけをつくる最初の数回だけにし、その後の褒美はランダムに与えるようにするべきです。なぜなら、犬が褒美そのものをきっかけに行動することを覚えてしまうかもしれないからです。つまり、褒美が「コマンド」＝「合図」＝「先行事項」になってしまうと、褒美がなければその行動をしないようになってしまうかもしれません。これはフードを使ったトレーニングの難点です。

しかし、これはその方法に問題があるわけではありません。フードを有効的に使う方法を考えます。フードなど犬の注目するものは褒美となると捉えましょう。考え方としては、何か報酬に値する行動をしたときに、褒美を出すようにします。これは「犬のトレーニングの最も重要な概念」です。

●刺激のパッケージ

刺激を考える上で問題となるのは、周囲の環境には刺激があふれているということです。例えば、飼い主がオイデという刺激を言葉で犬に与えたとします。言葉だけで伝えたつもりでも、言葉を発すると同時に前屈みになったり、犬を見つめたり、顔の筋肉が動いたりします。飼い主自身は意識しなくても、犬はそれに気付きます。これらの動きをまとめて「刺激のパッケージ」といいます。これは刺激を与えるときにまわりで起こっていることすべてを含みますので、動作を細かく観察してみましょう。

この「刺激のパッケージ」をより多く与えていくことで、こちらのしてほしい動作を犬が関連付けやすくなります。

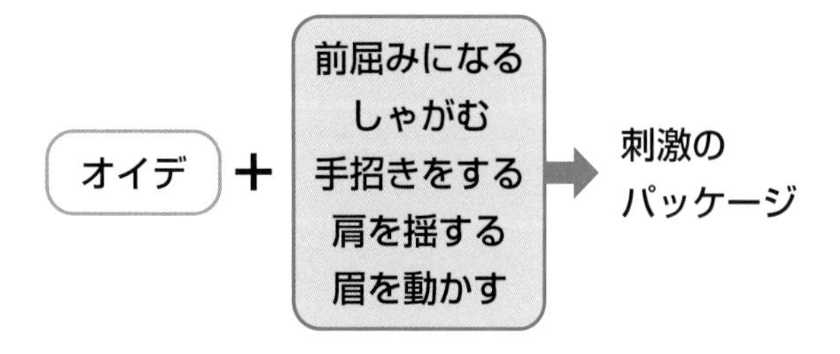

●周囲の状況から与えられる合図

日常生活にあふれている刺激をトレーニングに結び付けるようにします。例えば、玄関のチャイムが鳴ったらオスワリをする、首輪を見せたら頭を差し出すなど、犬が関連付けられるようにします。

飼い主が考える刺激と、犬が読み取る刺激がつねに一致するわけではありません。犬をよく観察して、飼い主が考える行動をとるように近付けていけるといいでしょう。

散歩に行く

首輪を見せると
首輪に頭を入れる

毎日続けている
ことで日常化する

●オーバーシャドウイング（隠蔽）

これは、犬にとって最も重要だと思われる事柄に、ほかのことが覆い隠されていることを指します。例えば、オイデのトレーニングを行う際に、言葉と同時に手を振るハンドシグナルを出すと、どちらか一方が有力な合図になります。犬はもともと観察力が鋭く、動作コミュニケーションを使う動物です。視覚と聴覚の両方を同時に刺激しても、聴覚刺激を省いても、犬は行動を起こすでしょう。

しかし、視覚刺激を省くと犬は行動を起こしにくくなります。犬にとっては、言葉よりも動作による刺激のほうが、より顕著で受け入れやすいのです。

●刺激制御

ある特定の合図に対して、犬が特定の反応を示す心理学用語です。よくトレーニングされている犬は「刺激制御されている」ということになります。

刺激制御されている犬は、次の行動はしません。

・合図が出されたのに、その行動をとるのを拒否する。
・合図が出ていないのに、その行動をとる。
・出された合図に対して、その合図とは異なる行動をとる。
・同じ合図に対して、様々な行動をとる。

●般化と状況学習

特定の状況下で何かを学習した犬は、ほかの状況下でも同じ行動をとるとは限りません。これは犬の行動が「般化」されていないからです。

犬は周囲の状況や前後関係を捉えながら学習します。学習したときと状況の構成要素が変わってしまうと、ほとんどの犬は同じオスワリでも違う課題だと判断します。

例えば、リビングで完璧にオスワリができていたとします。同じリビングであっても、来客があるとオスワリができなくなる場合があります。これは今までのリビングだけの状況に「来客」という構成要素が加わり、状況が変わってしまうためです。この場合には、「リビング＋来客がある状況」のもとオスワリのトレーニングをするようにします。

どんな状況でも犬が行動できるようなトレーニング・プログラムを組み立てていきましょう。

●迷信的な行動

迷信的な行動とは、特定の行動を教えるときに、同時にそれとは無関係な行動を犬が偶然（ぐうぜん）に学習してしまったことを指します。状況とはまったく無関係な行動なのですが、あたかもその行動が要求されたものであったかのように現れます。

<例>

□フセのコマンドを聞いて、犬はフセをして前足に顎を乗せました。犬は、フセのコマンドで顎を前足に乗せて伏せるようになりました。

飼い主は「フセ」というコマンドで、犬がフセの状態になるように教えているのですが、偶然に顎を前足の上に乗せたら、飼い主から褒美が与えられたことを犬は学習し、その後、フセのときはこのような状態になったということです。

□犬に、庭でトイレをするように教えました。教えた時期が2月で、外は雪が降り積もっていました。順調にできていましたが、3月後半になったころから庭でのトイレができなくなってしまいました。

これは飼い主の関連付けと犬の関連付けが違っていたことに起因（きいん）しています。飼い主は「トイレは庭」と関連付けたかったのですが、犬は「雪の上がトイレ」と認識してしまったと思われます。

犬の学習や行動は、前後関係も含めて行われています。そのため、実際のところ、しつけやトレーニングを犬がどのように関連付けているのかを正確に知ることはできません。そこで私たちは、犬の行動をよく観察することで、犬がどのように学習しているのかを推察（すいさつ）し、できるかぎり理解を深めていくのです。

学習のポイント

学習理論と行動理論に関する科学的根拠を理解するためには、動物の精神構造をよく学ぶ必要があります。専門的な用語も多く、一見すると難解に思えますが、犬の実際の行動と照らし合わせて考えていくと理解が進むのではないでしょうか。大切なことは犬を観察しながら「なぜ、その行動をするのか」を考えることです。

この章のもう一つのポイントは、「なぜ犬に対してしつけやトレーニングを施（ほどこ）していく必要があるのか？　それをつねに問いかけていくこと」にあります。

9 犬の言葉(ボディーランゲージ)

犬は身体全体を使ってコミュニケーションを図ります。その意図するところは複雑で、挨拶行動一つとっても、リラックスしているときと、警戒など緊張しているときとでは異なります。服従、威嚇、攻撃といった行動の中から、犬が伝えようとしていることを理解しましょう。

1．犬のコミュニケーションは身体全体で

人は多くの仲間とコミュニケーションを図る際に、自分の気持ちといった感情の状態や意思、危険や警戒などの情報を、おもに言葉を用いて伝達します。犬についてはどうでしょうか？　いまだにわからないことはたくさんありますが、答えは犬がもっています。

犬は飼い主に対して、言語ではなく身体全体を使ってコミュニケーションを図ります。例えば、尾を振って寄ってきて飼い主の足下に軽く飛び付いたとしましょう。すると飼い主は「そうか、抱っこしてほしいのか～」などといって、犬を抱っこするかもしれません。しかし、犬がいつ「抱っこしてほしい」と言ったのでしょう？　そして、飼い主はどの部分を見て犬が抱っこされたがっていると感じ、実際に抱っこする行動に移したのでしょう？

◆犬は動作だけで言葉以上のサインを出す

犬がうれしそうに寄ってくる動作を細かく分析すると、姿勢を少し低くして耳を下げて、目を潤(うる)ませるようにして尾を振りながら飼い主に訴えるように近付いてきます。次いで、その様子のまま飼い主の足下に少し飛び付いてみます。犬はこの行動によって、飼い主の心の中に「抱っこされたがっている」という感情を起こさせます。

犬は言葉を介(かい)さずとも、動作だけで言葉以上のサインを出し、巧(たく)みに飼い主をコントロールしてくるのです。飼い主やインストラクター（犬のプロ）は犬が伝えようとしていることをしっかりと理解する必要があります。また、犬の発信するコミュニケーション・サインには、相手が間違った伝達や解釈をしないように、一つ以上の要素が含まれています。ただし、動作のすべてがコミュニケーションのためのサインとは限らないので、よく観察することが必要です。

身体全体を使ったボディーランゲージで、犬は人をコントロールする。

◆犬の威嚇の例

□威嚇しようとしている犬は、相手に意図を誤解されないよう、視覚（身体の姿勢や顔の表情）と聴覚（唸る）の両方のサインをはっきりと送ります。

□犬が攻撃的に威嚇をするときには、相手に対して身体を大きく見せようとします。

□防御的な犬、怖がっている犬が威嚇をする場合には、相手に対して自分自身を小さく見せようとします。

□威嚇するための唸り声は低くて重々しく「ウ～」と鳴きますが、怖がっている場合は「クンクン」や「キャンキャン」と甲高い声で鳴きます。

2．挨拶のための行動

社会性の高い犬は、つねに相手とコミュニケーションを図ろうと考えています。そのため、互いがかかわりあう際に当事者間の社会的距離（臨界距離）を縮めるための行動をします。

犬同士の親密度により、異なる挨拶行動が見られます。顔を近付けて挨拶する犬もいれば、少し横を向いてアイコンタクトを避ける犬もいます。友好的な挨拶には、服従的行動も含まれます。

挨拶のための行動を知る際には、通常の状況とそうでない状況との行動の違いを覚えなければなりません。

●基本姿勢と警戒態勢（緊張状態）

基本姿勢は、特に緊張する状況もなく、すべてにおいて順調でリラックスした状態を示しています。

犬の状態としては、身体全体がリラックスしていて、尾は自然に垂れている緩和状態、口元も緩み、舌を出している様子などが見られます。耳は自然な状態で、立ち耳であれば緊張せずにあちこち向きを変えたりしています。自然に立っている状態、座っている状態、寝ている状態であり、緊張している様子はありません。

このような基本姿勢が、人などの接近や聞き慣れない物音などにより、瞬時に警戒態勢（緊張状態）へと移行します。この場合の警戒態勢は、戦闘をする態勢ではなく、緊張している状態を示しています。何か状況に変化があり、次の行動をどのようにすればよいか考えているのです。

犬が警戒態勢に入ると、背線がピッと緊張して頭部は変化のあった方向を見ます。耳を立たせ変化の方向を向いたまま動かさず、口は閉じるかやや開き加減、物音がよく聞こえるように荒い呼吸をやめて息を潜めます。目は変化の方向を見つめ、鼻は状況を知るため静かに、かつフル稼働でニオイを摂取します。立っている場合には、四肢の足元は緊張状態で爪を出して地面に密着させ、いつでも動ける状態にあります。尾は背線近くまで上げて緊張した状態です。

基本姿勢からどのように警戒態勢へと変わっていくのか、下図で確かめてみてください。

警戒態勢では、注意を集中している様子がうかがえます。この姿勢は次にとるボディーランゲージの最初のステップになる場合が多くあります。次に何をするにしても準備万端整った状態となります。

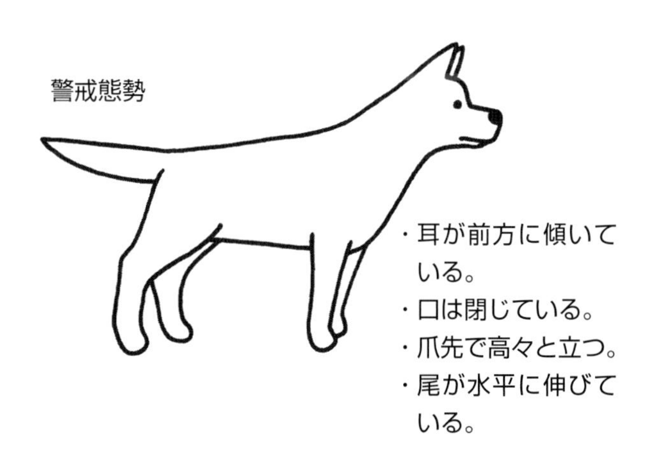

●弓なりの姿勢

通常、弓なりの姿勢は、遊びに誘う友好性を示しています。頭を下げ、尾を高く上げて勢いよく振っている行動が多く見受けられます。

この姿勢は、犬がどうしていいのかわからず混乱している状況のときにも見られることがあるので、この動作の前後をよく観察して対応する必要があります。

弓なりの姿勢

●身体をくねらせた挨拶

鼻先から尾にかけて体をくねらせて、相手の尻のニオイを嗅ごうとするときのポーズは、挨拶の一種です。犬は互いに相手のニオイを嗅ぎ合い、相手が誰であるのか社会的序列などを確認し合います。

犬は「鼻で考える動物」といわれており、相手が発するニオイの情報を細かく嗅ぎ分けて、次にどのような行動を起こすのかを決めていきます。

身体をくねらせた挨拶

3．対立的な行動

単独で生活をする動物と比べて、集団生活を送る動物はコミュニケーションをより多く必要とします。集団生活は生存のために相互に依存しており、平和に共存することが何よりも大切なのです。社会的および競争的闘争を回避する手段が必要で、社会的な衝突行動を「対立行動」と呼びます。ただし、対立行動は必ずしも攻撃行動とは限りません。

●T字形の位置関係

優位にある犬は、好んで相手を見下ろす位置に立ちます。服従する犬はそのままじっとしている必要があります。動けば「挑戦」と受け取られ、優位の犬が攻撃に出る可能性があります。

●回避的行動

その場を離れて逃避したり、その場に留まって別の行動をしたりするなど、状況そのものを回避する行動です。

一部の回避行動はカーミング・シグナル（「第10章」参照）を表すものであり、決して服従を受け入れるものではありません。

4．服従行動（従属行動）

平和に生活を継続したり、社会的争いを解決したりするには、相手からの威嚇や攻撃をやめさせたり、抑制したりする目的をもつ行動が必要です。これには服従するための行動も含まれます。従属行動、緩和行動、または服従行動と呼ばれるものです。

服従行動は「能動的服従」と「受動的服従」に分類されます。

●能動的服従

能動的服従の行動は、うれしいとか楽しいという行動で犬自身も楽しみたいという欲求が表れています。喜んで服従の動作を示す場合は、犬のストレスが緩和されて関係性がとてもよく、犬とのコミュニケーションが順調であることを示しています。

能動的な服従を示す動作は、身体全体を低くして近寄ってきたり、寄り添ったりするような態度が見られ、威嚇に出る風情はまったくありません。基本的に視線を合わせようとはせず、耳を後方に寝かせ、尾は多く振ったりせず垂らした状態にします。もじもじするような小さな動きで、なめるようにわずかに舌を出したりします。

●受動的服従

受動的服従は、完全に受け入れている状態であり、どんなことがあっても逆らいませんというサインでもあるでしょう。

受動的服従を示す動作は、完全に身体を低くして、仰向けになる場合が多く、たいていの場合、後肢の一方が浮き上がっています。動かずにじっとしていて、尾をたくし込みます。この場合も、視線を合わさずよそを見ます。舌をなめたり、尿を漏らしたりすることもあります。

このような行動は幼少期（移行期）の学習がうまくいっていることを示し、相手の攻撃性を抑制したり、面倒を見てもらいたいといったりするようなサインでもあります。

ただし、人（飼い主含む）に対して犬が喜んでこの動作をする場合は、服従の行動ではなく「要求」の行動であることが多くあります。犬が飼い主をコントロールする行動の一つでもあるのです。

●目と尾についての注意点

動物はほとんどの種がアイコンタクト（視線を合わすこと）に反応します。近付いてくる犬が友達か敵かわからない状況では、アイコンタクトはとても重要です。まっすぐ視線を向ければ挑戦、あるいは挑戦者に出会ったという意味になり、視線をそらせば「あなたの優位を認めます」という意味になります。親しい関係や信頼し合った関係でのアイコンタクトは、喜んでリーダーに注意を向け「言うとおりにします」という意味になります。

尾を振ったからといって、必ずしも友好的な犬だとは限りません。尾を振ることは、ある種の興奮や感情の高まりを意味する場合が多くあるので、犬を扱う際にどのような状況なのか、十分観察します。どの場合においても、身体のほかの部分の合図と関連付けて、尾を振る意味を読み取ることが重要です。

5．攻撃の威嚇

威嚇された犬は、自分も攻撃をする可能性があることを、攻撃的または防御的に相手に警告して威嚇する場合があります。この威嚇は、身体的に相手を傷付けることではなく、相手がその行動をやめなければ自分が攻撃をするということを伝えるための警告です。

威嚇行動には、吠える、唸る、歯を見せる、相手に突進するなどの行動が含まれます。相手の身体に接触する程度に歯を当てることもありますが、これは抑制された咬み付きです。

攻撃に対する警告の威嚇

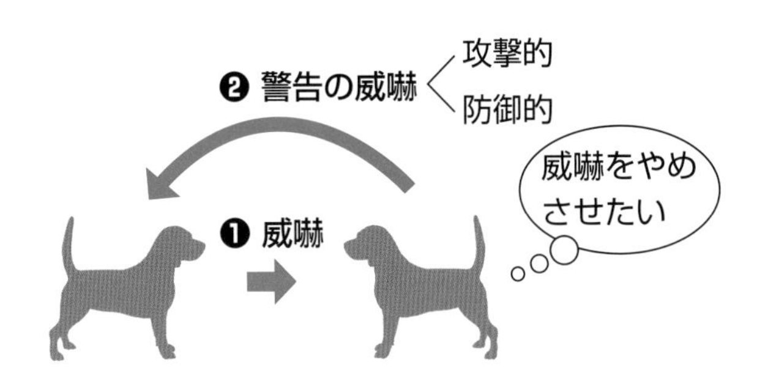

●攻撃的行動

攻撃的または防衛的に相手を傷付ける目的で行動します。威嚇と攻撃は、軽い威嚇から始まり過激な攻撃へと変化していきます。この変化は、犬の性格だけでなく与えられた状況によっても決定されます。犬は、逃げることができない状況だとすぐに攻撃に移る場合があります。また、葛藤(かっとう)や混乱の表れとしての攻撃もあるため、犬の基本的な性格を考慮しながら一貫性をもって対処していくことが重要です。

◆先制攻撃型・・・攻撃的な威嚇のポーズ

攻撃的な威嚇の姿勢をする犬は、大胆(だいたん)で勇敢で支配的で自信に満ちていて、相手より優位に立ち、強引ですぐにも戦う気でいる状態です。

基本姿勢（63ページ、上イラスト参照）と比較すると、先制攻撃型の姿勢は一般的に直立して前方に向き、前傾気味になっています。侵入者に向かって頭を高く上げることで自分自身を大きく見せようとします。背中の毛が逆立つことがあり、尾を高く上げゆっくり振ったり、アイコンタクトをとろうとしたり、にらんだりすることもあります。前方の歯を見せて吠えたり、唸ったりすることもあるので、よく観察することが必要です。

攻撃的な犬は、人やほかの犬に飛び付いて臨界距離から追い出そうとすることがあります。そのような犬を挑発すれば攻撃、つまり咬み付いてきます。このときに犬が何を脅威(きょうい)に感じるか考えなければなりません。また臨界距離についても犬によって様々で決まりはありません。

先制攻撃型は、支配力をもっています。先制攻撃型の犬を良きコンパニオン・アニマルとなるようにトレーニングするには、あらゆる状況下でコントロールできるようにすることが重要です。

◆守備防衛型・・・防戦的な威嚇のポーズ

先制攻撃型とは逆で、気後(きおく)れしている犬、怖がりの犬、臆病な犬は自分を脅かす対象を回避しようとします。

守備防衛型は怖がりであり、その気持ちは姿勢にも反映されます。うずくまったり、抱え込んだりしたような姿勢が見られます。毛は逆立ち、アイコンタクトを避け、近付かれると顔を背けることが多く、身体も別方向へ向けてしまいます。耳と尾は後方に下がり、目は見開いています。唸ったり吠えたり、クンクンと鳴いたりすることもあり、歯を見せるときには口を開くように水平に唇を引きます。

①状況が順調ではないことを示している

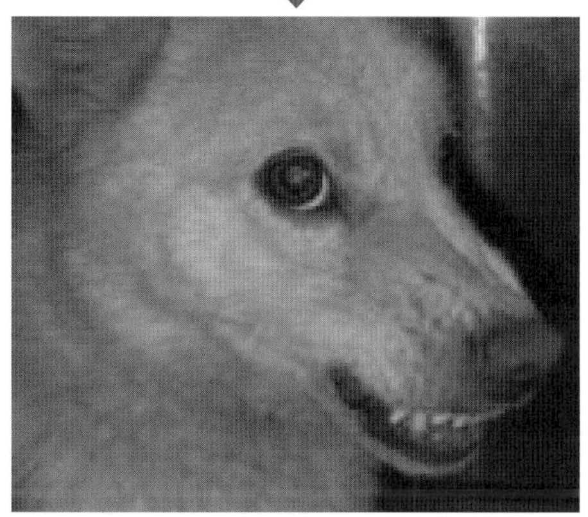

②「それ以上、近付くな！」

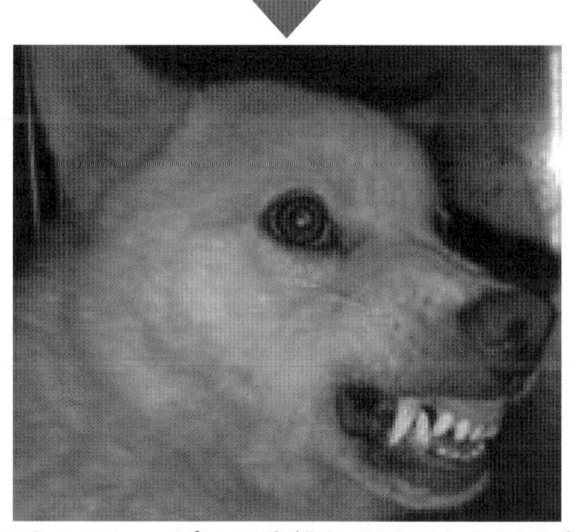

③ストレスいっぱいで攻撃をすることを示す（1）

④ストレスいっぱいで攻撃をすることを示す（2）

かなり近くまで接近してくるものには、咬み付こうとするように飛び付いてきます。この場合、本当に咬み付いてくるかもしれません。それは相手を追い払いたいからです。守備防衛型の犬には、多くの場合、咬み付くという行動が見られます。咬み付こうとする傾向は先制攻撃型よりも高いのですが、その理由は危険を追い払いたいだけにすぎません。噛んで実際に害を及ぼすのは先制攻撃型の犬です。

守備防衛型は、境界線を越えて入ってくる侵入者から自分自身や重要な資源（食べ物やおもちゃなど）を守ろうとします。境界線とは、犬が危険を感じ始める距離のことです。侵入者を境界線の外に追い払うことができれば、たいてい威嚇は収まります。

6．威嚇と攻撃の動機

以下の用語に明確な区分はありませんが、攻撃の原因を説明するために使われます。犬に対しても人に対しても、威嚇攻撃の動機はほぼ類似（るいじ）していると思われます。

●痛みによるもの

身体的苦痛や不快感に対して表れる守備防衛型の威嚇攻撃行動です。これは恐怖による攻撃に分類されることもありますが、基本的には痛みを伴うものと判断します。

ケガをした場合の攻撃性、体調不良による攻撃性、罰により誘発された攻撃性は、苦痛により誘発された行動と解釈する場合もあります。

●支配（優位）性によるもの

支配性の攻撃が見られるのは、相手が適切な融和（ゆうわ）行動（服従行動）をとらなかった場合や、個体の死などにより階級制度が変化するときです。また、価値のある資源（食べ物やおもちゃなど）を奪われそうになったときにも誘発されます。

犬の性質や感情ではなく、社会的状況に反応するものです。社会生活を営（いとな）む集団においては、他個体に対する攻撃が生じるのは、支配性以外の理由に基づくこともあります。

●所有（占有）性によるもの

食べ物やおもちゃなど価値ある所有物を手放したくないと感じたときに表れます。この攻撃を支配性攻撃に分類する人もいます。犬は、ほかの犬や動物、人に対してこの攻撃を行うことがあり、先制攻撃型にも守備防衛型にもなり得ます。

●恐怖によるもの

この守備防衛型の攻撃は、身体的に自分の安全が脅かされていると察知したときや侵入者が境界線を越えて入ってきたときに発生します。恐怖が原因で攻撃する場合、侵入者が境界線の外へ撤退したら、ふつうは追いかけたり攻撃を続けたりすることはないでしょう。

恐怖行動や防衛行動の要素が、ほかの種類の攻撃と結び付くこともめずらしくありません。

●母性によるもの

仔犬が脅威にさらされていると感じたメス犬が表す守備防衛型の攻撃です。何が危険であるかは、メス犬の判断によるもので基準はありません。

●防御性によるもの

集団社会に属するメンバーを守るときに起こります。母性による攻撃や居住場所や繁殖場所を守ろうとするテリトリー性による攻撃（後述）を、ここに分類する人もいます。

防御的な威嚇攻撃には、先制攻撃型や守備防衛型の双方の要素を含みます。

●テリトリー性によるもの

自分の居住地域や社会集団を守るときに見られます。テリトリーによる攻撃には、先制攻撃型や守備防衛型の要素が含まれることがあります。

犬にとってのテリトリー感覚は様々で、実際に飼い主と住んでいる場所よりもかなり広く、近所の公園のように頻繁に訪れる場所も含まれることがあります。

●転嫁性によるもの

転嫁された威嚇攻撃とは、最初に攻撃反応を引き起こした個体ではない個体に攻撃が向けられることをいいます。通常、当初のターゲットに対する攻撃が妨げられたときに表れます。例えば、原因であるほかの犬の存在によって誘発された行動が、家族である飼い主や同居犬に転嫁されることもあります。

動機は先制攻撃型や守備防衛型にもなり得ます。

●捕食行動によるもの

この行動が攻撃の形態の一つとして分類されることがありますが、攻撃とはみなさないものです。

社会的な争いに際して見られるものではなく、ジョギングをしている人や自転車など通り過ぎていくものに刺激されて、捕食に似た行動が起きるのです。子供を襲う動機の中には、この捕食行動があります。子供の素早く急な動きや甲高い声が、食料となる動物の行動として認識されるためです。忍び寄ったり、追いかけたり、足や足首に咬み付く行動は、捕食行動の特徴です。

捕食行動には悪意は関係ありません。感情的なものではなく本能に基づいたものなのです。

学習のポイント

犬とのコミュニケーションの基本となるボディーランゲージは、その場面や状況により発現の形もいろいろです。その中でも、挨拶のとき、威嚇のとき、攻撃態勢のとき…とカテゴリーを見きわめて犬を扱っていくことが大切で、かつ重要なポイントとなります。

10 犬のストレス

犬はとても社会性の高い動物だといわれています。多くの仲間と、平和に共存していくことを望んでいる犬たちは、実に多くのストレスを抱えていて、そのストレス状態を様々な動作や行動で表現し、緩和しながら生活をしています。

社会性の高い動物は、多かれ少なかれストレスの中で生活をしているものです。弱肉強食の野生の世界では、「狩りをする」側と「狩りをされる」側に分かれ、つねに「空腹」と「天敵」に気を配りながら生活をしていますが、これも一種のストレスの状態です。

しかし、ストレスのある状態を維持しながら生活をしていくことが、子孫繁栄につながっています。

犬の祖先であるオオカミが使う「カット・オフ・シグナル（Cut Off Signal）」は、犬では「カーミング・シグナル（Calming Signal）」と呼ばれます。相手とのムダな争いを避け、互いをなだめる手段として用いられますが、犬がカーミング・シグナルを示す状況は、ストレスとの関係も考える必要があります。カーミング・シグナルとして犬が示す動作とその環境を考えて、犬のトレーニングに活かしていくこともできます。

1．カーミング・シグナル（落ち着かせるための信号）

●犬のシグナルの表現は微妙

動物行動学は、オオカミのボディーランゲージを含む行動を基本にして研究されています。その中で、オオカミは多くの仲間との対立を防ぐために「カット・オフ・シグナル」を使うといわれています。

このシグナルは長年にわたって研究されていますが、オオカミなどの社会性の高い野生動物が示すもので、犬など人と生活をする動物にはこのようなシグナルはないといわれていました。しかしそうではなく、オオカミなどはそのシグナルの表現が明瞭（めいりょう）であり、犬はシグナルが存在するのですが微妙なのです。

●互いに譲歩する効果をもっている

では、なぜ「カット・オフ・シグナル」（断ち切りの信号）とはいわずに「カーミング・シグナル」（落ち着かせるための信号）といわれるようになったのでしょうか？

そもそもカーミング・シグナルは俗語であり、ノルウェーの動物学者であるトゥーリッド・ルーガス女史により提唱されました。遮断するという意味をもつカット・オフはあまりにも一方的なものであり、犬の示す動作には相手との対立を遮断するだけでなく、その場をなだめて相手にも同じ態度をとらせ、互いに譲歩する効果をもっているといわれています。要するに、その場を妥協しムダな争いを避けるための手段がカーミング・シグナルなのです。

カーミング・シグナルは大きな問題に発展することを防ぐために用いられます。人や犬から威嚇されることを避ける、不安や恐怖などの不快な刺激に対する反応を和らげる、犬自身がストレスや不安を感じたときに自分を落ち着かせるなど、いろいろな状態のときに見られます。

●敵意を沈静させる

一般的にカーミング・シグナルは、威嚇や一方的に相手をなだめる行動だけではなく、敵対者になる可能性のある相手との妥協を示唆しています。互いをなだめる効果があり、深刻な闘争へとエスカレートする前に敵意を沈静させることができます。これは単に、争いの緊張感をほぐす効果を示しているだけです。妥協のシグナルは服従の姿勢ではなく、社会的地位に影響を及ぼさずに引き分けとしてその場を去る機会を競争相手に与えるものとなります。

そしてこのシグナルは、犬が困難な状況で自分自身を制御するときも見られます。また、ホメオスタシス（恒常性：通常の状態）から逸脱した状態のときに表れるともいわれています。

実に多くの意味をもつカーミング・シグナルをしっかりと理解しておけば、将来の犬のしつけやトレーニング、ハンドリングに必ず役に立ちます。また、上手に活用してもらいたいと思います。

1．カーミング・シグナルのボディーランゲージ

●友好的なアプローチ、威嚇するアプローチ

飼い主が犬と接するときには、２つの選択肢があります。相手を落ち着かせ安心させるような友好的なアプローチをとるか、相手を威嚇するようなアプローチをとるかのいずれかです。犬との関係は、そのアプローチの仕方によって決まります。人が犬に対して威嚇するような態度をとれば、犬は相手（人）を落ち着かせようとしてきます。このときに発するシグナルがカーミング・シグナルとなります。

カーミング・シグナルは、犬が迷っていて次にどのようにしたらよいかを決めかねていることを相手（人や犬）に伝えようとしています。

犬がホメオスタシスから逸脱した状態のときに示す微妙なボディーランゲージを読み解くことで「犬の言葉」を理解することができます。

あくびは、自分や相手を落ち着かせるカーミング・シグナルの一つ。

◆あくびの動作

疲れたり退屈したりしているときよりも、不安や心配を感じたときによく見られる動作です。人の場合、息を深く吸い込むことでストレスが軽減されます。犬も緊張が高まるとあくびをします。

◆舌を出し入れする動作

犬は素早く舌を出す動作をよくします。見落としがちなシグナルですが、これも緊張が高まってきていることを示し、自分が落ち着いたり、相手を落ち着かせたりするためのメッセージです。

◆身体をかく動作

かゆくもないのに身体をかいているときは、ストレスをまぎらわしていることが考えられます。例えば、しつけトレーニングをしているとき、コマンドに従わずに突然身体をかく動作をすることがあります。これは、飼い主に「落ち着きなさい」といっている場合があります。

◆身体を振る動作

緊迫した状態や状況から解放されたときによく見られます。

興奮すると背中の毛が逆立つこともあるので、毛並みを整えたり、緊張した皮膚や筋肉をもとの状態に戻そうとしたりしている場合もあります。逆に緊張をほぐす目的で、犬の背中の毛を故意に逆立ててあえて身体を振らせるようにしてみるのも良い方法です。

◆そっぽを向く動作

ほんの一瞬顔を横に向けすぐにもとに戻す場合と、横に向けたままにする場合があります。真正面から近付いてくる相手の対立を避けようとして、問題となる対象物から目線や頭、身体全体を背けるような動作は、その状況に対して不安や緊張があることを示しています。目線だけを背けるようにする場合や、目を細めて伏し目がちに相手を見る場合もあるので、よく観察しましょう。

服従行動として、この動作を示す場合もあります。

不安そうな犬には、目を直視するのを避け、犬に対して身体を横向きにすることで自信を付けさせることができます。

◆ニオイを嗅ぐ動作

過剰にニオイを嗅ぐ行動はカーミング・シグナルです。周囲で行われていること（起こっていること）に無関心を装(よそお)うためにしている動作となります。

◆まばたきをする動作

前述のそっぽを向く動作と同じような意味をもち、対立を避けるためにとる行動だと思われます。決して興味がないわけでも注意散漫な状態でもありません。

◆遊びを誘う姿勢

相手が神経質であったり、疑い深い性格であるような態度をとったりした場合に見せるシグナルと考えられます。

◆ゆっくり歩いたりする緩慢な動作

緩慢な動作を突然始めたら、恐怖を感じていたり、相手を落ち着かせようとしていたりすると思われます。飼い主が大声で犬を呼び寄せるときなどにゆっくりと戻ってくるような場合は、飼い主に対して「落ち着きましょう」といっているのかもしれません。

◆動きを止める（フリーズ）動作

犬にとって脅威を感じる状況に陥った場合、犬は動きを止め、立ったままもしくは座ったり伏せたりして動こうとしなくなります。

◆座る動作や伏せる動作

不安を感じたり、特に強い恐怖に似た刺激を感じたりすると、相手に対して背を向けた状態で座ったり、伏せたりする傾向にあります。この動作は犬にとって強力なシグナルであり、リーダーが相手に「落ち着け」というサインを送っていると思われます。

◆割って入る動作

犬や人の間にあえて割って入ることがあります。これは争いが起こりそうな場合にその間に割って入り、その争いを防ごうとしています。また、不安や恐怖感を抱いているなどの場合にもこの動作を行うようです。

◆尾を振る動作

喜びや興奮を示している場合が多くありますが、それ以外に相手に対して落ち着いてほしいときにも見られます。一つのしぐさでも示している意味がまったく異なるので、尾を振っている際は状況をよく観察する必要があります。

●様々な行動はコミュニケーションのために行われる

犬の行動の中で、すべての行動がカーミング・シグナルであるということではありません。しかし、様々な行動はすべてコミュニケーションのために行われるものなので、そのことをよく考えて犬を観察します。

また、これらの動作を人が真似ることで、犬とのコミュニケーションがスムーズになる場合があります。

野生動物はカーミング・シグナルを使うことでムダ

家庭犬の中には、カーミング・シグナルを理解できないものもいる。

な争いを避けコミュニケーションを図っています。一方、家庭犬においてはカーミング・シグナルを理解できない犬が多いという事実があります。というのも、家庭犬の場合、飼い主という人間が日々のコミュニケーションの対象であり、人間は犬のカーミング・シグナルを理解しない相手となるため、次第に犬自身もシグナルを理解しないようになってきていると考えられます。

2．犬の範囲認識

1．犬は範囲（スペース）を大事にする

●許容範囲を示している

よく知られているように、犬は「なわばり（テリトリー）」すなわち境界線や逃走距離とも呼ばれる自分のスペースを大切にする動物です。これは多くの場合、人や犬との対立の原因となっています。

そのため、犬のコミュニケーション方法の多くは、他者の接近に対する許容範囲を示すためにあるといわれています。

<例>

混雑した電車で座っているときに、隣に座ってきた人と身体が触れてもそれほど気にならないものです。しかし、ほぼ空席の電車で座っているとき、すぐ隣に人が座ってきて身体が触れたら“不快”と感じるでしょう。

犬も同じように感じます。要するに境界線は、そのときの状況や状態により決定されるものなのです。犬を取り巻く境界の範囲を仕切る線は明確ではなく、環境、興奮レベル、全体的なストレスなどの要因によりそれぞれ変化します。

2．3つの範囲に分けて考える

●物理的な距離とは関係ない

犬のもっている境界線を“安全”“注意”“危険”というカテゴリーに分けて考えていきます。

信号機のように安全を緑レベル、注意を黄レベル、危険を赤レベルと考えてもよいでしょう。このカテゴリーは領域（境界線）に対する犬の感情に対応しています。同じ犬であっても、その環境や状態や状況などの要因によって変化します。

誰かが近付いた場合に、犬が友好的で中立的な反応を見せたのであれば“安全（緑レベル）”です。しかし、犬によっては物理的距離に関係なくほかの犬や人が視界に入っただけで領域を侵害されたと感じることがあります。このような犬は、“注意（黄レベル）”もしくは“危険（赤レベル）”を示しています。

いずれにしても、犬がどのような態度や行動を示すかを注意深く観察することが大切であり、最重要課題となります。

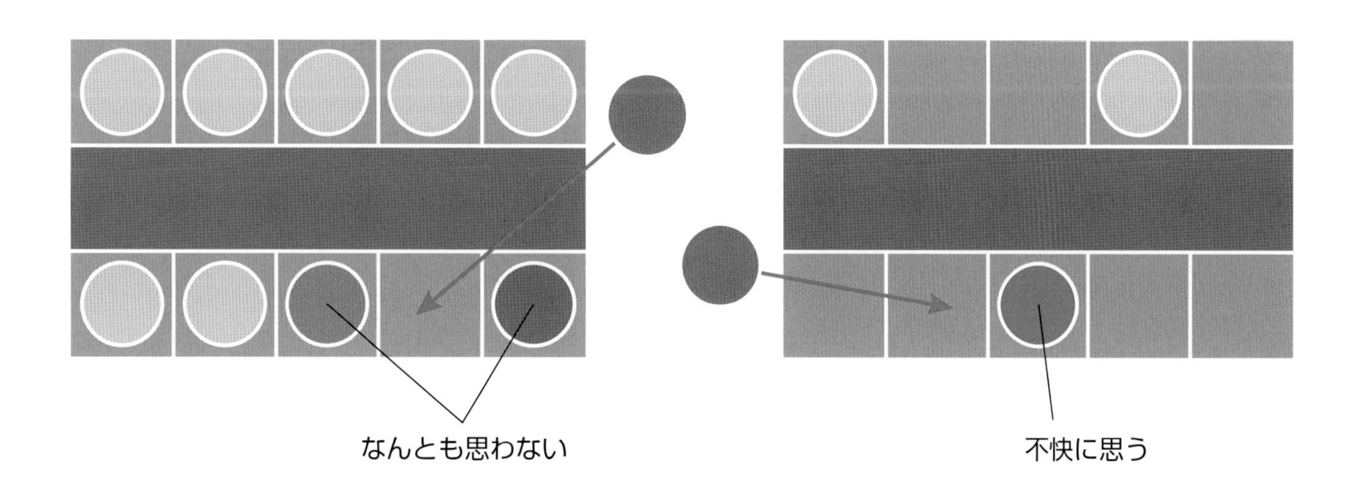

◆“安全（緑レベル）”

まったく問題のない状態です。適切な社会化、犬の性格全般、環境、近付いてくる人への親近感などから安全状態を示しています。

犬のボディーランゲージはリラックスしているか、相手に近付きたくて興奮しています。しかし相手が近付いてくることによって“安全（緑レベル）”⇒“注意（黄レベル）”に変わることも考えられるので注意と観察が必要です。

◆“注意（黄レベル）”

犬は注意深く周囲などを観察しており、少し不安になっている状態です。それ以上ストレスがかかるような状況になると、犬は自分を制御できなくなる可能性が出てきます。

このような態度を示す犬にさらに近付いたり、接したりしてはいけません。「第９章」で解説した先制攻撃型や守備防衛型の威嚇行動をとることがあり、相手がそのまま近付こうとすれば、威嚇から攻撃にエスカレートすることがあります。

“注意（黄レベル）”サインを出している犬には接触しないことが一番であり、犬にストレスとならない接し方を心がけるようにしましょう。

できるだけこうならないよう、犬にいろいろなものに慣れさせるようにします。いわゆる人社会における社会化を十分に行うことが必要です。時間をかけて、より多くの経験をさせることで“注意（黄レベル）”サインは出さなくなるかもしれません。

◆“危険（赤レベル）”

犬から「近付かないで」というサインが出ています。犬は「自分自身をコントロールすることができなくなるかもしれないよ」ということを相手に示しています。この時点で、その犬にとっての臨界距離であることを示しています。

触れられる程度の距離から相手を追い出そうとして、犬は最後の努力をしています。守備防衛型の犬は、その場から離れることを選ぶでしょう。犬がその場を離れることができず（犬の逃げ場がなく）、相手がそのまま接近を続ければ、先制攻撃型の犬は自分の個人空間から相手を追い出すために咬み付くという攻撃に転じることもあるので、十分な注意が必要となります。

“危険（赤レベル）”サインを出している犬には、近付かないことです。

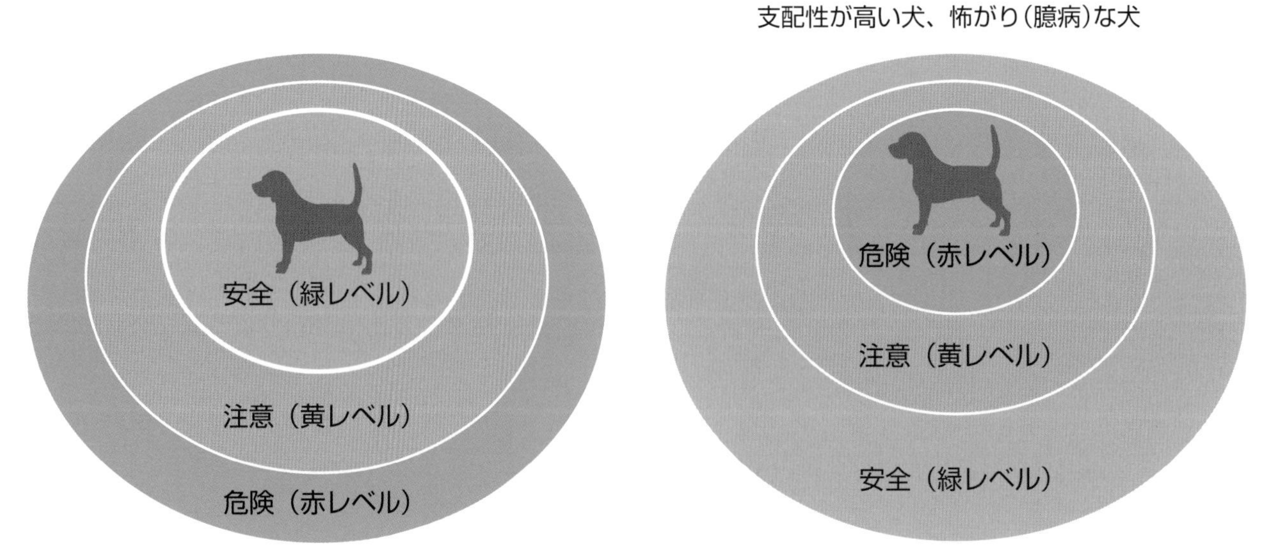

どちらも人の接近による犬の行動であり、
犬の性格により変化。

3．重要なポイント

犬の範囲認識は、他者の接近により刻々と変化していきます。遠く離れているときには安全な状態を示していても、近付いていくと次第に犬の態度は変わり、ある程度の距離まで近付くと威嚇を始めたり、カーミング・シグナルを発したりしていきます。

その距離は、犬にかかるストレスの問題と大きくかかわってきます。犬をよく観察し、その性格やおかれている状況をしっかりと把握する**観察眼**が必要となります。

3．犬のストレス

1．ストレスとは

●良いストレス、悪いストレス

ストレスとは、外からの刺激によって体内に発生する正常でない反応のことをいいます。精神的、情緒的な部分が不安定になって引き起こされますが、きわめて主観的なものでもあります。その人やその犬にはストレスとなっていることでも、ほかの人やほかの犬にはストレスにならないこともあります。

意外なことに、ストレスは人にとっても犬にとっても必要であり、正常に機能すれば、やらなければならないこと、やりたいことをこなすためのエネルギーとなります。こうしたストレスは良いストレスで、対処できるストレスであれば個体に良い影響を与え、潜在(せんざい)能力を引き出してくれます。

一方で、自分では対処できない悪いストレスもあります。ストレスが強すぎると病気を引き起こすおそれもあります。

●犬とストレス

人や犬は、脅威、苦痛、不快感、興奮などを感じるとストレスが発生します。それは様々な形で表れますが、犬はそのストレスを緩和しようと「カーミング・シグナル」という微妙な行動の変化を起こします。

ストレス・ホルモンは体内に蓄積され、体内から放出されるにはかなり長い時間を要します。そのため、ストレスは長期間にわたって犬に影響を及ぼすことになります。

前述のとおりストレスは、犬を良い状態にも悪い状態にもさせます。社会的状況、恐怖を抱く状況、ほかにも犬が反応しうる状況であれば、どんな状況下でもストレスになります。良いストレスであれば多少かかっていたほうが目標を達成しやすいこともあります。

犬にストレスがかかると、ホメオスタシスから逸脱した状態になり、ふだんよりも活発になったり、その逆になったりします。反対にストレスが恐怖やその他の反応を引き起こしてしまうこともあります。犬にかかる悪いストレスは、フラストレーションを引き起こし攻撃的になって他者を危険にさらす可能性も高くなります。

また、ストレスは多くの問題行動やしつけ、トレーニングの問題と関連しています。ストレスの原因は主観的なものなので、犬をよく観察すると大概(たいがい)のことはわかるでしょう。注意しなければならないのは、ストレス・サインはまぎらわしく、また一つとは限らないため複数まとめて探すことが大切だという点です。

2．ストレスの原因

人や犬は、様々な形で日々ストレスにさらされて生活をしています。そのストレスを緩和しながら生活を送っていることも事実でしょう。犬のストレスの原因を考えてみると、実に多くの事柄が浮かび上がってきます。

生活環境においては、人やほかの犬からの直接的な脅威、暴力や怒り、攻撃性をもって接してこられること、空腹、渇き、思うように排泄できない状況、痛みや疾病(しっぺい)などの身体的なトラブル、環境の中での騒音や孤独、寒さ・暑さなどの温度変化、リラックスできる状態が与えられない、運動不足や刺激不足、状況や状態が突然変化したりすること…などがストレスとなります。

また、散歩や遊び、トレーニングなどにおいては、リードを引っ張られること、押し倒されること、引きずられること、若い犬にとっては過度の運動、日常生活やトレーニング内での過度の要求、突発的な恐怖体験、ボールやおもちゃやほかの犬などとの過度の遊びと興奮…などがストレスとなる場合があります。

3．ストレスのサイン

◆あえぎ

暑くないのにハーハーと異常にあえいでいたら、ストレスが原因である場合を考慮します。また身体的な問題の兆候である場合もあります。

◆よだれ

食餌の時間が近付いているため、発情中のメス犬が近くにいるため、もしくは体調不良、緊張感からの場合もあります。何かのストレスが原因となっている場合があります。

◆震え

何らかのストレスの兆候です。寒さから震えていることもあります。武者震いや何かの期待感からくる震えか、あるいは恐怖感から派生している震えかもしれません。いずれにしても、犬をよく観察することが必要です。

◆肉球に汗をかく

犬は肉球（パッド）から発汗します。たくさん運動した後や、過度の緊張感からくる発汗かもしれません。

◆こわばった身体

身体の硬直はストレスを意味します。犬の体勢や動きをよく観察すれば緊張感からきている硬直かどうかがわかります。直接触れてみないと緊張状態が確認できない場合がありますが、口を固く閉じているかどうかも確認してみましょう。

犬を囲む多様なストレス。

◆脱毛とフケ

動物病院の診察台やトレーニング場の床にかなりの毛が落ちている場合には、ストレスの兆候か身体的問題が考えられます。不安とそれによる身体の緊張により、急速に毛が抜け落ちることがあるのです。

◆目の変化

目を大きく見開いて瞳孔が開いている場合には、ストレスの兆候といえます。過度に恐怖を感じているかもしれません。

◆その他

落ち着きがなくなる、物事に対する過剰な反応、身体をかく、自分の身体を噛んだりかじったりするような行動をする、家具やスリッパなどの物をかじる、排泄回数が増える、下痢や食欲不振などの体調不良を起こす、尾を追いかける行動をする、集中力がなくなる…など、様々な行動が見られます。

アレルギーを起こしたり、体臭や口臭がひどくなったり、不健康な表情を見せたり、塞ぎ込みがちになったりと、身体的に変化が表れる場合もあります。

犬が見せる様々なストレスのサイン。

4．敏感で興奮気味な行動とストレスの関連

●飼い主との関係を見直す

過敏な犬は、ほかの犬と比べると物事に対して強い反応を示します。飼い主が帰宅したときを考えてみると、過敏な犬は激しく吠えながらリビングなど家中を走り回って飛んだり跳ねたりして興奮を表現します。ふつうに反応する犬は、飼い主に駆け寄って尾を振りながら飛び付く程度でしょう。

また、玄関先に見慣れない箱を置いておくと、過敏な犬はそれを見た瞬間に吠えかかったり恐怖ですくんだりするかもしれません。ふつうの反応なら、犬はその箱が何なのか調べに行く程度でしょう。

敏感な犬はストレス反応も大きい

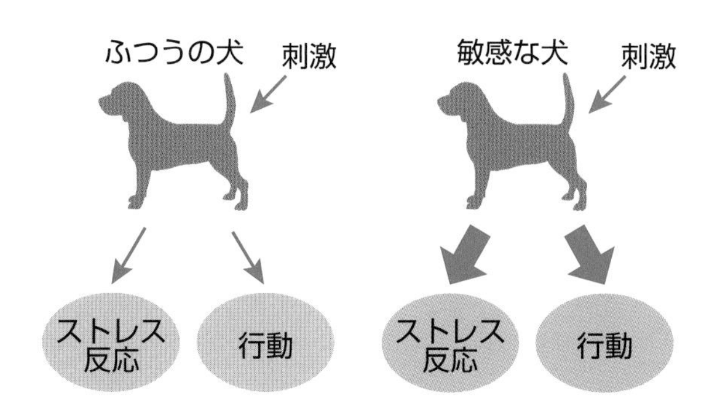

過敏な犬は、ふつうの犬よりも行動（恐怖、攻撃、友好）が強く表れ、継続時間が長くなる傾向があり、反応が収まって落ち着くまでに通常よりも時間がかかります。このような犬は、ストレス反応も強く表れ、落ち着いた状態を維持することができない傾向にあると思われます。

対処していくには、環境や生活における手順を変える、犬と楽しい時間を共有しコミュニケーションを図る、犬のカーミング・シグナルを観察し適切な対応をする、適切な運動を与えるなど、飼い主と犬との関係を見直しながら、落ち着いた犬になっていくように促します。

5．恐怖行動とストレスの関連

●社会的な階級は関係ない

恐怖というものは感情であり、必ずしも社会的な階級に関連はありません。服従している行動をとっていても、その相手を恐れているとは限りません。特に威嚇や攻撃を受けていなくても、怖がりの犬は怖がりです。

怖がりの犬といっても様々で、特定のものだけを怖がる犬もいれば、環境や関連付けなどで怖がりの犬そのものができあがっている場合もあります。恐怖行動は前後の状況によっても変化しますし、何を恐怖に感じるのかはその犬自身のこれまでの体験によります。

◆怖がっている犬

恐怖を示すものには、ボディーランゲージと行動のほかに、アドレナリンやコルチゾルといった体内で分泌される生理学上の化学物質があります。この物質が実際に分泌されているかを目で確認することはできませんが、ボディーランゲージや行動、そして情緒的な要素の変化で確認することができます。

怖がっている犬は、自分を守ろうとします。通常は、恐怖対象からの逃避を試(こころ)みようとしたり、身体を低くしてアイコンタクトを避け、耳を後方に倒して尾を隠し、目は見開かれて黒く大きく見えるようになったりします。突然の恐怖に対して排尿(はいにょう)や排便(はいべん)が見られる場合もあります。

◆社会性を適切に身に付けられなかった可能性

特に危害を与えられていないのに恐怖反応を示すと、その犬が過去に虐待を受けていたのではないかと思われがちです。中には実際に虐待を受けていたケースもありますが、それよりも社会性を適切に身に付けられなかった可能性のほうが原因としては大きいと考えられます。

硬直、静止、震え、荒い息、クンクン鳴くなどは一般的な恐怖行動と思われます。怖がっている犬は、知らない犬や人に接近するのを嫌がり、周囲に対してもそれほど興味をもちません。恐怖はストレスを増大させて、最後には体調不良を引き起こすおそれさえあります。

このような場合には、まず犬が何に対して恐怖を抱いているのか、性格や特性が関係しているのか、しっかりと見定める必要があります。その中で生活環境の改善、しつけやトレーニング方法の見直しなどを行います。マッサージをしたり、もしかしたらそっと寄り添ったりするだけでも緩和するかもしれません。

6．矛盾(むじゅん)したボディーランゲージと行動（心の葛藤）

「矛盾した感情をもつ犬」とは、どうしていいかわからないという心の葛藤を抱えていて、様々な動機が入り交(ま)じった状態の犬をいいます。これは態度にも反映され、先制攻撃型と守備防衛型の要素が同時に表れます。

例えば、目は相手をにらんでいても耳を寝かせていたり、守備防衛型のうずくまった姿勢を取りながら飛

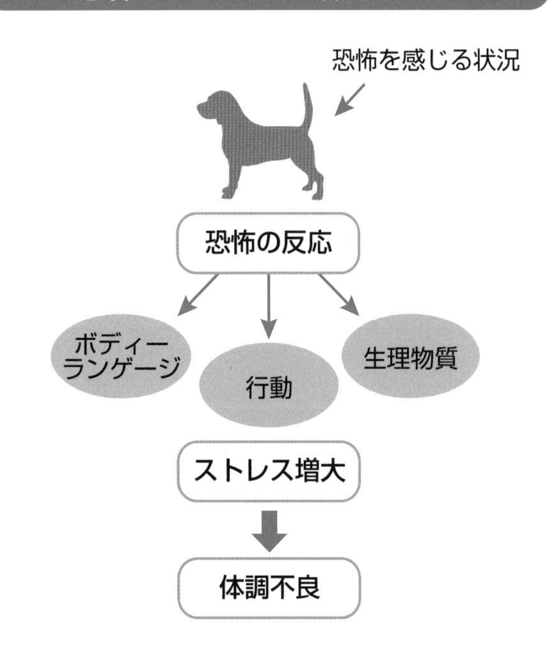

心の葛藤を抱えていると、先制攻撃型と守備防衛型の両方のボディーランゲージが出る。

びかかったりすることもあります。また、近付きたいけど近付くことを躊躇しているような、友好的な態度と恐怖を同時に表す犬もいます。

このような態度を示している犬がどちらの感情に落ち着くかは、相手の挨拶（出方）の返し方で決まるため、十分観察をしながらの対応が必要です。

7．転位行動

転位行動は、動物が興奮していたり、自信をもてなかったり、どう行動するべきか不安があったりするときに見られる重要なしぐさです。脅威やおそれを感じていて、対立行動をとるかもしれないという初期の警告シグナルとなる場合もあります。

一般的な犬の転位行動には、あくび、舌なめずり、身体をかくなどがあります。これらはカーミング・シグナルと同じような動作が多いため、どのような気持ちの表れであるのかをしっかりと観察します。

中には、ほかの原因によるものもありますが、状況とは関係なくこうした動作をしている場合には転位行動と判断できます。

その行動（例えば、まばたき）が転位行動だった場合には、原因がほかにあるときよりも動作が頻繁になる傾向があります。状況と無関係な動作をとるのは、犬がとるべき行動を決めかねているからです。

転位行動は犬の心の葛藤を表しており、つまりおかれている状況すべてにおいて順調ではないことを示しています。

学習のポイント

犬は感情表現が豊かであると同時に、その内面的な部分はとてもナイーブで繊細であることをつねに意識しておきましょう。カーミング・シグナルや範囲認識はストレスと大きな関係があり、犬の行動にも大きく影響を及ぼすため、よく理解することが大切です。

11 犬のコミュニケーション

犬は、聴覚・嗅覚・視覚を刺激する多種多様なボディーランゲージを用いてコミュニケーションをとっています。そのボディーランゲージは、人に対しても向けられます。犬を理解するためには、彼らのボディーランゲージを読み取ることが大切です。

1．3つのコミュニケーション手段

犬はボディーランゲージを使いコミュニケーションをとっていく動物です。その方法は実に複雑で高度なもので、人はそのボディーランゲージを読み取って対応をしていくべきだということは、前述しました。犬のコミュニケーションにおけるボディーランゲージなどのサインは、犬に対しても人に対しても一貫しています。

犬とのコミュニケーションを考えるときに、基本的な犬の能力を知っておく必要があります。本章ではコミュニケーションのカテゴリーを、相手の聴覚を刺激するもの、嗅覚を刺激するもの、視覚を刺激するものに分けて、それぞれの視点から見ていきます。

犬は、3つのコミュニケーション手段を用いてほかの犬や人に物事を伝える。

●聴覚

犬の聴覚は人の4～10倍とされていて、小さな音に反応する能力は人の16倍も敏感といわれています。遠方の音を聞き分ける能力についても人の4倍あり、音を感知する方向性においては、人が16方向なのに対して犬は32方向と、人の2倍の能力をもっています。このように犬は、人が聞き分けられない音を感知する能力ももっています。

●嗅覚

犬の嗅覚が鋭いのはよく知られています。人の嗅上皮（きゅうじょうひ）（鼻腔（びくう）上部にある皮膚）の表面積が500mm^{2}であるのに対し、犬の嗅上皮の表面積はその14倍の7,000mm^{2}あり、ニオイを受け取る嗅覚細胞を多くもっています。

人の嗅覚をはるかに凌駕（りょうが）する能力をもつ犬は「鼻で考える」とまでいわれ、検疫犬や探知犬などで活躍していることは有名です。近年の研究では、ニオイの状況を読み取って「過去」に起こった出来事まで認識できるという報告もあります。

●視覚

犬の視界は左右後方に向けては240度程度で、左右の目で同時に見られる立体視覚は60度といわれています。人は耳側後方に向けた視界は180～200度、左右で見える視界は120度ほどのため、犬は人と比べると視界は広く、立体視覚は狭いようです。見え方はぼやけているといわれていますが、暗いところでの見え方は人よりも優れています。また、動くものを見る動体視力に長けており、相手のわずかな動きもとらえることができます。

私たちが最も読み取ることができるのは、犬が発する視覚によるサインでしょう。表情や姿勢、身体全体の動きがおもなサインといえます。視線、口角の位置、パンティング、歯のむき出しなどが情動を示すサインとなります。群れを形成し仲間と暮らすイヌ科動物において、相手に的確に自分の意思を伝え、共存共栄を図るために発達してきたと考えられています。

2. 犬同士のコミュニケーション

犬同士のコミュニケーションは、様々なサインのやりとりを音（聴覚）、ニオイ（嗅覚）、目に見えること（視覚）を使って行っています。

犬同士が行うボディーランゲージは実に多種多様で、曖昧（あいまい）なものから高度なものまであります。優劣を決定付けるもの、仲間として行動するようなもの、なわばりを示す行動、感情を表す行動など、人が犬のボディーランゲージを理解し、犬の示している内容を知ることは最も重要です。

様々なコミュニケーションのサインで犬の行動を解釈するときは、威嚇的である、活動的である、臆病である、怖がりである、緊張している、不安な状態、ストレスになっているなど、私たちの使い慣れた言葉に置き換えて、ある程度擬人化（ぎじんか）して表現するほうが簡単で理解しやすいものです。ただし、見たことを個人的に解釈したり、想定したりするのではなく、目にした行動をそのまま読み取るようにしたほうがよいでしょう。

関連項目として「第９章」も参照してください。

3. 聴覚を刺激するコミュニケーション

犬の鳴き声をどのくらい理解しているでしょうか？実際に犬はコミュニケーションのために様々な声色（こわいろ）を使います。声色は、身体の大きさや体型によって異なり、仔犬特有の声色などもあります。大型犬は大きな低い声で吠える傾向があり、小型犬は甲高い声で吠える傾向があります。哀れっぽくクーンクーンと鳴いたり、ウーと唸るように警告や警戒で吠えてみたり、ワオーンと遠吠えのように誘発的に鳴いたり、ギャンギャンと怖がる様子で撤退したい意思が見られる吠え方をしたり、喜びを表現する吠え方をしたりするなど多種多様です。

◆吠える行動はネオテニー形質の表れ

野生の犬は、家庭犬に比べると吠える傾向が少ないと思われます。野生においては警告、警戒、社会的認知といった必要最低限に吠える程度でコミュニケーションをとれるためと考えられます。

一方、家庭犬はどうでしょうか。例えば遠吠えをすることで不安な状況であることを示したり、飼い主に世話をねだるようにしつこく吠えたりしても、飼い主は犬の声によるメッセージをなかなか理解することができません。そのため、犬は人に対してより多くのサインを出しているのではないかと考えます。また、人はおもに言葉でコミュニケーションを図る動物のため、犬もそれに準じてより多くの声によるサインを飼い主に送っているのかもしれません。

また、吠える行動は、野生から家庭の犬へと進化する過程における変化とも捉えられます。ネオテニー形質の表れの一つであると見られます。

いずれにせよ、重要なのは犬が伝えようとしているメッセージの動機を理解することです。

4. 嗅覚を刺激するコミュニケーション

犬同士のコミュニケーションでは、相手の嗅覚を刺激する重要なニオイを分泌します。また、犬は相手が出したニオイを嗅ぎ分ける能力ももっています。これは、人以外の動物ではとても重要な能力であり、危険を察知して身を守るときや、テリトリーを示す場合、仲間への情報伝達のサインとして使われます。

犬の嗅覚システムは、人よりもずっと敏感で優れていて、周囲の環境からニオイのサインを受け取っています。犬は排尿や排便、そして皮脂腺(ひしせん)を使って互いにサインを出し合うことによって、状況を瞬時に判断し行動に移すことができるのです。フェロモンと呼ばれる化学物質をやりとりすることで、ほかの犬がストレスを感じているか、メス犬が繁殖期に入ったかどうかを知ることができます。

◆マーキングはオスもメスも行う

犬は排尿や排便により自分のテリトリーを示しますが、このニオイ付けのマーキングは新しい場所に行ったときやほかの犬とかかわり合うときに頻繁に行われます。オスでもメスでもマーキングを行います。

直腸の横にある肛門腺(こうもんせん)はかなりニオイの強い物質を分泌します。これは通常、排便したときに一緒に放出されます。肛門嚢(こうもんのう)は詰まる（感染する）ことがあり、犬に不快感をもたらします。犬が座ったまま尻（肛門あたり）を床にすりつけている場合は、肛門嚢の不快感が原因かもしれません。

5．視覚を刺激するコミュニケーション

犬のコミュニケーションのためのサインで人が最も理解しやすいのが、視覚を刺激するものです。「第９章」でも触れましたが、相互の距離を縮めたり、反対に距離を広げたりするためのサインでもあります。また、苦手な犬や人が接近してくる、おかれた状況が適切ではなくストレスの大きい状態にあるなどの場合でも表します。

犬が示すカーミング・シグナルも十分考慮して、しっかりと観察する目をもつようにしましょう。

◆その場の状況を総合的に見きわめる

コミュニケーションにおいて、ポジティブな状況はふだんのときであり、特に注意が必要なのはネガティブな状況のときです。

犬はとても正直な動物で、警告なしに行動を起こすことはまずありません。もし警告なしに何かの行動を起こしたのであれば、それは私たちが犬の微妙なボディーランゲージを読み取ることができなかったことになります。犬の発しているネガティブなサインを見落とさないことです。

身体の一部分を見ただけで犬のコミュニケーションを明確に理解し判断することはできません。態度や表情、その場の状況を総合的に見きわめる必要があります。人が最も注目する部位は耳と尾の２カ所ですが、よく観察していると目や口元、マズルや背中などが変化するのがわかります。

●尾の状態

犬が尾を振っていても、それがつねに友好的なサインとは限りません。尾を振ることは、単に興奮を表しています。興奮には、幸福感、不安、怒り、空腹、求愛などが含まれます。支配的な犬は尾を高く上げて小さい弧(こ)を描くように振ります。より服従的な犬は尾を低く下げて早く振ります。尾の形状は様々で、中には断尾(だんび)をしている犬種などもいるため、尾だけを見て犬の感情を断定することは困難です。

犬を扱う人は、犬種や個体の平常な状態での尾の位置を知っておく必要があるでしょう。通常の位置より尾が高く上げられた場合には、何かに注目していることを示しています。先制攻撃型（「第９章」参照）の威嚇として、尾が高く上がることがよくあります。後肢の間に隠れた尾は、通常は恐怖や服従を示しています。猛烈(もうれつ)に早く動かしている尾は友好的な表現であることが多く、その逆にゆっくりと慎重に横に振っている尾は威嚇であることが多くあります。

●耳の状態

短い尾よりも長い尾のほうが犬の状況を読み取りやすいように、垂れ耳よりも立ち耳のほうが犬の感情を読み取りやすくなります。

何かに反応して聞き耳を立てるように耳をピンと立てたり、緊張する状況や興奮する状況のときに耳を後ろに寝かせたり、いろんな音に反応するときに耳を左右に動かしたりします。立ち耳と垂れ耳では、この動きに違いが出てきます。垂れ耳は前後に動かすことは可能ですが、ピンと立てることはできません。

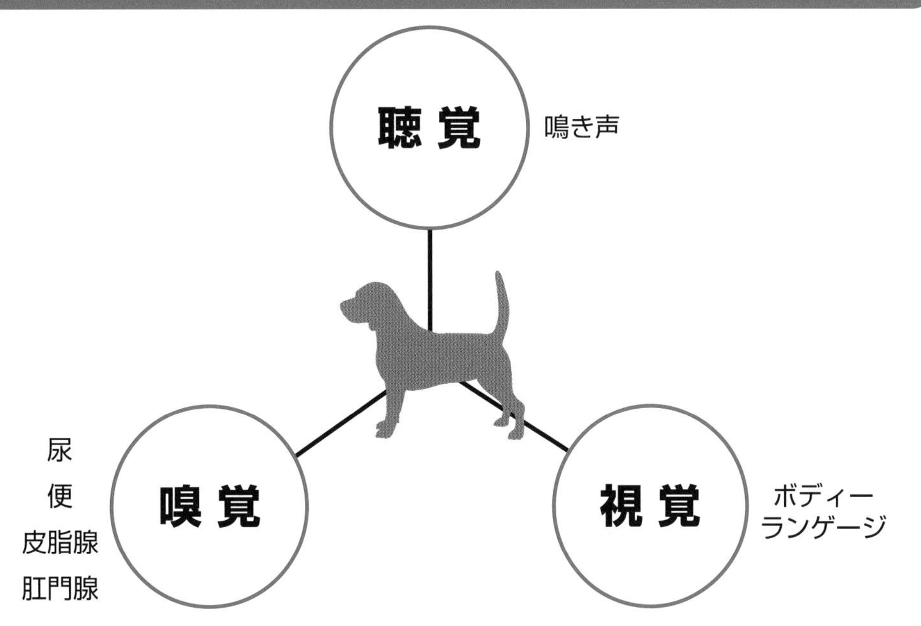

●目の状態

無表情で鋭く、冷淡(れいたん)に長い時間直視する目は先制攻撃型の威嚇の表れです。攻撃的な威嚇の目は、細めているかのように小さく見えます。

そっぽを向いてアイコンタクトを避けている場合は、恐怖や服従を意味しています。犬は不安になると周囲をきょろきょろと見渡し、目線を素早くいろいろな方向へ動かし続けます。極度に恐怖を感じている犬は、問題となっているものから顔を背けようとしながらも、危険を確認しようとする行動をします（この場合「白目」の部分が多くなる）。

一方、恐怖を感じたときや防御的になったときは瞳孔が大きく開くため、目が黒く大きく見えます。

●口とマズル、歯と舌の状態

ほとんどの場合、犬の口は閉じられたままです。歯を見せて笑うという服従的な表情もあります。

先制攻撃型の威嚇として、歯をむき出すとき、犬歯が見えるように唇を垂直に持ち上げます。防御的な犬の威嚇は、歯全体を見せようと唇を口角から水平に後方に引くのが特徴で、口もさらに大きく開きます。

緊張してくると、顔がこわばって眉や口角のところにしわができます。ヒゲの変化も気付きやすいものです。

口内の天井部分にはヤコブソン器官と呼ばれる原始嗅覚器官があり、舌を外部に伸ばして口の中に戻すことで、より多くの嗅覚情報を得ることができます。これをフレーメン反応といい、多くの動物に見られます。最も知られているのは、ヘビが枝分かれした舌を口から素早く出し入れする様子です。犬も争いに直面したときに舌をはっきりと突き出し、また戻すことが報告されています。

●毛を逆立てる

犬は背線に沿って、ときには頭部から尾の先まで毛を逆立てることができます。犬が攻撃的でも防御的でも、興奮すると毛を逆立てます。興奮はアドレナリンによって引き起こされるので、アドレナリンが分泌されるような興奮状態であれば、楽しそうに遊んでいても毛は逆立ちます。

学習のポイント

犬をよく観察することが大切です。犬が人と触れあっているときなどに客観的に観察し、そのときの感情と性格や気質をミックスして、なぜこのような行動をするのだろうと考えてみることです。

本章に書かれている項目一つ一つについて、犬の行動を判断する指針とし、様々な観点から犬を観察できるようにしていきましょう。

12 ケージに入って休ませることの大切さ（クレートトレーニング）

人でも犬でも、安心して過ごせる場所は「自分の居場所」です。犬にとってそれは、ケージ（クレート）ということになります。ケージで過ごさせることには、家具などのいたずら防止や電気コードをかじるなどの危険防止、トイレのトレーニングなどの目的もあります。狭い場所に入っていることに慣れさせれば、動物病院やペットホテルなどに預ける際にも役立ちます。

1．犬との生活に必要なこと

私たちは毎日家に帰りますが、それはなぜでしょう？　楽しいから、落ち着くから、義務感から…理由はいろいろあるかと思います。家に帰れば自分の居場所があり、そして自分の時間を大切にします。同じように、犬にも自分の居場所が必要で、自分の時間が必要なのです。

●快適な暮らしのための「管理」

そして犬との生活にもう一つ大切なことは、「自由とは何か」を考えることです。ともに生活をしている犬は、飼い主にとって「野生の動物」ではなく「伴侶（はんりょ）動物」です。犬たちも「飼い主と一緒に暮らす」ことを望んでいます。

快適に暮らすために、飼い主は犬をきちんと管理することが必要です。「管理＝自由を奪うこと」ではありません。犬の行動をきちんと管理するために、ある程度の自由を制限すること、つまり犬をケージやサークルで休ませることをお勧（すす）めします。これは隔離（かくり）ではなく、家族がいる中でのリラックスできる場所、という位置付けです。ケージは「休む」ための場所です。

犬は元来、机や食卓などの下といった狭い場所を好む傾向があります。この性質を利用すれば、自然な方法で犬を育てることができます。犬を家庭に迎える前にケージやクレートを用意しておくとよいでしょう。トイレのしつけ時や、安全面の確保、留守番時、ほかの犬やペット、子供と暮らすなどの際にとても役立ちます。

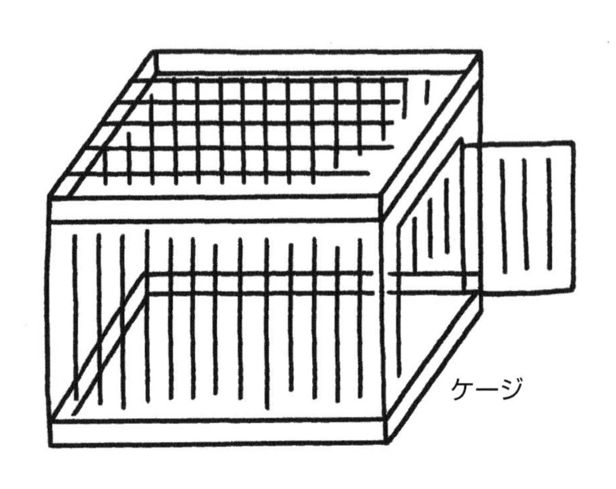

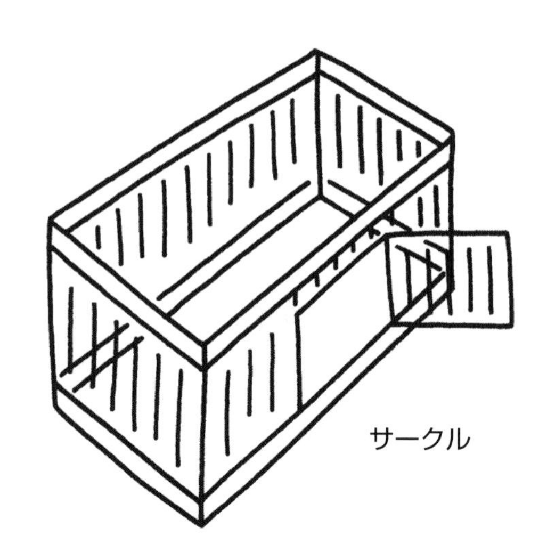

◆ケージ

箱型のものをいいます。基本的には天井を含め６面全部が囲われていて、完全に管理できるものです。ワイヤー製、プラスチック製、布製、ナイロン製などいろいろな材質のものがあるので、用途に合わせて使うようにしましょう。

◆サークル

基本的に４面が囲われていて天井がない、柵状のものをいいます。材質はプラスチック製、金属製、布製、ナイロン製など様々です。

◆クレート

安全に管理するために必要な、犬を入れておく箱のことです。大きさや材質はいろいろあるので、犬種や用途に合わせて適切なものを選ぶようにしましょう。

●ケージを利用する目的と様々な種類

ケージは用途が広く、最も安全な囲いのある場所です。仔犬でも成犬でも、ケージを使用するおもな目的は、好奇心旺盛な犬から家や家具などを守るため、適切な排泄場所を教えるため、落ち着いて待っていられる場所として認識させるためなど多数あります。

ケージには大きさや材質によって様々な種類があります。

ケージには様々な種類がある。

◆素材による特徴

ワイヤー製のケージは折りたたみ式のものが多く、持ち運びが便利で、通気性と視認性に優れています。視界が確保されているぶん、ケージ外への好奇心を遮る必要があるときは、何かでまわりを囲うなどして対応します。

プラスチック製のケージは犬のプライバシーを守り、風を遮りますが、ケージ内に空気がこもるぶん、夏季など気温が高い時期には注意が必要です。中には航空運搬用に頑丈につくられているものもあります。最も安全性に優れており、車での移動時に適しています。また、犬の身体が汚れていても、その汚れを外へ漏らすことがありません。

布製やナイロン製のキャリーバッグやメッシュクレートは軽くて折りたたむことができるため、持ち歩きに便利です。ただし、強度の低い素材のため安全性に問題があります。

◆ケージの大きさ

成長を想定して、成犬になったときに横になったり、座ったり、方向を変えたりするのに十分な広さのケージを準備する必要があります。可能であれば、犬の成長に合わせて準備するといいでしょう。

あまり大きな成犬用のケージをそのまま仔犬に使うことはお勧めしません。仔犬にとって成犬のケージは大きすぎて、ケージ内で動き回れる範囲が広く、不適切な場所（ケージ内のスペース）で排泄をしてしまう余裕ができてしまうからです。この場合は、犬が大きくなるまで箱などでケージの余剰部分を仕切り、スペースの広さを調整することで対応できます。

◆車内でも役立つ

車で移動する際は、必ずケージを利用しましょう。犬を車内で自由にさせておくことは、安全性の面から考えてもお勧めできません。飼い主も犬も、しっかりと安全な状態を保つことが、互いを守ることになります。

ケージは、仔犬や飼い始めたばかりの成犬を新しい環境に慣れさせるときに、そして室内飼育するときにとても役立ちます。家事で忙しいときなど、室内にいても犬を十分に監視できない場合があります。そのようなときは近くにケージを置いて犬を入れておくと、家族のそばで犬もリラックスできる状態となるため好ましい結果が生まれます。

2．トイレのしつけとケージの利用

仔犬はトイレの場所をうまく覚えないものです。時間がかかるものだと思ってください。どんな場合でも、しつけは「失敗を繰り返さない」ことです。仔犬の時期は、排泄の回数が頻繁になるので、ケージを上手に利用しましょう。「トイレのしつけ」については「第19章第２項」および「第22章第３項」で詳しく説明します。

ケージはあくまでも犬の管理とトレーニングや生活の補助として使うものです。決して犬を長時間入れっぱなしにしてはいけません。

短時間でも飼い主が外出するのであれば、その間、室内で犬を自由にさせておくよりも、ケージに入れておくことで犬は安全で居心地よく過ごすことができます。また、ケージは移動させることができるので、夜は寝室、昼間はリビングに移すなど、飼い主の生活に合わせて対応できます。

3．ケージに慣れさせる

ケージが素晴らしい場所であるという考えを、犬に植え付ける必要があります。犬が、かじったり飲み込んだりしないのであれば、ケージの中に柔らかくて洗えるマットを敷いてもいいでしょう。

最初は扉を開けておき、さりげなくケージの中に犬の好きなおもちゃやフードを投げ入れて、ケージが楽しい場所であることを印象付けます。ケージの中で食餌を与えるのも良い方法ですが、慣れさせるようにするには最初はケージの扉を開けたままにしておきましょう。閉じ込められるという印象を犬に与えないようにしなければなりません。慣れてきたら、食餌している間だけ扉を閉めるなど、トレーニング（クレートトレーニング）を徐々に進展させていきます。

どのくらいの時間、犬をケージに入れておくかは、一概にはいえません。犬を観察すると、日中のほとんどの時間を寝て過ごしています。多くの犬は、周囲に気になることがなければ何もせずに過ごします。犬をケージに入れることの効果を定期的にチェックしましょう。

犬の体力やエネルギーがあり余っているような場合には、エネルギーを発散させるために、かじっても大丈夫なおもちゃをケージの中にいるときにだけ与えます。飼い主が帰宅して犬をケージから出したら、そのおもちゃはすぐに片付けるようにしてください。

犬をケージに慣れさせるために、留守中にラジオやテレビを付けておくのも一つの方法です。犬が寂しくないだけでなく、不安になる音をまぎらわすことができるからです。

4．クレートトレーニングができるようになると…

犬が狭いところに入ることに慣れれば、いろいろな面で助かります。

急な用事や旅行などでペットホテルへ預けたり、犬が病気やケガをした際に動物病院に入院させたりするかもしれません。そんなときにクレートトレーニングができていると、犬は落ち着いて治療を受け入れることができます。

仕事で訪れる動物病院のスタッフから「手術や入院などで預からなければならないのに“お預かりができ

クレートトレーニングをしておけば、ペットホテルなどに預けるときも安心。

ない犬がいる”」という話をよく聞きます。その理由は「ずっと吠えているから」ということです。これでは犬へのストレスが大きくなってしまい、治療どころではなくなります。

犬との生活では、何が起こるか予測がつきません。大切なのは日頃の管理です。クレートトレーニングがしっかりできていれば、犬と一緒の旅行にも安心して行くことができます。

5．災害時の対策として

もう一つ、クレートトレーニンが重要な点は、災害時におけるペットとの同行避難が挙げられます。被災し避難をしなければならないときに、ペットとの同行避難は原則です。間違っても、ペットを残して避難することはあってはなりません。同行避難の際に、避難場所でのストレスの軽減と、犬の安全を守るためにクレートトレーニングが必要となります。

そこで、考えなければならないのは避難場所での生活です。避難場所は、多くの人たちとの共有生活スペースとなり、犬をその場所に入れることができない場合があります。なぜなら、避難場所には動物嫌いの人やアレルギーのある人がいるからです。また、衛生環境が悪化していくことが考えられ、そのような状態の中では、人獣（じんじゅう）共通感染症（ズーノーシス）のリスクを考慮しなければなりません（「第18章」参照）。犬の鳴き声やニオイに関しても配慮する必要があります。

災害時の対策として、飼い主が自分のペットの安全を守るためには日頃からの備えが必要であり、その一つとしてクレートトレーニングが不可欠であることがわかります。

「同行避難」と「同伴避難」の違い

環境省は、飼い主が自らの安全を確保した上でペットも安全な場所へ連れて行くこと、すなわち同行避難を呼びかけています。

一方、ペットも一緒に避難所に入るという同伴避難は、各自治体の動きに任せているのが現状です。

学習のポイント

クレートトレーニングは、生活のいろいろな場面で役立つものだという認識が必要です。アイデア次第で、日常の暮らしにおいて有効的に活用していきましょう。

犬との世界を広げるクレートトレーニング。

〈基礎編まとめ〉

13 いかにして犬のリーダーになるか

群れで暮らす犬には、信頼できて頼りになるリーダーが必要です。本章のタイトル「いかにして犬のリーダーになるか」とは、飼い主向けのしつけ方教室の基本となります。ここまでの内容を簡潔にまとめて「どのように飼い主に伝えればよいか」「犬とのコミュニケーションのとり方」「トレーニングの方法」について考えていきます。

犬のしつけ方を飼い主に伝えても、それを実行してもらわなければ、飼い主と犬は良いペア（パートナー）にはなれません。犬のしつけは、犬との生活を快適なものにしていく入口となります。犬の行動理論や学習理論を知ることは大切ですが、多くの飼い主は学ぶ機会がそれほど多くはありません。犬のしつけの専門家は、飼い主に対していかにわかりやすく、導入しやすく伝えることができるかを考えなくてはなりません。飼い主に実践してもらえないことを教えても意味はないのです。

1．犬と生活を始めるために

1．犬を飼うことは命を預かること

「犬を飼うこと、すなわち、ともに暮らすこと。ただし、容易なことではない」

犬との生活を楽しんでいますか？　犬の気持ちをしっかりと理解して生活を送っていますか？　犬の行動に振り回されて犬との生活に疲れていませんか？安易に犬を飼うという選択をした飼い主は「こんなはずではなかった！」と思ってしまうことが少なくありません。

犬を飼うことを選択するには「命」を預かり、その命を大切に守り育む覚悟が必要となります。「いかにして犬のリーダーになるか」とは、飼い主がリーダーになるという思いを込めた強いメッセージですが、愛おしい我が犬たちを「幸せな一生」に導いていけるだけの存在になってほしいという思いも含めています。

●犬を理解する

犬と暮らす上でとても重要なことは、家族同様であっても犬はヒト科動物ではなく、イヌ科動物のイヌ属イヌであると認識しておくことです。犬の生態や習性をよく理解し暮らすことがとても大切なこととなります。

散歩やドライブ、旅行など、犬は飼い主と一緒に出かける機会がとても多い動物です。どんな犬でも最初はとてもやんちゃですが、しつけやトレーニングなどを通じ、飼い主とコミュニケーションを多くもつことで、社会性が身に付き、すてきなパートナーになります。

●犬を勉強する場所の提供

そこで大切なのが、犬についての勉強ができる場所であり、その場所を提供することです。犬のしつけ方教室は、基本的には犬のための教室ですが、飼い主

のための教室でもあります。インストラクターから、様々なしつけ方や飼い方、問題点の改善方法などを学びながら、飼い主自身に合った方法を学び実践していく場になります。

学習を進めていくにあたり、「飼い主が教えたことを犬がすぐに覚える」とはいかないものです。教える側がしっかりと学習する仕組み（学習理論）を理解して、学習が定着するようにタイミングよく犬に教えていくようにします。

◆飼い主自身が犬に教える

ここで、何より大切なことは、犬に教えるのは「飼い主自身」でなければいけません。これは、犬との関係性を築いていくことが最も重要であるからです。飼い主が「ラクをしながら犬のしつけ」をできることはなく、教育にもそれなりの覚悟が必要となります。飼い主と犬との関係をしっかりと構築しないまま、犬のしつけやトレーニングを始めても、うまくいかないばかりか、問題点を悪化させてしまうことさえあるのです。

「リーダー」とは、犬との関係性をしっかりと構築し導いていくための「リーダー」という意味であり、決して「絶対君主制」のような服従を強制する存在ではありません。

2．犬のもっている能力

犬はとても社会性の高い動物です。ただし、犬の社会性は、私たちが思う社会性とは少し違っています。人は他人を思いやったり迷惑にならない協調性をもっていたりする社会性がありますが、犬はしっかりとした序列のある社会性をもっています。

●犬の生活環境の変化

古来より人は「犬」という動物とともに暮らしてきました。そんな中、社会環境が目まぐるしく変化していき、社会が成熟することで、人の犬への意識にも変化が表れてきました。それに伴い、犬の生活環境にも変化が表れてきています。昔は、「犬は外で飼うもの」とされてきたのですが、人と接する時間が長くなり、感情（喜怒哀楽）表現が豊かになり、飼い主への依存度も高くなるなど犬への意識が「伴侶」へと変化してきたのです。特に現在では「少子化」「晩婚化」「一人暮らし」などの影響から、伴侶を犬に求めていく傾向にあるようです。

●犬の優れた能力

◆危険察知能力

犬の優れた能力の一つに「危険察知能力の高さ」があります。それがあることによって、ウシ、ブタなどの家畜や家を守るための番犬となり、また工場などを守る警備犬となり、地域の治安を守る警察犬となっていったのです。

また、卓越した感覚に「嗅覚」があります。犬の嗅覚は刺激臭であればヒトの１億倍まで感知できるといわれています。卓越した嗅覚を利用して、警察犬や災害救助犬、麻薬や爆発物などの探知犬、最近ではがんなどの病気を発見することまでこなしています。

◆高い服従性

人との生活において発揮される素晴らしい能力に「高い服従性」があります。飼い主とのコミュニケーションのあり方によって差は生じますが、犬は総じて服従心のとても高い動物です。私たちのまわりにいる補助犬といわれる盲導犬や介助犬、聴導犬などは、犬のもつ服従心を活かしながら活動しています。ただし、“どんな状況であっても服従する”ということではありません。

◆癒し効果

そして犬の不思議な魅力といえば、愛らしさのある「癒し効果」です。人が犬とともに暮らす理由としてはずせないものではないでしょうか。人が犬を見たときに芽生える“抱っこしたい”という気持ちは、人が赤ちゃんを見て抱いたりしたいと思う感情と同じものだといいます。感じ方は人それぞれですが、その感情が精神を安定させ、落ち着いた気持ちにさせてくれるのかもしれません。

この効果は、脳内の分泌物質「オキシトシン」によるものであると科学的に実証されており、人はもちろん、人と一緒に生活をしている犬にも「オキシトシン」が分泌されることがわかっています。

ヒト医療の分野では、人と犬のもつこのような効果を利用しています。リハビリテーションや代謝の効果を高めることができたり、生きがいを見つけることでモチベーションを高めることができたりなど、犬は多くのメリットをもたらしてくれる存在なのです。

人は、犬のもっているこの「癒し効果」を求めて「犬との暮らし」を始めているといっても過言ではありません。

3．なぜ、犬になったか

●オオカミから進化

犬の祖先は、オオカミといわれています。しかし、オオカミから犬のような「愛らしさ」は感じられるでしょうか？　むしろ、童話の「赤ずきんちゃん」や「三びきのこぶた」、“オオカミ少年”で知られる「嘘をつく子供」などでは、オオカミは人や動物を襲う敵として描かれており、オオカミを「悪者」として捉える人も多いと思います。実際に、オオカミは獰猛で攻撃的で「危険な動物」であることは、間違いではありません。

だとしたら、社会性が高く警戒心の強い野生のオオカミから、どのような過程を経て、「愛らしさ（のある犬）」へと進化していったのでしょうか。

●人と犬のかかわり始め

動物行動学者のコンラート・ロレンツ博士の有名な著書『人イヌにあう』では、子供がおもちゃ代わりに野生のオオカミの子どもを連れ帰ったことが、人と犬のつながりの始まりだとされています。また、科学の進歩によって、より科学的で根拠のある様々な説もあります。現在ではDNAの解析が進み、犬が人とかかわり始めた地域も特定されてきています。

人と犬がかかわった初期には、「人にはない特性」を利用してきました。前述した「危険察知能力」と「狩猟能力」の高さです。卓越した能力を利用させてもらうことへの見返りとして、人は犬に安全な住処と安定した食餌を提供してきたと考えられます。

●ネオテニー形質

オオカミから進化した犬は、「ネオテニー形質」が見られるようになっていきました。「ネオテニー」とは、性的に完全に成熟している個体でありながら、未成熟な部分つまり幼体の性質が残る現象をいいます。

◆人馴れした個体を選択繁殖

通常は、子供の頃は好奇心が強く警戒心が弱いものであり、成熟した個体になると警戒心が強くなり防御的な攻撃性を示すようになります。しかし、ネオテニー化が進むと、成熟した個体であっても、外見上も優しい表情を見せたり、性格的にも温和なものであったりと、より人との協調性が高くなります。

ネオテニー形質は動物の家畜化をとおして起こったもので、人馴れした個体を選択繁殖していくことで、成熟しても警戒心の弱い幼児性を備えた個体が残されていきました。

このように「人懐こさ」や「攻撃性の低さ」を基準に、意図的または自然淘汰により選択繁殖していった結果、成熟してからも変わらない従順さなどを備えた犬の原形がつくられていったと考えられます。

●犬種の増加

その後、様々な品種が作出されていきます。島や山奥などの隔離された環境にいたものは、ほかの犬との交雑がなかったため、そのまま純粋犬種として確立されたものもあるとされています。

爆発的に犬種が増えたのは、イギリスで18世紀後半から始まった「産業革命」の時期だといわれています。この産業革命期は、様々なものが生み出されたり発明されたりと、現代の草創期に相当する時期です。

目覚ましい発展とともに、階級社会の確立があったとされ、中流階級の貴族たちが「形の美しいもの」に惹かれ、建築しかり、所持品しかり、そして犬などにも美しさを求めたといわれています。そのときに貴婦人たちがこぞって手にしたのが「小型犬」であり、白い被毛をもった美しい犬が室内でも外出先でも重宝されました。

※関連項目として「第４章」を参照のこと。

2．犬のしつけ

1．犬は犬であり、人ではない

●遺伝的な要素

犬にもそれぞれ性格があり、感情表現は豊かです。同じ犬種であっても性格や感情表現は同じではありません。性質や性格は、犬の個性をつくり上げている要素の一つです。それらは、少し擬人化していくとわかりやすく、理解しやすくなります。

「人懐こい」「気が強い」「怖がり」「神経質」「過敏」などと表現される性格は、基本的に生まれもったものである場合が多いといわれています。遺伝的な要素が大きいため、仔犬を選ぶ場合に、できるだけ両親犬の性格や行動特性などを見ることができれば、仔犬が将来どんな犬になるのかという一つの指針になるでしょう。しかし犬がおかれている現状を考えると、多くの飼い主はペットショップで仔犬を入手することが多く、両親犬を見ることは困難な場合が多いと思われます。

◆問題対応には細かい観察が必要

もっている性質や性格、生活をしている環境、飼い主を含む人との接触は犬の個体、個性の確立に大きく影響します。特に仔犬の場合は、成長時に与えられた環境によって成長の度合いが異なってきます。犬の個性全体を見て「この子の性格は○○だ」と判断しがちですが、問題に対応する場合には、もう少し細かい観察が必要になります。

●行動の見きわめ

犬の行動が、もともともって生まれた気質によるものなのか、それとも人との生活において様々な経験を通じて学習したものなのかを判断する必要があります。

もって生まれた気質による行動であれば、根本を改善するための努力はほぼムダになります。なぜなら、犬自身が遺伝として受け継いでいるため、変えることはほぼできないからです。行動の改善を考える際には、気質に手を付けるのではなく、犬がおかれている環境の改善に取り組むようなプログラムを立てることになります。

一方、学習による行動であれば、改善の余地は多くあると考えられます。学習による行動ならば、別の学習をさせること（してほしい行動で上書きするイメージ）で改善できるのですが、簡単には進まないことも頭に入れておくべきでしょう。というのも、犬はいろいろな環境刺激に対して習慣性をもっており、繰り返し起こる刺激では、その後に起こる行動と関連付けられていきます。これが学習となり、その行動は定着することになります。定着した行動が習慣化してしまうと、なかなか改善しにくくなるのです。

2．しつけとは

●「しつけ」の２つの意味

「トレーニング」と違って「しつけ」とは、犬が飼い主家族および人社会の中で平和に暮らしていくために必要なマナーや身の処し方を習得するプロセスをいいます。

したがって「しつけ」とは、一つは最も親しい家族や見知らぬ人、ほかの犬に対し、どうふるまえばよいかということを学ぶことであり、もう一つは「オイデ」や「オスワリ」といった、飼い主が犬の行動をコントロールするために施す学習そのものをいいます。

社会的反応性に関するしつけは、犬の性格と密接に関連しています。いったん他人やほかの犬を怖がるよ

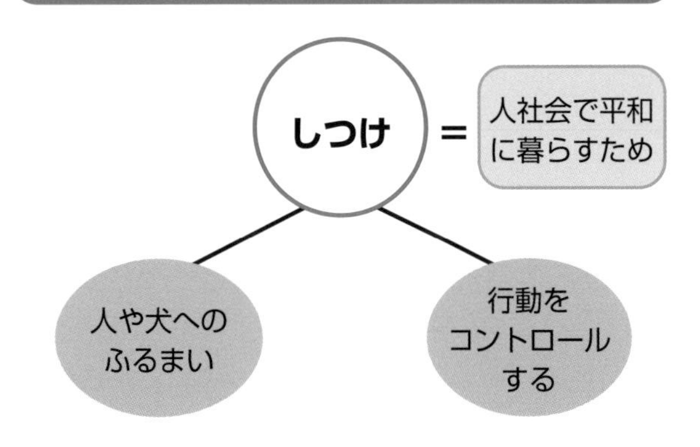

マナーとルールがギャップを埋める。

うになってしまうとそれを直すのは大変難しいことです。そのため、そうならないように感受性の豊かな仔犬のときに、できるだけ見知らぬ人やほかの犬と接触できる機会を、より多く与えるようにします。

犬の性格や行動は遺伝的素質が無関係ではありません。ですが、仔犬の時期に受けるこうした様々な社会的経験によって、将来臆病で内向的な犬になるか、社会性に富む明るい性格の犬になるかが、ほとんど決まってしまいます。

●犬の良きリーダーになるには

「オイデ」や「オスワリ」といった基本動作的なしつけは、生後３～４カ月から始めていきます。また、こうしたしつけは、他人（たとえ犬のプロフェッショナルであっても）に頼むのではなく、必ず飼い主が自分自身で行うことが重要です。

しつけには、しつける側（飼い主）と犬との間に好ましく適切な優位劣位の順位関係ができ、さらにしつける側に対する犬の服従性を育むといった大切な機能があります。

飼い主は、犬の「保護者であり、良きリーダーである」ようにふるまうことも大切です。かわいいからといってただ甘やかすだけでは、犬は飼い主を尊敬できるリーダーとは思わず、わがままにふるまうことを身に付けてしまうだけです。

優しく根気よく、ときには威厳をもって、一貫した態度で接することがポイントです。

●マナーとルール

日本では、ペットの飼い方に対する意識がまだまだ低い状況といわざるを得ません。飼い主からするとペットはとても大切な存在ですが、動物を嫌いな人からすると見るだけで不快になるかもしれません。双方の認識のギャップは、とても大きな問題に発展してしまいがちです。このギャップを埋めるには、飼い主がしっかりとしたマナーとルールを身に付け、社会全体のモラルの向上をつねに考えて行動していくよりほかに方法はありません。

飼い主の姿勢一つで、しつけの善し悪しが決まります。散歩の仕方、食餌を与える時間・与え方、犬への接し方など日頃の飼い方を家族で話し合って決めましょう。大切なのは、飼い主とその犬のふるまいを、まわりの多くの人たちが見ていることを忘れないことです。

次に示したマナーやルールは、基本的なものであり、不変の決定事項ではありません。飼い主が犬と生活を送っていく中で、犬の専門家のアドバイスなども取り入れつつ、必要な最善の方法をそのつど更新したり項目を増やしたりして考えていきましょう。

◆飼い主が守るべき基本的なマナー（一例）

□散歩時は必ずリードを付ける
□散歩時の糞便は必ず拾って持ち帰る
□迷子札など名前がわかるものを付ける
□犬の健康管理をきちんと行う
□手入れをして犬を清潔に保つ
□狂犬病予防接種やワクチン接種などを定期的に行う
□定期的な検便をする
□望まない繁殖はさせない
□しつけは犬の義務教育
□犬を危険から守る
□最後まで責任をもって世話をする
□法律や条例を遵守する

◆生活の中でのルール（決まりごと）（一例）

□けじめある生活を心がける
□犬に触るときは、名前を呼んでから
□散歩は飼い主主導で
□犬の食餌は飼い主の食事の後
□フードの食器をいつまでも置きっ放しにしない

3．犬の習性と学習能力

●犬の習性

犬は元来、群れで生活をする動物です。現在でも犬はほぼすべて、外見や大きさに関係なく「**群れをつくって狩りをする習性**」をもっています。

群れには必ず統率力のあるリーダーが存在します。リーダーは知的で実力があり、態度に一貫性があります。前述したとおり、犬は服従性がとても高く、群れの一員であればリーダーに従うという習性をもっています。

◆家族全員が犬のリーダー

この習性を家庭犬に置き換えると、群れは家族、家族の皆が犬のリーダーということになります。リーダーである家族の皆は、犬の習性を十分に理解し、生活していく上でのルールや服従することの楽しさ、大切さ、そして安全性を教えていき、きちんと犬との信頼関係を築いていかなければなりません。

ここでリーダーが一方通行の押し付けのしつけをしてしまい、リーダーになる構成をうまく築くことができないと、犬は「このリーダーには従えない」と思い、挑戦してくるようになります。すなわち、問題行動を起こすようになるのです。

●犬の性格形成

犬の学習能力や性格については、習性や犬種による行動特性も含め、両親犬からの特徴を受け継いだ「遺伝」と、生まれた環境や人との接触、ほかの動物との接触などといった「生活環境」の２つの要素からつくり上げられています。

犬の発育にも、遺伝的な性質（本能、衝動的行動）と生活環境（経験、訓練、人との絆）の２つが互いに影響し合っています。

犬の性格に影響するものとは

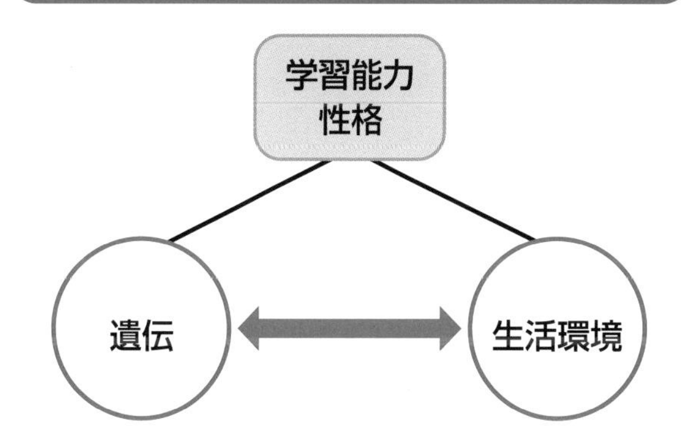

●遺伝的要素

遺伝学上では、一個体は、両親の半分ずつの遺伝子を受け継いでいます。外見的な違いに「お父さん似」「お母さん似」がありますが、内面的にもこれが当てはまり、各個体で違いがあります。

一個体が親から受け継いだ要素は、生まれたときにもっているもので「遺伝（的要素）」といいます。これには「良い遺伝子」だけでなく「悪い遺伝子」も受け継がれます。この場合の「良い」「悪い」は、言い換えると人社会に適応しているもの（良い）と適応していないもの（悪い）ということになります。そのため、「良い遺伝子」「悪い遺伝子」といっても、おかれている環境によって違いが生じます。

この、もって生まれた遺伝的要素は今後の生活に大きく影響するとともに、成長していく中で消し去ったり改善したりすることは、ほぼ難しいと考えるべきでしょう。

●環境的要素

犬や人を含めた社会性の高い哺乳動物においては、生活環境の違いは、その個体の成長に大きく影響を与え、それとともに行動特性が変化していきます。これを「生後の環境」といい、消し去ることのできない遺伝形質と同時に、内面的に組み込まれて行動に変化を与えていく要因となります。つまり「生後の環境」とは、周囲の状況やほかの動物との接触、学習などにより身に付けていくものとなります。

このように、遺伝的要素が決まっているからといって、一概にその動物の行動が決まるわけではなく、生後におかれた環境により、行動や情緒反応に様々な変化を起こして成長していくものであるといえます。

以上のことを犬に当てはめてみます。犬とは、周囲から物事を学び、蓄積した経験をもとに学習し続けていく動物です。特に仔犬のときの環境（学習も含めて）が、犬の将来（中でも人間関係）において決定的な意味をもっています。私たちは、仔犬期のトレーニングが大変重要であることを忘れてはなりません。
※関連項目として「第7章」を参照のこと。

●学習理論

犬をしつけたりトレーニングしたりするときは、学習理論を理解して実行していくことが効果的です。

犬はごく単純に物事を理解して学習しています。基本的には、陽性（プラスの思考）と陰性（マイナスの思考）の部分があります。最初に石橋を叩いて渡っていた犬が、次第にふつうに渡るようになるのが陽性のイメージ、だんだん渡らなくなるのが陰性のイメージです。陰性での思考が強烈だと、その場から逃げるという行動をします。

「コマンドに従うと良いことがある」と教える陽性強化。

◆学習理論を利用したトレーニング

犬の学習は、古典的条件付けとオペラント条件付けという理論（方法）を用いることで、無理なく進めていくことができます。これらは基本的に一つの行動に対して、報酬となるもの（褒美）を与える、もしくは報酬（褒美）を取り上げるなどの行為をすることで、その行動を強化したり減少させたり、あるいは消滅させたりする方法のことです。

この２つの理論は、「うれしい」ことや「頑張ろう」と思える事柄がたくさん起こるとその行動は強化されて繰り返され、「嫌だな」とか「面白くない」と感じることがたくさん起こるとその行動は減少・消滅などして、その行動をとらなくなる傾向にあるといわれています。「うれしい」や「嫌だな」という感情には個体差があり、そう感じる行動もそれぞれ異なります。

◆古典的条件付け

何か刺激を受けることで行動が起こることです。

大きな音に対してびっくりすることは生得的行動であり、古典的条件付けとはいいません。一方、ドアチャイム（ピンポン）の音に反応してインターホンで対応することは、習得的行動であり、古典的条件付けとなります。いわゆる、何らかの刺激（ドアチャイムの音）を受けないとその行動（インターホンで対応）は起こらないことであり、その行動が習得的なものであるということです。

犬との生活に当てはめてみると、犬に食餌を与えるときに「オスワリ・マテ」を教えていることが多く見られますが、犬はフードの入った食器を見て（刺激）、オスワリ・マテ（習得的行動）をしたので、古典的条件付けということになります。

◆オペラント条件付け

基本的に、結果を予期して行動を起こし、学習を進めていくことです。

例えば、「食器の片付けなど親の手伝いをしたらすごくほめてもらえた、という経験をしたら、率先して親の手伝いをするようになった」とか「宿題を忘れたら先生に叱られたので、それ以来、宿題は期日までに提出するようになった」などが挙げられます。

犬のしつけに置き換えると「飼い主の前でオスワリをしたら褒美がもらえたので、飼い主の前でオスワリする回数が増えた」ということが当てはまります。

この理論では、報酬の魅力が高まれば行動の精度（せいど）も高まるため、犬にとってより大好きな褒美になればオスワリの精度も高まります。

２つの理論には、以下のような学習効果があります。

□陽性学習

うれしいことや楽しいことを感じたり教えたりすることで行動が強化されて、その行動を継続して行う傾向にあることをいいます。

□陰性学習

嫌なことや怖いことを経験したり教えたりすることで行動が強化されて、次第に行動が減少したり、消滅したりしていく傾向にあることをいいます。

□観察学習

自然な状態（ふつうに生活している状態）の中で自然に覚えていく行動であり、まわりを見て覚えたり自分の行動から学んだりすることをいいます。

※関連項目として「第８章」を参照のこと。

3．仔犬（パピー期）の学習

1．月齢に合わせて対応する

犬は周囲の状況を観察しながら、いろいろな刺激を積み重ね、蓄積した経験をもとに学び生きていきます。特に仔犬の時期は好奇心旺盛で、様々な要因の中で学んでいくことを喜ぶという性質をもっています。

ともに生活をしていくにあたり、最も適した年齢のときに、飼い主は犬のこの性質を発展させて、人社会の中で快適に一生を過ごしていけるようにしていく責任があります。

仔犬は成長に伴った行動特性があるため、それを理解して対処することが必要です。この項目では、犬の月齢に合わせた学習の仕方や行動の変化を説明していきます。

●犬が学習できる環境をつくる

犬との生活を快適に過ごしていくためのKEY（鍵）は、犬が学習できる環境を、飼い主が上手につくることができるかどうかにかかっています。犬を自由にさせておくだけではダメで、「良い状況のもと、いろいろな事柄を学ばせる」という努力を惜しまないことが大切です。

◆仔犬のしつけは家に来たときから始まる

仔犬の時期の若い脳は、あらゆる刺激を求めています。学ばなければならない時期になると脳は扉を開き、脳内と外部の刺激とをつないでいきます。この時期に外部との接触経験が少なかったり、多くの刺激に触れることができなかったりすると、成長していく段階でちょっとした刺激に敏感に反応したり、学習機能の麻痺（まひ）を引き起こしたりする可能性があるといわれています。

仔犬のしつけは、家族のもとにやってきたときから始まるものだと考えてください。そして、しつけは押し付けて教えるものではないことを理解しましょう。

●犬も哺乳動物、母犬の腹の中でしっかりと育つ

哺乳動物はほとんどの場合、生まれていろいろなものを感じ取るようになるまでは、もって生まれた行動特性（本能）により行動が制御（せいぎょ）されています。そして、自我を発現する生後４カ月頃には経験による学習によって、様々な行動へと変化していきます。ただし、成長過程の学習の変化は個体差があるため、この限りでない場合もあります。

胎子は、母犬の腹の中に約63日間います。妊娠後期になると外見からもわかるようになります。飼養者（飼い主）は、母犬のトラウマになるような大きいストレスを与えないこと、落ち着いた出産場所を提供するなど生活環境を整えることが必要となります。

◆両親犬の性格や生活環境を見られるのがベスト

一般飼い主の場合、前述したように仔犬を選ぶ際にできるだけ両親犬の性格や生活環境を見られるとよいでしょう。健全な両親犬のもと、ニオイがなく清潔な環境で育ち、陽気でほがらかな性格の仔犬を選ぶことで、将来的にも安定した行動特性を示す確率が高くなります。両親犬の育った環境がストレスいっぱいで不潔な状況だと、生まれてきた仔犬に与える影響もかなり大きくなってしまいます。

●生まれたばかりの仔犬は“飲んでは寝る”を繰り返す

生まれたばかりの仔犬は、一日のほとんどを母犬のそばで寝て過ごします。目は開いておらず、歯も生えていません。鼻は呼吸をするためといろいろな刺激に反応するためのセンサーの働きをするのみです。ただひたすら、母乳を飲んで腹いっぱいになったら寝ることを繰り返します。当然、脳の機能も未発達のままなので、ほぼもって生まれた生得的行動（本能）のみで生きていきます。

◆鼻先センサーが母犬の乳首を探し当てる

しかし、不思議なことに、仔犬は母犬の乳首を探し当てることができます。これは仔犬の鼻先がセンサーの役目を担っていることによります。母犬の乳首のまわりには毛がなく、この毛のないところを仔犬の鼻先センサーが探し当てるのです。そして、仔犬は乳首を口に含み、器用に母乳を飲むことができます。

また、たくさんの母乳を飲むために、仔犬は鼻先を母犬の乳房に押し当て、前足で乳房を押したり引いたりするのです。これはヒトの乳児でも一緒の行動を示しますが、乳首を口に含み乳房を押し引きすると、巧（たく）みに母乳を飲むことができるのです。この動作は、母犬が教えたものでもなく、兄弟犬のしぐさを見て覚えたものでもありません。生まれたときからすでに備わっている能力なのです。

◆生まれたときから備わっている能力

このような能力はほかにもあります。仔犬自身が不快になると、快適な状況になるような動作やしぐさをします。例えば空腹になったり、兄弟犬たちと離れてしまって寒くなったりすると大きな声で鳴くのです。この声を聞いた母犬は、すかさず仔犬のもとに近寄っていき、兄弟犬たちと一緒にさせたり、母乳を飲ませたりするのです。

●生後３カ月までは、まわりの探索と遊び相手を探す時期

月齢的にワクチン接種が完了していないため、仔犬を散歩に連れて行くことがなかなかできない時期です。新しい環境におかれた仔犬は、様々な刺激に慣れるためにニオイを嗅ぎながら探索を始めます。

◆狩りの練習が始まる

この時期は、学習による刷り込みをするように脳（本能）から指示が出て、探索や遊びが旺盛になるので、きちんとした対処が必要となります。飼い主を遊びに誘うという行動も顕著に表れてきます。これは自分に注目してほしいということと、狩猟本能が仔犬に対して「狩りの練習をしなさい」といっているためで、例えば「走り回る」や「噛む」という行動が多くなります。

そして、思いっきり遊んだら寝るという行動が見られます。これは、仔犬期はエネルギーをため込んでおくことができないためで、しっかりと相手をしてコ

ミュニケーションをとることが大切です。

●生後3～4カ月は、「噛む・かじる」という行動が頻繁に

この時期は、「噛む」という行動が頻繁に表れます。仔犬の相手をしていても、すぐに口先が出て「噛んでくる」という動作をします。

しかし、この月齢の頃の噛む行動は脳から指令が出ているものなので、「噛んではいけません」と教えることはナンセンスです。むしろ下手に矯正しようとすると仔犬のストレスとなり、最終的には噛む行動がエスカレートしてしまうことになりかねません。

◆噛む対象を飼い主から別のものに向けさせる

仔犬の噛む行動をなくすことはできないので、噛む対象を飼い主ではなく別のものに向けさせることでその場をやり過ごす、もしくは飼い主が仔犬にかまわない「無視」という方法などが効果を上げます。決して叱るという行動に出ないよう注意してください。

どうしても噛むという行動がひどい場合には、専門家（陽性強化法を重視したインストラクターが望ましい）に相談することが大切です。

◆散歩、パピークラスは積極的に

エネルギーの発散と社会化という面から、積極的に散歩に行くようにしましょう。また、近くでパピークラスやしつけ方教室を行っているところがあれば参加を検討してみましょう。

ちなみに、パピークラスとは仔犬の社会化プログラムを実施する教室で、犬の訓練というより、コミュニケーション中心にインストラクターが指導をしてくれるものとなります。パピークラスは、陽性強化法トレーニングの手法を使っている教室を探すことをお勧めします。

●生後5カ月は、リーダーを決める時期

この時期になると、身体も大きくなり行動にも変化が表れてきます。特にこの月齢の頃に歯が生え変わるため、より一層「噛む」という行動が顕著になります。

「噛む」という行動に対してどうしても叱りがちになりますが、仔犬がエネルギーをため込んでしまうことになり、のちに思わぬ形で発散されてしまう可能性があるので対応に注意しましょう。

◆しつけ、トレーニングをしっかり行う

この頃は、飼い主が「信頼できるリーダーか」ということを確かめる時期です。しっかりとしつけやトレーニングを行うことが重要です。

中でも大切なのは「仔犬が指示に従う」、つまり飼い主のいうことを聞くということです。犬は「主人を得た自由」を喜ぶ動物です。指示に従う回数が多くなれば、それだけ仔犬が飼い主を主人（リーダー）と思うようになるのです。

●新しい環境におかれた仔犬の学習はどのように行われるのか

◆家族の一員としての社会性を身に付ける

新しい環境におかれた仔犬は、その環境に慣れるために探索を始めます。この時期は、ふつうであれば兄弟犬と争いながら食餌をしたりケンカをしたりして順序というものを身に付けていくときです。

ケンカできる相手を探しますが、兄弟犬がいなければ、その相手は当然飼い主ということになります。

◆飼い主は信頼できるリーダーか仔犬に試される

群れの規律をきちんと教えなくてはいけない時期です。親犬は仔犬とじゃれあいながら規律を教え、仔犬は遊びながら規律を学習していきます。

同じように飼い主が、家族の一員として生きていくためのルールを仔犬に教えていくことが大切です。

◆人との社会性を覚える時期が過ぎると階級をつくっていくようになる

しっかりしたリーダーを獲得したら、犬はその中で序列をつくっていくようになります。しかしリーダーを獲得できなければ、犬は自分がリーダーになろうとします。

この時期から問題となる行動が発生し始めます。

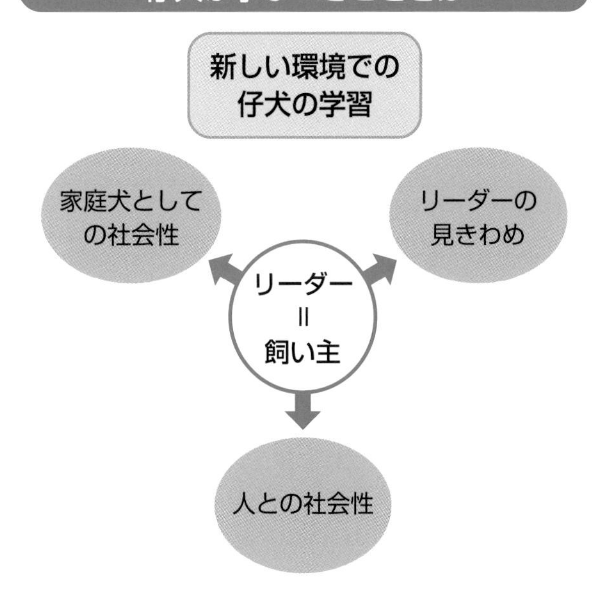

このようにして犬は、観察と経験を通して学習し、家庭という群れの中で生活をしていきます。
※関連項目として「第７章」を参照のこと。

2．仔犬とのコミュニケーション

仔犬とのコミュニケーションがうまくとれていないと、犬がリーダーになろうとするかもしれません。また、しつけやトレーニングをする上でもコミュニケーションは大切です。

コミュニケーションの第一歩は、犬の注目を集めることです。

●ルール

仔犬とのコミュニケーションを甘く見てはいけません。仔犬は実に用意周到（しゅうとう）に飼い主へとアプローチをしており、ふと気が付いたら「仔犬の思惑（おもわく）どおり」なんてことになりかねません。

以下の項目は、仔犬に「けじめ」を教えることができるものとなります。

□仔犬が飽きるまで遊ばない。
□遊びは飼い主主導で終わらせる。
□遊び終わりには仔犬からおもちゃを取り上げる。
□仔犬におもちゃを与えっ放しにしない。

●遊びコミュニケーション

仔犬は、もっているエネルギーを飼い主にぶつけてきます。エネルギーを良い状態で分散させるには、下記の遊びがお勧めです。

◆かくれんぼ

飼い主を探すという行為は、犬に自信を付けさせたり、飼い主との絆を強めたりする効果があります。

室内で行います。犬の注意が逸（そ）れているときに、カーテンやソファーの後ろなどに隠れてみます。仔犬は、飼い主がいないことに気が付くと真剣に探し始めます。

主人はどこだ、かくれんぼゲーム。

◆遊んでよいおもちゃと悪いおもちゃ

この時期は、とかく飼い主の大事なものを噛んだり、壊したりするものです。

遊んでよいおもちゃと悪いおもちゃを用意し、床に散らかします。遊んでよいおもちゃに仔犬が興味を示し、飼い主のところへと持って来たら、大いにほめて遊んであげましょう。逆に、悪いおもちゃに興味を示して持ってきたら、そのおもちゃを取り上げ、犬を無視して、犬の届かないところへと片付けてしまいます。

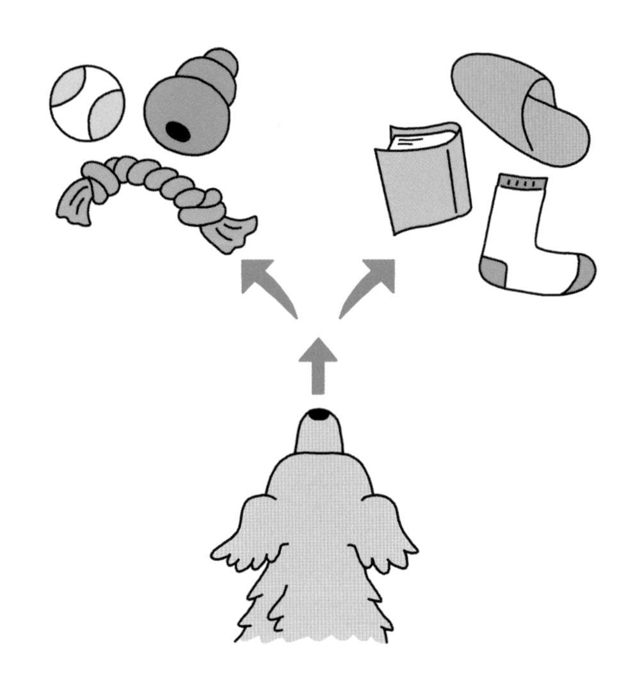

ここでの目的は、よいおもちゃへの印象を良くすることです。そのため、悪いおもちゃ（遊んではいけないおもちゃ）を持ってきたときに、「これはダメ」などと仔犬にいわないようにしましょう。なぜかというと、犬に対して「いい聞かせる」という行為は、別の学習に発展してしまう可能性があるためです。

犬は、人の言葉をすべて理解するわけではなく、断片的に理解します。「これはダメ」という言葉と同時に、そのものを指し示すことで、そのダメといわれたもの自体への興味が促されます。そして、またそれ（ダメといわれたおもちゃ）を持ってくれば相手をしてもらえる（言葉をかけてもらえる）と学習してしまう可能性が大きいため、注意が必要となります。

犬との生活を思い浮かべてみてください。与えたおもちゃで犬が遊んでいるときには特に反応をしなかったのに、ひとたび、スリッパをくわえている犬を見たとたん追いかけている飼い主はいませんか？

●慣れさせておきましょう

仔犬の時期はいろいろなものに興味をもちますが、中でも身体を触られることについては、特に反応が強く表れます。

◆カラーおよびハーネスとリード（首輪、胴輪と引き綱（つな））

散歩のときにいきなりカラー（もしくはハーネス）とリードを付けられても、仔犬はカラーやハーネスが気になって、うまく歩くことができません。

家の中で自由に歩き回ることができる時間は、カラーとハーネスを付けるようにして、日頃から慣らすようにしていきましょう。ワクチン接種完了前の散歩に出せない時期から始めておくことをお勧めします。

◆身体に触られることや手入れ

身体を押さえられることや抱っこされることに慣らしておきます。

犬は、高いところに自分から上がることは好きですが、乗せられることは嫌いなものです。診察台やトリミングテーブルなどを想定し、高い台の上に乗せられても平気なように練習しておくことも大切です。

ブラシやコームにも慣らしておきます。

4．飼い主とのトレーニング

1．基本的なことを継続する

日々、犬と過ごしていく中で、生活に無理なくトレーニングを取り入れていきます。基本的なことを行いますが、大切なことは「継続」することです。

●飼い主の心がまえ

犬のしつけやトレーニングをするにあたり「よし、やるぞ！」という飼い主の気持ちの準備が必要です。決して長時間練習しないことがポイントです。短時間に中身の濃い練習を行うことで、犬はみるみる変化していきます。

◆根気よく

犬との関係づくりやトレーニングは、根気よく向き合うことです。なかなかできなくても、気長にやっていくことが大切です。

◆けじめを付ける

日頃からほめるときはしっかりほめる、叱るときは威厳をもって叱るというように、けじめを付けた生活を送ることが大切です。基本的には「ほめる７：叱る３」を心がけましょう。

◆できなくても叱らない

犬は、マイナスのイメージを避けるという性質をもっています。うまくできたらほめるという方針を忘れないようにしましょう。

うまくできないときは、「ダメ」などと声を出して叱るのではなく、「ほめないこと」が叱ることにつながります。

◆急激な伸びは信用しない

昨日できたことが今日できなくても、あまり気にしないでください。うまくできなければ、できるところまでレベルを下げて練習します。そうすることで犬をほめることができます。

●トレーニングの始まり

トレーニングを始めるには、犬が日々どんな反応をして、どんな行動をするのかをきちんと把握しておく必要があります。その子に合わせずに、ただやみくもにトレーニングを始めてもうまくいかないものです。

◆よく観察すること

犬をよく観察することは、しつけをするにあたりとても大切な作業です。日々の中で、観察する目を養(やしな)っておくことで、異常や変化、病気の早期発見につながります。

◆犬の好きなものを見つける

犬の好きなものが見つかるとトレーニングはスムーズに進みます。どんなものに反応するかを見つけてみましょう。

◆犬の性格を把握する

犬の性格を把握していると、レッスンをする上でとても参考になります。どんなものを怖がるか、神経質に反応するかなどを把握しておきましょう。

◆いろいろな場所へ連れて行き、社会性を身に付けさせる

犬の社会性はいろいろな経験をさせることで身に付いていきます。散歩はもちろんのこと、ちょっとした外出の際にも連れ出してみましょう。

◆車での移動に慣れさせる

移動する際に車を利用する飼い主が多く見られるとともに、車の移動にまつわる問題も多く聞かれます。クレートおよび車に慣れさせておきましょう。

◆問題となる行動を書き出す

問題となる行動は、しつけ方教室をしていく中でも次々と起こってきます。いろいろな動作を教えていく中で、生活面での問題点が浮き彫りになってくること

もしばしばあります。

●適切なトレーニング用具

犬のトレーニングを始めるには、あらかじめ準備が必要です。何事も準備を怠る(おこた)と、うまく進まないばかりか、大きな問題に発展してしまうこともあるので注意しましょう。

◆カラー・・・首輪のこと

布製かナイロン製のものが、犬の身体に負担をかけません。1本のチェーンでできた金属製の「チェーンカラー」もありますが、使用中に「ジャリジャリ」と金属の摩擦音がして冷たい印象を受けます。

カラーを装着する上で大切なのは、きつく締め付けず、緩すぎないこと。カラーが首から抜けることのないよう、適切に装着するようにします。

◆ハーネス・・・胴輪のこと

布製やナイロン製の素材で、いろいろな形状のものがあります。身体のサイズにフィットするものを選び、適切に装着するようにしてください。ハーネスが大きすぎると、身体からハーネスがすっぽ抜けてしまうなど、思わぬ事故を招くおそれがあります。

◆リード・・・引き綱のこと

布製かナイロン製、革製のものが、犬の身体にも引き手である飼い主にも負担をかけません。長さを調節できる「フレキシブルリード」という伸縮(しんしゅく)自在タイプもあり、上手にチョイスしてみてください。チェーンのものもありますが、どうしても犬の首（身体）や飼い主の手には重く、冷たい感じがしてしまいます。家族の使い勝手を考慮し、軽くて丈夫なものを選ぶといいでしょう。

◆ウエストバッグ・・・褒美などを入れるためのもののこと

犬のしつけやトレーニングをするときには必要です。ウエストバッグやベルトなどに引っかけることのできるポーチを利用することで、両手をあけておくことができます。

◆褒美（モチベーター）・・・犬の好きなもののこと

食べ物でも、おもちゃでも褒美になります。ウエストバッグに入れておくようにすると便利です。

◆ケージ（キャリーバッグなど）・・・犬を入れておく用具のこと

犬を落ち着かせるためにも、けじめある生活を送るためにも必要なものです。ある程度狭いところに入ることに慣らしておけば、将来にわたって大いに役立ちます。特に災害対策を考える上で、ケージの利用は大変重要となります。

●犬との絆を深めるために

犬は、言葉を使って私たちとコミュニケーションをとることはしません。しかし、つねにあの手この手で私たちにアプローチをしてきています。健康管理も含め、犬との関係構築のポイントをいくつか挙げてみました。犬に負けないように、私たちも態度で示していきましょう。

◆犬はボディーランゲージを使う

犬は言葉を使いませんが、身体で表現します。例えば、うれしいときは尾を振り、怖いときは尾を両後肢の間に入れます。

◆健康状態を良好に保つ

何をするにも健康状態が良くなければ、何事もうまくいきません。つねに犬の健康状態を意識しておき、良い状態を維持するようにしましょう。

◆犬の要求は無視から始める

日々の生活において、朝早く吠える、食餌の時間に吠える、散歩でよく引っ張るなど、犬は様々な要求をしてきます。最初が肝心(かんじん)ですが、叱るより効果的なのがその要求を「無視」することです。犬の行動をコントロールできるように、優しく出した指示に従うように、犬を誘導していきましょう。

犬の自由についても考慮すべき点があります。犬との共有スペースは、飼い主が主導権を握るようにします。以下に、大事なポイントを4つ挙げます。

□何事も要求は、こちらからするようにしましょう。
□人と犬の食事の時間が近いなら、食事は飼い主が先にするようにしましょう。
□テリトリー（なわばり）の出入りは飼い主が先に行くようにしましょう。
□テリトリーは飼い主が支配するようにしましょう。

◆生活にけじめを付ける

良いこと、悪いことのけじめを付けます。犬のしつけのポイントは「即賞即罰(そくしょうそくばつ)」です。時間が経ってしまうと、ほめていることも叱っていることも犬は理解しません。

犬との生活では、「ほめる＝７：叱る＝３」が基本となります。ほめるポイントは「名前を呼ばれたら注目すること」で、それをきちんと教えていきます。

また、飼い主のものと犬のものとをしっかりと区別し、共有しないことも大切な要素です。

◆犬のどこを触っても大丈夫なようにしていく

身体のどこでも触れる犬は、優しい扱いを受けることができます。タオルで身体を拭く、毎日四肢の足先を拭くなど、犬の身体に触ることは日常に欠かせません。

◆マズルコントロールは大切な項目

犬は互いの信頼関係を確認するために、相手の犬の鼻先をくわえるような行動をします。犬をほめたりなでたりするときに、鼻先から、軽くほめるようにしてみましょう。マズルコントロールとは、決して犬の鼻先をつかむことではありません。

◆「オスワリ」と「おあずけ」は誰でもできる

食餌の時間にこれらの行動を教える飼い主は多いはずです。これは究極の陽性強化法トレーニングをしていることになります。食餌のタイミング以外でもできるようにしましょう。

◆「フセ」「マテ」ができれば生活は快適となります

「フセ」は犬にとってみれば服従の姿勢です。この姿勢で長時間待つことができるようになれば、生活はずいぶんとラクになります。

◆すべてのやりとりは飼い主都合で

あらゆるやりとりは、飼い主の都合で行ってください。犬の都合に合わせてしまうのは、犬の思う壺となります。

●基礎トレーニング

日々のトレーニングのポイントと注意点、目標となるものをいくつか挙げてみました。

◆レッスンするときは必ずリードを付ける

レッスンはすべて、飼い主が主導権を握ります。そのためにも必ずリードを付けて練習しましょう。飼い主がラクをしようとリードを付けずに練習すると、レッスンがうまく進みません。

◆犬に「名前」を教えましょう

名前はとても大切です。名前を呼ばれること＝良いことが起きる前兆、だと犬に思わせるように接しましょう。

◆アイコンタクトは基本中の基本

すべてはアイコンタクトから始まります。飼い主に注目してから行動を始めるように習慣付けます。

◆オスワリとフセは服従するきっかけをつくることができる

褒美を使って誘導し、これらの動作をするように練習してください。服従するきっかけをつくる動作ですから、強制的に行うことはやめましょう。

◆マテは犬に服従心を養うことができる

マテは、慎重に段階を踏みながら練習することが大切です。いきなり難しいことはできません。簡単でやさしいことから練習していきましょう。

◆オイデは飼い主の前までしっかり来ること

オイデは、飼い主のところへ喜んで来るという動作です。ところが、うれしすぎて飛び付いたり、通り過ぎたり、捕まらなかったりなど、犬は様々な行動をします。そうならないように落ち着いて呼び、飼い主の前でオスワリをさせる習慣を付けるようにします。

そして、ゆっくりとカラーをつかむ練習もしてみましょう。

2．宿題です

●犬の気を引くことから考えましょう

◆犬に名前をしっかりと教えましょう

□**食餌を与えるとき**…与える前に必ず名前を呼びましょう。

□**犬に触るとき**…接するときは褒美を準備してから。

□**散歩に出るとき**…忘れずに褒美を準備しましょう。

＜アイコンタクト…飼い主と犬との絆を結ぶ第一歩＞

目と目を合わせるのではなく、飼い主に注目すればOK。食餌を与えるときには、必ず犬の名前を呼び、犬が飼い主に注目してから与えるようにしましょう。

同じように、触る前に必ず犬の名前を呼び、少しでも飼い主に注目するように促してから触るようにします。このときに褒美は必要です。

散歩中にも、飼い主に注目するように仕向けていきましょう。

●犬にコマンドを出さずにその場に座らせましょう

◆犬に飛び付かれないようにするために

なぜ犬にコマンドを出さずに座らせることが大事なのでしょうか？　それは、どのようにしたら飼い主に喜んでもらえるかを犬自身に考えさせ、そして答えを出させるためです。そのため、犬に考える時間を与えるようにします。

練習するタイミングは、食餌を与えるときや犬に触るときがいいでしょう。また、散歩に出るときに玄関のドアの前で名前を呼び、犬を座らせるようにしてみましょう。

●飼い主に注目するようになったら、犬に「オスワリ」をさせましょう

「オスワリ」で犬をその場に座らせますが、このときのコマンドは統一しましょう（家族内でも）。「スワレ」でも「オスワリ」でもどちらでもかまいません。名前を呼び、犬が座ったらすぐに「オスワリ」といってほめて、犬の好きなものを与えます（命令語のあとがけ）。

犬の気を引くことが大切。名前を呼び、こちらに注目してから褒美を与える。

●犬のいる環境を考えてみましょう

どんなにしつけをしようとしても、良い生活環境におかれていないと遠回りになってしまいます。しつけやトレーニングを始めると同時に、犬のいる環境の見直しを行い、場合によっては改善を考慮しましょう。

□犬を自由にさせすぎると、かえってフラストレーションをためてしまうことがあります。
□犬が安心して寝られる場所を確保しましょう。
□食餌を与える時間に注意しましょう（食事時間が近いなら、犬よりも飼い主が先に食べる）。
□散歩は時間の長さより回数の多さが効果的です。

●犬のテリトリー認識について

人はテリトリー意識をもっていて、自分の活動領域を広げたいと思っているものです。犬も元来、テリトリー意識が高い動物であり、同じように自分の領域を広げたいと考えています。そのため、ともに暮らしていくにあたり、共有スペースの主導権を犬に握られないようにしなければなりません。

●リビングの主導権

犬の生活の中心がリビングである家庭は多いのではないでしょうか。リビングは、人と犬が共有するスペースであり、ここで過ごす時間は人にも犬にも同じように流れます。つまり、１日＝24時間は人も犬も同じであるということです。そのリビングにいる時間は、飼い主のほうが長いですか？　それとも犬のほうが長いですか？

◆リビングにいる時間が長いのは…？

犬をきちんと管理している飼い主は、リビングにいる時間は人のほうが長く、一方、犬を自由気ままにさせている飼い主は、犬のほうが長いのではないでしょうか。

ここで考えることは「犬のテリトリー認識」です。人と犬がリビングに一緒にいたとしても、人はトイレや洗濯、入浴といったいろいろな理由で、リビングから退室することがあります。人が退室したリビングには、犬だけが残ることになります。そのような時間が積み重なると、結果的にリビングにいる時間が長いのは飼い主ではなく犬となり、自然に過ごしている状態でも犬がリビングの支配権を握ってしまう可能性があります。

◆マーキングで支配権を宣言

例えば「うちの犬は、リビングでよくマーキングをする」という場合、人がそばにいると注意されたり叱られたりするため、人がリビングにいないときにマーキングすることが多いのではないでしょうか。これは犬が「この場所は私も共有している場所だ」と、飼い

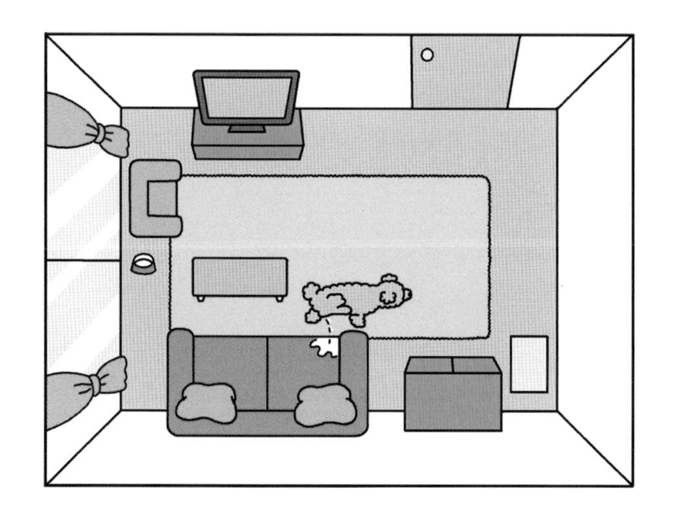

主に強く宣言している行動です。

このような行動を放置しておくと次第に犬が強くなり、やがて飼い主がリビングに入ろうとしたら「ウ～」と唸るようになるかもしれません。これでは、犬に許可を得なければ飼い主がリビングに入ることができない、ということになりかねません。

●ソファー、ベッドにまつわる問題

なぜ、このような問題が起こるのでしょう？　実は、問題のきっかけをつくっているのは、ほかならぬ「飼い主自身」なのです。飼い主にとって最初は些細なことでも、犬にとっては綿密な行動なのかもしれません。

◆飼い主と犬の主導権争い

例を挙げて考えてみましょう。リビングのほかにも注意しなければならないものとして、ソファーやベッドがあります。いわゆる「ソファーに乗っている犬をソファーから降ろそうとしたら、ウ～と唸るようになった」という問題です。これも、犬のテリトリー認識の問題になります。

ソファーやベッドにまつわる問題は、飼い主と犬が同じ空間にいることで、その場所の主導権争いが表面化したものです。飼い主は何気なくソファーに犬と一緒にくつろいだり、ベッドで一緒に寝たりします。そのときの犬の行動をよく観察してみてください。ソファーなら飼い主の膝の上に、ベッドでは飼い主と同じ目線の高さに犬がいるのではないでしょうか？　これが問題になる場合があるのです。

ソファーのシーンを想定してみます。お父さんがふとソファーに向かう素振りを見せました。するとそれを察知した犬は、素早く、お父さんよりも先にソファーに乗り、「いらっしゃい」といわんばかりにソファーに座ろうとするお父さんを迎えました。それを見たお父さんは、「よしよし」と犬をほめてからソファーに座りました。

…一見すると、お父さんの行動には何ら問題がないように見えるかもしれません。ですが、実は大変な問題が潜んでいる可能性があります。

◆飼い主が強化してしまっている

このときに犬がした行動は、「このソファーは私のもので、許可を得てから座りなさい」といっているのです。そして、その行動をした犬をお父さんはほめてしまっています。

人がソファーに座ることは日常的に起こる行動であ

り、その度にこのような態度をとる犬をほめてしまうと、犬の行動を毎日強化していることになります。それが続くと、気が付いたときには犬に「ウ～」と唸られる…ということになりかねません。

この場合にとるべき対応は、お父さんがソファーに座ろうとしたときに犬がソファーで待ちかまえていたならば、座る前に犬をソファーから降ろすことです。そうすることで、「ソファーはお父さんのものだよ」と犬に主張できるのです。

学習のポイント

この章は、基礎編の学習のポイントをまとめたものになっています。知識の再認識と、どのようにすれば飼い主への適切なアドバイスとなるのか、どのようにしたら実際にしつけやトレーニングを実践してもらえるようになるのかを、十分に考える内容となっています。

生活においてはいろいろな場面が想定され、インストラクターはその度に飼い主へとわかりやすく伝える必要があります。その方法としては、インストラクターがより多くの知識を身に付けることと、様々な情報をキャッチする思考をもつことです。

応用編

14 犬のトレーニング

しつけやトレーニングは、犬の行動特性などに関する動物行動学や、どのようにして覚えていくのかという学習理論を理解し、犬の「やる気（モチベーション）」を維持しながら、楽しく教えていくことが大切です。

トレーニングを実践していくには、トレーニングを施（ほどこ）す側（飼い主）のスキルが大きく影響します。まずは、犬という動物の行動と性格を理解することが大切です。次いで犬の状況をしっかりと把握した上で、犬をコントロールできるスキルを身に付けるべきです。

1．トレーニングのタイプを考える

トレーニングの原理は強制的な「強制法（処罰法）トレーニング」と、自発的行動を生む「陽性強化法トレーニング」の2つのカテゴリーに大きく分けられます（「第3章」参照）。

世界を見ると、長い間にわたり強制法トレーニング、処罰法トレーニングが主流でした。これは人間同士の歴史でも裏付けられている格差社会（奴隷（どれい）制度など）の社会性を背景に、支配者（飼い主）とそれに服従する犬との構図がつくられていたことによります。イギリスで動物愛護に関する法律（通称・マーチン法）が施行（しこう）されるまでは、「動物機械論」という思想の中、人のために作業をする犬に対して、反抗を許さぬその扱い方が、近年にまで影響を与えていたと考えられます。

◆犬を社会に適応させる

犬をトレーニングして、より社会に適応させるという考え方は、古くは牧羊犬をトレーニングしてきた歴史から始まっているようです。牧羊犬から猟犬、警察犬、軍用犬へと活用されるようになり分野の広がりを見せ、犬のトレーニングも「絶対服従」の意識が強い、厳しいトレーニング法が取り入れられていきました。犬には行動の選択肢を与えず、飼い主が望むことを強制する「服従させる」ための方法です。

そのような歴史を経て、現在では動物の行動理論、学習理論を利用した陽性強化法トレーニングが、私たちの生活の中に入り込んできています。この手法は、犬の動機付けを利用して「やる気」を起こさせ、犬自身が「服従したい」という行動と、不適切な行動をやめさせるために適切な行動を教えていくものとなります。

「処罰法トレーニング」と「陽性強化法トレーニング」は、どちらも飼い主のいうことを聞くための「服従」がキーワードになっています。では、この2つはどのように違うのでしょう？

●処罰法トレーニングの歴史

100年ほど前に、「犬は人間に絶対服従しなければならない。服従しなければ体罰を与える」というアルファ論（階級社会構造のボス論）の土台となる概念（がいねん）がドイツの軍用犬訓練士の間で広まり、それが世界中に波及（はきゅう）したといわれています。軍用犬訓練士たちは戦後に警察犬訓練士となり、かつてのアルファ論は継続されました。

1970年代には第一次ペットブームともいわれる時期を日本でも迎えることとなります。犬の祖先はオオカミであり、その習性を多く引き継いでいることから「オオカミの群れの概念を家庭犬にも取り入れるべき」との論調が起こり、飼い主の「群れのリーダー論」が定着していったといわれています。

◆群れのリーダー論

当時いわれていた「群れのリーダー論」である服従させる方法には、以下のようなものがありました。

□犬を仰向けにして、強制的に服従の姿勢をとらせる（アルファロールといわれる手法）。
□マズルを強い力で握り、頭を揺すったり身体を拘束したりする。
□犬が食べている最中のものを横から取り上げ、反抗的な態度を見せたら強制的に服従の姿勢をとらせる。

それまでは、人間がオオカミのリーダー論を実行することで、犬の服従性を高めることができると信じられてきました。ところが、結果として飼い主のリーダー性は発揮されず、反抗的な態度を示す犬が数多く現れたといわれています。これについては後述しますが、犬の問題行動の多くは犬の行動特性を知らずに威圧的に行動を抑え込むことこそが原因で、それがさらに問題を大きくしていることがわかってきたのです。

●人道的な扱いを考慮した犬のトレーニングの到来

このように、犬のトレーニングの世界では、20年ほど前までは強制的なトレーニングが主流でした。現在でもこの方法は広く使われ、有効とされています。

しかし、近年においては動物行動学の発展から、獣医系の大学やペット系の専門学校で別のトレーニング手法が多く取り入れられ、大きな変化が表れてきています。陽性強化法トレーニングの出現です。この手法はとても大きな影響を与えることとなりました。

今までは「人が主人であり、犬になめられてはいけない」という観点から、威圧的に扱うことが犬のためになり、問題点もなくすことができると思われていました。しかし陽性強化法トレーニングは、それを根底から覆（くつがえ）すことになったのです。

◆人との関係をポジティブに維持

犬にも感情があり、ストレスを抱え込む状態がわかってきました。それにより、ストレス緩和の方法に行動理論や学習理論を取り入れ、より人道的な取り扱いをすることが重要であること、また、そのために人との関係をポジティブな状態で維持していくトレーニング方法が必要とされるようになったのです。

近年、専門学校などの教育機関で犬のトレーニングを学習する手法は、ほとんどが動物行動学を基礎にした科学的なトレーニング（陽性強化法トレーニング）となっています。

一方、長年にわたり犬のトレーニングに携（たずさ）わってきた人は、ほとんどが処罰法トレーニングの実践者です。処罰法トレーニングから陽性強化法トレーニングに切り替えたインストラクターのことを「クロス・オーバー・トレーナー」というそうです。でも呼び名は関係ありません。ここで必要なことは、そのようなインストラクターは、２つの手法の良い点と悪い点を理解しながら犬のトレーニング・プログラムを立て、実践することができるということです。

2．犬の学習について

犬の学習については「第13章第２項」で述べているので、ここでは、復習を兼ねて、実際に犬をトレーニングしていく際に、どのようにその理論が形成されるのかを説明していきます。

◆古典的条件付け：

生得的な行動を基礎に、習得的な行動を引き起こしていく学習方法です（「第８章」参照）。

イワン・パブロフ博士が「パブロフの犬」で有名な実験の中で、条件反射という現象を発見したことで提唱されたもので、基本的に動物が行動を起こす前の出来事に対して刺激を関連付けて学習していきます。

要するに、行動を引き起こすべき刺激があってはじめて行動が引き起こされるという考え方です。

◆オペラント条件付け：

結果を自らが誘発できるように行動する学習方法です。

基本的に、動物が行動を起こすことによって結果を引き起こし、行動が定着していきます。例えば、犬がごはんを食べたい思ったときに飼い主の前でオスワリをしたらごはんをもらうことができた、ということが当てはまります。

犬が起こした自発的な行動が結果をもたらしたことになります。

◆観察学習：

「人のふり見て我がふり直せ」というように、ほかを見て自分の行動を考えることです。

人も犬も、このようにして学習するパターンをもっています。例えば、ゴミ箱をひっくり返す行動や、テーブルに上がってしまう行動は、人がゴミをゴミ箱に入れたり、食べ物をテーブルの上に置いたりしているのを、犬がほぼ毎日観察しており「きっと、いいものがあるに違いない」と学習した結果として、このような行動が起こるのだと考えることができます。

この学習は「満足の法則」に則っているので、行動を起こした結果、犬にとって満足する状況となれば行動が増え、不満足な状況となれば行動は減少あるいは起こそうとはしなくなります。

3．正の強化と効果

正の強化は、動物が行動を学習するための基本です。また、エドワード・ソーンダイクが提唱した効果の法則は、つねに動物（犬）に働きかけています。したがって、犬は学習することが宿命であり、努力や手助けなしでも、いつでも学習しています。人も同じようにつねに学習をしていて、その学習は机上でするものばかりではありません。

◆効果の法則について

満足をもたらす反応が結合を強くする満足の法則と、不快をもたらす反応が結合を弱くする不満足の法則、満足や不快の程度が強いほど反応が強くなる強度の法則があります。

ソーンダイクが提唱した効果の法則を含む試行錯誤学習法は、バラス・フレデリック・スキナー博士が提唱したオペラント条件付けの知的基盤になったとされています。

◆行動を安定させるための概念

行動が安定した状態とは、どんな状況下でも合図だけで行動がとれるようになること、犬自身の責任で行動するようになることをいいます。

犬の行動を安定した状態にするためには、繰り返し練習することと、安定するまで努力することが大切です。犬の行動が安定してくると、与える報酬がとても少なくてもよくなり、場所や状況に左右されることなく行動を起こすようになります。

●基準を上げるか、それとも下げるか

犬に「マテ」を教えていく際に、その行動を定着させるためのプロセスを例にとってみましょう。

◆距離

飼い主と犬との物理的な距離を考えます。

犬との距離が近い状況で行動を教えていき、その行動をとる確率が90％になったら、徐々に犬との距離を広げたところで練習を重ねていき、行動が安定するようにします。このとき、人と犬の距離を広げていくことを「基準を上げる」といいます。

基準を上げた状況では教えようとする行動がうまくいかないと判断した場合は、一つ前のプロセスに戻ります。これを「基準を下げる」といいます。

慣れた場所で90％できるようになったら、環境を変えてみる。

◆時間

行動から報酬までの時間を、最初は短い時間から始めて、徐々に間隔を延ばしていきます。犬にじっとその場で待つことを教えていくにあたり、時間の間隔はとても重要な項目となります。

行動を安定したものにしていくためには、時間を長くしたり短くしたりをランダムに行ったり交互に繰り返したりすると効果的です。時間の間隔をあけていくことを「基準を上げる」といいます。

◆環境

いつもの場所など慣れた環境で90％程度の確率で行動できるようになったら、環境を変えたり、誘惑刺激のような障害となるものを取り入れたりしてみましょう。様々な場所で行うことを「基準を上げる」といいます。

◆報酬

犬の行動に対して、報酬を使うタイミングを徐々に変えていきます。基本的に、最初は一つの行動を１回行うことに対してそのつど報酬を与えていきますが、徐々に２回行ったら一度、もしくは３回行ったら一度…というように報酬を与えるタイミングを変えていきます。

報酬を与えるタイミングにも基準の上下はあり、教えている動作を１回行うごとに１回報酬を与える（連続強化スケジュール）より、動作を３回行うごとに１回の報酬を与える（部分強化スケジュール）ほうが、基準は高いことになります。

◆タイミング

どのような場合でもタイミングは重要です。タイミングを考えるときに必要なことは、報酬が与えられたこと＝その行動が良いことである、と犬が認識できるようにしなければなりません。

例えば、オスワリという同じ動作を４回トレーニングする場合に、４回できたら１回の報酬を与えるプログラムを実施したとします。３回目のオスワリの動作がきわめて流暢（りゅうちょう）にできたなど「良かった」場合は、報酬を与えて動作の精度を上げていきます。この場合の

ほめてしつける「陽性強化」。できたことをほめてあげる。

報酬を「ジャックポット（大当たり！）」と呼び、通常よりも大げさにほめることが次の動作へとつながっていきます。

<ポイント>

□報酬を与えるタイミング。

□行動が起きた瞬間に報酬を与える。

□一貫性をもつ。

◆ステップ（スモール・ステップ）

犬の行動を定着させていくために、とても重要な項目です。

段階を踏みながら教えていくときに必要なことは、簡単なステップから始めることです。いきなり難しいステップから始めると失敗を誘発することになり、ほめられることのないまま、犬は別のことを学習することになりかねません。

例えば、「オスワリ」をマスターしていない状況で「オスワリでマテ」を教えると、犬は何度も動いてしまい、たいていはやり直しを繰り返すことになります。しかし、やり直しを理解しているのは指導している者（飼い主）だけで、犬はやり直しを理解できず、やり直しの動作を教えてもらっていることになります。この点については、注意が必要となります。

一方、動作の精度を上げるために、段階を経て徐々に難しくしていくことも必要です。動作の完成度に合わせて、適切に少しずつステップを上げていくスモー

ル・ステップという考え方をしましょう。トレーニング・プランを立てるときに最終目標を設定しておくことも大切です。

＜ポイント＞

□**犬が報酬を得るための行動は何かを決める。**…どんな行動を教えるのか

□**犬に報酬を与える基準を決める。**…どのステップで報酬を与えるのか

□**犬の行動および動作に対して何をさせるか、あらかじめ決めておく。**

□**動作１回一つの基準に対して報酬を与えるか否かを決める。**

□**犬にいつ行動させるのかを決める。**

□**犬に報酬が与えられない基準を決める。**

□**犬の行動がとても素晴らしいときはどうするかを決める。**…基本的にルールに従わなくてもよい

□**基準を上げる状況を決める。**…例：10回中、９回できるまで基準を上げない

□**基準を下げなければならない状況を決める。**…例：犬が行き詰まったら基準を下げる

◆頻度

頻度とは、犬に報酬を与えていく回数を指します。

基本的に頻度が高ければ犬の集中力が強化され、行動の定着への足がかりをつくることができます。しっかりと行動を定着させるためには、頻度を低くしていくようにプランを立てます。

ただし、あまり早い段階で頻度を低くしてしまうと、犬の動作へのモチベーションが下がる傾向があるため、十分な動作観察が必要です。

＜ポイント＞

□**犬はどれだけ頻繁に報酬を得られるか。**

□**頻度が高いほうが集中しやすい。**

◆価値

価値とは、犬がそのものを欲しているかということです。

犬にとって価値あるものは様々で、個体により違いがあります。報酬にフードを使えば犬はいうことを聞くと思うのは早計であり、本当に犬が欲しているものかどうかを見きわめる必要があるのです。飼い主がいいと思うものではなく、犬の欲求度の高いものを考えます。

＜ポイント＞

□**本当に欲しいものにより強化される。**

4．正の強化は望ましい行動も望ましくない行動もつくる

行動をした後に起こる状況がその動物にとって楽しい事柄であればその行動は強化されます。したがって、正の強化により犬が学習した行動が人との生活に適しているかどうかにより、望ましい行動であるか、望ましくない行動であるかが決まります。

●望ましい行動をつくる

飼い主が思う望ましい行動とは、生活の中であらゆる行動の流れを妨げないで順序よく犬が行動したり、迷惑となるような行動をしなかったりすることにあります。当然そのような行動や動作は、犬にとっても褒美に値することとなります。

◆ドアの前とオスワリを関連付ける

毎日の散歩の際に、ドアの前で必ず犬の名前を呼んでオスワリをさせ、うまくできたら毎回褒美を与えるようにすると、犬は次第にドアの前でオスワリをするようになります。毎日の積み重ねがこのような関連付けを構築するのです。

◆スリッパをかじらないようにする

犬はなぜかスリッパを好んでくわえたりかじったりします。スリッパをくわえている犬を相手にするのではなく、犬がおもちゃで遊んでいるときに犬のそばに行って一緒に遊んでやると、スリッパよりおもちゃが楽しいことを関連付けるようになります。

犬が何かした後に褒美を与えるという行為はありませんが、犬にとって「楽しいこと」が毎回あることにより関連付けを強くするという一例となります。

●望ましくない行動をつくる

生活の中で、犬の行動が望ましくないということは飼い主にとって「困る」行動となりますが、犬の目線で考えてみるとすべての行動が「楽しいこと」であったり「満足すること」であったりします。

◆留守中にゴミ箱を荒らす

飼い主の留守中、犬がゴミ箱をひっくり返したらたくさんの紙くずが散乱したのを体験しました。すると犬はそれが楽しくなり、飼い主が留守にするたびにゴミ箱をひっくり返す行動を繰り返しました。

この行動はゴミ箱をひっくり返したことで「楽しい」という報酬が得られたため、今後どんどん強化されてしまう可能性があります。

飼い主が部屋にいるときにはゴミ箱に近付くたびに注意されたり叱られたりするのでそのような行為をしませんが、留守になると途端に始まってしまいます。

◆郵便配達員に吠える

郵便配達員が家のポストに郵便物を入れるたびに吠えるようになってしまったというケースがあります。ポストに郵便物が入るたびに犬が吠え、それによって郵便配達員が立ち去るという結果があります。

犬の行動は、ポストに何か入る音に対しての反応ですが、郵便配達員は配達物をポストに入れればミッションが終了するので去っていきます。ところが、犬はそのことを知らないので、自分が吠えることによって追い払うことができたという「満足感」を得て、吠える行動が強化されているのです。

5. トレーニングに対しての報酬

犬をトレーニングしていく最初の段階は、行動（動作）の獲得段階にあるため、たくさんの報酬を使い、強化の割合を高く設定します（連続強化スケジュール）。行動の獲得段階を経て行動が安定してきたら、次第に報酬を減らしていき強化の割合を低くしていきます（部分強化スケジュール）（「第８章」参照）。そして特別によくできたときやよくほめたいときだけに報酬を与えるようにします（後述のジャックポット）。そうすることで行動の獲得を確実にし、かつ安定した動作を促すことができるのです。

どのようなものを報酬にすればよいかは、いろいろと試行錯誤の上、犬が一番好きなものや興味を示すものを見つけることが大切です。報酬を見つける際には、先入観をもたずに犬を観察します。食べるもの（フード類）が好きだったり、いろんな音が好きだったり、動くもの転がるもの噛めるもの（おもちゃ類）

望ましくない行動を学習してしまうケースもある。

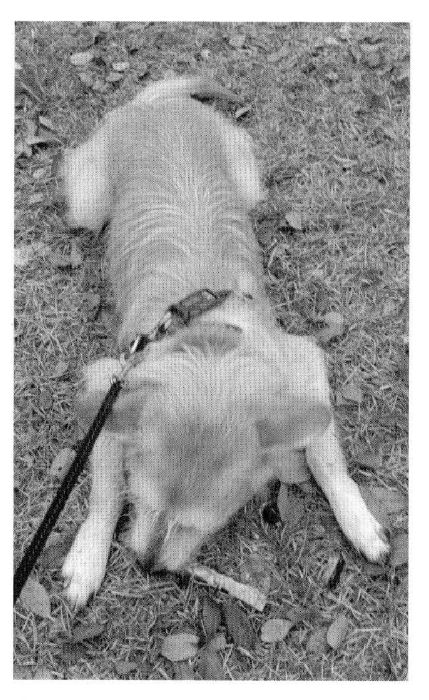
犬の好きなものを報酬にする。

が好きだったりします。大好きな報酬であれば、気が散るような状況であっても、犬の意識を集中させることができます。

ここで大切なことは、飼い主から見てこれは好きだろうというものではなく、犬の視点から好きなものを報酬にすることです。

●強化スケジュール

犬のトレーニングは、犬の学習意欲を高めて行動を定着化させることにあります。おもに2つの学習段階に合わせて２種類の方法を使い分けます。

□行動の獲得（取得段階）

□行動を流暢（りゅうちょう）にしていく段階（スムーズに行動するように教える）

トレーニングのレベルに合わせて異なるテクニックが必要となります。

新しい行動や動作を身に付けさせるときには、「連続強化スケジュール」を使い、それから「部分強化（変動強化）スケジュール」へ移行していきます。部分強化スケジュールは、犬の行動をより洗練させ維持させるために使っていきます。

【行動の獲得（取得段階）】

飼い主はコマンドを出して犬が何をするべきかを教え、犬はそれを理解して行動を覚えていきます。その行動は報酬を得るに値することとなります。犬はコマンドと行動を関連付け、行動を獲得していきます。それにより犬は多くの報酬を得ることができます。

犬に教えたい行動を効率よく繰り返し教えていきますが、飼い主はトレーニングの課題を注意深く計画する必要があります。なぜなら、犬が間違った関連付けをして覚えないことが大切なためです。飼い主が犬に教えたい行動と、犬が覚えていく行動には、多少のずれが起こりえます。ですが、できるかぎり犬が間違った関連付けをしないように、飼い主が注意深くプランを立てる必要があるのです。

◆連続強化スケジュール

行動の獲得段階で使うのがベストです。獲得段階とは、新しい行動を定着させる段階のことで、犬が正しい行動をしたら毎回、直後に報酬を与え、犬の中で起こるフラストレーションを最小限に抑えて学習させることができます。

いずれ適切な時期に部分強化スケジュールへ移行させていくプランを立てますが、まずは行動の定着を図ることが重要です。

【行動を流暢にしていく段階】

どんな状況であっても、コマンドがあったら自主的に行動するようになることです。この段階においては、犬は自分の行動に対して、より一層責任をもち、連続強化スケジュールに頼る必要がありません。与えられる報酬は少なくなっていますが、環境や状況に関係なくコマンドがあればそのとおりにするよう動機付けられています。

●報酬の基準を上げる

とてもよくできた行動だけをほめるようにすることも大切です。犬が課題を理解するようになったら目標を設定し、それに満たない不正確な行動は強化しないようにします。基準となる目標課題は一度に一つにします。その理由は、一つの行動には様々な側面があり、強化に差を付けて基準を高めることが必要なためです。

＜例＞

□吠えずにオスワリさせることを目標にします。この場合、どんな座り方でも（尻が曲がっていても、こちらに注目していなくても）吠えずにオスワリをしたらそれを強化します。

□コマンドを出して、すぐ反応することを目標にします。制限時間内に犬が反応することは、様々な場面において大変重要です。「オスワリ」のコマンドから動作までの時間を３秒以内とすることを目標とし、この制限時間内に犬が座らなければ、報酬を与えません。このように制限時間を設（もう）ける強化は、「強化制限時間（Limited Hold）」と呼ばれます。

●分化強化における強化制限時間の基準

犬の反応時間を短くしたい（早くしたい）と考えている場合は強化制限時間を使います。ここでは、犬の素早い反応にのみ専念して、犬の目線や体勢がどうなっていようと気にしないことにします。制限時間内に行動ができなければ、報酬は与えられません。これにより、犬が素早く行動することへの動機が劇的に高められます。

<具体例>

犬のしつけ方教室の中で、教えようとする動作に対する犬の反応する基準を高めるため、3秒以内にオスワリをさせることを目標にしたプログラムがあります。

報酬を手元に準備しておき、犬に「オスワリ」とコマンドを出します。その犬が3秒以内にオスワリをしなければ、報酬を持ったまま立ち去り、次のターゲットへと向かいます。

この課題について5回連続の練習プログラムを立てた場合、5回中、何回できたかで、行動の獲得段階を判断していきます。

●部分強化スケジュール

行動を定着させるには、報酬を不規則にします。犬がとった行動に対して、報酬を毎回は与えないプログラムを立てるのです。犬はどの行動で報酬が得られるかを予測できないまま、断続的に意表をついて報酬をもらえることになります。ランダム報酬、断続強化スケジュール、部分強化とも呼ばれています。

報酬パターンを固定しないこと、与えるときには犬の行動と同時に与えることが必要です。これが、学習した行動を確実にしていく最良の方法となります。

例えば、犬の行動2回に対して1回の報酬を与えることから始めるのが一般的で、やがて2回ごと、3回ごと、1回ごとなど不規則に実行していきます。

●ジャックポット

犬にとって思いもよらない大きな価値のある、ある意味「大当たり！」な報酬を与えることをいいます。犬に「その行動は素晴らしい！」「一番よくできた」ことなどを伝えるためにこのジャックポットを使います。報酬にドライフードを使っているのであれば、今までに与えていないものを与えるイメージです。今までドライフード1粒与えていたものを2～3粒と数を増やすよりも、価値の高いものを使いましょう。

ふつうにできた行動にも時折ジャックポットを使うことで効果的に学習していきます。

ジャックポットは犬に悟られないことがポイントですが、「良い行動」を引き出すために、あえてジャックポットを予告させるような使い方もできます。

6．一次性強化子

一次性強化子とは何でしょう？　一次性強化子とは、犬にとって最も価値が高く、それを求めて犬が努力するものをいいます。

ほとんどの動物において、食べ物、狩猟本能を促すもの、水、適度な温度、繁殖行動など、生きるために必要なものはほぼすべて一次性強化子であると考えられます。社会性がある動物では、効果的な報酬はより幅の広いものになります。

犬の場合、その犬にとって価値のあることが強化子の必要条件です。したがってフードやおもちゃは、しつけやトレーニングを行う際の一次性強化子となりますが、一次性強化子の中でも、水や温度、繁殖への欲求は、しつけやトレーニングでは使えません。行動の報酬として使いにくいという側面があるためです。ここでいう一次性強化子の報酬であれば、犬に身体的な危害がおよんだり、関係が壊れたりする危険性はかなり少ないと思います。

◆強化子は行動と同時に与える

正の強化に基づいたトレーニング方法は、単に自由放任主義という意味ではありません。犬は行動を制限することも学ぶことができるのです。犬との生活の中で起こる問題点改善の一つの方法として取り組むことができ、これは犬の悪い癖を望ましい行動に置き換えることで達成されます。

トレーニング方法については、正しい学習の原理に基づいて行わないかぎり、失敗する可能性があることを覚えておきましょう。

ほめるという行動は問題点の改善に役立ちます。強化子は行動と同時に与えるべきもので、強化したい行動と併せて与える必要があります。行動から1～2秒後に与えても、タイミングが遅い場合もあります。強化子が1～2秒遅れただけで、強化しようと考えている行動とは異なる行動に作用する（犬が別の学習をしてしまう）可能性が高くなってしまうためです。

●強化子としての食べ物

ほとんどの犬は、食べ物の報酬が大好きです。食べ物は一次性強化子であり、動物にとって食べることは生きるための必須の行動です。犬が本来もっている生存本能をトレーニングに活用することができます。

●強化子としてのおもちゃ

おもちゃもまた、ほとんどの犬にとって一次性強化子となります。犬はもともと狩りをしてきた動物で、逃げるものを追いかける、捕まえるという特性をもっています。その欲求を上手に使えば、学習の効果を上げることができます。

●プレマックの原理

これは行動心理学者のデイヴィッド・プレマックが提唱した、「動物の行動のうち、頻度の低い行動に頻度の高い行動を組み合わせることによって、頻度の低い行動を強化することができる」というもので、子供や犬のしつけなどで広く応用されています。

例えば、子供の場合、食べ物の好き嫌いがよくありますが、ピーマンが嫌いな子供に対して、ピーマンが入っている食べ物を食べることができたらデザートにプリンをあげるというようなことです。たいていの子供はプリンが大好物であり、それを得るために嫌いなピーマン入りの食べ物を食べるというイメージです。

これを犬に置き換えてみます。散歩は大好きだけどハーネスなどを付けられるのが嫌いな犬の場合、散歩に行けることが重要なので、ハーネスを付ければ散歩に行けることが組み合わさることによって、ハーネスを付けるという作業が次第に容易になっていく形になります。

7.二次性強化子

●褒美に結び付くもの

二次性強化子とは、何らかの行動を一次性強化子（報酬）に値するものと位置付け、近いうちに褒美がもたらされることを犬が学習するものです。通常は音などが二次性強化子になります。犬はつねに二次性強化子を学習しています。

＜具体例＞

□家族の車の音

家族の車の音がすると、犬はうれしそうに反応します。最初は犬にとって何の意味ももたない音ですが、次第に車の音と家族を関連付けて考え、やがて反応するようになります。この場合の報酬は「飼い主に会えること」になります。

□散歩

飼い主がリードを持つと、犬は散歩に行けると思って大変喜びます。この場合の報酬は「楽しい散歩に出られること」になります。

□来客に対して吠える

来客が「こんばんは～」と声をかけたりドアチャイムを鳴らしたりすると、犬は興奮して吠えるようになります。これは、客が来たことを知らせる刺激（「こんばんは」の声やドアチャイム）があると、必ず飼い主は犬を無視して対応に出てしまうため、残されることへの犬のストレスの表れであると考えることができます。またこの場合、飼い主と一緒に玄関へ行き、犬が吠えることで来客を追い返した（用事をすませて客は帰っていった）経験が報酬となっていると考えることもできます。

自動車の音（二次性強化子）が飼い主になでられること（一次性強化子）を想起させる。

●食べ物がもつ力を音ももつようになる

前述したような自然の原理を利用して、特別な音とフードの提示を組み合わせてトレーニングすることが可能です。

音には最初は何の意味もありませんが、一次性強化子である食べ物と組み合わせることにより食べ物がもつ力を音ももつようになります。これを利用したものが後述するクリッカートレーニングです。学習は曖昧(あいまい)な状態ではなく、白黒はっきりしているほうが理解度は上がります。二次性強化子となる音は、犬の良い行動をほめるという明確なメッセージになります。

◆教えたい行動を限定し、正確に報酬を与える

良いトレーニングをするためには、教えたい行動をピンポイントで特定して、それに対して正確に報酬を与えなければなりません。

犬のトレーニングで最も一般的に使われる二次性強化子として「よし！」「イエス！」「いい子！」「グッド！」などの言葉が挙げられます。この言葉は、明確に元気よく発することが大切で、ほかの言葉と混同されないようにしなければなりません。「そう、なんていい子なんでしょう！」などと長いフレーズよりも、はっきりとした一言が犬にとって意味をもちます。二次性強化子がふだんよく使われる言葉だと、犬にとって意味が曖昧になってしまうかもしれません。

二次性強化子の強化に笛やクリッカーといった道具を使うインストラクターがいます。クリッカーとは、手のひらに収まる小さな道具で、ブリキ部分を指で押すと“カチッ”というはっきりとした音が出ます。機械的な音は状況や環境、慣らす人の感情などに左右されず、毎回同じトーンとなります。つまり、クリッカーの利点は、音に感情が入らないこと、明確なサインになること、興味を引く音であることなどです。

クリッカーなどの機械的な音を利用し、その音がすると毎回必ず決まった報酬が与えられることなどを関連付けて動作を起こさせていく場合の同一の音のことを条件性強化子といいます。かなり臆病な犬など、犬に近付けない場合でも、この条件性強化子を使用すれば犬をトレーニングできます。二次性強化子が重要視されるトレーニング・プログラムがあります。

例えば、「カチ」という音がしたらオスワリをする、「ボコ」という音がしたらフセをするというように、「カチ」という音と「ボコ」という音では起こす動作が異なるように教えていきます。通常、犬のトレーニングでは「オスワリ」というコマンドでオスワリをさせ、「フセ」というコマンドでフセをさせます。声のコマンドと同じように、犬へのコマンドを特定の音に置き換えるイメージです。つまり、オスワリの音、フセの音など音を特定して、動作を起こさせる場合の音の違いを犬に認識させることであり、いわゆるコマンドの違いを教えていくことと同様になります。

犬は二次性強化子の意味をはじめから知っているわけではないので、関連付けを間違わないようにしていくことが大変重要となります。

8．嫌悪刺激

犬のしつけやトレーニングをするときに、人は「犬になめられてはいけない」と考えがちです。人は犬を「従わせる」動物だと捉えているからか、あるいは、そうしなければ「良い犬」には育たないと思っているからかもしれません。

日常生活は、嫌悪刺激であふれています。交通違反をしたら、減点と罰金があります。もしかしたら免許を取り上げられてしまうかもしれません。これは私たちにとって嫌悪刺激であり、「次からしないでおこう」となります。これは嫌悪刺激の有効な使い方です。

嫌悪刺激が有効なのは、人同士だからであって、人と犬のように動物種を越えてしまうと有効ではなくなります。最近は嫌悪刺激ではなく、「犬にも人にも優しい方法」が最も良いとされてきています。

ではなぜそのようになってきたのでしょうか？「従わせる」ということがどのようなことなのか考えてみましょう。

●処罰法トレーニング

近年、犬のしつけやトレーニングは「ほめてしつける」方法が主流になりつつあります。しかし、少し前までは「強制法（処罰法）トレーニング」が主流でした（「第３章」参照）。

では、この処罰法トレーニングに対してどのようなイメージをもっていますか？「体罰」「強制」というような、何となく嫌なイメージをもっていませんか？

◆自分の経験から…

私は犬のトレーニングを30年ほど続けています。その間、警察犬に始まり、家庭犬、災害救助犬、盲導犬、介助犬などのトレーニングを手がけてきました。最初の約10年間は、間違った処罰法トレーニングで犬をトレーニングしていました。まさに「犬になめられてはいけない」という観点から、軽い体罰から重い体罰までを使い分けてトレーニングをすれば、犬に緊張感を与え失敗を許さない状況をつねにつくり出すことができ、それによって良い犬ができると信じていたのです。しかし10年経ったときに恩師であるテリー・ライアンに出会い、処罰法トレーニングの間違いに気付いたのです。

◆処罰法トレーニングは犬のプロ向け

処罰法トレーニングは、決して「悪い」「使ってはいけない」トレーニング法ではありません。現在でもこの手法で成果を上げている分野はあります。

犬のトレーニングをしているプロのインストラクターは、処罰法をきちんと理解して使用しています。犬に嫌悪刺激を与えることで、犬を強くする方法もあるのです。

しかし、この処罰法は一般の飼い主が使いこなせるものではありません。飼い主に指導する方法には適しておらず、ペットとして飼育される家庭犬には必要ないと私は思います。なぜなら「叱る」ということが前提になるからです。

●罰について

「罰」と聞いてどんなことを思い浮かべますか？本来「罰」とは、それを与えるとその反応が減少する、あるいは消滅するもののことをいいます。そのため「罰が効かない」という表現は適切ではありません。効果がない（罰が効かない）ものを罰とはいわないからです。そしてもう一つ、「罰は叩くこと（体罰）」と思っていませんか？　これはまったく違います。

罰の効果として、罰を与えることによってその動作をしなくなるということが挙げられます。これは、動物は罰を受けることを避ける傾向にあるからです。

◆罰には副作用がある

実は、罰には副作用があります。罰を与えることによって、なくしたい行動だけではなく、行動そのものの低下を招くようになり、ひどい場合は学習をしなくなったり、臆病になったり、恐怖や怒りなどの情動行動を引き起こしたりしてしまいます。一方、罰を与える人がいない場面では、減らしたい行動が逆に増えてしまう、つまりいたずら行動が増えてしまうということが挙げられます。

罰は犬に「逃げる」ことを教えてしまう可能性があるため、犬が逃げることができない状況で罰を与えることが必要となります。

◆動物を罰するのではなく、行動や反応を罰する

あくまでも行動や反応を罰するのであって、動物を罰するのではないことも理解する必要があります。そして罰の強弱も考えなければなりません。罰が弱いと効果がなく、強すぎると動物虐待になるおそれがあります。

また罰は、すべての行動に有効ではありません。例えば情動行動や攻撃行動に対して罰刺激を与えると、取り返しのつかないことになってしまいます。

●嫌悪刺激について

罰と嫌悪刺激は同じでしょうか？　ある意味においては「同じ」でしょう。犬のトレーニングにおいては、積極的にお勧めする方法ではありません。

では、なぜ勧められないのでしょうか？　それは、嫌悪刺激は不完全であること、してはいけないことしか教えられないこと、恐怖や怒りに基づく行動を強化するかもしれないこと、不安要素を増やしてしまうこと、信頼関係を傷つけることなど、その理由を挙げればキリがありません。

◆トイレのしつけに当てはめると…

例えば、トイレのしつけで考えてみましょう。

犬がフローリングで粗相をしてしまいました。それを見つけた飼い主は、犬を捕まえて粗相したところへ連れて行き「ここでしてはいけません！」と強い口調で叱り、次いでトイレの場所へ連れて行き「ここがトイレでしょ！」と、これまた強い口調で言い聞かせました…。

やめさせたい行動を教える方法の一つ、
嫌悪刺激だが…。

この場合、飼い主は一生懸命犬にトイレを教えているのですが、犬が覚えたのはフローリングの上で排泄してはいけないことだけです。次に犬が考えるのは、フローリングではない場所で排泄することです。それはなぜかというと、叱られた印象が強く「ここでしてはいけない」ということは学んだかもしれませんが、「ここがトイレでしょ！」は学んでいないのです（もしかしたら正しいトイレの場所のときにも叱られたと感じているかもしれません）。なぜトイレの場所を学ばないかというと、トイレの場所でほめてもらったことがないからです。そして「ここがトイレでしょ！」という言葉を理解できないからです。

以上の例から、嫌悪刺激は行動の抑制に対応することはできても、間違った結果につながるかもしれないということがわかります。また、飼い主の口調が強いことも嫌悪につながるかもしれません。

●嫌悪刺激が犬を強くしてしまう

犬に対して嫌悪刺激を与えることで、犬が強くなってしまうことがあります。

私は警察犬のトレーニングをしていた時代に、襲撃犬（アタック犬）をつくるためのトレーニングをしていました。襲撃犬とは、インストラクターの指示により特定の人を威嚇するように教えられた犬となります。

襲撃犬をつくり上げる方法は、まず「犬をいじめる」ことから始まります。いじめるといっても、犬の身体に触り体罰などを与えるわけではなく、つないである犬にゆっくりと近付いていき、犬を一瞬ビックリさせてその場から走って逃げる動作をします。

これを毎回続けていくと、犬は次第に警戒心をもつようになり、最終段階では威嚇して吠えるようになります。これは犬が自信を付けて強くなるように仕向けていくトレーニングです。この行動をもっと強化するために、インストラクターが犬に「よし行け！」などと声をかけたりすると、完璧な襲撃犬になるというわけです。どんなにフレンドリーな犬でも威嚇する犬になるのです。

◆つながれている犬が吠える場合

ここで考えなくてはならないのは、一般家庭において外につながれている犬が強くなり威嚇して吠えるというのは、実は犬のいる環境が、ひいては飼い主がつくり上げてしまった場合があるということです。特に強化しているのは、飼い主が「こら、やめなさい！」などと何回も声をかけているためではないかと思われます。

9．基本的な指針

●犬のしつけやトレーニングは基本的なルールづくりが必要

人社会で生活を営んでいくには、様々な制約や決まりごとがあります。きっちりと決まっているものもあれば、「暗黙の了解」のように曖昧なものもあります。しかし、そのすべてを理解して、私たちは生活しなければなりません。犬も人社会で共存していくには、制約や規則に従って生きていかなければならず、そのためにはしつけ方教室は欠かせません。犬のしつけやトレーニングを行う際に、どのような手法を使うことが犬にとって本当に良いのか、よく考えてみましょう。

誰でも犬を飼い始めたら「しっかりとしつけをしなくては」と思い、しばらくの間は、服従訓練や芸を覚えさせせることに熱心になるかもしれません。しかし、飼い主の中には犬が大きくなってくるにつれて当初の熱が徐々に冷め、ただ漫然と世話をしたり、気ままにかわいがったりする人がいます。犬の問題を抱える飼い主には、この傾向が強く見られ、犬との関係がこじれてしまっていることが少なくありません。

◆犬に何を教えるのか

問題行動を改善する際に、飼い主と犬との関係を見直し改善することを目的としたプログラムを組む必要があります。犬をしつけたりトレーニングしたりする際にまず「犬に何を教えるのか？」ということを設定します。ただやみくもにしつけを行っても効果は上がりません。人が家族や地域に所属しているように、犬も群れをつくって生活をする動物ですが、人とは慣習が異なります。

犬はその習性行動から「リーダーを求める」ことをつねに考えています。飼い主は犬のその要望に応える必要がありますが、これがなかなか難しいものです。一番の壁は「言語の違い」です。その壁を越える一つの方法が、基本トレーニングを行うことです。基本トレーニングをマスターすることで、飼い主の意思を的確に伝えることができ、犬のリーダーになることができるのです。

●基本的なプログラム「ルール・プログラム」の目的

基本的なプログラムを「ルール・プログラム」という名称で呼ぶことにします。一般的に服従訓練と呼ばれる方法とルール・プログラムとの間には大きな違いがあります。

服従訓練では、飼い主のコマンドに対して犬を即座に従わせることが第一の目標となります。犬は、飼い主のコマンドだけでなく表情まで読み取ろうと必死で、もし飼い主がかなり強い口調で教える場合は、叱られるのではないかという恐怖で緊張することもあるかもしれません。

しかし、そもそも家庭犬のしつけやトレーニングであって、使役犬をつくることが目的ではありません。主目的は、飼い主と犬が楽しく時間を過ごせるようになることであり、さらに重要なのは、困ったときでもいつでもリラックスして飼い主に指示を仰げば安心なのだということを犬に覚えこませることなのです。

◆強制ではない信頼関係を培う

ルール・プログラムでも「オスワリ」や「フセ」などの簡単なコマンドを利用します。「オスワリ」のコマンドに対して犬が「フセ」をしても、リラックスしているなら褒美を与えます。飼い主がコマンドを出す際も、決して厳しい口調で叫ぶのではなく、犬がリラックスして飼い主に集中できるよう優しく話しかけなければいけません。こうして強制ではない信頼関係を培っていくのです。

飼い主家族全員が参加してルール・プログラムを実践し、犬の成長に合わせた健全な信頼関係が育まれていけば、多くの問題行動を未然に防ぐことができます。また、すでに起こってしまった問題行動を治療していく上でも大きな手助けとなることでしょう。

信頼関係をつくる「ルール・プログラム」

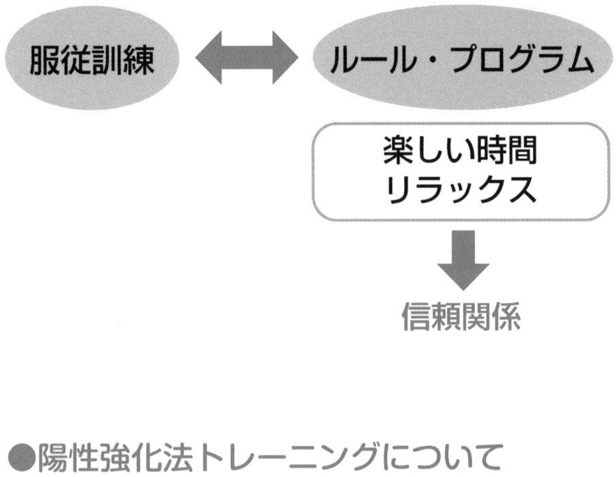

服従訓練 ⇔ ルール・プログラム

楽しい時間
リラックス

↓

信頼関係

●陽性強化法トレーニングについて

陽性強化法トレーニングは、ビジネスや教育の世界でも多く活用され成果を上げています。特に子供の教育には必要だとされています。

陽性強化の基本を簡単にいうと、「ほめて教える」ことですが、これがなかなか大変なのです。「良いところを見つけて、それをほめる」、これはとても大切なことであり、大変なことでもあります。悪いところはよく目に付くものです。それに反して、良いところは目に付きにくく、目に付いても流してしまう傾向にあります。

◆自らが進んで行動する犬になる

私は、この陽性強化という理論によって犬が「自らが進んで行動する」ようになると考えています。なぜなら、飼い主にも犬にも大きなストレスをかけることなく動作を教え、その行動をほめることで「進んで行動する」犬にしていくことができるためです。特に大きな成果をもたらすのは「飼い主」に対してかもしれません。それはなぜでしょう？

しつけ方教室では、飼い主が自分の犬のしつけやトレーニングを行います。インストラクターは、その飼い主にトレーニングの仕方を指導したり、生活面で重要な情報をアドバイスしたりしています。その際インストラクターは飼い主に「はい！　ほめて」とよく声をかけます。そうです、しつけ方教室では犬を叱るような指導はしないのです。

一方、飼い主はというと、飼い主も犬の先生であるインストラクターから、つねにほめてもらっています。そのため、飼い主は当然気分よく犬に接することができるでしょう。飼い主も犬も緊張することなくリラックスした状態でいられるのです。これが飼い主と犬の絆を深くする方法といえるでしょう。

●しつけの基本は動機付け

犬のしつけをしようと思っても、飼い主のいっていることを犬に理解させないと行動に結び付きません。また、動物は繰り返し行うことで行動が定着していきます。行動の定着化を図る上でも動機付けは欠かせません。

◆犬の名前＝褒美

では、動機付けとは何でしょう？　それは、行動のきっかけをつくるものと考えましょう。犬のしつけの基本になるのは「犬の名前」､次いで「犬が注目する」､「褒美がもらえる」という順番で、犬に「名前＝褒美」ということを教えていきます。

行動が定着化すると、犬の名前を呼ぶと飼い主を見るという行動が日常化していきます。この動機付けをしっかりとさせるために、ほめる行動、つまり褒美が必要なのです。叱ることで動機付けすることも可能ですが、この場合、犬にかかるストレスが大きいため飼い主のそばにいないかもしれません。

基本的に動機付けはほめて教えることによって、喜んで楽しそうに行動することにつながります。

（意識付け＝動機付け）＋継続＝行動の定着

犬のしつけやトレーニングは繰り返し教えることがとても重要です。

●褒美にフードを使うことについて

犬の動作（行動）を良い方向へ導いてほめていくことはとても大切です。その「ほめる」という行動は、双方にとって楽しくうれしいものでなければいけません。ここでは、犬がほめられたことを理解しているかについて考えてみます。犬をほめるときに有効な身体の部位はどこでしょう？

□頭をなでる
□耳の付け根や首筋をなでる
□顎の下をなでる
□前胸部をなでる
□脇腹をなでる

ここに挙げたのは、いずれもほめるのに有効な部位ですが、実際に犬がどう感じるかについてはかなり個体差があります。例えば、顔まわりを触られるのが嫌だと思っている犬の頭や顎の下をなでてほめても、たぶん少しもうれしくないでしょう。では、どうすれば「ほめた」あるいは「ほめられた」と思うようになるのでしょうか？

◆動物に共通する「食欲」を刺激

動物行動学から考えると、「食欲」はほぼすべての動物に共通する欲求です。この欲求を刺激して「その行動は褒美に値する」ことを伝えることができます。褒美に食べ物を使う理論が存在するのです。犬の食べ物に対する要求度は非常に高いため、「どのようにすれば食べ物を早くもらえるのか、自分で考える」ようになります。これが学習を進歩させていくことにつながります。

中途半端に使うのではなく徹底して食べ物を使っていくと、犬の中で「飼い主は必ず食べ物を持っている」という認識が強くなり、学習能力も向上し、飼い主への注目度もアップしていきます。

このプログラムでは、褒美を使いながら、犬に楽しい思いをさせてコマンドに従うことを学ばせます。褒美になるものは、犬が大好きなおやつです。褒美として1回に与える量は少なくてかまいません。ちぎって与えることのできるチーズやハム、乾燥したレバー、ジャーキーといった犬用おやつが適当でしょう。ここで褒美となるおやつを決めたら、今後はこの練習のときだけにこのおやつを与えるようにして、犬がこのおやつに飽きないようにしてください。

◆褒美にフードを使う利点

犬のしつけやトレーニングにフードを使うことは、以下のような利点があります。

□集中力を維持
□集中力の向上
□飼い主への注目度アップ
□ポケットに忍ばせることができる
□手の中に隠せる
□いつでも携帯できる

犬は環境や状況によって、フードを差し出しても食べない、興味を示さない、口の中に入れるだけなど、褒美としての機能を果たさない場合があります。これは、犬の精神状況によります。緊張などのストレスがあまりにも大きいときは、いつも食べているフード、大好物のフードでさえ興味を示しません。

しかし緊張状態が緩和されると、次第にフードに反応するようになります。要するに精神状態が落ち着いてくると犬はフードを食べることができるのです。

あるいは、ほかの犬や人、外で出会う様々な刺激に対してあまりにも強く反応しているときも、どんなにフードを差し出しても、見向きもしないでしょう。これは興奮性のパニック状態に陥っていることによるので、犬が落ち着いてくると差し出されたフードを食べることができます。

このように落ち着くことでフードへの反応が復活するので、いかに落ち着くことが大事であるかということがわかると思います。

犬のしつけやトレーニングにおいて報酬にフードを使って教えていくことで、次第に「落ち着く」ということを犬に教えていくことができるのです。

◆褒美におもちゃやボールを使う利点

犬のしつけやトレーニングには、報酬におもちゃやボール、つまり遊びを取り入れる場合もあります。その利点を以下に挙げます。

□集中力を維持
□集中力の向上
□飼い主への注目度アップ
□動作（行動）へのモチベーション向上
□動作（行動）への反応性向上

これは、犬の本能行動である「食物獲得の行動連鎖」を刺激して学習を進めることができる方法です。「おもちゃやボールで遊びたい」という犬の欲求を刺激するため、行動自体の要求度を高めていくことができ、活発で表現力豊かな犬になっていきます。

また、犬の視覚のみならず、その他の五感も同時に刺激して犬のもつ能力を高めていくことができるため、災害救助犬や警察犬といった使役犬やアジリティなどのスポーツドッグのトレーニングに適した褒美となります。

おもちゃは「遊びたい」という犬の欲求を刺激する。

●このプログラムで使う「コマンド」

このプログラムでは、「オイデ」「オスワリ」「フセ」

「マテ」などのコマンドを使います。犬がどれも習得できていない場合、まずは「オスワリ」から教えてみましょう。

「オスワリ」や「フセ」のコマンドに対して、理解して従うことを目標としているので、この2つは違う動作だと教えていきます。これらの動作は楽しみながら教えていきたいため、無理をする必要はありません。基本的には、飼い主のコマンドに集中して従うという気持ちが大切なのです。

●犬を誘導すること

犬をトレーニングする際に必要なことは、しっかりと誘導することです。犬のしつけやトレーニングをするとき、犬にどうしてもコマンドを覚えさせようとしますが、これは無理というものです。コマンドを与えるのは、その言葉の意味を知っている飼い主です。ここに問題があるかもしれません。

飼い主は、犬がそのコマンドの意味をすでに知っているものとして教えようとします。しかし、犬がその言葉の意味を知っているかどうかなどわかりません。例えば、犬にトイレを教えるときに、ペットシーツを指差したり、叩いたりして注意を促して「ここがトイレだよ。わかった？」などといっても、犬は理解しないでしょう。

なぜならば、もともと犬にトイレという習慣はないからです。用を足すときに、犬はトイレという認識のもと排泄するのではなく、マーキングを目的としてする、もしくは尿意や便意を感じたときにするからです。人はトイレという認識があり、どこでも自由にトイレをすることはありません。この観点を人が犬に押し付けても、犬は理解できないのです。

◆成功を重ねて犬は学習していく

最初はしっかりと誘導し、成功する回数を重ねていくことで犬は学習をし、理解していきます。

テリー・ライアン曰く、「犬の頭をコントロールすることは、犬をコントロールすること」とし、私も同感します。犬の頭をしっかりと誘導できれば、犬の動きを管理することができるのです。

犬の学習についても、誘導して教えていくほうが無理なく、そして早く覚えていきます。これは、犬の刺激に対する反応が「関連付け」という形で脳に意識付けられるため、言葉だけで動作を教えていくより、学習の速度が早くなるためだと考えられます。

●犬が環境に慣れること

動物に学習させる際にまず考えなければならないことは、その動物にかかる「ストレス」でしょう。ストレスが大きいと動物は学習することができません。特に犬はストレスにすごく敏感な動物といえます。

しかし一方で、学習の向上や目標の達成にはストレスが大きな役目を果たすことも事実です。つまり、動物の学習において「ある程度のストレス」は必要であるということです。

では、「ある程度のストレス」とはどのようなことなのでしょうか？　基本的には個体が対処でき、解消できる程度のストレスであるということが考えられます。犬にしつけやトレーニングをすること自体がストレスとなりますが、このストレスは「ある程度のストレス」でなければいけません。そのためにも、犬が強

犬は言葉そのものの意味がわからない。誘導して教えてあげよう。

すぎるストレスを感じないように、犬と飼い主が慣れた場所でトレーニングするようにします。

このプログラムでは、飼い主と犬の関係を見つめ、より良い絆をつくるために大切となる飼い主に自信をもたせることと、ほめることで犬の行動を強化していくことが目標になります。

●犬の集中力

犬でも人でも、集中力には限界があります。当然興味のあることへの集中力は持続されますが、興味ないことについての集中力は長続きしません。楽しいことをしている1時間は早く過ぎますが、そうでなければその1時間は長く感じるでしょう。

犬にしつけやトレーニングを行うときには、犬の集中力を高めなければなりません。ここで大切なことは、犬が集中できる時間です。私はしつけ方教室で「犬の集中できる時間は、ウルトラマンのカラータイマー程度ですよ」といっています（ウルトラマンとは少々古いですが…）。

最初は、犬の集中力はそんなに長く続かないものです。手を変え品を変え、犬の集中力を持続させるようにしましょう。そして集中力は精神的なストレス緩和にも役立っていることを知っておきましょう。

●犬に名前を教えること

人には「名前」というものがあり、それが登録されて戸籍となり個人を識別する大切なものになります。しかし、犬の慣習には「名前」というものはありません。人と生活するようになると「名前」が付けられますが、犬に「これが君の名前だよ」といってもすぐに覚えることはできないでしょう。ここでは、犬が名前を覚えるプロセスを考えてみます。

◆意識して動物の名前を呼ぶ

人は犬語で会話することはなく、人の言葉で犬に話しかけます。犬からしてみると、人の言葉は基本的に理解できません。犬は人の言葉を単語として理解していきます。したがって人が犬に付ける名前は、犬にとっては単語ということになります。この単語を日常生活の中で数多く呼ばれ、その後に楽しいことが起これば、その単語は犬の脳に記憶され、名前を呼ばれるたびに反応をするようになります。

当たり前ですが、犬や猫などの飼い主は特に意識をせずに動物の名前、例えばポチなら「ポチ！」と呼んでいると思います。ここで意識をして動物の名前「ポチ」を呼ぶようにしてみましょう。そうです！　動物に名前を教えるという意識をもって名前を呼ぶようにするのです。そうすることで、動物も名前に対して意識を向けるようになります。

10. ルール・プログラムⅠ

前述した基本的なプログラム「ルール・プログラム」の項目とその内容を説明していきましょう。このプログラムは、飼い主と犬との関係（絆）を深めていくために行うものです。

●ウォーキング（歩くこと）

文字どおり連れて歩くことです。犬が歩くときに足の裏から得る情報は、かなりの量になります。しつけ方教室を行う環境に早い段階で慣れさせることができる、健康状態や日頃の変化を見分けることができるため、非常に重要な項目です。

これは、トレーニングの際に必ず最初に実施します。犬には特に「トレーニングを始めるよ」と意識させずに、なんとなく飼い主に付いて歩くような感じで始めていきます。

◆自然な状態で飼い主がリーダー性を発揮する

仕事をする使役犬と違い、通常、家庭犬には、今から何かを始めるというサインは出しません。一方で私たちは、異なる動物種である犬との暮らしを快適にすることが求められます。この点から、生活の中で飼い主を意識させる（この場合の意識とは、犬の自発的な服従性）ことから始まり、自然な状態で飼い主がリーダー性を発揮することを目的とした項目となっています。

また、ルーティンプログラム（毎回行うプログラム）にすることで、犬が自然と飼い主を意識する習慣を付けるだけでなく、犬自身の頭の中を整理して学習する準備を整える効果があります。

ただなんとなく始めていくスロースタート的なこの項目は、いろいろな性格の犬に適応できるものです。

●アテンション（飼い主を意識する）

基本的には飼い主を意識しながら、ふつうにそばにいることを教えていきます。ただし、トレーニングにおいてはつねに飼い主のそばにいる必要はなく、コマンドによってそばに寄っていくと考えます。

この項目は、ウォーキングとペアで教えていきます。犬が名前を呼ばれたら飼い主に注目するという動作を強化していきます。

●シット＆ダウン（オスワリとフセ）

座る動作と伏せる動作をさせます。犬は動作としてのオスワリとフセは教えなくても知っています。人と生活を送る際に必要なのは、飼い主のコマンドでその動作をするようにしておくことです。犬に与えるコマンドは１回もしくは２回に留めるように心がけます。

犬が人に従う構図をつくり上げる際に、オスワリとフセは犬にとってまったく意味が異なるため、混同した教え方にならないように注意が必要です。

この項目では、犬がコマンドに反応することで飼い主との関係性を確認することができます。

◆オスワリをさせる意味

飼い主のコマンドで座る動作をさせます。犬はふつう（自然）の状態でも座る動作を何回もしていることから、この動作はモチベーションが上がれば通常はできることになります。

トレーニングで必要なのは、飼い主のコマンドにより座るという動作をどの程度忠実に実行するのかということです。この頻度により、飼い主へどのくらい意識を向けているのかがわかります。

◆フセをさせる意味

飼い主のコマンドで伏せる動作をさせます。伏せる動作自体は犬にとって特別なことではありませんが、飼い主のコマンドで伏せる動作をすることについては大きな意味があります。座る動作に比べて伏せる動作は少し複雑であり、簡単ではありません。

しかし、飼い主のコマンドで伏せる動作をできるようになると、犬の服従性を知るきっかけになり、頻度が多くなれば飼い主への忠実度がわかります。

この座る、伏せる動作をさせる際に注意すべきことはコマンドの回数です。あまりにも多い回数のコマンドを出さなければ犬が動作をしないのであれば、プログラムの構成が少しちぐはぐになっている可能性が考えられるので、見直しが必要となります。

●呼び戻し

飼い主のところへやって来ることを教えていきます。

この項目は、犬に特にマテをさせる必要はありません。ヘルパーに犬を持っていてもらい、離れたところから犬を呼び、飼い主のところまで来るように教えていきます。

ここで大切なのは、飼い主がヘルパーのところまで犬を連れて行き、犬を渡してから離れる作業をすることです。これにより、犬にしっかりと飼い主を意識させることができます。決して、ヘルパーが飼い主のところに行って犬を受け取って離れないことです。どちらも同じ行動のように思えますが、犬からすると飼い主が離れていくことと、飼い主から引き離されることでは、精神的な影響が違ってきます。

●ウェイト（マテ）

犬が人社会で暮らしていくにあたって、最も重要な項目です。その場でじっとしていることを教える項目であり、止まれ（ストップ）を教える項目ではありません。

この項目も、座った状態でその場でじっとしている「オスワリ・マテ」と伏せた状態でその場でじっとしている「フセ・マテ」の２つを教えていきます。犬にとってはそれぞれ効果が違うため、オスワリの姿勢で待つことと、フセの姿勢で待つことを混同して覚えさせないようにしなければなりません。

この項目の目的は、「落ち着いて待っていること」を理解させることですが、犬が飼い主に注目するようになるという、副産物が付いてきます。

◆座った状態で待たせる

飼い主のコマンドのもと座った状態で犬を待たせる「オスワリ・マテ」のトレーニングは、座るという体勢のため、興味のありそうな刺激に対して犬が動きやすく、集中させにくいものとなります。座った状態で待たせることで、飼い主への集中度を図ることができます。

◆伏せた状態で待たせる

飼い主のコマンドのもと伏せた状態で待たせる「フセ・マテ」のトレーニングは、伏せた体勢のため、別の動作へと移行しにくく犬が落ち着きやすくなります。そのため、飼い主への集中度と落ち着き状態を図ることができます。

◆スモール・ステップをプログラム

これらの項目をしっかりと教えていくために、段階を細かく分けて進めます。理解しやすい段階から始め、徐々に難しくなるように、10のステップに分けるスモール・ステップで学習をさせていくようにします（「第21章第２～６項」参照）。

犬を待たせるレベルが上がれば、飼い主を意識するレベルも自然と上がっていきます。

●カム（オイデ）

犬がしっかり「ウェイト」を覚えた段階で教える項目です。基本的には、コマンドによって喜んで飼い主のところまで来ることを教えていきますが、飼い主のところへ来てからどのようにすればいいかということも教えていかなければなりません。犬にとっては新しい項目となりますが、ウェイトと同じような形態でトレーニングを進めていきます。

◆短い距離から始める

最初のレベルでは、犬をオスワリもしくはフセの姿勢で待たせてから、リードいっぱい（リードが張った状態まで）離れます。リードはしっかり飼い主が保持します。リードいっぱい離れた状態で犬と対峙してから、楽しそうな声で犬の名前を呼んでからコマンドをかけます。犬がやって来たらしっかりとほめて褒美を与えます。このときに、しっかりと来るようであれば飼い主の足元（この場合、左脚側ではなく前面）でオスワリをさせてから、ほめて褒美を与えていきます。

最初は必ず短い距離から始めていくことがポイントです。長い距離から始めてしまうと、やって来る間に犬が興奮状態になり、飼い主のところへ到着するときにはハイテンションで捕まらないということが起こりえます。短い距離でできるようになったら、次第に距離を延ばしてレベルを上げていきます。

基本的には、犬を呼んだら必ず飼い主の前面でオスワリをさせるようにしていきましょう。

カムがしっかりとできるようになったら、サイド（左脚の足元＜左脚側＞に入る）のトレーニングに移ります。

●サイド（左脚側に入る）

カムができたら教える項目です。カムで飼い主の前に犬が来ますが、前に犬がいると次の動作へとスムーズにつながらないため、サイドのトレーニングを行います。

この項目は、犬を直接左脚側に入れる場合と飼い主の右側より後ろをまわって左脚側に入る場合の２パターンがあります。

◆直接左脚側に入れる場合

飼い主の前でオスワリをしている犬を直接左脚側に入れる場合は、飼い主が左足を半歩後方へ引き、褒美を持った右手で犬の頭部（鼻先）を引いた足のほうへ誘導します。犬は誘導されて左足のほうへ移動するので、犬の頭部が左足に近付いたら左足をもとの位置に戻します。その際にしっかりと左足の動きに合わせて誘導すると、犬は向きを変えて左脚側に入るので、オスワリをさせていきます。

◆右側より後ろをまわって左脚側に入る場合

飼い主の右側を通って後ろをまわる場合は、褒美を右手に持って犬の頭部（鼻先）を右側に誘導し、犬が後ろに差しかかった段階で右手に持っている褒美を左手に持ち替えて左脚側まで誘導してオスワリをさせていきます。

●コントロールヒール（飼い主の左側に付いて歩く）

犬をしっかりとコントロールしながら歩く練習です。

散歩中に犬が引っ張るという問題は、簡単には矯正できないものです。飼い主も引っ張る犬を引き戻せば、そのうち引っ張らないようになるだろうと思っています。しかし、引き戻せば引き戻そうとするほど、犬は引っ張るようになってしまいます。これは「反作用の原理」が働いていると考えます。

この項目では、犬が引っ張るようになった原理の理解とその対処法をレッスンします。

◆ヒールポジションを維持しながら歩く

まず犬のいる位置を決めます。基本的に飼い主の左足のズボンの縫い目のところに犬の右肩がくるような位置に設定します。この位置をヒールポジションといいます。左足の横に犬がいる状態を維持しながら歩くトレーニングを行います。

犬が注目するものを右手に持ち、左側の足元（＝左脚側）に犬を誘導して、注目させながら前に進んでいきます。このとき、飼い主は左足から歩き出すように心がけてみてください。これにより犬は左足に沿って歩くという意識を高めることができます。

最初は３歩程度上手に進めたらその状況をしっかりとほめます。注目させて、少しずつ歩く距離を延ばしていきます。

直線距離で10歩20歩と歩けるようになったら、コーナーを歩く練習に移ります。注意点としては、犬が外側を歩く形でコーナーに入るのか、犬が内側にいる状態でコーナーに入るのかで、飼い主の足運びが異なることです。

次いでUターン形でのターンの項目に移っていきます。

●ボディーコントロール（犬のボディーチェック）

犬の健康状態は、目で見ることと手でふれることでわかります。犬の身体全体を無理なく触っていきます。基本的には身体チェックを無理なく行うことを目標に取り組みますが、犬は身体にふれられる時間が長くなると興奮したり、嫌がったりするものなので、ゆっくりと少しずつ行うように心がけます。

この項目は、トレーニングの最初の段階から取り入れていくことができます。あまりにも興奮度が高くなる場合には、身体全体ではなく、部分的なところ（例えば、背中、後ろ足、尾など）から触るように段階を分けて、徐々に身体全体へと促していくことも考慮しましょう。

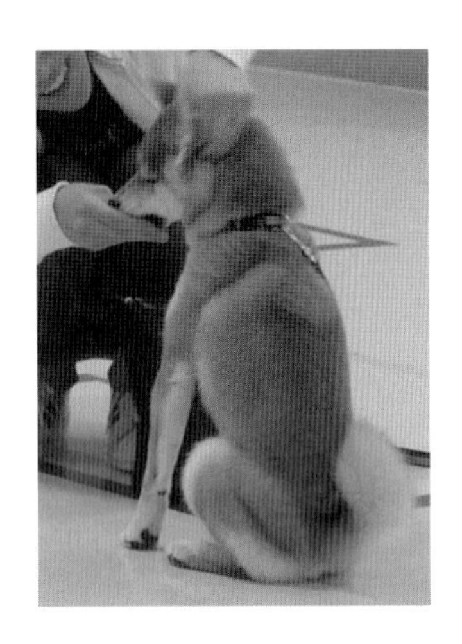

●ルアーエキサイト（誘惑刺激）

犬はいろいろな刺激に対して、反応を示します。確認するために近付こうとしたり、興奮したり、怖がったりと様々な行動を示します。

この項目はいろいろな刺激に慣れるためのエクササイズです。落ち着いて待つことができるようになってから取り入れてみます。トレーニングレベルの初期段階で取り入れてしまうと、犬の興奮性が上がり、落ち着かせるためのプログラムに影響を与えることになりかねません。犬のトレーニング状況をよく観察しながら段階を踏んで進めていくことが必要です。

●ステイダウン（5分間フセ・マテ）

ルール・プログラムＩの最終段階です。犬をゆっくりと待たせるようにすることで、刺激への対処となり、落ち着くといった行動を覚えていきます。

飼い主の足下でゆっくりとリラックスさせた状態で待たせます。ステイダウンは、犬の精神構造にも影響を与えるため、トレーニングレベルの後半で取り入れていくことが最適な項目です。

●リリース（解放）

リリースとは、直前の動作を解放してやる項目です。例えば、犬にオスワリという動作をさせた場合、オスワリをしている状態でほめたり、フードを与えたりするよりも、その状態を解放してから褒美を与えたほうが、より一層オスワリという動作への意識が高まる効果があります。犬に様々な動作を教えていくときに、効率よく学習させることができる手法の一つです。上手にリリースを使うことができれば、フードやおもちゃなどの褒美を与える頻度を減らしていくことができます。

ただし、環境やトレーニングのレベルにより違いがあるため、使用するにはケース・バイ・ケースで考えていくことが必要です。

11．飼い主へ指導する際の注意点

インストラクターは飼い主へ適切なアドバイスをしなければなりません。しつけ方教室の中で大切なことは、しっかりと説明をすることです。「なぜ？」に対して説明ができれば、飼い主も理解を示して、レッスンにも真剣に取り組んでくれるようになります。

●ホームワーク（課題や宿題）

しつけやトレーニングといった、いわゆる犬の学習を完成させるためには、家での練習が不可欠です。しかし飼い主は忙しく、犬だけにかまっている暇はありません。

そこで飼い主への課題は、練習しやすく、そして、できるだけ今現在のライフスタイルが維持できることを考慮します。カウンセリングなどを通じて飼い主が犬にかかわっている時間やどのようにかかわっているかを見つけて、そのときにプラスアルファでできることを指導しましょう。

犬の行動の定着は、いかに学習を効率よく進められるかで決まります。ホームワークが飼い主の負担とならないよう、明確な課題を提供するようにします。

●しつけやトレーニングで犬にかかわる時間

犬のしつけ方教室に通い始めると、ほとんどの場合、課題（宿題）が出されます。次回のレッスン日まで、宿題を毎日続けることがとても大切であり、犬の行動が定着するかどうかが決まります。

最低でも１日２回、10分ずつを目安に課題を実践してみましょう。実施する時間帯はいつでもかまいません。「今、集中しなさい！」といっても、犬は集中しないものです。あくまでも犬の集中力を考えてトレーニングの時間を設定します。

学習のポイント

トレーニングを総合的に考えることは、犬の教育の根幹（こんかん）にかかわってきます。犬にどのような動作を教えるのか、生活の中でその動作をどのように活かしていくのかを考えることが大切です。

ルール・プログラムは、トレーニングのルーティンをしっかりとつくり上げることで、犬の学習が効果的かつ効率的に進んでいくものです。それを体験し、実際に飼い主へどのように教えていくべきなのかをきちんと理解してください。

15 犬の行動を引き出す

犬に良い行動を教えていくための方法には、大きく分けて３種類あります。犬に直接ふれて行動を促す方法、褒美で誘導する方法、そして犬がその行動をしている機会を捉えて教えていく方法です。いくつかの行動を一つにしていく方法も含めて見ていきましょう。

人社会で犬と暮らす場合、しつけはとても大切な要件となります。しつけは犬に行動を教えることです。少し乱暴な表現ですが、動物は報酬によって行動を覚えていきます。では、報酬に値すべき行動をさせるにはどのようにしたらよいのでしょうか？　その行動は、犬が自然にとる場合もあれば、補助によって引き出される場合もあります。特定の行動に対して、一つの方法がほかよりも有効な場合もあれば、どの方法が有効かはっきりしない場合もあり、逆効果になる場合もあります。

◆犬に行動を教えていく３つの方法

犬に行動を教えていく方法は「物理的に促す」「ルアーを使う」「行動を捉える」という３つに分けられます。ある行動を引き出すために、その行動になるように動作を補助したり、魅力的なもので誘導したり、日常的に多くする動作を促したりすることはよく行われます。その際に、与えるコマンドと犬の動作をどのようにつなげて学習させていくかを考えていかなければなりません。

１．物理的に促す　→直接ふれる

人が犬を物理的に補助して、つまり実際に犬に触って「このようにするんだよ」という感じで、望ましい姿勢をとらせます。これは長い間使われてきた方法で、「犬にオテを教える場合」に多くの人が取り入れてきた方法だと思います。

◆犬のストレスが大きくなる可能性がある

例えば、犬にオスワリさせる方法では、犬が飼い主に注目などして四肢で立っている場合、犬の尻尾を後ろ足の間に押し込む感じで、腰（尻尾の付け根）の部分を尻に沿ってなでるようにすると自然にオスワリの姿勢をとらせることができます。

また、四肢で立つという「タッテ」を教える場合に

「オスワリ」を物理的に促す。

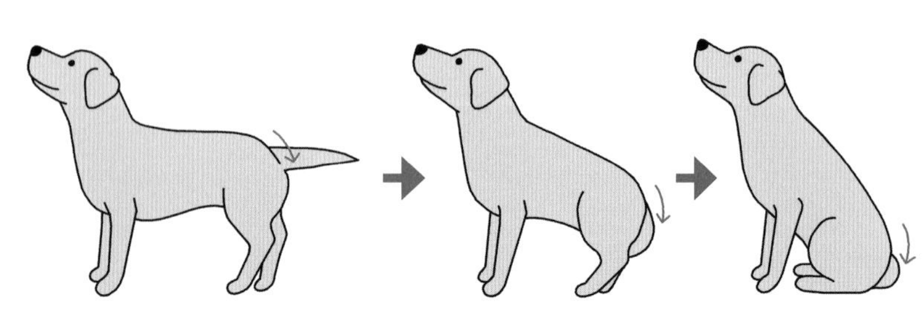

犬の尻尾を後肢の間に押し込むように付け根をなでると、自然と座る。

は、犬がオスワリの姿勢からタッテの姿勢に移行することを教える際に、犬の腹下に手を差し入れて「タッテ」の姿勢になるよう促します。この方法は、犬の後ろ足に意識をもたせることに役立ちます。

しかし物理的に行動を促す方法は、とらせる姿勢や動作によって、犬へのストレスが大きくなる可能性があります。

ストレスが大きくなる動作の一つに、「フセ」があります。フセの姿勢を教える際に、物理的にその姿勢をとらせようとすると、飼い主が犬の両前足を保持し、そのまま前方へと引いていくことになります。なかなかフセをしない場合には人が犬に覆いかぶさってこの姿勢をとらせようとします。これは犬にとって、かなりのストレスとなる上に、場合によってはフセの姿勢をとらなくなってしまいます。物理的に犬の動作を補助する場合には、犬へのストレスを軽減できるように考えて取り組む必要があります。

処罰法で示す方法も取り入れられますが、状況によっては必ずしも最良の方法というわけではありません。なぜなら犬は、自身の意思に関係なくその姿勢をとらされる可能性があるからです。

しかし利点もあります。犬へのストレスを十分考慮しながら、直接犬の身体にふれて行動をコントロールすることは、適度に緊張感を与えられることがあります。例えば、犬とボール投げなどをして遊んでいるときを想定してみましょう。犬にロングリードを付け、飼い主が投げたボールを犬に取りに行かせます。犬がボールをくわえたら、ただちにロングリードを引っ張り、真っ直ぐ飼い主のところに戻れるように促していきます。このとき、犬は寄り道を許されず、真っ直ぐ飼い主のところへ戻って来ざるをえません。ですが、この方法においては次第に喜んで飼い主のところへ戻ることを教えていくことができるのです。

インストラクターは犬の特性をよく知っているので、ストレスの状態、犬の動作への意欲度とその動作への期待度をつねにチェックしながらトレーニングを行います。

2．ルアーを使う　→褒美で誘導する

犬の欲求度を上げながら行動を誘導するため、基本的に犬に触る必要がありません。これも行動を引き出すための一般的な方法の一つです。飼い主は犬が興味を示すもの（フードが一般的）を使い、犬を集中させて望ましい姿勢へと誘導します。

この方法は、犬の欲求度を上げることから、飼い主がさせたい動作と犬の意思を関連付けさせることが容易となります。

◆俗(ぞく)にいう「エサで釣る」方法

例えば、犬に「オスワリ」を教える際には、「犬の頭が上がれば尻は下がる」という原理を利用します。犬の鼻先に興味を示すものを呈示して犬の頭の位置を上げていくように動かすと、簡単にオスワリの姿勢へ促すことができます。またオスワリの姿勢から床のほうへ興味を示すものを下げていくとフセの姿勢をとらせることができます。

ルアーという方法は、俗にいう「エサで釣る」こと

「タッテ」を物理的に促す。

「オスワリ」→「フセ」を物理的に促す。

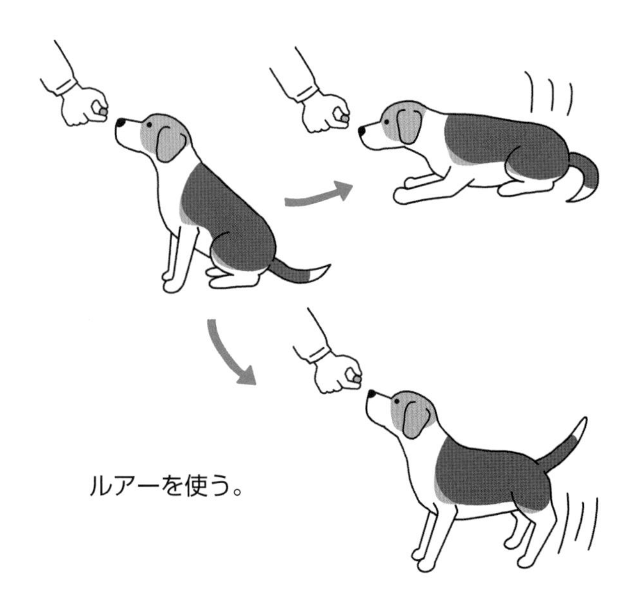

ルアーを使う。

ですが、教えたい行動によって使い続けるものもあれば、途中で引き上げていくものもあります。ルアーに使うものを「モチベーター」といい、犬のやる気を促すことができます。また、教える動作が新しい場合には、動作の「きっかけ」をつくることができ、学習の定着に役立ちます。

3．行動を捉える
→観察してチャンスを捉える

犬を注意深く観察しましょう。犬が自発的にその行動をとるまで待ち、その行動をとったらすかさず報酬を与えます。

犬をトレーニングするのは大変な作業です。大切なことは、犬をよく観察して飼い主が望む行動を促すような態度を犬に示すことです。要するに、飼い主の望む行動が、犬のよくする動作であれば行動を捉えることは簡単ですが、その他の行動を繰り返し捉えるのは時間がかかるということです。

例えば、犬専用のマットの上でフセをする行動をトレーニングして強化したい場合には、犬がよくいる場所にマットを置き、偶然でも犬がマットの上でフセをしていたらほめて褒美を与えるようにしていきます。犬がマットの上でフセの状態になったときを捉えて、すかさずほめて褒美を与えるようにすると、学習効率が高まります。

4．シェーピング（行動の形成）

犬にとって簡単な行動でも複雑な行動でも、教えていくにあたりプランを立てます。最初はごく簡単な動作を強化し、徐々に基準（レベル）を上げて目標の行動に近付けていくスモール・ステップという方法です。

これはイルカのトレーニングやウマのリハビリテーショントレーニングなどでも使われており、目標（ゴール）の動作に少しずつ近付けていく方法となります。イルカのトレーニングでは、高く飛ぶことを教える際に、最初は少しの高さをジャンプすることを教えて、次第により高く飛ぶことを教えていきます。逐次的近似法（ちくじてききんじほう）（少しずつ望ましい行動に近付ける方法）ともいわれます。

◆細分化した行動を確実に強化していく

シェーピングは目的の行動を細かく分割して基準をはっきりと設定して、一つ一つ確実に強化していきな

自然に座る行動を捉える。

がら目標とする行動に促していきます。

例えば、マットの上で犬にオスワリをさせるという行動を教えるとしましょう。まずは、マットを犬の前に置き、犬がマットに興味を示したらどんな行動でもそれを強化します。マットを見る、マットに近付く、マットのニオイを嗅ぐなどでもかまいません。

犬がマットと報酬を関連付けるようになったら、どうしたら報酬を得ることができるかを犬に教えていかなければなりません。マットの上でオスワリをさせるのが目標のため、これに近付けていくようにプログラムを組んでいきます。マットに足をふれることから、マットの上に乗ること、最終的にはその場所でオスワリをさせるところまで細かく段階を踏んで教えていくのです。

飼い主とのコミュニケーションが向上し完全なパートナーになると、犬は何をすれば報酬を得られるかをつねに考えるようになります。シェーピングによるトレーニングをされた犬は、トレーニングを熱心に行い、周囲の出来事をあまり気にしなくなります。

犬のトレーニングには、併合主義（まとめて教える）と細分主義とがあります。このシェーピングはトレーニング技術であり、目標の行動を細分化して考える能力が必要になります。

5．行動の連鎖

動物が行動を起こすのは、単一の刺激や反応からではなく、一連の反応系列から成り立っています。要するにオイデやマットに座るなどの複雑な行動は、一つ一つの動作の集合体だということです。

◆パーツで教えてからすべてを組み合わせる

行動の連鎖は高度な行動を教えるテクニックとして効果的な方法です。この方法を行うには、犬の行動を小さなパーツに分けて段階的に教え、それからすべてを組み合わせていきます。

多くの行動は、連続した小さな行動に分けることができます。例えば犬にオイデを教えるとしましょう。オイデとは、「待たせている状態で犬から離れてコマンドで呼び、飼い主の前まで来させてオスワリをさせてから左脚側でオスワリをさせる」と定義します。

オイデを教える手順を以下に示します。

①オスワリ（もしくはフセ）とマテを教える。
②飼い主が犬から離れることを教える。
③飼い主のコマンドがあるまで待つことを教える。
④コマンドで飼い主の前まで来ることを教える。
⑤飼い主の前まで来たらオスワリをすることを教える。
⑥次のコマンドで飼い主の左脚側でオスワリをすることを教える。

複雑な行動は、細分化して段階的に教える。

この手順のように細かい行動を別々に教えていきます。一つ一つができるようになったら、すべてを徐々に組み合わせていきます。先行するそれぞれの行動が、次の行動への合図となります。

この場合、細かいパーツをどの順序で教えるのかということも重要となります。教えたい行動を反応系列順に教えていくことを順行連鎖といいます。

6．逆行連鎖

前節の「行動の連鎖」の概念とほぼ同じですが、行動の反応系列の最終段階から教え始めていきます。新しく習得した行動から、すでに知っている行動へと移行して教えていくため、ラクに学習していくことができます。次ページの図はオイデを教える際を示したものですが、逆行連鎖の場合、ごく短い距離から教えていき、徐々に距離を広げていきます。そうすることで、効率よく確実に飼い主のところまで来ることを教えることができます。

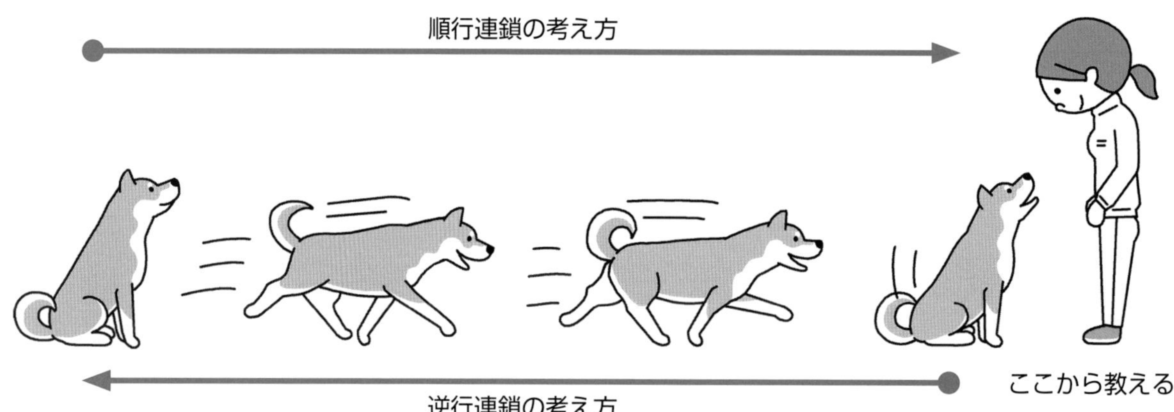

◆**連鎖の最後の行動が一番強化される**

犬にとって精神的にストレスが多くなる行動を教えていく場合にも、このテクニックを使うと効果的です。例えば犬にレトリーブを教えるとしましょう。レトリーブとは「持って来い」のコマンドで、指示した物品を取りに行き、くわえて帰ってくる動作のことです。この動作を教えるときに逆行連鎖を使って教えていきます。

①まずレトリーブするもの（ここでは木製ダンベルを想定）をくわえて、飼い主の手に戻すことを教える。飼い主は犬に木製ダンベルをくわえさせてから、そのダンベルを飼い主に渡すことを教える。

＊この場合、犬はダンベルをくわえることができる状態でのレトリーブであり、ダンベルをくわえるプロセスではないため、犬は喜んで木製ダンベルをくわえることが前提となる。

②床に置いた木製ダンベルを拾い、くわえた状態で飼い主の手に渡す。

③犬はダンベルをくわえたままで飼い主は一歩下がり、犬は飼い主の前まで一歩進んで飼い主の手に木製ダンベルを渡す。

④飼い主は木製ダンベルを少し離れたところの床に置き、そこまで犬を行かせて、くわえて飼い主のところまで戻り、木製ダンベルを飼い主の手に渡すことを教える。

⑤次第に取りに行く距離を延ばしていき、段階を踏んでトレーニングを行う。

ダンベルを渡す行動に対して頻繁（ひんぱん）に報酬が与えられるので、この行動が強化されることになります。

まだ学習していない新しい行動からすでに学習している行動へとトレーニングしていけば、犬へのストレスは軽減されます。また、連鎖の最後の行動が一番強化されることから、犬のやる気が引き出されます。

7．行動を細分化することをつねに考える

犬のトレーニングは全般的に、また行動連鎖を用いたトレーニングでは特に、あらかじめ計画を立てることが重要です。行動を基礎的な段階にまで細かく分けて、それを再度組み合わせてトレーニングしていくという手法は、トレーニング方法を様々な角度から分析検討していくことになります。

してほしい行動を犬にどのように教えていくのか、つまりトレーニングを実施する際には、つねに教えたい行動を細かく分ける習慣を身に付けることが重要となります。

学習のポイント

させたい行動（動作）を、犬に無理なく行わせていく場合には、どのような手法を用いるべきでしょうか？　人よりもはるかに身体の大きい動物の場合、犬のように直接触って動作を促すことはほとんどできないため、ルアーを使って教えていったり、その動物がよくするであろう動作を観察し、その動作をしたときに教えていったりする方法を使っていきます。

犬の場合は、ほとんどが人よりも身体が小さく、類（たぐい）まれな服従性をもっていることから、どの手法が学習に適しているのかを見きわめる必要があります。

Column 2

5つの自由に基づく動物福祉の評価表

（Animal Welfare Assessment by RSPCA,OIE）

「5つの自由（解放）：five freedoms」とは、国際的に認められている動物の福祉基準です。人間が飼育管理している動物に対して保障しなければならないものです。

以下の項目は、動物がどのような状況で飼育されているかをチェックするものです。「いいえ＝NO」がある場合は、動物の福祉のために改善する必要があることを意味しています。「第18章第2項」でもふれているのでご参照ください。

1　飢えと渇きからの自由（解放）

□動物がきれいな水をいつでも飲めるようになっていますか

□動物は、健康を維持するために栄養的に十分な食餌を与えられていますか

2　不快からの自由（解放）

□動物は、適切な環境下で飼育されていますか

□その環境は、つねに清潔な状態が維持できていますか

□その環境に鋭利な突起物のような危険物はありませんか

□その環境には、風雪雨や炎天を避けられる屋根や囲いの場所はありますか

□快適な休息場所はありますか

3　痛み・傷害・疾病からの自由（解放）

□動物は、痛み、外傷、あるいは疾病の徴候を示していませんか
もしそうであれば、その状態が診療され、適切な治療が行われていますか

4　正常行動を発現する自由

□動物は正常な行動を表現するための十分な広さが与えられていますか
作業中や輸送中の場合、動物が危険を避けるための機会や休憩が与えられていますか

□動物は、その習性に応じて群れあるいは単独で飼育されていますか
また、離すことが必要である場合には、そのように飼育されていますか

5　恐怖と苦悩からの自由（解放）

□動物は、恐怖や精神的な苦痛（不安）の徴候を示していませんか
もし、そのような徴候を示しているなら、その原因を確認できますか
その徴候をなくすか、軽減するために的確な対応がとれますか

16 犬という動物を見直す

犬とともに暮らし、しつけやトレーニングをするにあたって重要なのは、犬という動物について理解することです（「第４章」参照）。行動の動機、気質、脳の働きの関係、社会的階級など、様々な面から犬を見直してみましょう。

1．オオカミと犬との比較

犬の進化の過程はいろいろと仮説が出ていますが、現在ではDNAの分析により、犬の祖先はオオカミであるとほぼ確定的となっています。人はそのオオカミから様々な行動形態を学んできました。

オオカミは美しく神秘的な動物であり、古くから人とのかかわりが神話や伝記、昔話などで多く語られています。その中でオオカミは、あるときは悪魔の使いとして、あるときは守り神として、あるときは人を襲う悪い動物として描かれています。

実際のオオカミは賢くしかも気高い動物であり、巧みな狩猟本能により獲物を捕らえます。一方で、人との攻防においてはオオカミにウシやウマなど家畜を襲われるケースが多発したため、害獣として退治を始めた結果、頭数が減っていった経緯があるようです。しかし、その凛とした行動が現在は見直されています。

野生で生存するために自然選択されたオオカミの身体的および行動上の特徴は、人が望ましいと考えて人為的に選択した犬の特徴とは異なります。オオカミは野生の動物です。逃走距離を縮めて人を容認させることでオオカミを飼い慣らすことは可能ですが、これは家畜化とはいいません。家畜化とは、人の良き伴侶をつくり上げるために何世代にもわたる望ましい特徴の選択を必要とします。

◆オオカミから犬へ

オオカミから派生したイヌは、人がつくり上げました。オオカミの習性を利用して人の役に立つように選択育種したのです。

オオカミから犬への進化の過程において、走行に優れ、視界が広く、隠れる必要がないことから保護色ではない単色の毛皮をもつようになりました。また、集団で狩りをするという能力を獲得し、人のそばで暮らすことから、犬は家畜化された最初の動物だといわれています。

人とともに生活をするようになって、犬の外見の変化が顕著になり、成犬になっても「かわいさ」や「子供じみた性質や行動」が残存するネオテニー（幼形成熟）が見られるようになったといわれています。

このネオテニー化は、家畜化がもたらした進化であり、外見は“かわいさ”が残っています。オオカミは凛々しく精悍ですが、犬はいろいろな大きさや外見上の違いが品種によって様々あります。

◆犬とオオカミの違い

現在では、大きな犬から小さな犬までたくさんの犬種（品種）がありますが、すべて「イヌ」です。地球上でこれほどの品種をもつ動物はいないといわれています。今現在、オオカミは人の世界では生きていくことがおそらくできませんが、犬は人の助けを得てともに生活し、新たな道を歩いています。

ある研究でオオカミと犬の違いに関する報告がありました。オオカミは決して人の力を借りて何かをすることはなく、すべての行動をオオカミ自身の責任において行います。これに反して犬は、どのような場合でも人の顔色をうかがいながら、人の助けを借りて生きているのです。

◆日本の背景

グレート・デーンやジャーマン・シェパード・ドッグ、ダックスフンド、チワワなど、現在のように犬種が多岐にわたるようになったのは、19世紀に始まったと考えられています。

日本では、第二次世界大戦後の住宅事情の変化から番犬の需要が高まり、その後の高度成長期には豊かさの象徴として小型室内犬が普及しました。バブル景気と呼ばれた1990年代には、ゴールデン・レトリーバーやシベリアン・ハスキーなど大型犬が人気となりました。バブル景気が終わると再び小型犬ブームが起こり、現在まで続いています。日本においては、このような背景があることを覚えておきましょう。

犬が抱えている問題もあります。遺伝性疾患です。これは人がつくり上げてきた選択育種の結果であり、これから先、人が犬を育てていくときに向き合っていかなければならない課題です。

●犬の習性と行動特性について

◆パックとアルファペア

犬の祖先であるオオカミは高度な社会性をもった動物で、強い家族（群れ＝パック）の絆があり並外れた世話を焼くという行動が見られるといいます。パックには“アルファペア”といわれる優位なオスとメスがおり、パックの中で繁殖が許されているのはこのアルファペアだけとなります。ちなみに、年間の繁殖サイクルは、犬は年２回（約６カ月周期）で、オオカミは年１回です。

通常、パックのほかのメンバーは、アルファペアの血族たちで構成されています。パックの下位の個体は優位な個体に服従的行動を示し、尾を下げ、しばしば尾を足の間に挟み、耳を後ろに倒し、しゃがみこんでいきます。一方、優位な個体は頭と尾を高く掲げています。このようにオオカミの社会性は規律（掟）が厳しく、絶対的な社会性をもっています。

◆犬の行動パターン

犬も、祖先のオオカミと似通った行動をとり、基本的には「群れをつくって狩りをする動物」です。

服従行動を示す場合は、両後肢の間に尾を入れて這って近付いてきたり、目を合わせないようにしたりします。一方、優位性を示す犬は、高くビシっと立ち、頭を上げ、耳をピンと立て、ほかの犬を真っ直ぐに睨み付けます。人に対しても同様の行動を示します。この行動は、場合により攻撃行動にエスカレートする可能性を内包していて、歯を見せるために唇を引き、最も注意すべきは唸り声を発する場合があります。

犬で見られる行動パターンは90種類あるといわれています。そのうちの71種類はオオカミと共通ですが、人とともに生活をするようになったことで、犬にはオオカミには見られない行動パターンがあるようです。ここで注目したいのは、犬の行動パターンの多くはオオカミと共通しているということです。つまり、犬が起こす問題行動の多くは、オオカミであれば正常な行動であるかもしれないということです。

2．犬と人間との比較

犬を人として考えることはできません。犬は犬であり、犬として生きていることを認識する必要があります。人は、犬の様々なしぐさや接し方から、つい人の言葉や感情を理解していると思いがちです。この思考を裏付けるものとして、最近の研究では「幸せホルモン」と呼ばれる「オキシトシン」の分泌が、心を癒したり痛みを和らげたりする働きがあることがわかりました。犬を見つめたり触ったりしているときに、人の体内では、脳の下垂体からオキシトシンの分泌が通常の３倍以上に増加し、これが犬のセラピー効果の大きな理由だと考えられています。要するに、犬とその飼い主が互いに見つめ合ったりふれ合ったりするとき、人においてはオキシトシンが通常以上に分泌され、愛情を示すことができるのです。

そこで犬においても人と同じような効果があるのかを、麻布大学の菊水健史教授らが研究しました。その結果、犬においても人と同じようにオキシトシンの分泌があることを確認したことが発表されました。

これまでは、オキシトシンホルモンは同じ動物種同士が見つめ合ったりふれ合ったりしたときにだけ分泌されると考えられてきました。しかし、人と犬というまったく異なる動物種の間でもオキシトシンを分泌しあい、絆を深める効果があることが確認されたことは、人にとっても犬にとっても大きな成果だと思います。

そしてこのことが、人が思う“犬の思考が「人のように解釈している」”という根拠になるのではないでしょうか。

◆犬も感情がある

さて、犬は人のように考えることができるのでしょうか？　これに対する答えは「考える」という言葉の定義や理解の仕方によって異なりますが、犬も人と同じ動物であり感情があると考えられます。

犬は情報の処理能力はもっていますが、人とは違うレベルで行います。犬は環境の判断や物事の識別は得意ですが、抽象（ちゅうしょう）的に考えることはできません。モラルや良心といったものはないと考えるべきでしょう。要するに「この人には恩があるから、嫌だけどそばにいよう、とは考えない」ということです。嫌なものは嫌なのです。

人は過去を思い出し、未来を予想することができます。犬も過去を思い出したり、ほんの少しの未来を予想して生活したりすることはできても、遠い未来を想像することはできず、その瞬間を生きています。つまり人と犬は異なった形で考えるのです。

私は犬の思考を「単純に物事を考える」ものとして捉えています。したがって、犬の飼い主は、擬人観（ぎじんかん）（動物を人間の特徴や動機に当てはめて考えること）をもつという過（あやま）ちを犯してはなりません。人は、犬を愛す一方で、犬も無条件に私たちを愛してくれて、私たちを喜ばせるために良い行動をしていると思いがちです。ところが客観的には、犬は利己的（りこてき）な便宜（べんぎ）主義者であると考えるべきです。

3．犬の生存のための生得的本能

犬をトレーニングするときに必要なことは、どのような方法を使うか考えることです。犬の行動に、どのような動機があるのか考えてみましょう。

基本的に犬の行動は、次に示す３つの動機のどれか一つに当てはまるといわれています。

①食物獲得

すべての動物種は自分たち以外のほかの動植物を食べることで、健康状態を保ち、生命を維持し、子孫を繁栄（はんえい）させていく生き物です。

②危険回避

長い歴史の中で、動物種が進化しながら生き延びていく確実な手段は、危険回避の行動が備わっているか否（いな）かにかかっているといわれるぐらい重要な行動です。

③繁殖行動

すべての動物種は地球上に生命を宿して以来、繁殖行動を繰り返すことによって、種の保存を維持し進化しながら生きています。

上記３つの行動は、動物として生まれながらに備わっている機能です。社会性が高く学習能力が優れている犬に対しては、行動の動機付けとして利用することができます。すなわち行動の動機に当てはめて考えると、「処罰法」という手法の犬のトレーニングでは、犬を服従させるために、危険回避行動を利用していることが予測できます。「従わないと痛い思いをするぞ！」ということです。

学習理論を取り入れた最近のトレーニングでは、食物獲得をプログラムの基礎に組み込み、「従えば、食べ物がもらえる」というトレーニング方法がかなり増加してきました。

●自然な食物獲得の連鎖

犬の行動には、食物獲得のために一連の連鎖行動があります。これは私たちがよく見る犬の動作です。

例えば、ボールを投げると追いかける動作、ぬいぐるみをくわえながら頭を振る動作、前足でものを押さえながら引きちぎる動作など、一見すると楽しそうですが、これらは食物獲得の際に見られる動作となります。この動作が、トレーニングの褒美となるおもちゃやゲームを選ぶ際に、食物獲得の行動を満たすことが大切だということの理由になります。

4．犬の気質を考える

気質とは、心理学で個人の性格の基礎にある、遺伝的、体質的に既定されたものと考えられている感情的傾向であるとされています。犬の気質は、遺伝的素質と住む環境との相互作用によって決定します。

◆生得的：生まれながらもっている行動

仔犬が乳を飲むのは生まれながらの行動で、無意識的なものです。危険を察知して逃げる行動、物音などに反応する行動なども同様です。基本的に経験から学習する必要はなく、今後の環境や学習により変化していく行動もあります。

◆育ち：習得的なもので、環境要素の影響が大きい

冷蔵庫のドアが開いたときに犬が冷蔵庫に向かうのは、生まれながらの行動ではなく、無意識的にも起こりません。冷蔵庫のドアが開く音を聞いた後に食べ物をもらえたという因果関係の経験が必要となります。

犬のしつけやトレーニングにおいて、上記２つの要因は欠かせません。育ちよりも生まれのほうが勝るのか、またはその逆なのか、どちらかにきっぱりと最終判断することはできません。犬の行動をよく観察しながら、状況に応じてそのつど判断していくことになります。要するにこういった質問の答えを探し出すことが、インストラクターの課題なのです。

例えば、友好的で活発な犬が暴力的な家庭に入ったら、その性格は維持されるでしょうか？　それとも、環境に応じて疑い深くなり敵対心をもち始めるのでしょうか？　あるいは、生まれつき臆病な犬はトレーニングによって社交的で進んで人を受け入れるようにできるのでしょうか？　よくいわれる「氏より育ち」は本当なのか、答えを出すことは難しいことです。

◆遺伝的素質と環境要因

遺伝子はふつうDNAによって構成されており、このDNAがもって生まれる特質に関する情報を伝達します。遺伝子は染色体（せんしょくたい）を形成し、通常は染色体の半分が次の世代へと受け継がれ、子は両親からそれぞれ半分ずつ遺伝子構造を受け継ぎます。多くの特質は一つ以上の遺伝子によって影響を受け、同様に遺伝子は

犬の行動には、本能的（生得的）なものと学習するものがある。

一つ以上の特質に影響を及ぼすとされています。

遺伝的素質と環境要因の２つが行動に影響を及ぼすため、その子が将来どういった特質をもつのかを予測するのは、科学的に考えて大変困難です。困難とはいえ、犬の行動を評価するときには、生まれと育ちについて考えてみる必要があります。

犬に何かをトレーニングしても、生まれもった本能が何か別のことを指示していると、行動を矯正することができないことがあります。本能に逆らうのではなく、同調するように考えることも必要なことです。生得的行動パターンを利用して、トレーニングプログラムを組んでいくようにするのです。犬はそれぞれに個性があり、それぞれの犬が好む動機を用いて学習させるといいでしょう。

5．脳と行動の関係

私は脳の働きについて詳しい知識をもっていませんし、今後もつ予定もありません。ですがインストラクターとしては、最低限の脳の働きについて知っていると、今後犬がどのような思考回路を使って学習するのかを理解しやすいのでお勧めです。

動物の生涯の、ある特定の時期においては、誕生後の経験がほかの時期よりも大きな影響を及ぼすことが証明されています。この時期は人であれば10歳まで、犬であれば生後５カ月まででではないかといわれています。ここにパピークラス*を開く意義があります。

犬が学習できることには限界があります。犬がどんなに学習をしても、人と同じようになることはありません。これは、脳の構造自体がその学習を不可能にしている場合もあります。

＊パピークラスとは仔犬のしつけ教室のことで、生後３～６カ月までの仔犬が参加するものが一般的。「第22章」参照。

●網様体賦活系（もうようたいふかつけい）

網様体賦活系（Reticular Activating System：RAS）は脳内の集中センターのようなものであり「脳の電源を入れる」主要な場所です。外部の世界を感知し、その情報を処理して行動に移す場所で、脳は重要でないものを「排除する」能力をもちます。

人においては、情報過多にある生活の中で興味のある情報、いわゆる重要な情報だけを感知し、ほかの情報はスルーすることができます。

例えば、車を運転中に、ある特定の車種が気になっていると、すれ違う車の中で無意識的にその車種ばかりが目に入り、「意外とこの車種は多く走っているんだな」と思うことはありませんか？　あるいは、駅のホームや商店街といった騒がしい場所なのに、名前を呼ばれて反応することはありませんか。このような反応は、脳の網様体賦活系の能力によるものです。

◆大切な情報は明確で簡潔に伝える

犬が悪いことをしたときに「イケナイ、イケナイ」もしくは犬にオスワリをさせる際に「オスワリ、オスワリ」を繰り返せば、次第に犬は注意を払わなくなります。なぜなら「この言葉を重要ではない」（雑音と同じ）と犬が理解してしまうからではないかと思われます。これは、犬とのコミュニケーションのとり方を考えるにあたっての明らかな科学的根拠です。大切な情報は明確で簡潔に伝えるようにしていかなければいけません。これは飼い主の課題であり、良いトレーニングの基準となるのです。

●大脳辺縁系（だいのうへんえんけい）と大脳皮質

犬の思考やそれに伴って起こる行動は、脳全体の細胞ネットワークである大脳辺縁系と大脳皮質によって決定付けられます。大脳皮質は、学習や問題を解決するための認知機能を統合し、大脳辺縁系は恐怖や情緒などの反応を引き起こします。この２つの機能は、同時に活動することはなく、片方が有効になれば、もう片方は抑制されます。

飼い主が犬に教えたい行動と、犬が本能的にやりたいことの狭間（はざま）で犬は葛藤します。このとき、犬が本能よりも飼い主に従ったことに対して褒美を与えることで、人は犬の葛藤を解決し、優位に立つことができるのです。

◆つねに大脳皮質を働かせる

ここで知っておきたいのは、犬が刺激に対して過剰に興奮し行動しているときに、どんなトレーニングを

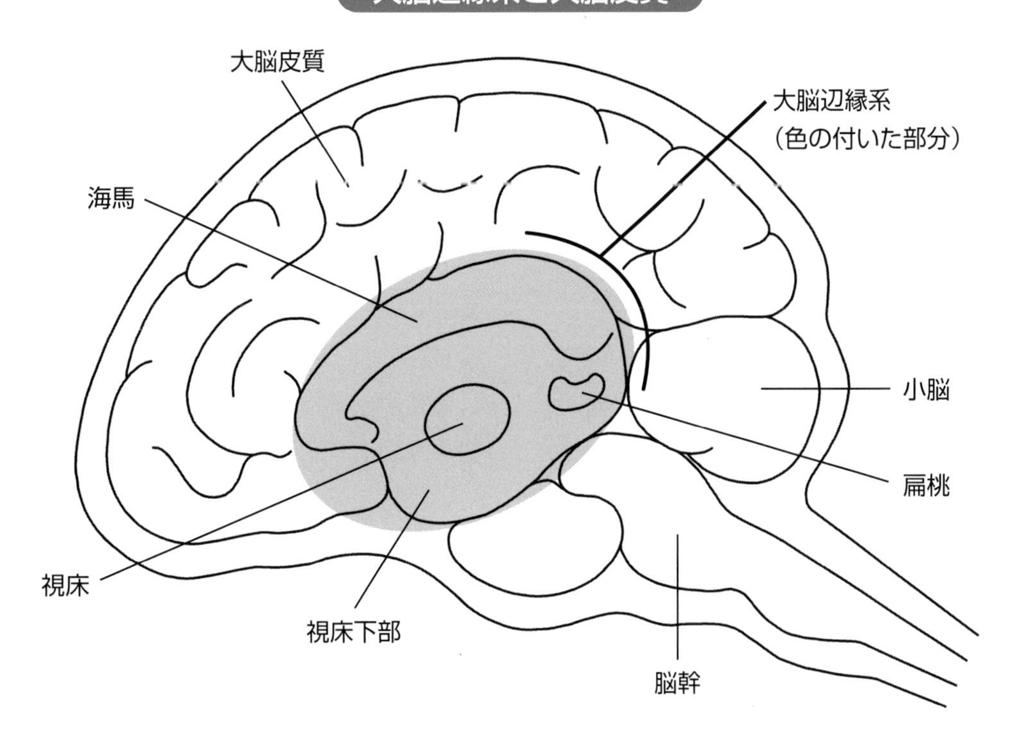

しようとしてもうまくいかないということです。これは大脳辺縁系が働いているからです。確実にトレーニングを学習させるためには、つねに大脳皮質を働かせるようにすることです。犬を興奮させてはいけません。しかし、飼い主が抱えている多くの行動問題の根底には、犬の恐怖やストレス、不安があることも覚えておきましょう。

インストラクターは、いつ犬が恐怖を感じ始めるかを予測できるように、犬の行動をよく観察し、その犬の行動特性を見きわめる目を養(やしな)いましょう。そのために、恐怖の前兆(ぜんちょう)となる些細(ささい)なボディーランゲージを観察すること、その犬が何を怖がるのかを予測し、ストレスと恐怖の引き金となりうる環境にも注意を払うことが大切です。

●タイミングが重要

犬にとって不快なことが今にも起こりそうなときに、トレーニングをしてみましょう。例えば「オスワリ、フセ、オスワリ」とか「オスワリ、タッテ、オスワリ」など連続してコマンドを出すと、犬の注意を飼い主に向けさせることができます。これは、コマンドに従う行動に伴って大脳皮質が作動し、パニックになりやすい「大脳辺縁系状態」に切り替わりにくくなるからです。

もしタイミングが悪くすでに大脳辺縁系状態になってしまっていると、反応を示す脳の部分がオフになり、犬をコントロールしたり何かを教えたりすることはほぼできなくなります。この状態に陥ると、大脳辺縁系によって反射的に引き起こされる、逃避、突発的な感情の爆発、攻撃、完全な遮断(しゃだん)といった行動だけを示します。

◆早期の学習は脳の発達に影響を及ぼす

タイミングが大切であるという裏付けは、ほかにもあります。脳内の細胞は誕生時にすべて存在していますが、「接続」はされていません。環境のシグナルにより、コンセントにプラグが挿し込まれ、脳内細胞の電源が入れられるのです。

人との接触なしに森林の中で育った犬と、にぎやかな家庭で育った犬とでは、脳内の配線が異なっています。森林の犬は人に対して臆病で怖がる傾向にあります。これは遺伝的なものではなく、社交的になるのに必要な「接続」経験がなかったからです。だからといって、犬が人とかかわるためのリハビリテーションができないわけではありません。ただし、にぎやかな家庭で育った犬と比べると、適切な関係を築くことが

物事が身に付きやすい時期に経験することで脳内細胞が「接続」し、学習できる。

より困難で、「本来なら人に慣れただろう」というほどに、社交的にはならないであろうことはいえます。

早期の学習がきわめて重要なのは、初期学習だからというだけではなく、脳の発達に影響を及ぼすことがあるためです。どの仔犬も同じ数だけ脳細胞をもって生まれますが、肝心な発達時期に適切な刺激を受けた仔犬だけが"接続"された脳細胞をもつのです。

◆発達時期は犬種や個体で幅がある

問題は、様々な機能に対する仔犬の発達時期がそれぞれ異なることです。生まれてから40日くらいの間に、人とプラスになる経験が与えられたとしても、すべての犬が人と適切にかかわれる"接続"ができあがるとはかぎりません。この時期は犬種や個体によって幅があります。ジャーマン・シェパード・ドッグの仔犬は30日くらいで、柴犬は35日…などという定義はどこにもありません。そのためパピークラスなどに連れて行き、仔犬にトレーニングや経験をさせる場合は、ある程度継続的に参加することをお勧めします。

6．成熟期が行動に及ぼす影響

犬が成長して６カ月を越えると「成熟期」に入ります。いわゆる思春期を迎えます。犬もこの頃には、思考能力も、それに伴う行動も複雑になってきます。

●去勢の必要性

雄性ホルモンはアンドロゲンと呼ばれます。精巣から分泌されるステロイドホルモンであり、副腎からもわずかに分泌されています。犬にとって雄性ホルモンは一年中分泌され、マウンティング、交配、メスを探し求める行動、ニオイ付けをするマーキング、攻撃などの性行動に影響を及ぼしています。アンドロゲンに属するテストステロンは、筋肉発達（特に首まわりや肩の筋肉）などの二次性徴に影響を与えるため、性成熟期前に去勢をすると、身体のサイズは通常小さくなりがちだといわれています。

去勢を実施すると、雄性ホルモンが減少し、永久に繁殖能力がなくなります。

◆性的行動は一般的に減少する

去勢後の行動変化はすぐに表れるとはかぎりません。なぜなら、マーキングや攻撃などの性行動に影響するのは、ホルモンだけではないからです。すでにそれらの行動が強化されている場合には、その行動は去勢の有無にかかわらず条件付けられたものになっています。つまり、去勢で雄性ホルモンを取り除いたとしても性行動パターンは完全に除去されるわけではないということです。

去勢後のオスの性的行動は一般的に減少します。尿によるマーキング、マウンティング、オス同士の攻撃、メスを求めての徘徊などは、程度に差はあっても、去勢手術によってすべて減少します。恐怖などのほかの要因による攻撃の場合は、去勢の影響を受けるかどうかの直接的な証拠はありません。咬み付きに関する統計的研究によると、メスと比較して特に去勢されていないオスのほうが咬み付く傾向にあるといわれています。不安、恐怖、遊びの行動、友好的な態度、狩猟能力に関しては、去勢しても変化が見られないことが研究結果によって示されています。

去勢された犬は、新しい刺激に対する反応レベルが低く（反応しにくく）なり、落ち着くスピードも速くなって、前立腺がんも起こりにくくなります。一般的に去勢された犬のほうが長生きするといわれています。

●不妊処置の効果

雌性ホルモンはエストロゲンと呼ばれ、性成熟期近くになるとエストロゲンとプロゲステロン（黄体ホルモンの一つ）を分泌する卵巣ホルモンが活性化します。卵巣にある酵素により、アンドロゲンがエストロゲンへと変化し、発情期（ヒートまたはシーズンといわれる）直前に、性ホルモンが大量に分泌されます。発情期は通常一年に２回起こり、この時期になるとメスはオスを性的に受け入れ、繁殖が可能になります。

◆避妊手術をしても攻撃性は減少しない

避妊手術（卵巣・子宮摘出手術）を行えば、発情も妊娠もなくなります。避妊手術をすると犬の活動レベル*が下がるので、運動量とカロリー量（摂取したカロリー）が手術前と変わらないのであれば、体重が増加する可能性があります。発情期に伴って活動レベルが頂点に達するといった行動の波が避妊手術によって均一化されることもあります。

メスの場合は、避妊手術をしても攻撃性が減少することはなく、逆に攻撃性が高まる場合さえあります。注目すべきことは、早期に避妊手術をすれば乳腺腫瘍が起こりにくくなるということ、子宮蓄膿症がなくなるということ、平均的に長生きするということです。

＊散歩などの運動量だけでなく、いろいろな刺激に反応することや欲求行動も含みます。

７．犬の社会的階級

仔犬時代の初期から、優劣順位に密接した多様な行動が遊びの中に見られます。犬と人の家族は、社会生活を営む集団です。仔犬を見て、「この犬は支配的な犬だ」（高い地位）とか「服従的な犬だ」（低い地位）などという犬の専門家もいますが、犬が“支配的か、服従的か”を早い段階で決めることはできません。社会的関係は長期間にわたる様々なやりとり（相互関係）の結果、形成されるものなのです。

一般的によくない行動があると、すべて「支配的な犬」という言葉で片付けられがちです。マナーやトレーニングの欠如、過度な反応やエネルギッシュさは、相容れないものではありませんが、必ずしも優位性と同じ意味ではありません。アメリカ、パデュー大学の動物行動心理学者・A.ルーシャー博士は、「おもちゃや大切なものをほかの犬に取られると、支配的な攻撃が表れることが多い」と指摘しています。世の中には、支配するものよりも服従するもののほうが、はるかに多いといわれています。

◆服従的階級制度

社会生活を営むグループの順位は通常“支配的階級制度”ではなく“服従的階級制度”と考えるほうが妥当な場合があります。特定の関係で支配的立場にあるものに対しては、ほかが服従的態度や回避行動を示しがちだからです。支配は、直接的で競争的なやりとりと、個体間で交わされるシグナルとの結果に基づいています。支配的階級制度が安定していれば、地位の低いものは高い地位にあるものを避けようとするため、攻撃や闘争はめったに見られません。

社会的支配とは、おもちゃ・食器・心地よい休息場所などの価値ある資源を、犬が飼い主やほかの犬と取り合うときに見られる威嚇や攻撃です。犬の社会的階級制度は、固定されているというよりも流動的で、前後の状況に応じて変わるものです。

◆優劣関係は時間とともに変化する

優劣の関係は、状況や資源の量、ほかの要因によって時間とともに変化します。支配と攻撃は同一のものではなく、攻撃的であっても社会的集団においては支配的になれない犬もおり、同様に支配的であっても攻撃的ではない犬もいます。

家族に対する攻撃には、多くの原因があります。人もペットも含めて、犬が一緒に生活しているグループ内のものに対して攻撃を示した場合に、すべてが悪い行動という意味で使われる“支配的攻撃”に当てはまるとはかぎりません。

学習のポイント

犬の行動特性を知る上で、何かと比較して考察してみること、犬という動物を見直してみることが大切です。犬はどのように考え行動するのか、それは人を含むほかの動物とどう違うのか、その違いはどこから発生してきたのかを知るチャンスとなります。

今一度、犬という動物の特性を考えてみましょう。

17 咬み付く犬

犬の咬み付きは、人と犬との社会生活において大きな問題であり、犬が保健所に持ち込まれて殺処分あるいは安楽死処置される原因ともなっています。しかし、犬が咬み付くことには様々な要因があり、その原因を知ることが重要です。噛むという行動を学習させないこと、そして咬み付く犬をどのように扱ったらいいのかを説明していきます。

どんなに人懐こく温和な犬でも、生まれつき噛む可能性をもっています。犬が咬み付く、いわゆる攻撃性については「第19章第４項」を参考にしてください。

◆咬み付きを経験させない

犬が咬み付く理由には、様々な要因があります。犬にしてみれば筋の通ったことだとしても、人社会の中でそれを受け入れることはできません。しかし、最終段階で使用すべき武器を犬が持っているということは忘れないでください。そして、飼い主は犬にその武器を使わせないように生活を送る、すなわち環境を整える必要があります。

日本では、様々な理由で保健所に持ち込まれる犬たちがいます。その理由の一つは「咬み付き」です。一度この行動を起こした犬は、最終手段として「噛む」ことを覚えてしまったのです。この行動は、どんなに頑張ってトレーニングしても、取り除くことができません。しかし、改善することはできるかもしれません。ここでいう「取り除く」ということと「改善する」ということは、意味が違うことを認識する必要があります。

できることならば、咬み付きを経験することのないように接し方や生活環境を整えることが必要であり、合わせて犬の咬み付きに対して査定（さてい）をするための客観的な基準を設（もう）けることがとても重要です。

◆咬傷事故の明確な査定基準

多くの動物保護団体では、獣医師であり動物行動学者であるイアン・ダンバー博士の咬傷事故査定基準表（後述）を採用し、咬傷事故を起こしてしまった犬の、その後のリハビリテーションの可能性を探るスケールとしています。日本の場合はシェルターではなく保健所に収容されるケースもあります。このような明確な査定基準の必要性は高まっているといえるかもしれません。

1．様々な要因で咬み付く犬

犬が噛む行動をするには、様々な要因があります。あまりにも恐怖が大きすぎて対処できなくなり、自分の身を守るために咬み付く犬もいます。また、支配的に自分の地位を守るために咬み付く犬もいます。

噛む行動に対処するためには、そうなった原因を突き止める必要があります。

◆噛むことは犬にとってもストレス

犬は基本的に喜んで噛むということはありません。噛むことは犬にとっても大きなストレスであることを理解しておきましょう。

犬社会にいると噛む行動は多くありませんが、人社会では、習性や行動特性を理解していない人に扱われることで、犬が噛む行動を学習してしまう可能性があります。すなわち、人あるいは飼い主が犬に噛むことを教えてしまったことになります。

噛む行動の最初のきっかけは「恐怖」だと考えられます。支配性の強い犬では、恐怖がそのまま「攻撃」に転じてしまうことは、容易に理解できます。支配性

犬が咬み付く理由の多くは「恐怖」によるもの。

が強くない犬では、ストレスとして精神に蓄積されていきます。

犬は恐怖を感じている段階で、飼い主に様々な形でサインを送っています。威嚇やカーミング・シグナルがそれです。犬のしぐさや態度の変化により、飼い主は認識することができるのです。

2．咬み付く犬を扱う

咬み付く犬を扱うことは、飼い主にとって大きなストレスです。大切なことは、二度と噛む行動を起こさせないということです。噛むことを一度覚えた犬は、脅威を感じると噛む行動に出ます。ということは、脅威を感じさせなければ、噛む行動はしないのです。必要がなければ、噛む行動のスイッチは頭の片隅のほうへ追いやられるでしょう。そのためには、徹底した観察や専門家であればヒアリングを行うこと、脅威を感じるような状況をつくらない環境改善の指導が必要となります。決して、咬み付く犬と対峙して改善しようとは思わないことです。双方にとって良い結果は生まれません。

◆検討すべき項目

噛む可能性のある犬、すでに噛んだ経験のある犬への対処を考える目安として、以下に検討すべき項目を挙げてみました。

□第一に、犬が他者（人や犬）に危害を与えないこと。咬み付く犬と飼い主が一緒にトレーニングすることで、他者を危険にさらす可能性はあるのか、ないのかを検討する。

□咬み付く犬の飼い主に十分な情報提供ができているか。今も、そしてこれからも、適切な犬の扱いについて飼い主の全面的な協力が得られるのかどうかを検討する。

□犬の行動の原因を突き止める知識と、問題を安全に解決するための能力に対して、飼い主自身に自信はあるのかを検討する。

□咬み付く犬、または咬み付く可能性のある犬の飼い主は、しつけ方教室に参加することを避けるべきか、それとも参加を促すべきかを検討する。

□危険の可能性と責任について、飼い主は認識できているかを検討する。

□完全に更正する可能性について、飼い主に現実的な情報を与えるべきかどうかを検討する。

3．咬み付き分類

この分類法はイアン・ダンバー博士が咬傷事故査定基準表を考案し、アメリカのいくつかの動物管理局で採用されているものです。レベル別に6つに分類しています。参考にしてみてください。

●レベル1

空気にパクッと咬み付く行動。実際には歯に当たったりしませんが、この行動は警告であり、犬は今の状況が良い状態ではないことを伝えるために努力しています。この行動をするまでに、犬は様々なサインを出していたと思います。さらにストレスが高まり咬み付く必要性が出る前に、犬のストレスを緩和させるようにしましょう。

このような咬み付き方をする犬は、咬み付き抑制力が高く、母犬や同腹の仔犬たちとのやりとりや、仔犬の時期に人との良い関係が与えられたことによって身に付けた行動といえます。

基本的に攻撃的な行動を見せますが、犬の歯と人の皮膚は接触しないのが通常です。

●レベル2

空気に咬み付く行動を見せ、歯が触れることもありますが、このレベルでは故意に軽く噛んでいる行動です。犬は咬み付きを抑制していますが、その抑制効果が薄れてきている可能性があります。

基本的に、犬の歯が人の皮膚に接触しますが、歯による刺し傷は生じていない状況です。犬の歯が皮膚の上で動いたことにより、皮膚に深さ2.5mm未満の切り傷と少量の出血はありますが、皮膚に歯は突き立てられていません。赤い痕や、かすり傷程度は残るかもしれません。

◆レベル1と2の咬み付き

レベル1と2の咬み付きは、これ以上のコミュニケーションをとらなくてもいいように、自分自身や周囲の状況を何とかしてほしいと犬が人に訴えているものです。この行動で犬がその目的を果たせなければ、次第に咬み付きはエスカレートしていく可能性があります。

すべての咬傷事故のうち99%以上を占めるのは、レベル1と2であるといわれています。このレベルの事故を起こした犬は、危険な攻撃性があるというよりも臆病であったり度の過ぎたやんちゃが原因であったりする場合がほとんどです。根気よくトレーニングを繰り返せば十分に矯正が可能で、再発も防止できるレベルです。

人にケガをさせたことにのみ焦点を当ててしまうと、非常に多くの飼い主が犬を保健所に連れて行って手放すことになってしまいます。保健所では、事故歴のある犬に引き取り手が見つかる確率はたいへん低く、その結果、犬は殺処分になりかねません。社会的に見ても、飼い主の手で十分矯正できる問題なのに、税金を使って保健所に収容したり殺処分にしたりするというのは、賢い選択とはいえません。

●レベル3

皮膚に穴があく程度に咬み付きます。穴の数は1～4カ所ぐらいで、咬み付きが1回だけであればレベル3に分類されます。

どの傷も、犬歯の長さの半分の深さまでは至りません。あるいは、一方向への裂傷が見られます。裂傷は、被害者が噛まれた手を引いた、飼い主が犬を引き離した、犬が飛び上がって噛み、噛んだまま犬の身体が重力で下がったなどの理由が考えられます。

これは、犬に与えたストレスなどが非常に大きかったことが考えられます。

レベル3では、厳格にルールを守った上で、飼い主が長い時間と忍耐をもって犬の訓練をすれば矯正と再発防止が可能としています。

●レベル4

犬の歯の長さよりも深い傷を与え、穴の数は1～4カ所ぐらいです。強く噛まれたとわかるほどのひどい傷か、咬み付いたところから両サイドに向かってできた深い切り傷（咬み付きながら犬が頭を振ったという証拠）のどちらか、あるいは両方の損傷が見られます。噛み傷の周囲に打撲痕が見られます（犬が咬み付いた後、そのまま数秒間押さえ付けていたことによるもの）。

レベル4では犬の危険度がグンと上がります。犬の専門家が飼い主になることが望ましく、さらに来客時には犬を鍵のかかる部屋に隔離し、外出時にはマズルガードの着用と、厳しい制限を求めています。

訓練によって矯正できる見込みは非常に低いとしています。レベル4もの深刻なケースであるにもかかわらず周囲が軽く判断してしまい、その後の十分な対策や訓練を行っていない場合もあります。これも明確な基準があれば、ことの重大さがわかりやすくなります。

●レベル5

数回にわたる攻撃で、強い咬み付き、頭の振り、別の箇所への咬み付きの繰り返しから、深い穴や切り傷を伴います。基本的にレベル4以上の咬み付きが複数箇所で見られる状況です。

この行動は、犬が攻撃に対して自信をもっていることがうかがえます。

また、レベル4相当以上の傷を与える咬傷事故を複数回起こしている、もしくは今後そのようなことを起こしていく可能性があることを理解する必要があります。

●レベル6

レベル5以上の咬み付きにより、被害者が死亡するような事案となります。

ちなみにダンバー博士は、レベル5と6の犬については安楽死処分を勧めています。

4．咬み付く犬の対応

「レベル1」と「レベル2」は、脱感作（だっかんさ）、逆行条件付け、監視、そして環境を整備して精神を落ち着かせるなどのプログラムでトレーニングが可能な場合があります。ただし、必ず安全な方法で厳重（げんじゅう）に行うことが大切です。

レベル3以上は、犬の咬み付きなど問題行動対処の専門家に相談することが必要です。

レベル4以上の犬の処遇（しょぐう）については賛否（さんぴ）の分かれるところですが、本書では、このような基準があるという点に注目したいと思います。

忘れないでほしいのは、どんな犬であっても“絶対に噛まないとは断言できない”ことです。このような査定基準を使わないですむことが一番ですが、もしもの場合に備えて冷静に、かつ客観的に対処できるよう、知識として覚えておくといいでしょう。

学習のポイント

犬の「咬み付き＝攻撃性」ではないことを理解しましょう。精神的な状況、環境的な状況など、全体を見わたす広い視野が必要です。

18 犬と暮らそう！その前に考えること

「犬との暮らし」について考えたときに、どんな犬を飼おうか、一緒に何をしようかなど、犬との生活が楽しさを与えてくれることを想像するでしょう。新しい生活の第一歩です。まずは自分のライフスタイルに合った犬を選択し、次いで必要なものを準備して、犬を迎えるようにします。

犬を良い市民にするための教育（トレーニング）は、家庭から始まります。これには、適切な環境と、飼い主がバランスのとれたリーダーシップをとることが大切です。犬の行動を抑制するのではなく、与えられた状況や飼い主の指示に対して良いマナーを身に付けさせるようにしましょう。

犬は、人のそばにいて安らぎを与えてくれる存在です。犬との関係を良いものにしていくためには、飼い主はある程度の知識、多くの愛情、命と向き合う責任、そして少しばかりの問題解決能力が必要になります。

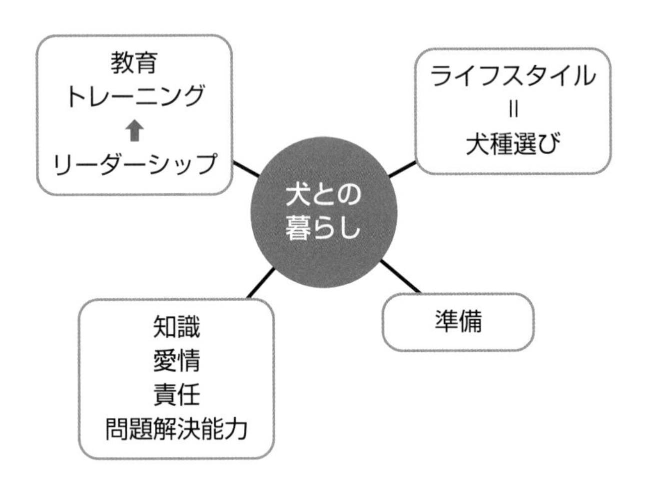

1．犬を迎える前に考えること

1．犬は大切な存在

あなたは犬を見て、どう思いますか？　つぶらな瞳で見つめてくれたり、尾を振りながら愛想よく寄ってきてくれたりすると、つい手を出したくなりませんか？　手を出したくなる気持ちは、いったいどこからくるのでしょう。おそらく、かわいい、優しくしたい、癒されたい、などの感情からくる行動なのでしょう。また、人は動物の面白く滑稽（こっけい）な動作一つ一つに反応をしますが、これも感情の表れです。

考えてみると、人は感情豊かな動物であり、その感情も各々の個性により表れ方は様々です。しかし、犬や猫を見たとき、一緒にいるときなどはただただ「かわいい」「癒される」という感情で接していると思います。

●人を仲間だと認識

では、犬にとって人はどんな存在なのでしょうか？いろいろな研究から、犬と人の関係が明らかになってきました。犬は人を細かく観察しており、動作一つ一つに反応すること、特に人の真似をよくするといわれています。人がジャンプをすれば一緒になって飛び跳ね、笑顔で接すれば尾を振りながら喜びを表現してきます。これらの行動は、犬が人を仲間だと認識している表れだといわれています。

こんなにも愛らしい犬たちは、今では人社会に溶け込んでいて、決して人との生活から離れては生きてはいけない、飼い主にとってもかけがえのない伴侶動物「コンパニオン・アニマル」なのです。

●犬は伴侶動物

今、伴侶動物となって暮らしている犬たちは、多くの分野で様々な業務に従事し、人に貢献しています。犯人の足跡追及などを行う警察犬や、被災地で活躍する災害救助犬、空港や港湾施設で実力を発揮する麻薬探知犬や検疫探知犬、障害を抱える人をサポートする身体障害者補助犬（補助犬／盲導犬、介助犬、聴導犬)、牧場で働く牧羊犬などが挙げられます。

犬と同じ伴侶動物の猫は、患者が猫をなでたり触ったり、抱っこしたりすることで、健康や精神的な安定を図ったりするアニマルセラピーの分野で活躍しています。また、猫好きな人にはこの上なく魅力的な「猫カフェ」も多くなってきました。

伴侶動物の人への貢献は、学術的にも報告されています。人の潜在能力は、伴侶動物や公園や庭園、原野といった自然界とのふれあいを何らかの形で保つことで最大限発揮されることが、多くの事実により証明されています。

特に伴侶動物とのふれあいがもたらす効果は、いろいろな調査の結果などから飼育者と非飼育者との差が歴然であることがわかっています。その一つの例が血圧です。伴侶動物とふれあうことで、血圧が低下しストレス軽減につながったり、病院への通院回数の減少が見られたり、心臓疾患の患者の生存率が高まったり、投薬量が減ったりなど、良い影響が報告されています。

2．新生活の第一歩を始める前に

●飼養数増加によるトラブル

ペットブームという言葉には、よくも悪くもいろいろなイメージがつきまといます。正直、あまり好感をもてる言葉とは思いませんが、犬や猫に興味をもってもらえる人や機会が増えるのは良いことだと考えています。犬や猫が人にもたらす好影響は計り知れないものがあり、今後も必要な存在としてともに進んでいくことでしょう。

◆覚悟をもって生活を始める

犬との生活は人の日常に大きくかかわり、いろいろな場面で影響を及ぼしていきます。したがって安易な気持ちで生活を始めることはお勧めしませんし、始めるにあたってはある程度の覚悟をもっていただきたいものです。

犬や猫たちの飼養数が増えると様々なところでトラブルを引き起こしかねません。中でも問題が深刻化しやすいのは、近隣や地域住民とのトラブルです。トラブルを回避するためには、飼い主となる人の心がまえと飼育上の注意点の把握、そしてとりわけウェイトが大きいのは、モラルと責任感です。一方で、動物への虐待事件も大きくクローズアップされています。

●動物愛護活動

飼い主のいない犬や猫に幸せな温かい家庭をつなげてあげたいという思いから、里親探しや譲渡といった動物愛護活動をしている人が多くなってきています。活動に参加する人にもいろいろな動機があり、単に「かわいそうだから」という気持ちで犬・猫を引き取る人もいます。積極的に保護動物を引き取ることは良いことではありますが、犬や猫との生活は一時の感情で始めるものではありません。そして、きっかけは何であれ、一度始めてしまった生活は「継続」していかなければなりません。それは、何があっても、です。

◆「命」を一生預かること

犬や猫とともに暮らすということは、その動物の「命」を一生預かるということです。自分勝手な考えで犬や猫を飼ってほしくありません。互いに健康で楽しく、他者に迷惑をかけることなく生活することを考えてください。難しく考えてしまうと一歩を踏み出せなくなってしまいますが、犬や猫と一緒に暮らしたいと思う人が増えてほしいと願っています。

現在、人と犬や猫の生活を適切なものにしていくための法律や施策などを管轄しているのは環境省です。

環境省から人とペットに関する様々なパンフレットが発行されており、環境省のウェブサイト*から各種資料（PDF）をダウンロードすることができます。

＊https://www.env.go.jp/nature/dobutsu/aigo/2_data/pamph.html

3．終生飼養の原則

犬や猫を飼うにあたり、幼齢の動物と暮らし始めるのか、成長した動物と暮らし始めるのかという選択肢があります。動物と暮らす期間、要するにその動物の寿命がどのくらいあるのかを考えます。現在、犬や猫の寿命は、総じて15年を越えるまでに伸びています。そのため、犬や猫を飼い始めるときの飼い主の年齢を考慮して決めることになります。

犬や猫の寿命が15年を越えるということは、15年間にわたり一緒に暮らすことであり、住んでいる地域の近隣へ影響を与えていくことでもあります。

◆成長を一緒に楽しむ

どんな犬や猫も小さい頃は愛らしくかわいいものですが、犬や猫の成長は、人とは比べものにならないくらい早いものです。私は「犬や猫は生後１年で人の18歳程度までの情緒的感情的行動的反応を示すようになります」と伝えています。要するに、かわいい時期は短く、アッという間に成長してしまうということです。特に日本では「空前の◯◯ブーム」などといわれるように流行に左右されやすく、飽きるのが早く、次に手を伸ばしてしまう傾向にあります。

犬や猫は「生きている、命ある動物」で、人と同じように年をとっていきます。老齢になると身体にいろいろな故障を抱えることになり、歩けなくなったり、耳が遠くなったり、目が見えなくなったりします。介助できるか、医療費を払うことができるか、など犬種選びや出費にも関連しますが、犬や猫の老後問題もあらかじめ考えておく必要があります。

ともに暮らす犬や猫は「命あるもの」だと再認識し、動物が幸せな一生を過ごせるように、成長を一緒に楽しむ姿勢が必要です。

4．犬や猫と暮らし始める前に

犬や猫との暮らしを始める前には、心がまえや準備など様々なことを検討する必要があります。何の準備も検討もなく衝動的に犬や猫との暮らしを始めてしまうと、問題が発生しやすい上に、問題が発生したときに対処しきれず、飼育放棄（ネグレクト）や所有権放棄、遺棄（いき）、虐待につながる可能性があります。

そうならないために、事前に準備・検討しておきたい項目を以下に挙げました。

●家族全員が犬や猫を迎えることに賛成していますか？

繰り返しますが、犬や猫は平均15年程度の寿命があります。仔犬・子猫を飼おうと思ったら、同時に15年後も想像してください。自分がそのとき何をしているのか、犬や猫を飼える状況だろうかと考えてみましょう。

また、犬や猫は受け入れてくれる家族全体を飼い主として認識します。家族全員で愛情いっぱいに育てることが必須です。

犬や猫との生活は思っている以上に大変かもしれませんが、トレーニングと管理を適切に行えば、問題なく家庭に迎え入れることができます。

●品種によって行動特性が違います

特に犬では、手のひらに乗るような小型の品種から、人の子供よりも身体の大きい品種まで様々おり、すべて犬という動物種のカテゴリーの中にいます。この多くの犬種は人が「育種」することでつくり上げてきたものです。

犬種ごとに、いろいろな特性があります。飼いたい犬種を決める際に、候補となっている犬種について勉強をしましょう。原産国はどこか（寒い地域か、暖かい地域か）、どのような目的でつくられたか（猟犬、護衛犬、牧羊犬、愛玩犬など）、特有の性格はどんなか、特有の病気をもっていないか（犬種好発の遺伝性疾患がないか）、成犬はどのくらいまで身体が大きくなるのか、必要な運動量…など正しい資料をもとに多くの情報をインプットしましょう。

現代は情報化社会です。勉強するための情報はあふれているので、動物種や品種に関する正しい知識を身に付けましょう。

●自分の生活環境に合う動物を選ぼう

動物を飼うことは、ひいては自分の生活を豊かにすることも意味します。そのためにも自分のライフスタイルに合う動物種を選ぶことが大切です。のちほど「5．家庭犬を選ぶ」の項で詳述します。

●毎日の世話を楽しもう

犬や猫との生活では、毎日の世話が欠かせません。当たり前ですが、犬や猫は飼い主の要望どおりの行動はしてくれないものであり、そのことを認識しておく必要があります。食餌の世話や排泄物の始末、毎日の散歩、手入れなど、飼う前の生活からは一変します。

●家族に動物アレルギーのある人はいませんか？

現代社会はアレルギーに対して敏感です。動物アレルギーは、突然起こる場合もあります。家族内にアレルギーに敏感な人、アレルギー体質の人はいませんか？　場合によっては、犬や猫を飼うことをあきらめなければならないこともあります。

●確実に、日々の出費は増えます

犬や猫との生活が始まると、それなりに出費が増えます。犬や猫には1日2回食餌を与えなければなりません。定期的に動物病院でワクチンなどを接種してもらう必要があり、病気やケガをしたら動物病院にかかることもあります。マイクロチップの挿入と登録もあります。健康を保つために定期的なシャンプーや、品種によってはトリミングも必要となります。犬は行政への登録や狂犬病予防注射もしなければなりません。

旅行など特別なことをしなくても、日常生活を送るだけで、このようにいろいろな出費があります。

●近隣への影響を考える

人は自分たち家族だけで生活しているわけではありません。それと同様に、犬や猫も飼い主家族だけで飼うものではありません。隣近所または小さなコミュニティに迷惑をかけない飼い方が必要になります。

吠え声や抜け毛などに細心の注意を払います。また、犬や猫と快適に暮らすためにルールを守り、マナーの向上をいつも心がけるようにしましょう。加えて、頑張って犬を散歩に連れ出し、近隣住民と積極的にコミュニケーションを図ることをお勧めします。

●災害対策も必要です

日本は災害大国であり、いつ災害が起こるかはわかりません。避難時に家族が持ち運ぶことのできる身体の大きさなのか、避難した際にペットの安全を守り安心できる環境を与えられるのか、など想定される様々なことに思いをめぐらせましょう。

災害対策をきちんと立て、家族間で共有しておきま

犬種を選ぶときには、自分のライフスタイルをよく考えてから。

す。後述の「災害時の備え」の項をご参照ください。

●「絶対に咬み付かない」とはいえません

前章でふれたとおり、犬が人に危害を加えないということは、誰にもいえないと思います。どんなにトレーニングされている犬でも、人に危害を与えないという保証はありません。つね日頃から、適正な管理を心がけるようにしましょう。

5．家庭犬を選ぶ

●ライフスタイルを見直す

ライフスタイルを振り返って、どのような犬種が適しているか選んでみましょう。残念ながら、飼い主の選択ミスによる問題行動は多く見られます。外見やマスコミのイメージから「飼いたい犬」「飼ってみたい犬」を選ぶというのではなく、必要な運動量や動物病院などへの移動手段などを考慮の上、飼い主のライフスタイルに合った犬、責任をもって面倒を見られる犬を選ぶことが、互いに幸せな生活を送る第一歩となります。

◆ミスマッチを避ける

私は動物の命を預かる仕事をしています。獣医師ではなく、犬の生活全般をアドバイスするインストラクターです。飼い主への対応を通じて思うことは、飼い主のエゴで飼養が始まり、飼い主のエゴで遺棄されるという現実です。これは飼い主と犬種のミスマッチによるものです。

犬を選ぶときに大切なことは、飼うことができる環境にあるかもう一度見つめ直すことです。犬を飼う、イコールその犬の一生すなわち15年は一緒に生活をするということで、食餌や散歩などの世話を１日も欠かさずに行うことです。この点をよく考えなくてはなりません。一人暮らしで仕事が忙しく、犬に留守番をさせる時間が長い人は、犬を飼うこと自体を再考する必要があります。

すでに犬を飼っている人は、犬と幸せに暮らす工夫を考えましょう。よく観察していれば、家庭犬に求めるものは何かを、今飼っている犬から学ぶことができると思います。

犬を選ぶ際には、温和で押しが強すぎない性格の犬を選ぶことをお勧めします。隅っこに隠れている犬も最良の選択とはいえません。臆病で内気で敏感な犬と問題なく暮らすには、より多くの注意とトレーニングが必要となるためです。

●室内飼育か？　屋外飼育か？

犬は群れを基本に生活を営む動物です。様々な問題を予防するという観点からも、室内飼育をお勧めしたいと思います。ですが、どうしても屋外飼育を希望する飼い主もいると思います。

私は、犬の問題行動のカウンセリングもしています。相談の中で飼い主に犬の飼養環境を聞くと「玄関先でつないでいる」「納屋（なや）で飼っている」などの事例が多くあります。その場合の問題点は「吠える」「咬み付く」というものが大半です。この点からも、屋外飼育による問題は多く、環境改善の指導の際に、すべてではありませんが、室内飼育に変更してもらうことがあります。

しかしながら、室内飼育にすれば問題がまったく生じないわけではなく、それぞれに問題は発生します。

◆室内飼育を検討する

犬は、かじってはいけないものをかじったり、高級なじゅうたんをトイレにしたり、毛が抜け落ちたり、飲んだ水が口ヒゲから垂れて室内をビショビショにしたり、足が泥まみれでも平気だったりします。犬は犬であり、人とは衛生観念が異なるのです。

しかし犬は、どのような場合においても室内にいることを好むものです。犬を外で飼っているのであれば、室内で飼えないかを検討してみてはいかがでしょうか。居住エリアを分けたり、犬と生活しやすく室内を改装したり、何らか工夫することで対応できるのであれば、室内飼育を積極的に考えましょう。犬は、家族の一員なのですから。

◆家族間で取り決めを共有

犬と生活を始めたばかりの頃は、触られたくないものや壊れやすいものは、犬の届かないところに片付けておくようにしましょう。また、家族が食事をするときの犬の居場所も事前に決めておきましょう。食事中の家族へのおねだりや盗み食いの癖を付けさせないためにも、家族で決めた取り決めを共有しておくことが大切です。

●犬種選び

様々な犬種が存在します。それぞれに長所と短所があり、特有の行動特性が存在します。犬種の特徴を知るためには、犬種図鑑などでよく勉強したり、その犬種を飼っている人に話を聞いたり、ペットショップや動物病院などで相談してみるのも良い方法です。

◆総合的に、かつ慎重に犬種を選ぶ

いかなる場合においても、自分のライフスタイルに合った犬を求めるべきです。ライフスタイルとは、小さい子供や高齢者がいるといった家族構成、一軒家なのかマンションなのか、近隣も含めた住環境、毎日どのくらい散歩時間をとれるのか、仕事で家を空ける時間は長いのか短いのか、長い場合はその間誰が面倒を見るのか、屋外飼育か室内飼育か、そして家族の体力や性格、将来の展望などを総合的に考えることです。

日本では、どうしても流行に左右されやすいのですが、慎重に犬種選びをされることを望みます。流行犬種には、様々な問題が隠れています。例えば、遺伝性疾患をもつ犬が多い、大量生産されるがゆえの社会化の欠如などが挙げられます。

また、純血種にするか雑種にするかも検討材料になるでしょう。雑種は病気に強いなどといわれますが、どちらも犬であり、基本的には変わらないと考えるべきです。ただし、特に動物保護施設などにいる雑種の仔犬を選ぶ場合は両親犬が不明なため、身体がどの程度まで大きく成長するかがわからないことがあります。

●オスか？　メスか？

性別による行動特性の違いがあります。基本的にオスは活動性が高く、落ち着きにくいということ、攻撃性が高いという点が挙げられます。メスは服従性があり比較的落ち着いている、トイレのしつけがしやすいなどが挙げられます。どちらを選ぶのかは、飼い主の好みによるところが大きいと思われます。

仔犬をとる（生ませる）ことを考えていないのであれば*、不妊処置（オスなら去勢、メスなら避妊処置といいます）を施すことがよいといわれています。繁殖をすることはできなくなりますが、人の伴侶として生活をする犬にとっては、ストレスの軽減になり、病気の面でもリスクを回避することができます。

＊「動物の愛護及び管理に関する法律」により、第一種動物取扱業に登録していない人が、繁殖した犬や猫を人に販売することは認められていません。

●犬をどこで手に入れるか？

◆ペットショップ

「犬を飼いたい」と思ったら、まずどこへ行きますか？　多くの人はペットショップへ足を運ぶと思います。そこには、様々な種類の仔犬がいます。毛が長

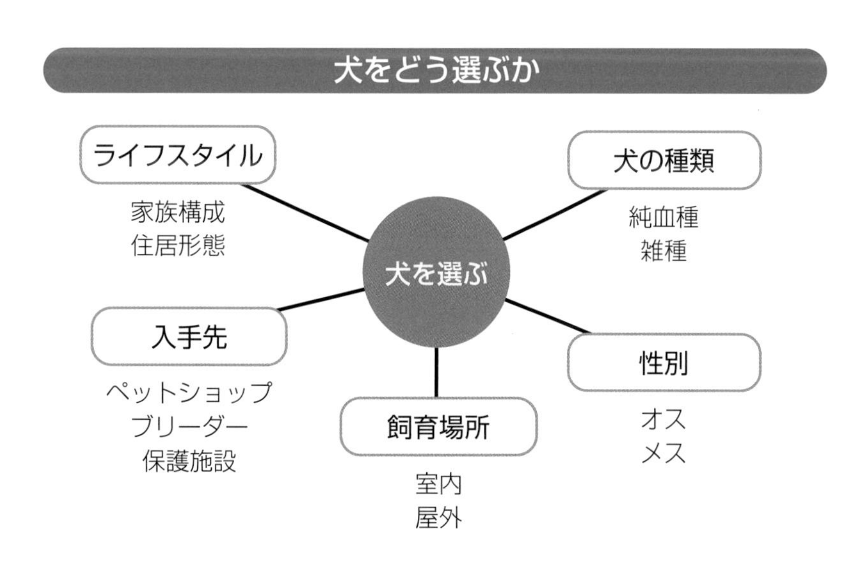

い・短い、立ち耳・垂れ耳、鼻が短い、尾がないなど、いろいろな外見の犬がいて、目移りしてしまいます。ショップスタッフからも、心地よい言葉を聞くことで「購買意欲」は最高潮に達するでしょう。

日本の場合、ペット販売は大きなビジネスで、ペットショップで手軽に仔犬を手に入れることができます。このシステムがペットの流行をつくっているともいえます。

欧米に目を移すと、多くの場合、ペットショップで犬を購入することはできません。犬がほしい場合は、犬種専門のブリーダーか動物保護施設で購入するシステムとなっています。欧米ではブリーダーの地位が高く、動物保護施設も充実していますが、日本では今現在そのようになっていません。この点からも日本は動物先進国とはいえないのかもしれません。

◆ブリーダー

今の日本のブリーダーは、二極化（にきょくか）していると思われます。犬種の発展が最重要であり、遺伝性疾患の予防と性格の良い犬づくりを目指しているブリーダーと、量販的で多くの犬種を抱えながら繁殖（ブリーディング）しているブリーダーです。

前者は、１犬種あるいは多くても３犬種程度の繁殖をしていて、その犬種を愛し発展させたいというポリシーにあふれています。犬のこと飼い主のことを第一に考えて繁殖を志（こころざ）している人が多いので、犬の性格的にも安定している場合が多いと考えられます。一方、後者は利益追求が第一利と考えているブリーダーが多いと思われ、狭いスペースの中で多数の犬を管理することが多く、仔犬がどうしても臆病になってしまう傾向にあるようです。

このように、ブリーダーから手に入れるケースであっても、必ずしも良い傾向になるとは限りません。

◆保健所や動物愛護センター

ペットがおかれている現状は、いまだ改善されていません。しかし近年、法律の改正をはじめ、行政は変わり始めています。全国の保健所に収容され安楽死処分されるペットは、年間４万頭にもおよぶといわれています。各都道府県の保健所や動物愛護センターには、毎日のように、様々な理由による犬の引き取りが後を絶たないといいます。そこで各自治体では、動物の殺処分ゼロを目指し、様々な取り組みが始まっています。収容された犬や猫たちの殺処分を減らすために、積極的に譲渡会を開催しています。

その一例として、福井県の取り組みを紹介します。福井県では、保健所の動物にかかわる業務をほぼ全面的に民間に委託（いたく）することとなりました。専門とする民間団体などに業務委託することで、今後ペットを飼いたいという人へのアプローチが増えていき、より多くの人に、ペットショップだけでなく動物保護施設でも犬を選択できるのだと訴えていくことができるのです。

現状で抱えている問題を解決するためには、ペットの飼い主となる人たちの意識を高める必要があります。ペットを迎える方法として、様々な理由で保健所に収容されたペットを引き取り、育て、ともに暮らすという選択肢も考えてみてほしいと思います。

◆動物愛護団体

日本では、まだまだ動物愛護団体が成熟していない環境にあるため、状況が決して良いとはいえません。行政から引き取られるケースもあり、譲渡が定期的に進んでいても、一方で受け入れる数も多く、つねにキャパシティがいっぱいの状態です。その中から犬を受け入れた飼い主家族には、しつけや教育の分野において精一杯のサポートをすることを願います。

◆成犬という選択肢

保健所や動物愛護センター、動物愛護団体から引き取るのであれば、成犬を手に入れるという選択肢も増えます。

留守番をさせる時間が長い人には、成犬という選択肢を提案してもよいでしょう。成犬は行動特性を利用すれば、トイレのしつけがしやすく、性格も体格も安定している場合が多く、意外と飼いやすいことがメリットとして挙げられます。

また、仔犬から飼い始めた場合に自分の年齢的に最後まで看取（みと）れるかが不安な飼い主でも、ある程度の年齢の犬であれば犬と暮らす幸せを楽しむことができるでしょう。

●予防接種が必要です

予防接種と聞いて何を思い浮かべますか？　おそらく狂犬病予防接種ではないでしょうか。狂犬病予防法および狂犬病予防接種については、「第25章第２項」で詳述します。

狂犬病以外にも、ワクチン接種がとても大切だということを知っておいてください。私は獣医師ではないので詳細は省略しますが、適切な時期に接種しましょう。特に仔犬の時期には重要です。ワクチンは一年に１回程度の追加接種が必要だといわれています。

６．家庭犬と暮らす

我が家に犬がやってくるという段階になりました。犬を迎えるにあたり、家庭で生活を送るための「準備」が必要です。

●環境を整える

仔犬を家庭に迎えることは、小さな子供が一人増えることに匹敵（ひってき）するため、まずは生活環境を整える必要があります。

仔犬は何でも口に入れたり、噛んだりします。これは本能的な行動であり、矯正することができない行動です。これに対して、飼い主がしなければならないことは、仔犬の行動範囲を決めて、かじったりくわえたりしそうなものには予防策をとることです。室内であれば、仔犬の行動範囲内に、かじったりくわえたりしそうなものを置かない、犬の届かない高さによけておくなどして対応します。

●ストレスのない家にする

犬との生活では、飼い主と犬のストレスを考慮することが大切です。

ストレスには避けられないものや、行動力を高めたりするものがあります。問題は、ストレスが長時間にわたり休みなく続く場合です。病気や加齢、栄養失調、周囲の温度（暑すぎたり寒すぎたり）などの身体的問題もストレスの原因となります。逆にストレスが身体的問題を引き起こし、下痢、体温の変化、うつ、食欲不振、無気力、免疫（めんえき）システムの低下などの原因になることもあります。

ストレスは体内に蓄積され、放っておけばさらに悪化します。深刻な病気や問題行動へとエスカレートする前にストレスに対処する必要があります。ものをかじる、吠える、掘るといった多くの行動は犬のストレスからきています。ストレスの原因は一つとはかぎらず、複数のこともあります。可能なかぎり多くのストレスの原因を追究し、除去していきましょう。

●準備万端ですか？

「犬を飼おう」と決めたら、準備を整えなければなりません。犬との生活を想定しながら必要なものを見ていきましょう。

□給水器と食器を用意

犬にはつねに新鮮な水を与えます。給水器による水の準備をしてください。給水器の設置が難しいなら食器でもかまいませんが、犬が踏んでひっくり返してしまうことが多いので、重量のあるものを選ぶなど、そうならないような工夫が必要です。

□月齢に合わせたフードを選ぶ

ドッグフードには、内容成分の違いによりいろいろな種類があります。成長過程にある仔犬には、消化吸収の良いものを選ぶことが大切です。つまり、仔犬用

仔犬を迎えることは小さい子供が増えるのと一緒。環境を整えよう。

のフードが適切となります。仔犬用もいろいろなメーカーから多くの商品が出ているので、よく検討して選んでください。

□カラー（首輪）とリード（引き綱）

犬の成長に伴って散歩が必要になりますが、外に出すタイミングになってからカラーとリードを付けてもいきなり上手に散歩はできません。早い段階からカラーとリード（およびそれを装着した状態）に慣れさせる必要があります。散歩に出す以前から、部屋で仔犬と遊ぶときにカラーとリードを付けるようにして慣れさせていきます。

□仔犬が遊ぶためのおもちゃ

環境に慣れ始めると、いろいろなものを口にするようになります。仔犬の時期はどうしても噛むという行動をします。この場合は仔犬に噛むことを止めさせるのではなく、噛んでも良いものを与えるようにして「噛みたい」「かじりたい」という欲求を満たしてやることが必要です。

□生活環境の改善

仔犬はどうしても噛む行動をすることから、噛まれては困るものを守るために、飼い主のほうが十分注意を払わなければなりません。電気コードや家具、薬品類や観葉植物、ティッシュやリモコン、スリッパなど、噛まれたくないものは犬の目に付くところや届くところには置かないようにします。また、犬が入ってはいけない部屋をつくることが必要になる場合もあります。

□床材の配慮

犬や猫の足は、フローリングに対応できるものではありません。滑（すべ）りやすい床材の場合はカーペットを敷くなどの配慮が必要です。

□事故の防止

家族の生活空間には、犬や猫にとって危険なものがたくさんあります。特に飼い主のニオイが付いているタバコの吸い殻（がら）、電気コードなどの配線、観葉植物など、簡単に口にしそうなものに注意を払います。また、落下時に危険がおよばないよう高いところに置いてあるものは固定するなど、動物の活動範囲に気を配ります。

ふだんからのしつけの徹底と、事故を起こさないような飼養環境を整えましょう。

2．犬を迎えた後にすること

1．仔犬がやってきたら

●仔犬を迎えるための確認事項

仔犬がいよいよ我が家へやってきました。その際の注意点をいくつか挙げていきます。

◆しばらくの間は、そっとしておきます

仔犬はとてもデリケートで、ちょっとしたストレスが原因で体調をくずしてしまいます。飼い主は、仔犬がゆったりとくつろげるように配慮します。そうです、そ〜っとしておいてやるのです。

◆食餌の準備をします

しばらくの間は仔犬が以前過ごしていたところで食べていたものと同じ銘柄（めいがら）のフードを与えることが、仔犬の体調管理には必要です。また、カリカリの硬いフードをそのまま与えるのではなく、ぬるま湯に少し浸（ひ）たして軽くふやかしてから与えるようにする配慮も必要です。

幼い時期は、一度に多くの量を食べると体調をくずす原因になるので、１回の給与量を減らして、与える回数を増やします。参考までに、給与回数のおおまかな目安は次のとおりです。

・３カ月齢・・・１日４回
・４カ月齢・・・１日３回
・５カ月齢以上…１日２回

◆散歩について

外へ散歩に行くことはとても大切なことで、仔犬にとっては一大イベントです。しかし免疫が不十分な仔

犬においては健康管理上、注意が必要です。仔犬が病気をもらわないために「ワクチン接種が完了するまでは外出禁止」とよくいわれますが、それでは犬の社会化が遅れてしまいます。そこで、飼い主が抱っこした状態で仔犬を外へ連れ出してみましょう。犬を下ろして散歩させてもよいのですが、次のことに注意してください。

□ほかの動物のニオイを嗅がさない。
□ほかの動物の排泄物のニオイを嗅がさない。
□ほかの動物と接触しない。
□草むらには行かない。
□雨の日には行かない。
□長時間散歩しない。

◆仔犬と遊ぶ時間

仔犬が環境に慣れるために、飼い主と一緒に遊ぶことは必要ですが、ひどく疲れさせるまでは遊ばないようにしてください。「適度」であることが大切で、遊んだ後は休ませましょう。仔犬は１日19時間以上の睡眠が必要です。

２．飼養管理

●飼い主の責任について

犬を飼い始めたら、飼い主が守らなければならない、法律による規制や基準があります。日本には、動物に関する「動物の愛護及び管理に関する法律」（動物愛護管理法）、また「狂犬病予防法」もあります。

法律は犬や猫などの動物と人を守るためにあり、私たちは社会の一員として法律を遵守する義務があります。加えて、犬や猫の飼い主には、近隣住民など飼い主以外の人との共生にも配慮することを法律は求めています。特に犬では、公共の場所でのリードの装着、公共の場所での糞尿（ふんにょう）の処理、集合住宅での飼育ルールを守ることなども挙げられています。

いずれも「第25章」で詳述しています。

●健康管理について

医療の進歩は目覚ましいものがあり、これは人だけでなく獣医療についても同じことがいえます。

長生きする犬や猫が増えた結果、心臓病や関節疾患、糖尿病や白内障といった病気の発症が日常的になってきています。加齢に伴う生体の変化からくる症状は、ある程度避けられないことが多くありますが、早めに発見できれば進行を抑えたり、症状を改善したりすることが可能かもしれません。

また、犬や猫にも感染症や生活習慣病があります。食餌の与えすぎや運動不足による肥満、人の食事を分け与えている場合には塩分の摂（と）りすぎにも注意が必要です。

◆世話を通じての、体調や様子の観察

毎日の世話を通して、犬や猫の体調や様子を観察しましょう。栄養状態、運動状態、表現状態などに異常がないか、排泄の確認は特に重要です。手入れなどを行い異常の有無を確認し、異常があれば早い段階で動物病院での受診をしましょう。犬や猫の健康状態を継続して把握しておくためにも、かかりつけの動物病院を決めて相談しやすい体制を整えておくことをお勧めします。

また、犬や猫に与えてはいけない食べ物もあります。人がふつうに食べているものでも、犬や猫には害となるものがあるので気を付けましょう。室内の観葉植物や散歩中の生垣、公園の草花などにも注意が必要です。

●飼養管理について

伴侶動物は、飼い主を信頼して生きています。飼い主はそのことを決して忘れずに、その責任も果たさなければなりません。

◆５つの自由

みなさんは「５つの自由（Five Freedoms）」を知っていますか？　これは動物福祉の世界的基準であり、人の飼育下にある動物すべてに配慮されなければならないものです（135ページ、コラム２参照）。

①飢（う）えと渇（かわ）きからの自由
②不快からの自由
③痛み・傷害・疾病からの自由
④正常行動を発現する自由

⑤恐怖と苦悩からの自由

個体の大きさや成長に合わせた栄養のある新鮮な食餌と水を適切に与えること、安全で安心して落ち着いて休むことのできる場所を用意すること、快適な生活スペースを提供すること、法律で義務付けられている狂犬病予防注射と混合ワクチンを接種すること、フィラリアや外部・内部寄生虫などを予防すること、ブラッシングなど被毛の手入れも含む適切な健康管理を行うこと、散歩やおもちゃなどで一緒に遊び運動欲求や作業欲求を満足させることなど、多岐にわたり飼い主は大きな責任を担います。

犬や猫はたいへん社会性が高い動物であり、しっかりと社会性を満たしてやることが大切です。

◆室内飼育

犬や猫の健康と安全の確保という観点から、室内飼育はとても有効な飼育方法です。しかし、飼い主との生活距離が近付くため、いろいろな弊害(へいがい)も起こりえます。心がけたい点をいくつか挙げてみました。

□穏やかな生活環境の構築

犬や猫は家族の一員（パートナー）として、飼い主と生活を送ることになります。犬や猫は飼い主の感情をくみ取ることにとても敏感な動物のため、接する際は穏やかな気持ちでコミュニケーションを図ることが大切です。ただし擬人化して接したり、溺愛(できあい)しすぎたりしないように心がけましょう。

□室内の温度・湿度管理

犬や猫は夏場などの高温多湿の時期が苦手です。室温には十分注意し、西日が強く当たるような場所や留守にする機会が多くある場合は、エアコンなどを上手に使いましょう。また湿度にも十分注意が必要なため、乾燥しすぎないように心がけ、いつでも自由に水が飲めるように環境を整えましょう。

□衛生害虫の発生防止

ノミ、ダニ、ハエ、ゴキブリといった衛生害虫の発生を防ぐことは、病気への配慮となります。健康管理の上でも十分に注意が必要となりますので、こまめな掃除を実施しましょう。

●災害時の備え

災害が起こった場合、人も動物も被災(ひさい)します。避難所には多くの人たちが集まります。家族の一員として飼っている犬や猫も一緒に避難所に集まってきます。しかし、避難所には動物が嫌いな人や動物に対するアレルギーをもっている人もいます。犬や猫が周囲の人たちの迷惑とならないように、日頃から準備をしておくことが必要となります。

□迷子札の装着

災害時には飼っている犬や猫が迷子になりがちです。そのため、所有者の明示は必須となります。

□災害時に必要なしつけを日頃から心がける

周囲への配慮のためにも、基本的なしつけをすることは欠かせません。特にケージなどでおとなしくしている「クレートトレーニング」は必須です（「第12章」参照）。

□災害時に持ち出すものを定期的に確認する

持ち出し品には優先順位を付けます。水、フード、薬は健康や生命にかかわる大切なものなので第一に優先されます。最低でも５日分は必要であるとされています。飼っている犬や猫の写真を必ず携行(けいこう)し、飼育手帳があれば持ち出します。緊急連絡先を明記したものも準備する必要があるでしょう。

□避難にあたって考えておくこと

犬や猫を連れての同行避難が原則です。そのため、避難所までの経路を日頃の散歩コースに組み入れておくとよいでしょう。また、緊急時に大切なペットを預かってくれる場所も確保しておくとよいと思います。特に猫は環境の変化に対応しにくい性質があるので注意が必要です。また、ふだんの飼い方によってペットのストレス度合いは大きく変わってくるので、日常の暮らし方や対策も大事となります。

３．犬や猫の不妊処置の必要性

動物がこの地球上で生きているのは、生物学的には、まぎれもなく「動物として生き続けていくため」であり、そのために子孫を残して未来永劫(えいごう)繁栄していくことが必要となります。絶滅してしまっては何の意味もなくなってしまうからです。

だからといって、すべての動物が増殖しているわけでもありません。自然界は「弱肉強食」であり「自然淘汰」がなされ、社会性が高い動物にあっては、繁殖の制限がなされます。特に人においては、感情や欲求のコントロールが容易であり倫理観における繁殖の制限ができます。

まわりにいる犬や猫に目を向けてみると、繁殖の時期から少し経った頃になると仔犬が生まれた、子猫が生まれたなど、様々な動きがあります。自然界ではふつうのことです。

しかし、犬や猫が人とともに生活をしている場合は、大きな問題に発展することがあり、犬や猫が多頭出産することも問題となりえます。また、人の倫理観に当てはめようとすることもナンセンスです。

◆人と暮らす動物である

犬や猫たちの不妊処置の必要性についてですが、まず考えなければならないことは、私たちの生活の中にいる動物であるということです。人の生活にはルールがありマナーを守ることで安心できる環境を維持しています。そして人には「分別」という倫理観が備わっています。このような倫理観を犬や猫ももち合わせているかというと、それはNOです。

犬や猫が生きている使命は「子孫を残すこと」が優先課題となります。メスは発情の時期に合わせて身体を整えていき、オスを呼ぶ行動をします。オスは発情期のメスをニオイによって嗅ぎ取り、合わせるようにして発情行動を示すようになります。これはオスとメスの「本能行動」であり、ある程度決められた欲求行動のため止めることはできません。この欲求行動が人の社会の中で行われると、犬や猫の数が爆発的に増えてしまい問題となります。

大切なことは、犬や猫がもっている「自然な欲求」という行動をよく考えて、大きなストレスにならない方法を選ぶことであり、それは飼い主としての責任ともいえます。

実際に不妊処置を施すことで、以下のような効果が考えられます。

□泌尿器系などの病気へのリスクを減らすことができる。
□発情期の行動（徘徊や鳴き声など）を抑えることができる。
□寿命が伸びる傾向にある。
□行動自体が穏やかになる傾向がある。
□排尿の回数が減り、マーキング行動が減る傾向にある。
□不用意な妊娠を避けることができる。
□周囲を汚さずにすむ。
□問題行動を抑える効果を期待できる場合がある。
□遺伝性の病気を防ぐことができる。

不妊処置は外科的手術を行うことが大半ですが、なるべく早期に実施することが有効な方法となります。手術によるリスクがゼロとはいえませんが、上記のような理由をよく考えて、人との生活において効果が高いことを理解していただきたいと思います。

4．迷子にしないために

犬や猫は総じて大きな音が苦手で、雷や花火などでパニックになり、屋外に逃げ出してしまったり、暴れて手元から離れてしまったりすることがあります。ペットをよく観察して、性格や性質を把握しておくことが大切です。物音に敏感な性質であれば、花火大会に連れて行かないのはもちろん、花火の音が少しでも小さくなるように戸締まりをしっかりとする、花火大会の時間帯はどこかに預けるなど、何らかの対策をとるようにしましょう。

◆所有明示の義務化

犬や猫は人の言葉を話せないので、迷子になり誰かに保護されても、自分のことを証明することができません。そこで大事なのが動物愛護管理法にも書かれている「所有明示」ということになります。

所有明示とは、その動物の所有者を特定するためにペットに付けておくものとなります。迷子札の装着やマイクロチップの挿入、犬であれば鑑札と狂犬病予防の注射済票を装着しておくことをお勧めします。

●迷子札

首輪は、ペットに迷子札を付けるために必要であり、犬においては散歩の際にも必要となります。首輪がフィットしているか、古くなっていたり切れかかったりしていないかを確認しましょう。

また、迷子札にはペットの名前と飼い主の連絡先を必ず記載しておきます。何よりも大切なのはペットの名前です。万が一迷子になってしまった場合、保護した人が最初に思うのは、「この子の名前は？」ということです。名前がわかるだけで保護した動物とコミュニケーションがとれるのです。次いで「どこから来たの？」ということですが、連絡先が書かれていればいち早く飼い主のもとへと戻すことができるので、この2つの記載はとても重要だといえます。

●マイクロチップ

マイクロチップは、動物の個体識別を可能にする電子標識器具です。動物病院（獣医師）で専用のインジェクター（挿入用の注射）を使い、動物の皮下(ひか)に数mmのマイクロチップを埋め込んで使用します。世界共通の15桁(けた)の数字が記録されているマイクロチップを専用のリーダー（読取機）で読み取ることで、個体識別が可能になります。

◆利点

マイクロチップは動物の体内に入れるため、落ちてしまったりなくしたりすることがありません。また、一度挿入すれば生涯(しょうがい)にわたり個体識別ができるという確実性の最も高い方法であることが大きな利点です。

大規模災害が起こり、飼い主とペットが離ればなれになってしまうことがあります。状況によっては、首輪に迷子札を装着していても何かに引っかかり外れてしまうことも考えられます。そうすると犬の身元を示すものが何もなくなってしまい、飼い主を特定するまでに時間がかかってしまいます。実際に、マイクロチップが挿入されていることで、保護された犬や猫の飼い主が早い段階で判明するという事例が多くありました。

意外と知られていませんが、マイクロチップを挿入した後には登録の手続きが必要となります。登録をしなければ個体識別できませんので、必ず登録をしてください。

◆欠点

マイクロチップは皮下に挿入するため、外見から確認することができません。識別番号はもちろんのこと、挿入しているかどうかも専用リーダーで読み取ってみないとわかりません。保護した人が動物病院なり自治体（保健所）なりといった専用のリーダーがある施設に行き、挿入されているかどうかも含めて確認をしなければなりません。

また注意点として、挿入したマイクロチップによりMRIを使用した検査で画像にゆがみが出るなどの影響が出ることがあります。検査部位にもよるので、MRI検査を行う際はあらかじめ獣医師にマイクロチップを挿入していることを伝えておく必要があります。

◆義務化

多くのペットショップにおいて、マイクロチップを挿入された状態で犬や猫が販売されているにもかかわらず、きちんと登録されていない状況が多く見受けられてきました。

今後は、動物愛護管理法のもと犬・猫のブリーダーなどにおいてマイクロチップの装着・登録を義務づけることになり、飼い主はマイクロチップの登録（名義変更の届出）をすることが義務化となります。

●鑑札、狂犬病予防注射済票

所在地の市町村長への登録の申請と狂犬病予防注射の接種は、狂犬病予防法により、犬の飼い主としての義務となります。鑑札と注射済票には固有の番号が刻印(こくいん)されていて、登録された飼い主が行政でわかるようになっています。

3. 飼い主の基礎知識

1. 人と動物の共通感染症

人と動物の共通感染症について、世界保健機関(WHO)では「脊椎(せきつい)動物と人の間で自然に移行するすべての病気または感染(動物等では病気にならない場合もある)」と定義されています。環境省は「人と動物の共通感染症」という言葉を使用しており、「動物由来感染症」(厚生労働省)、「人獣(じんじゅう)共通感染症」(国立感染症研究所)、「ズーノーシス(Zoonosis)」という言葉もすべて同じ意味です。

世界で200種以上ある人と動物の共通感染症のすべてが日本にあるわけではなく、国内では寄生虫による疾病(しっぺい)を入れても60種類程度と比較的少ないと思われます。しかし、海外では多くの人と動物の共通感染症が発生しているため、野生動物や放浪している動物にむやみにふれることはやめましょう。

●基本的な予防

□口移しや同じ食器で犬や猫に食べ物を与えない。
□口のまわりを舐めさせるなど過剰な接触をしない。
□犬や猫に触った後と、飲食の前には必ず手を洗う。
□排泄物はすぐに片付け、処理の後は手を洗う。
□犬や猫の健康と衛生的な飼育環境を保つ。
□公園や砂場で遊んだら必ず手を洗う。

●おもな人と動物の共通感染症

◆狂犬病

発症した犬や猫、アライグマ、スカンク、コウモリなどに噛まれるなどして唾液(だえき)中のウイルスが人の体内に侵入することにより感染します。

通常1～3カ月程度の潜伏(せんぷく)期間の後に発症し、初期は風邪に似た症状が見られます。噛まれた部位に知覚(ちかく)異常が、その後に不安感、恐水症(きょうすいしょう)、興奮、麻痺(まひ)、錯乱(さくらん)などの神経症状が現れ、数日後に呼吸麻痺で死亡します。発症するとほぼ100%死亡する怖い病気です。

2006(平成18)年には海外で犬に噛まれて感染し、帰国後に狂犬病を発症、のちに死亡した例が2名報告されています。

世界中のほとんどの地域(特にアジアやアフリカ)で発生が見られ、狂犬病による死者数は年間約6万人といわれています。

□予防

・海外ではむやみに動物に触らない。
・海外で狂犬病のおそれのある犬などに噛まれたらすぐに傷口を石鹸ときれいな水で洗い、速(すみ)やかに医療機関で傷の処置と治療、そして狂犬病ワクチンを接種する。
・狂犬病が流行っている国で動物に接する機会が想定される場合、渡航(とこう)前に医療機関で狂犬病ワクチンを接種しておく。

◆中東呼吸器症候群(MERS)

ヒトコブラクダなどMERSコロナウイルスに感染した動物との接触によって感染します。

おもな症状は、発熱、せき、息切れなどですが、下痢などを引き起こす場合もあります。特に高齢者や慢性疾患(糖尿病や免疫不全症など)をもつ人で重症化する傾向にあります。

□予防

・手洗いなど一般的な衛生対策を心がける。
・疾患の流行地では、ヒトコブラクダなどの動物との接触をできるかぎり避ける。
・未殺菌のラクダの乳など加熱が不十分な食品の摂取を避ける。

◆鳥インフルエンザ

感染した家禽(かきん)やその排泄物、死骸(しがい)、臓器などに濃厚に接触することによって、まれに感染することがあります。

おもな症状は発熱、呼吸器症状(肺炎など)で、多臓器不全で死に至る場合もあります。人での症例は中国で報告されており、国内では確認されていません。

鳥類では、中国および香港において感染が確認されています。

□予防

・流行地域では、病気の鳥や鳥の死骸にむやみに近付かない、触らない。

◆レプトスピラ症

レプトスピラという細菌の感染によって引き起こされ、犬などのペット、ウシやブタなどの家畜、ネズミなどの野生動物、人に感染します。

人の場合、5～14日の潜伏期間の後に症状が出ます。発熱、頭痛、眼結膜の充血などの軽い症状から、黄疸、出血、腎障害など重症化する場合もあります。

□予防

▼人の場合

・動物との過度のふれあいを避ける。
・動物に触った後は必ず手を洗う。
・動物の飼養環境を清潔にする。
・流行っている地域での川、池、水田などの水場に素手や素足を入れないようにする。

▼犬の場合

・ワクチン接種する。
・野外では川、水田などの水場に連れて行くのを避けて、生水を飲ませないようにする。

◆猫ひっかき病

病名どおり、猫に引っかかれたり、噛まれたり、あるいは傷口を舐められたりすることで発症します。

バルトネラ菌の感染によって、3～10日の潜伏期間後に傷が赤く腫れます。リンパ節炎が起こると各部が腫れ上がり、ほとんどの人で微熱が続き、全身倦怠、関節痛、吐き気があります。

□予防

・猫（特に若い猫）に引っかかれないようにする。
・飼っている猫を屋外に出さない。
・定期的なノミの駆除を行う。
・食べ物を口移しで与えるなど、猫との過度な接触を避ける。
・猫による外傷の消毒。
・猫とふれあった後に手指の消毒をする。

◆回虫症

公園などの砂場にはほぼ必ず、たくさんの回虫の卵があります。人が感染すると回虫の幼虫が体内を移動し、いろいろな障害を引き起こします。様々な臓器に移行するため、侵入した臓器によって症状も変化し、眼に移行した場合には失明することがあります。

□予防

・ペットの予防的あるいは定期的な駆虫を行う。
・泥地や砂場で遊んだ後は必ず手を洗う。

◆ペスト

多くの場合、病原体を保有したノミに刺されることで感染しますが、感染動物（野生げっ歯類）の体液にふれたりすることでも感染します。

急激な発熱と全身状態の悪化、リンパ節の腫脹が起こり、敗血症ペストや肺ペストに移行すると致死率が高くなり感染力も強くなります。適切な抗菌薬（ストレプトマイシンなど）による治療を行わないと、予後不良となる可能性が高くなります。

□予防

・発生地での野生げっ歯類など感染動物との接触を避ける。

◆サルモネラ症

通常はサルモネラ症に汚染された食品を介して感染しますが、爬虫類などとの接触を通じての感染も見られます。

感染した多くの人が胃炎症状を起こしますが、無症状の場合もあります。菌血症、敗血症、髄膜炎など重症の場合は、死亡することもあります。

□予防

・ペットの飼育環境を清潔に保ち、特に下痢をしている動物や爬虫類の世話をした場合には石鹸などで十分に手を洗う。
・免疫機能の低い新生児や乳児、高齢者がいる家庭では爬虫類の飼養を控える。
・カメなどの飼育水をこまめに交換し、その際の排水により周囲が汚染されないように注意する。

◆カプノサイトファーガ・カニモルサス感染症

犬や猫などの口の中にふつうに見られる細菌で、おもに咬傷、引っかき傷から感染します。

おもな症状は発熱、腹痛、吐き気、頭痛などで、まれに重症化して敗血症や髄膜炎を起こし、播種性血管内凝固（DIC）や敗血症性ショック、多臓器不全に進行して死に至る場合もあります。

□予防

・動物とふれあう場合は節度をもって臨む。

・噛まれたり、引っかかれたりしないようにする。

2．伴侶動物と私たちを守る法律

犬にかかわる法律についても、知っておくべきでしょう。特に、「狂犬病予防法」と「動物の愛護及び管理に関する法律」（動物愛護管理法）の２つはとても重要です。

ここでは簡単に概要だけを説明します。詳しくは、「第25章」をご参照ください。

①狂犬病予防法

狂犬病予防法は1950（昭和25）年に制定されました。その目的は、狂犬病の発生を予防し、その蔓延を防止および撲滅することにより、公衆衛生の向上および公共の福祉の増進を図ることにあります。この法律が適用される動物は、人に狂犬病を感染させるおそれが高いとされる犬や猫、アライグマ、キツネ、スカンクの５種に限定されています。

犬については、登録と年１回のワクチン接種の義務が課せられています。また罰則があります。

②動物の愛護及び管理に関する法律（動物愛護管理法）

◆制定された目的

家庭動物などの飼養をより適正なものにすることにより、人と動物の共生を進めること、命あるものである動物との共生を通じて、生命の尊厳や友愛などの情操面の豊かさに満ちた社会を実現していくために、動物愛護管理法はあります。

◆飼い主が守るべき責任

動物愛護管理法で規定されていることに、動物の飼い主が守らなければならない責任があります。飼い主が法律の内容をよく把握して、動物と共生できる社会の実現を目指して、飼育環境と福祉環境の向上に努めていく必要があります。

また、すべての人が「動物は命あるもの」であることを認識し、動物を虐待しないのみでなく、適正に取り扱うことが基本原則となります。

◆５年ごとに改正

近年では５年ごとの見直し、改正がなされています。2005（平成17）年６月の改正では、動物取扱業の登録制の導入、特定動物の飼養規制の全国一律化などの措置が盛り込まれました。2012（平成24）年９月にも一部改正され、犬・猫販売業者への規制強化や生体販売時の対面説明現物確認などの措置が盛り込まれています。

そして、2019（令和元）年６月に改正されたおもな内容は以下となります。第一種動物取扱業の犬猫の販売場所を事業所に限定、生後56日を経過しない幼齢動物の販売の禁止、動物虐待に対する罰則の強化（殺傷は懲役５年、罰金500万円、虐待や遺棄は懲役１年、罰金100万円）、マイクロチップの装着の義務化（販売業者）などです。

学習のポイント

実際に犬や猫と生活を始めていくためには、いろいろなことを考えていかなければなりません。安易な気持ちで動物たちとの生活が始まることのないように、身近にいる動物の状況を知り、しっかりと考える必要があります。

併せて、動物にかかわる法律についての知識も身に付けましょう。

19 犬の問題行動対処法

犬はときとして問題行動を起こし、人を悩ませます。問題行動とはどのようなものなのか、どう改善すればいいのか、予防するにはどうすればいいのかといったことを学びます。犬のしつけやトレーニングは、人と犬との共生のためには避けることのできないものです。

1．基本的な問題行動対処法

1．犬の問題行動に対する考え方

日本では、現在でも犬に対してしつけやトレーニングをしなければならないという意識が低いと思われます。理由を考えてみると、日本人は昔からの農耕民族であること（狩猟民族であれば犬との接点が多かったと想定される）、中型の犬が主流のときは番犬としてつないで飼うことが主流であり飼い主と犬との接点が少なかったこと、そして今は、小型の犬が主流で「何とかなる」などという根拠のない思考があることなどが挙げられるでしょう。犬のしつけに対する日本人の意識の低さは、ある意味において「仕方がない」ことかもしれません。

●生活環境の見直しとトレーニングは必須

しかし、犬との接し方や生活環境がめまぐるしく変化する昨今では、人の社会で共生できるように、生活環境の見直しと犬のトレーニングは必要です。今日の日本で起こっている、犬がもたらす様々な問題は、犬を取り巻く生活環境を見直し、トレーニングする習慣を飼い主が身に付けることで、解決できるものも少なくありません。

◆問題行動で安楽死処分になることも

一方、世界を見るとどうでしょうか？　犬のトレーニングが進んでいるヨーロッパにおいても、犬の問題行動がなくなっているということはありません。そう考えると、犬をトレーニングするだけでは問題の解決にならないかもしれませんが、犬がもたらす多くの行動をしっかりと観察、分析をすることはとても大切なことです。なぜならば、飼い主と犬との関係が悪化すると、生活が破綻（はたん）し、悲しい状況が生まれてしまうからです。つまりそれは、犬の安楽死や保健所での殺処分の原因となりかねない状況を示しています。

犬の「安楽死処分（殺処分）」、聞こえのいい言葉ではありません。日本では、保健所に持ち込まれている動物（犬や猫）の大半が安楽死処分されているのが現実です。処分理由で不可避（ふかひ）なものが「咬み付き、威嚇による攻撃」です。

最近では、動物愛護管理法の改正や動物愛護精神の浸透（しんとう）などによって、殺処分回避の動きが活発化しており、保健所でも犬や猫などの譲渡会を積極的に開催しています。

●本当の問題行動は少数

犬の問題行動に話を戻しますが、実は本当に問題を抱えている犬は、きわめて少数といえます。吠える、掘る、守るという行動は、犬自身の犬らしい自然の行動です。その行動が、人と生活をするようになって不適切な場面で起こるようになってきたのです。

◆不適切な行動を適切な行動に

人と犬の生活スタイルが合わないときや、適切な行動について犬と人との見解が一致しなくなったら、状況の変更や妥協(だきょう)することが可能かどうかの検討を始めるべきです。このことから、犬が起こすのは「問題行動」ではなく「不適切な行動」ということになり、その「不適切な行動」を「適切な行動」に改善していく努力を飼い主は行う必要があります。

不適切な行動を改善するためには、問題の原因を追究することが最も重要です。人は「木」を見て「森」を見ていなかったり、またその逆であったりもします。状況を客観的に分析するために、中立の立場にいる第三者が必要な場合もあります。インストラクターや飼い主は、水平思考*を用いて物事を批判的かつ客観的に考えることが求められます。

*水平思考とは、Lateral thinkingやCreative thinkingなどと呼ばれ、一つの考え方に対してロジカル（論理的）に考えるのではなく、考え方の側面を見つめ直しながら、通常とは違う幅をもたせた考え方です。新しいアイデアを思いつく考え方でもあります。一つの問題点を解決する際に、問題点をなくすために順序立てて、一つ一つロジカルに解決に向けてプログラムを組んでいるのに対して、改善したい問題点の側面をもう一度見直して、アプローチを変えていきながら、通常とは違う問題の捉え方をして改善に向けてプログラムを組んでいく考え方です。

◆問題解決を急がない

不適切な行動を改善するための必要な基礎知識として、「動物行動学」「犬との生活」「動物の学習理論」「犬のしつけ方」を理解し習得する必要があります。そしてトレーニングの結果を予測せずに、問題行動を急いで解決しようとしないでください。トレーニングによって問題を改善しようと考えると、行動の改善にばかり目が行き、その奥に潜(ひそ)んでいる原因を見失う結果になりがちです。時間をかけたからといって間違いを犯さないとは限りませんが、焦(あせ)って問題を悪化させてしまうよりはいいでしょう。十分な観察と分析をする時間は必要になります。

犬のトレーニングには様々な方法があり、最初から問題解決に最適なレシピを使える可能性はあまり高くはありません。しかし、失敗をおそれてはいけません。それは失敗ではなく、犬を診断していると考えましょう。そのトレーニングの過程で得られた結果を知識として活かしながら、アプローチを変えてトレーニングを続けましょう。慎重に計画を立てれば、たとえ改善への効果がなくても状況が悪化することは避けられます。

2．犬種による問題点を考える

現在、世界には800以上の犬種が存在するといわれています。ミックスブリードを含めると1,000種を超えるかもしれません。なぜ犬種はここまで増えていったのでしょう？

犬には、人と出会い、様々な役割をもつようにつくり上げられてきた経緯があります。犬種が増えるきっかけをもたらしたのは、18世紀の中頃からイギリスをはじめとして起こった「産業革命」だといわれています。「第５章」でもふれましたが、本章でもう少し掘り下げていきます。

●人につくられた犬種とその特徴

犬種はその特徴を顕著に表します。人をサポートする狩猟犬にも様々な用途があります。実際に獣を狩猟するダックスフンドやテリア種、ハウンド種、また鳥猟犬のように、仕留めた鳥などを持ち帰ることや獲物を追い立てることを目的とするレトリーバー種、ポインター種、セター種、スパニエル種などが挙げられます。

◆家畜の動物種によって異なる

牧場で家畜を守る番犬も、家畜の動物種によって異なります。ウシやブタなどを害獣から守るためには大型で人に対しての服従性が旺盛(おうせい)な犬種を使用し、ヒツジなどを対象とした監視や移動を任務とする場合は、身のこなしが軽く、活動的で服従性に富んだ犬種を使います。

実益(じつえき)に使用する使役犬もいます。欧米のようにつねに警察官とともに警務活動をする警察犬や警備犬は、周囲にくまなく気を配ることができ、勇猛(ゆうもう)な犬種を使用します。一方、日本においては、鑑識活動を行う警察犬や税関などで活躍する麻薬探知犬、検疫探知犬などは、穏和(おんわ)で活動的な鼻の利く犬種を使用します。また、災害時に被災の現場で活動する災害救助犬には、穏和で活動的で、足場の悪い環境でも物怖じしない性質の体力のある犬種を使います。

◆補助犬もそれぞれ異なる

身体障害者補助犬（補助犬）といわれる分野には、盲導犬、介助犬、聴導犬がいます。盲導犬は、視覚に障害のある人が単独で歩行する際に、様々な状況下でのガイドを担うため、ある程度の身体の大きさがあり、性格は穏和で服従性が高くなければなりません。介助犬は、おもに肢体不自由者に対して上肢の様々な援助を目的とするため、穏和で服従性が高いだけではなく、器用さも求められます。聴導犬は、聴覚障害者の聴覚の代行をするために、つねに周囲に気を配る性格であり、穏和で服従性の高さが必要となります。介助犬や聴導犬では身体の大きさがそれほど重要視されないため、最近では保健所などに保護された犬を使用することが増えてきているようです。

●犬種がたどってきた背景を考える

このように各分野で、適正な犬の資質があります。犬の資質はその分野において大いに発揮されるものですが、そうではない状態で飼育をすると当然問題が起こることになります。犬を選ぶ際に、このような点に注意していくことが大変重要となりますが、実際には「盲導犬に使われる犬種だからおとなしいと思った」とか「犬種の得意分野を、飼い始めてから知った」などというケースが少なくありません。

犬の問題となる行動を考える上で、犬種がたどってきた経緯（バックグラウンド）を考えることがきわめて大切になります。犬種図鑑やケネルクラブが設けている犬種標準（スタンダード）などで基本を学習して、各犬種を理解することも犬を扱う専門家には求められます。犬種については「第５章」を参照してください。

３．性質や性格による問題

犬の個体をつくり上げていて影響力が大きいものに、性質や性格、生活をしている環境や飼い主を含む人との接し方が挙げられます。

性質や性格は遺伝により決定する傾向が高いため、犬との生活を始めるにあたり両親犬の性格や飼養状況を知ることができるのが理想です。一方で、その犬が現在おかれている状況から性質や性格を判断するのは困難と思われます。多くの場合、犬の個性全体を見て「この子の性格は○○だ」と判断しがちですが、問題点の改善に向かう場合には、もう少し細かい判断が必要になります。

●気質なのか？　学習なのか？

人との生活で見られる犬の行動は、もともともって生まれた気質によるものなのか、それとも日常の様々な経験から学習したものなのかを判断する必要があります。

◆気質はほぼ改善できない

もって生まれた気質による行動であれば、根本を改善するための努力はおそらくムダになります。なぜなら犬自身が遺伝として受け継いでいるもので、変えることはほぼできないからです。改善を考える際には、気質に手を付けるのではなく、犬がおかれている環境の改善に取り組むプログラムを立てることになります。

◆学習した行動は改善の余地あり

一方、経験から学習した行動であれば、改善の余地は多くあると考えられます。ただし、簡単には行かないことも頭に入れておきましょう。犬はいろいろな環境刺激に対して習慣性をもっており、繰り返し起こる刺激では、その後に起こる行動と関連付けられていきます。これが学習となり、その行動は定着することになります。学習による行動であれば、別の学習をさせれば改善できるのですが、定着した行動は習慣化してしまうために、なかなか改善に向かいにくいのです。

◆性格と問題点

犬の性質や性格は、日常生活での問題点と密接に関連しています。右ページ上の表に挙げた例は、おおよその犬の性格と問題点を示してみました。それぞれの結び付きを考えてみましょう。

起こるであろう問題
散歩時にとにかく引っ張る
来客時にとにかく吠える
まったく落ち着きがない
散歩時に車など動くものに吠える
掃除機に攻撃を挑む
公園などで逃げたらなかなか捕まらない
トイレを覚えない
一人ぼっちだと鳴く
興奮して吠える、または噛む
食餌のとき唸る

問題点から考えて導き出される犬の性格
強情で攻撃的
強情だが攻撃的ではない
大胆で怖いもの知らず
人懐こく、とても活動的
人懐こくないが活動的
誰にでも人懐こく穏和
人懐こくないが穏和
怖がりだが活動的
怖がりだが穏和
怖がりで神経質

*一つの問題に対して複数の性格が該当する

4．犬のストレスを考える

犬にかかる精神的な圧迫、つまりストレスは、行動や精神構造に大きく影響しています。感情表現がとても豊かで高い社会性をもっている犬は、集団行動の中で、平和に過ごしていくための協調性ももち合わせています。要するに、犬も人と同じように「ストレス」に毎日さらされているということを考えなければなりません。

ストレスについては「第10章第３項」でふれたので、この節では、ストレスに対処することがいかに大切であるかを説明します。

●ストレスへの対応

犬を観察してストレスがかかっていることがわかったら、早い段階で対処する必要があります。ストレスに対しては、犬のいる環境や生活の見直しを行い、犬の扱い方の改善、カーミング・シグナルの使用、空腹や温度差などへの配慮、排泄の機会を与える、適切な運動や刺激、飼い主家族とのコミュニケーションの機会を増やす、マッサージなどのスキンシップを行うなど、犬の性格や行動特性をよく観察した上で対処することが大切です。

◆ストレスにさらされていると行動に変化が見られる

ストレスにさらされている犬は、行動上の変化が見られます。前肢をしきりに舐める、床をしきりに舐める、落ち着かずあたりをキョロキョロと見渡す動作が多い、異常に興奮している、突発的な威嚇などの行動が見られたら、長期間ストレスを感じている可能性が高いと思われます。態度が急変する、動作がいきなりフリーズする、動作が止まり頭部を下げるといった急な変化が見られると、短時間にストレスを感じたことが考えられます。

まずは、犬を詳細に観察する目をもつことが大切となります。次いで、犬のストレス緩和には、その犬の性格的な行動特性も把握する必要があります。休ませることがストレス解消につながることもあれば、動かしてやることがストレス解消になることもあります。

5．問題となる行動を記録する

犬との生活において「困った！」「問題だ！」と思うことがあったら、その状況を細かく記録することが大切です。実際に何が起こっているのか、どのような状況なのかを確認し、共有することです。

犬の行動に最も詳しい専門家は犬自身です。何が起こっているのかを、犬に教えてもらいましょう。そのためには、犬の行動を家族全員で記録していきます。すぐに記入できるよう、便利でわかりやすい場所にノートを置き、２週間程度にわたって犬の行動を観察し、詳細に記録していきましょう。

問題行動が起きているときは、犬の行動を記録すること。

●細かくリサーチ

「吠える問題」を例にとって考えてみます。

□いつ吠えますか？（タイミング）

吠えるのは朝だけ、週末だけ、家族が出かけるときなど、何かパターンがあるかもしれません。

□どのくらいの時間、吠えていますか？（時間の長さ）

1回にどれくらいの時間吠え続けるか、途中で吠えるのをやめるか、その場合、吠えていない時間と吠え続ける時間はそれぞれどのくらいの時間なのかなどを観察しましょう。また、1分間に何回吠えるかを調べましょう。

□吠える声はどの程度ですか？（声の大きさ）

吠える声は、大きいか、小さいか、強いかなどを調べましょう。

□どのような吠え方ですか？（吠える様子）

興奮して吠えているのか、ふつうに吠えているだけなのか、不安そうなのか、怒って猛烈に吠えているのか、退屈で吠えているのかなどを確認しましょう。

□どこで吠えていますか？（吠える場所）

庭（屋外）で吠えているのか、室内なのか、決まった部屋で吠えているか、吠える方角は決まっているか、車中でも吠えているか、駐車中と移動中ではどうか、などを調べてみましょう。

□吠えているとき、誰かがそばにいますか？（吠えているときの状況）

犬が一人のときに吠えているか、誰かが同じ部屋にいるときに吠えているか、誰かが別の部屋にいるときに吠えているか、人によって違いがあるか、同居動物に対して吠えているか、屋外で人や車などが動いているときに吠えているか、などをよく観察していきましょう。

□吠えることで犬は何か報酬を得られていますか？（吠えたときのメリット）

人からでも、周囲の環境からでも、何か「うれしい」「楽しい」などのポジティブな気分になるようなことを得ることができているか、これもよく観察して考えていく必要があります。

□吠えるのをやめさせるために、今までに試した方法はありますか？

どんな方法を試したことがあるかを知る必要があります。問題となる行動への取り組みは試行錯誤（しこうさくご）の繰り返しです。一つの方法に効果が見られなかったとしても、そのこと自体が有益な情報となります。

犬の問題となる行動を記録する際に、ただ記録するだけでなく状況をより詳細に、細分化できているかがポイントとなります。どのような行動であっても、細かくリサーチすることはとても大切なことです。

6．目標を明確にしていくこと、教育方針を立てましょう

犬を効果的に再教育するには、明確な行動計画が重要です。目標を定めて計画を立てることで、犬を混乱させることなく、確実に成功へ導くことが可能となります。犬のトレーニングにおいては、目標がはっきりしていることが望まれますが、場合によっては曖昧なこともあります。

●目標に合わせた対処方法

まずは目標を定めます。前項同様「犬が吠えること」を例にとって考えてみましょう。

□吠えることを一切やめさせるのか。
□真夜中の不審な物音に対しては吠えてもいいのか。
□クンクン鳴くのはいいのか。
□1回だけ吠えてやめさせるようにする方法はどう

か。

おおまかに４項目を挙げてみましたが、対処方法はそれぞれ異なります。犬に何かをさせたり、やめさせたりするための方針を決めるのには、技術を必要とします。

犬に対して望ましい行動をさせるためには、報酬に基づいたトレーニング方法で教えることができます。この方法で適正に行ったトレーニングが失敗に終わったときにのみ、ほかの方法を検討するようにしましょう。嫌悪方法*の選択を考える要素となります。

陽性強化法トレーニングを使うインストラクターは、必ず慎重に検討した手段を用いてから、嫌悪方法の使用を決断するものです。しかし、たとえ嫌悪方法の使用を決断したとしても、活用は最小限に留める必要があります。

嫌悪方法を用いないトレーニングがなぜ効果的で、長続きするのかを理解するためにも、「嫌悪（強制法）トレーニング」をきちんと理解しておきましょう（「第3、14章」参照）。

*嫌悪方法とは、嫌悪刺激を用いて犬の行動を減少させるプログラムで、嫌悪刺激の種類、強度、犬への影響と効果を適切に判断して使用していくプログラムとなります。

7．問題行動改善における罰の概念

「第14章第８節」でもふれましたが、トレーニングを進める前に、嫌悪トレーニング、とりわけ罰について、その概念を再確認しましょう。

今までは、「罰」は行動改善と関連付けられていました。トレーニングという名目で使う、厳格で懲罰(ちょうばつ)的な言い回しや態度は、犬にとって複雑で混乱を招きます。インストラクターは、よく「犬を矯正する」といいますが、この言葉はかなり曖昧で解釈も困難です。人によってその意味もそれぞれ異なります。

◆犬を乱暴に扱っても効果はほとんどない

罰として代表的なものには、叩く、リードや首輪を引っ張る、叫ぶ、揺さぶる、床に押し付けるなどがありますが、このようにして犬を乱暴に扱っても、効果はほとんどありません。これらの方法は、表面的に、また一時的には効果があるように見えるかもしれませんが、それは扱い方に対する犬の自然な反射で、何が起こったのか確認するために一瞬行動を止めただけにすぎません。要するに、こちらの扱い方に対して犬が動きを抑制しているだけで、その行為をしてはいけないということを理解したわけではありません。犬は「反省」をしているわけではないということです。

◆罰はメリットよりもデメリットのほうが大きい

関連付けをもっとよく観察し、犬に理解させて行動を好ましい方向へ導くことが重要となります。罰は行動を止めさせることか、少なくとも確実にその行動を減少させることは事実ですが、それはある一定の要件が満たされた場合に限られます。

罰を効果的にするためにきわめて重要なことは、判

問題の解決には目標を明確にすることが重要。

断やタイミング、ノウハウ、態度を的確に犬に提示することです。家庭犬のしつけにおける罰の効果は、「メリット」よりも「デメリット」のほうが大きいのです。

●問題行動改善に罰を使用すべきか考える

犬の行動改善を実施する際に、罰は利用できるのかということですが、基本的に罰を使用することで、問題を悪化させてしまうケースは数多くあります。以下に、嫌悪を使うための基準を明記したので、参考にしてみてください。

◆特定の状況下において罰を使用する場合の判断基準

①問題行動の要因を明らかにする。
②効果を評価できるシステムをつくる。
③望ましい行動を定着させるために報酬のプログラムを組む。
④犬に対して嫌悪刺激を使う人の技術を評価する。…どのような種類の嫌悪を使ったら使う人（飼い主）も実施できるかを判断する
⑤適切な嫌悪方法とその強度を選択する。…嫌悪刺激を使ったプログラムの強さを考える
⑥嫌悪をなくしていくための計画を立てる。
⑦嫌悪方法が効率よく効果的であることを確認する。…その方法は効果的かどうか

8．問題行動予防のための方法

いかなる場合でも、治療や改善より予防をすることが大切です。犬と人が幸せに暮らしていくために、少しの手助けが大きな成果を生んでいきます。この少しの手助けは、いろいろな形を創意工夫しながらつくり上げていく作業です。犬との生活ではしっかりとプログラムを考えることが必要なのです。

以下の例は、犬の状態やその状況と、飼い主を取り巻く環境をじっくりと観察することが必要なものです。

◆ライフスタイル：犬との生活スタイルを考える

留守番の時間は長い？　犬と一緒に出かける？　犬はどこで寝ている？　犬にとって飼い主のライフスタイルはとても重要な要素となります。

◆問題：問題の原因を明確にしていくことが大切

批判的に捉え、客観的に考えて、水平思考を用いて明確にしていきます。第三者の意見が大事になることもあります。

◆犬：総合的にどんな犬か見きわめる

大きさは？　犬種は？　エネルギーレベルは？　飼い主家族との関係は？　様々な観点から考えていきましょう。

◆飼い主：どんなことができる人か確認する

犬との関係は？　どんなタイミングで声をかけている？　どんなことを考えている人？　犬との関係づくりに熱心？　飼い主が熱心に取り組んでくれなければ、最高のプログラムであっても、犬を助けることはできません。

◆健康：身体的問題の多くは、犬の行動として表れる

健全な健康状態でなければ、犬との幸せな生活は望めません。そのためにも、獣医師との良い関係が必要です。獣医学に詳しくなる必要があるかもしれません。ホルモンバランスの異常であったり、神経系に問題があったりすると、通常とは異なる行動をしたり、攻撃的になったりという状況を表します。

◆生活環境の向上：どのような状況で飼っているのか考えて、改善を検討する

家族の中に小さな子供がいる環境やほかにペットを飼っている環境は、犬に大きな影響を与えます。というのは、どうしても家族や同居動物の動きに反応することが増え、それに伴い吠えるといった問題を起こしてしまうことがあるためです。社会とのかかわり合い、階級制度についても考えていく必要があります。また、留守番の時間が、行動上の問題を引き起こす可能性もあります。例えば、留守番をさせる時間が長いと飼い主は犬に対してつい甘くなりがちで、犬の要求どおりの行動をしたり、室内で犬をフリーの状態にし

たりすることがあり、その行動が思わぬ事態を招いてしまう場合があります。問題行動の予防においては、犬の環境をよくすることを第一に考えるべきです。

◆リーダーシップを発揮する：犬に言い聞かせることではリーダーシップを発揮できない

犬と飼い主が良い関係を築いていることと、どの行動が適切で報酬に値するかを犬に理解させることが絶対条件となります。

◆管理：犬が問題なく生活できるかどうかは、飼い主に委(ゆだ)ねられている

不適切な行動を、トレーニングして適切な行動にさせていく間は、犬とその周囲の安全と幸せを確保することが大事な項目となります。

問題行動予防のために必要な観点

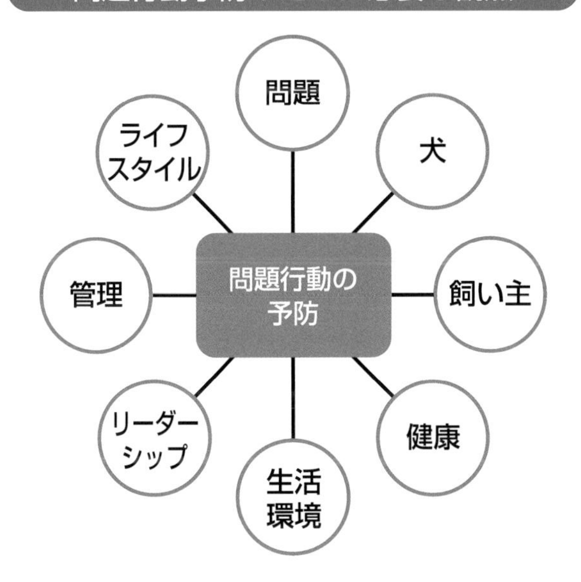

9．問題行動改善のための方法

犬の問題行動を改善させるには、問題への独自のアプローチ方法を考え出すために、必要なアイデアや概念をもつことが必要とされます。

●改善のための考え方および方法

ここからは問題行動を改善していくための手法や考え方について説明していきます。

◆行動に対して妥協(だきょう)する

犬の行動を完全に受け入れるのではなく、少しだけ折れて公平な方法を見つけていくようにしましょう。時間も才能も熱意もそれほど必要としない、簡単で効果的な解決方法となります。

◆問題の原因をなくす

問題行動の原因を取り除く方法は、基本的な項目です。原因となっているものを特定することが重要となりますが、原因は複数存在していることが多くあります。その場合にも、一つ一つ取り除いていかなければなりません。

適切に行えば、双方にストレスをかけることなく永久に解決することができます。

◆系統的脱感作

恐怖反応に対してよく使用します。問題となる状況を犬に提示して、慣らしながら徐々にその強度を上げていきます。

成功への鍵は、犬の環境を管理する飼い主の能力です。進行を焦(あせ)りすぎて（結果を早く出そうとするあまり）犬を圧倒しないように注意する必要があります。

◆報酬をなくす

犬のほとんどの行動は、何らかの報酬によって形づくられています。中には飼い主が報酬だと思っていないことが、犬にとっては報酬となっている場合があります。報酬となっている事柄を確実に特定し、それを取り除くことができれば、その行動は次第に減少し、最終的には消去することができます。

この方法は簡単で、時間や努力もあまり要しません。

◆両立しない行動をほめる

不適切な行動と相反(そうはん)する行動を教えて報酬を与えていきます。悪い行動に罰を与えるのではなく、良い行動に報酬を与えることができます。良い行動をトレーニングして報酬を与える方法は、準備（プログラムづくり）に時間がかかりますが、関連付けがうまくいけば、あとは繰り返してトレーニングを続けていくことになります。

◆犬を慣れさせる

怖がりの犬や興奮しやすい犬、過剰に反応する犬に特に効果的な、単純に「何かに慣れる」という方法です。

安全に管理された状態で、問題を誘発する状況に犬をおきます。犬は過剰に反応しますが、このとき報酬を一切与えません。どのような状況にも偏らない落ち着いた環境の中で、臆病な犬には何も怖がる必要がないことを、興奮気味な犬にはその行動に意味がないことを、犬自身に学ばせます。

◆関連付けを改善する

環境を改善できない場合には、関連付けの改善が役に立ちます。恐怖を克服するために最も使用される方法で、成功する確率の高い行動改善方法の概念です。

２つの異なる方法があります。

①恐怖となる出来事に対する犬の発想を新しくして、それを受け入れられるようにしていきます。

②恐怖の対象に異なる反応をするようにトレーニングして、それに対して報酬を与えていきます。

◆不快な道具の使用を考える

不快な道具は、犬にとっては嫌悪刺激となります。よく検討した上で、適切に使用することが大切です。犬は「関連付け」で学習をする動物だということを忘れないようにしてください。不快は聴覚、味覚、嗅覚、視覚、触覚、快適さを刺激していきます。

問題行動を改善するには

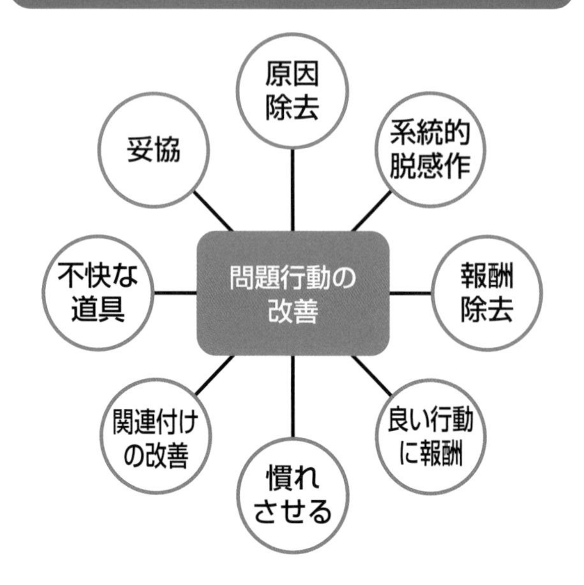

●問題を解決するために

ここまで問題行動改善の方法を説明してきました。ここでは、どのように活用していくのかを説明します。

行動の改善を行うために、飼い主とのヒアリングを行います。このとき、犬も一緒に連れてきてもらいましょう。犬を連れてきてもらうことで、犬の性格や行動性質を観察し、飼い主の話の裏付けを行います。そのためには、カウンセリングをする人は、飼い主と犬を観察する目をもたなければなりません。

カウンセリングをする際は、以下の項目について十分な情報を得られるように心がけます。そして、観察から得た情報とヒアリングから得た情報などをもとに、適切な対処法を指導できるようにします。

□問題をしっかりと記録する。
□飼い主が求める明確な目標を設定する。
□抱えている問題がどの程度深刻なものかを探る。
□犬の行動を変えることが可能かどうか見きわめる。
□犬がおかれている環境と、犬自身の実際の問題を確認する。
□飼い主は問題の対処について、どのように思っているかを確認する。
□ヒアリングをした結果に基づいた実際の問題点を導き出す。
□犬の状況や状態と飼い主との関係を確認する。
□対処法を選定する。

飼い主とコミュニケーションを図り、安心感を与えながらヒアリングを進めて、適切なアドバイスができるようにしていきます。

第19章第１項
学習のポイント

犬の問題行動は非常に多くあります。しっかりとその状況を見きわめること、その問題の本質を見きわめること、犬と飼い主の状況を把握し見きわめることなど「見きわめることができる目をもつ」ことが大切です。そのためには、犬を知り、飼い主を知り、いろいろな環境を知ることです。

2．犬のトイレトレーニング

1．犬のトイレのしつけを始めよう

犬の習性や習慣を理解すれば、だれでもできる「トイレのしつけ」。そのためには、犬の行動理論をきちんと学び、観察による行動特性を把握することです。

●トイレのしつけは年齢不問

犬との生活で困る行動の一つが、「トイレの失敗」であるといわれています。犬は、その習性行動から、決められた場所（トイレ）で排泄することをとても苦手とする動物です。トイレのしつけは、飼い主がラクをしてできるものではありません。むしろ、ラクにできる方法では、犬とのコミュニケーションをうまく図ることができず、問題の改善は望めません。

犬がトイレでうまく排泄できない状態のまま生活を続けると、部屋が汚れ悪臭（あくしゅう）の原因になるだけでなく、衛生的にも健康的にも影響を及ぼすこととなります。そうならないためにも、犬のトイレのしつけにはぜひ早くから取り組んでください。

成犬になってしまうと覚えないのでは？　と考えている飼い主も多いと思います。ですが、基本に沿ってきっちり進めていけば、年齢に関係なく教えていくことができます。本章では、全年齢に適応できる方法を利用して教えていきます。仔犬に特化したトイレのしつけについては「第22章第３項」を参照してください。

●トイレのしつけを始める前に

犬のトイレのしつけを始めるにあたり、覚えておいてほしいことがあります。それは、犬の排泄習慣とそれにかかわる行動特性を理解すること、そして健康状態をチェックすることです。それらを知らずに、ただやみくもにトイレのしつけをやっても時間がかかるだけでなく、挙句の果てには犬を叱ったりして、最終的には結局トイレを覚えないということになってしまいます。

◆犬を叱ってもトイレは覚えない

犬は、困った行動を叱ったからといって、正しい行動を覚えてくれたりはしません。むしろ、叱ることで犬と飼い主との関係が壊れてしまうかもしれません。犬の排泄習慣や行動特性を知れば、犬のとる行動を「そういうことなんだ」と理解でき、犬を叱る必要のないことがわかります。

仔犬時代のトイレのしつけと成犬時代のそれとでは、取り組み方が異なります。今の年齢（月齢）に合った方法で行う必要がありますが、基本的な教え方は変わりません。まずは、排泄に関する犬の習性や行動パターンを理解してください。

また、ここでは「室内での排泄」を重点的に教えていきます。様々な事情により、室内ではなく庭または散歩のタイミングで排泄させる飼い主もいるので、屋外での排泄についてもポイントを挙げて説明していきます。

2．犬はなぜトイレを覚えないのか

前述のとおり、犬はトイレを覚えにくい動物です。そもそも犬には、決まった場所をトイレとする習慣がありません。なぜなら、犬にとって「ニオイ」はコミュニケーションのためのツールだからです。犬は、人と生活を始めるようになって初めて「トイレで排泄

ペットシーツを気持ちよい寝床と思うかも。

をする」という習慣が必要になるのです。

犬は「ペットシーツ」を「トイレ」だと認識していると思っている飼い主がいるかもしれませんが、犬がペットシーツをトイレだと認識することはありません。むしろ、気持ちのよい寝床だと思うかもしれません。これは、人と犬の認識の違いによるもので、飼い主はこの違いを理解する必要があります。

●小さい子供の「おむつ」の原理

飼い主が思うようには、犬はトイレを認識してはくれません。トイレの場所をしっかり認識させるために、トイレを教える必要があるのです。認識の例として、小さい子供がおむつを取る時期を挙げてみたいと思います。

一般的に、子供が３歳を迎える頃には、おむつを取ってパンツにはき替えます。親は子供に「オシッコをしたくなったら、いいなさい」と伝えます。しかし多くの場合、最初は失敗をしてしまいます。なぜでしょう？

その理由は、子供は「オシッコを我慢する」ということを体得（たいとく）できていないからです。今まではおむつをしていたので、したいときにオシッコをしていました。我慢をすることがなかったので、「オシッコがしたい」という思考が働くことがなかったのだと思われます。そのため、パンツにはき替えたからといって、オシッコを我慢するという思考はすぐには働かず、失敗をしてしまったというわけです。

でも、この失敗が成功につながります。子供はオシッコを失敗することで「気持ち悪い」という感情が芽生（めば）えます。これはネガティブな感情なので、パンツをはいたままオシッコをするのは「気持ち悪い」と思い、オシッコがしたくなることを意識するようになり、ひいては我慢するようになるのです。

●マーキングという特性

犬はその習性、行動特性上から、あちこちにニオイを付ける排尿排便行動があります。これはマーキングと呼ばれ、排尿排便を犬同士のコミュニケーションに利用しています。そのため、人と生活をする中でいろいろなところ、特に新しいニオイのするものに対してニオイ付けの行動をします。それは室内であっても、初めて訪れた場所であってもです。また、興奮状態が続くと、マーキング行動をします。

●犬はウンチを食べることがある

犬は「ウンチを食べる」ことが多く見受けられます。これを「食糞（しょくふん）」といいます。犬からすれば、排尿排便に対して「汚いもの」という認識は一切ありません。しかし、食糞するかどうかは犬の性格により様々で、すべての犬に当てはまる行動ではありません。飼い主は犬をよく観察して、自分なりに客観的に犬の性格を分析してみてください。

3. 犬の排泄習慣とグッズの利用について

●犬の排泄のタイミングを考える

犬は、元来きれい好きな動物であり、自分の寝る場所やその周囲を汚すことを嫌います。その性質をふまえて、犬の排泄習慣を確認できれば、トイレのしつけをするタイミングを見つけることができます。

◆排泄のタイミング

一般的に犬は、寝て起きたとき、食餌の後、散歩の後、動き回った後などに排泄することがわかっています。

ほかにも、環境の変化、例えばいつもいるケージやサークルから出たときに、周辺のニオイを嗅ぎながら排泄することがあります。また、車などで移動する際に、乗車前にトイレをすませていたのに、車から降りるとすぐ排泄することもあります。

◆失敗させない環境づくり

排泄習慣の把握とともに、トイレの失敗をさせない工夫、つまり環境づくりも大切です。

□トイレのしつけは、飼い主がいるときにしかできません。当然ですが、飼い主の留守中に犬が勝手にトイレを覚えてくれることはありません。留守番をさせているときは、犬の行動範囲を制限するようにします（ケージに入れておく）。

□飼い主が在宅していても、犬にかかわれないとき（飼い主の食事中、入浴中など）はケージに入れましょう。

□トイレのしつけは、飼い主が朝起きたとき、仕事から帰ってきてから、休日に行います。その理由は、飼い主がしっかりと犬にトイレを教えることが必要だからです。

□飼い主は犬をよく観察して、タイミングやしぐさから「排泄しそうだな」と気配を察知（さっち）する感覚を身に付けます。そして、犬をトイレへ連れて行く習慣を付けておきます。

●犬にトイレを教えるためのグッズを考える

犬との生活に利用できる様々なグッズがあります。特に犬のトイレのしつけにおいては、実用的なものがあるので、グッズを適切に活用するといいでしょう。

□トイレ用のサークル

犬が入ったときに転回できるぐらいの大きさで、扉が付いているなど犬を出し入れしやすいものを選びましょう。最近では、下側に受け皿（トレー）が装着されているものがあり、周りが汚れにくく掃除がしやすいのでお勧めです。

注意点としては、連結部分に犬が足を挟んでしまうことがあるので、連結部分に空間のできないものを選びましょう。

□ペットシーツ

ペットシーツはオシッコを吸収するので、衛生的で処理が簡単です。新聞紙で代用できますが、新聞のインクが犬の被毛に付いてしまったり、オシッコで濡れた新聞紙の切れ端が付着し掃除しにくかったりするなど、ペットシーツより利便性に劣（おと）ります。衛生面を考慮し、ペットシーツの利用をお勧めします。

□トイレトレー

トイレシーツを敷いておくための受け皿のようなものです。次ページ左上の写真のように、犬がシーツを引っかいたり噛んだりするのを防ぐ、押さえ用のメッシュプレートが付いているものもあります。

オスにはどうしてもマーキングという行動があるため、オシッコを飛び散らせない対策を考える必要があります。足を上げてオシッコをするオス用に、次ページ左中の写真のように高さが出てL字形になるものや、ペットシーツを敷き詰めた真ん中にペットシーツでくるんだペットボトルを置くようにするグッズもあります。

押さえ用のメッシュプレート付きトイレトレー。

足を上げてオシッコする犬用のL字形トイレトレー。

□トイレのしつけ用サークル

犬が休む場所とトイレの場所とを仕切ることができるサークルです。このサークルは、通常トイレエリアの仕切りドアは閉めておき、トイレの時間にだけドアを開けて犬にトイレの場所を教えていく形で活用します。

ただし、犬をこのサークルに入れるだけで、自然とトイレを覚えたりはしません。飼い主がきちんとプランを立て、それに沿って犬に教えていく必要があります。

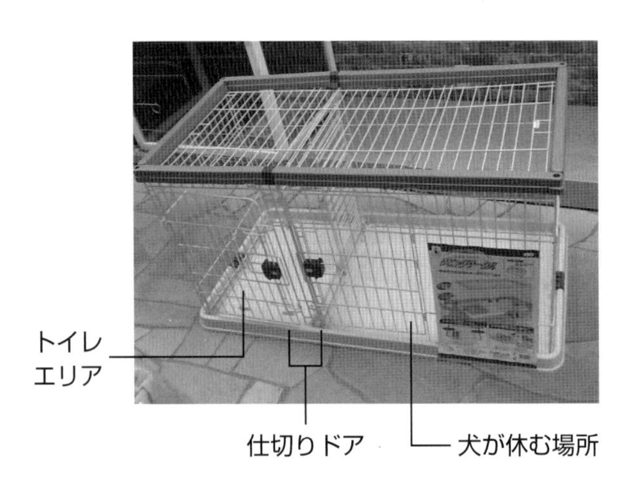

4．ケージとサークルを上手に利用しよう

犬にトイレを教える際にはケージやサークルが有効です。犬は、自分が安心していられる場所を汚したくないと思う性質をもっています。この性質を上手に利用して、トイレを覚えさせていくのです。

犬にトイレを教えるポイントは、「けじめ」「メリハリ」を付けることです。これができれば、トイレのしつけはグンと前に進みます。

●ケージとサークル

ケージやサークルは、犬を適切に安全に管理する道具であり、上手に利用することで犬に安心感を与えることができます。家具や電気コードなど室内にいたずらされるのを防ぐためにも、ケージやサークルの利用をお勧めします（「第12章第２節」参照）。

犬がいつもいる、安全で安心できるハウスが必要です。ケージは、犬が勝手に出てしまわない構造で、６面とも囲われているものがいいでしょう（「第12章第１節」参照）。

大きさや材質により、活用範囲や効果に違いがあります。

プラスチック製のタイプは、通気性が高くないため、冬など寒い時期には適していますが、暑い時期には注意が必要です。良い点としては、周囲からの遮断が容易なので、犬が落ち着きやすくなります。飛行機での輸送にはこのタイプが推奨されています。

スチール製とは網式ケージのことです。視認性と通気性に優れていて、犬を通常管理する際には重宝します。折りたたみができて持ち運びに便利な反面、強固なつくりではありません。

ほかにも、軽くて移動に便利な布製のケージ（キャリーバッグなど）もあります。

小型犬用としては、プラスチック製、スチール製とも上部を開けられるタイプのものがあり、車や電車*で移動するときにとても便利です。

*ちなみに、ペットを連れて電車やバスなどの公共交通機関を利用する場合は、ペットの全身を覆う必要があり、ペットがケージやキャリーバッグから顔などを出さないようにしておきます。

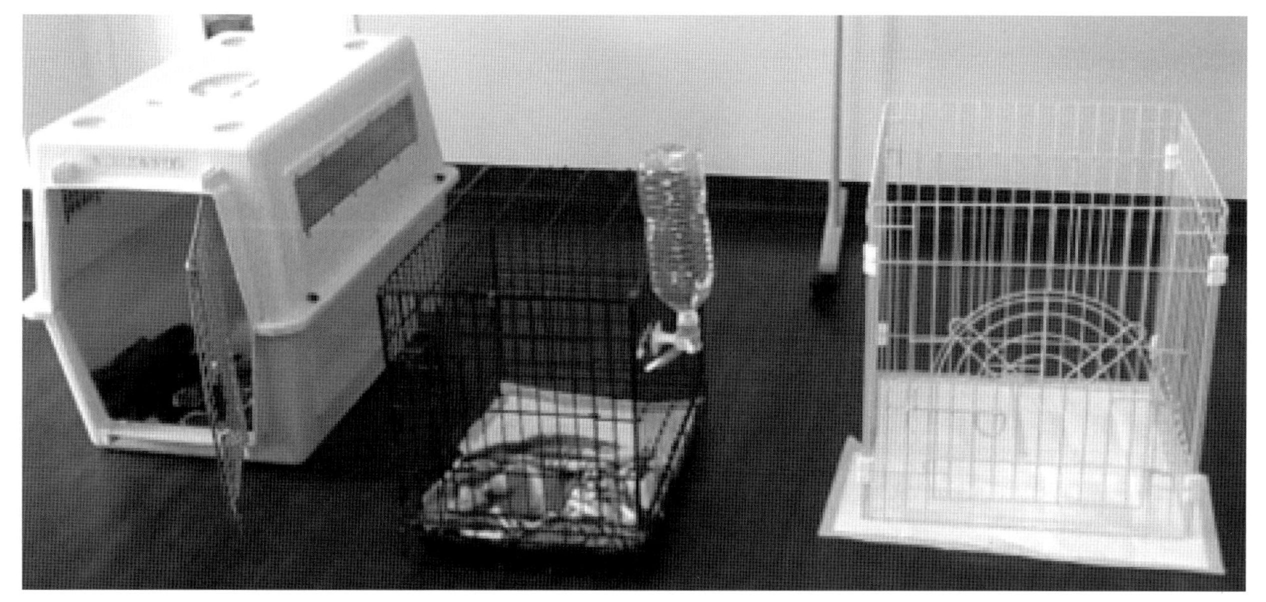
左からプラスチック製のケージ、スチール製のケージ、トイレ用のサークル。

●かまってやれないなら、犬をケージに

夜は犬がゆっくり休めるスペースを準備します。一般的にはケージを利用しますが、サークルでもかまいません。飼い主がかまってやれないときには、犬をケージに入れて休ませます。

特に仔犬の時期は、かまってほしくて、いろいろとアプローチをしてきます。そのつど対応できればいいのですが、相手をできなかったり仔犬を叱った直後だったりする場合にはケージに入れて休ませるほうが賢明(けんめい)です。

5．トイレの場所をどこにする？

トイレのしつけをする際、「トイレの場所」をどこにするのかを考えなければなりません。将来的にしっかりとトイレのしつけをしようと思うのであれば、犬が安心して排泄できる場所を選ぶことです。

まず、飼い主の目の届くところに設置することが大切です。なぜなら、トイレのしつけは「うまくできたときにすぐほめること」が必要だからです。飼い主から見えないところにトイレを置いてしまうと、犬が上手にできたとき「すぐに」ほめることができません。

◆飼い主の目が届き、犬が落ち着いて排泄できる場所

犬から見て「安心できる場所」とは、人の往来(おうらい)の少ない場所になるでしょう。したがって、飼い主から見えて、人の往来の少ない場所となると、リビング（居間）でいえばドアのそばではない、ということになります。人の往来が多いところは、犬も喜んで行く場所、何らか反応して興奮している状態になりやすいので、落ち着いて排泄ができる場所を選びます。

前述したとおり、犬はいつもいる場所を汚さないようにする性質があります。寝るところとトイレを一つのスペースに置いている場合には、寝ているところから一番離れたところにトイレを設置しましょう。

●室内での排泄を教える必要がある場合

- □非常に幼い仔犬を長時間にわたって留守番させる。
- □成犬でも長時間にわたって留守番させる。
- □仔犬の予防注射がすんでいない。
- □集合住宅に住んでいる。
- □飼い主や犬の身体が不自由である。
- □補助犬である。

●外での排泄を考えている飼い主へ

「散歩のときに排泄をさせたい」「庭で排泄をさせたい」などの要望がある一方で、社会状況や飼養環境の変化から、どうしても犬のトイレは室内でという飼い主の要望も多く見られます。

社会状況や飼養環境の変化とは、少子化に伴いマン

ションなど集合住宅でペットを飼うケースが増えてきたことで容易に排泄をさせることのできる庭などがなかったり、犬や人の散歩コースがきっちりと整備されていたりなど、様々な状況が外での排泄をさせにくくしています。

外で排泄をすませる際に、飼い主が気に留めておかなければならない項目がいくつかあります。

□**社会的なマナーやルールを守るために、ウンチ袋や水を入れたペットボトルなどを携帯する。**
□**外でウンチをしたら、必ず持ち帰る。跡が残っていたら、水で流す。**
□**外でオシッコをしたら、マナーとして水で流す。**
□**マーキングはほどほどにさせる。**

6．トイレの失敗を叱ってはいけない理由

犬のしつけにおいて、多くの場合「犬を叱らず、ほめて教えていきましょう」が合言葉のように、本やテレビ、DVDなどで謳（うた）われています。私もそのように思いますが、叱らないでほめるということは、実は容易ではありません。

●トイレを失敗する理由

犬のトイレの失敗には、いろいろな理由が考えられます。

□**トイレを覚えていない**
□**なわばりを示す行動（マーキング）**
□**体調不良**
□**興奮している（いわゆる“うれション”など）**
□**飼い主の興味を引くため**

など、犬の行動と密接に関連しています。

◆犬の生態や行動を理解して対応する

当然、犬がトイレを覚えていなければ、適切なところで排泄できるわけがありません。

犬がなわばりを示す行動の一つとして、マーキング行動があります。これは「ニオイ付け行動」ともいわれていて、オシッコやウンチなど固有を示すニオイを周辺に付けて、「私もここにいます」と自己アピールします。この行動はオスだけではなくメスにも見られます。動物にもともと備わっている習性であり、トレーニングによって矯正することは難しいものとなります。マーキング予防に最も適切な方法は「去勢・避妊手術」です。

また、犬が異常に興奮した状態、思いっきり走り回ったり、飼い主との遊びが度を越したりしてテンションが上がりすぎたときなどにも、思わぬ排泄をすることがあります。

これらは、本能行動や感情行動であったりするもので、飼い主が犬の生態や行動を理解して接することができれば、かなり改善されます。

●わざと失敗する

前述した5つの理由の中に「わざと」トイレを失敗した、というものが一つだけあります。それは「飼い主の興味を引くため」です。

飼い主の興味を引こうとする犬は、つね日頃飼い主とのコミュニケーションが足りないというわけではありません。この行動は、犬との接し方、特に叱っている場合に多く見受けられます。

◆いつもと違う態度や声に反応している

トイレの失敗を見つけたときに、飼い主の態度が変わります。最初に「あっ！」と声を出すかもしれません。犬は、飼い主のいつもと違う態度や声に反応して、逃げたりその場に留まったりします。飼い主は、そんな犬の様子を見て「トイレの場所を理解しているのに、わざと失敗した」と思うかもしれません。

ところが、犬はトイレの失敗と結び付けて逃げたりじっとしたりするなどの反応をしたわけではなく、「あっ」という声に反応しただけなのです。それなのに、失敗したところまで犬を連れてきて「ダメ！」などと叱っても、次からトイレの場所を失敗しないようにはなりません。むしろ、犬が飼い主を怖がったり、トイレとは違う場所で隠れて排泄したりするようになりかねません。

◆失敗を叱るのではなく、できたことをほめる

希望する場所で排泄させるには「できたことをほめ

る」ことが最も効率がよく、間違いのない方法なのです。

左上の写真は、ハウスの練習で上手にできたときにほめる手段として「褒美」を与えているところです。また、右上の写真もトイレ用のサークルで上手にできたときに褒美を与えています。このように犬にとって褒美を「もらう」ことは、行動へのモチベーションが高まることになります。

7．排泄の処理や粗相の処理は犬に見せない

犬が粗相などをしたら、飼い主が後始末をします。排泄の処理をしているところを、あえて犬に教えるつもりで見せる飼い主がいますが、犬は人の言葉自体理解しないので、まったく意味がありません。

◆掃除する飼い主を見て遊びたがる

「もう、大事なカーペットの上でオシッコして～、ニオイが付いちゃうじゃな～い」などと言い聞かせながら掃除の大変さを犬に見せたところで、犬にしてみればカーペットを拭く飼い主の手の動きを見て、遊んでくれていると勘違いするだけです。むしろそれによって興奮してしまい、この場所で排泄をするきっかけになりかねません。

同様に、トイレ用のサークルやケージの中のペットシーツの交換も、犬をその場所から移動させてから行いましょう。排泄物を飼い主が処理する行動を見て、犬が楽しくなってしまう可能性は大変高く、最終的にはペットシーツで遊んでしまうようになります。こうなると、もはや犬に何を教えているのかわかりません。

◆言い聞かせても犬には理解できない

飼い主の心理からすれば、犬が粗相をしたときには、どうしても言い聞かせたくなるものです。しかし、言い聞かせるという行為自体、犬には理解しがたいものなのです。言い聞かせることができるのは、話すという言語で理解をする人だけなのだと思ってください。

次ページ左上の図のように、粗相をした場所に犬を連れて来て「ここでオシッコしたらダメでしょ！」と強く叱れば、犬は別の様々な行動をするようになり

ます。大切なのは、しつけを行う上で必要な「メリハリ」を付け、それを犬に学習させることです。

8. 犬の体調は悪くありませんか？

トイレのしつけをしたり、好ましくない排泄習慣の改善を考えたりする前に、犬の健康状態を調べる必要があります。

犬は人と同じように食餌をとり、睡眠をとり、まわりの環境に左右される感情のある動物です。人は風邪をひいたり、腹を壊したり、体調を万全に維持していくことが何かと難しいものです。同じように、犬も決して病気に強い動物ではなく、とてもデリケートで、体調をくずすことがあります。季節の変わり目や環境の変化に反応しやすく、体調にも変化が表れます。

体調が悪いときは、犬の注意力が散漫になり集中力も落ちてしまいます。犬が下痢をしているときは、トイレのしつけに時間がかかるだけでなく、下痢という症状は重病の徴候を示しているかもしれないので、動物病院で診てもらうようにしましょう。また、膀胱炎の初期段階では、排尿回数が異常に多くなるので、注意して観察する必要があります。

◆まずは体調を整えてから

体調が悪いときにしつけやトレーニングを行っても、思うような成果は上げられないものです。粗相をしたからといって、すぐに罰したりせずその原因を調べることが大切です。原因がはっきりすれば、その対処法もわかります。犬の体調が悪いときは、その状態が改善することを第一に考えましょう。体調が整えば、おのずとトイレのしつけは前進するものです。

犬のトイレのしつけは、慌てずにじっくりと取り組む姿勢が大切です。じっくりと取り組んだことは、決して忘れることはありませんから。

9. 基本的なトイレのしつけ方

ここまで書いてきたように、犬のトイレのしつけ方は飼い主の行動がポイントとなります。失敗を叱る前に、まずは飼い主自身がやっている行動を考えるようにしましょう。

●飼い主が管理しやすいようにする

生活をする上で最も大事なことは、飼い主自身が犬に振り回されないことです。犬の自由を考えるあまりに、広いところを犬に与えるのは「わがまま」にさせるばかりか、しつけ自体がうまくいかなくなる原因の一つです。飼い主がきちんと犬を管理するように心がけましょう。

予定どおりに犬の身体に入ったものは、予定どおりに出るのがふつうなので、規則正しい食習慣を付けることも大事です。

●基本的なこと

◆失敗する前にトイレの場所に犬を入れましょう

トイレを失敗しなければ犬をほめることができるため、失敗させないことがトイレのしつけの近道です。つまり、犬のトイレの失敗は飼い主の管理ミスであり、犬のミスではないことを理解してください。

◆トイレの場所でできたら、大いにほめましょう

上手にできたことをほめるのは当たり前です。たまには、いつも以上にほめてやることも犬の学習を向上させる方法になります。

◆メリハリのあるほめ方をしましょう

犬をほめるにもタイミングと加減をよく考えてください。やみくもにほめるだけではダメで、ずーっとほめるのもダメです。

◆どこでさせる？

排泄はどこでさせるのがよいのでしょう？　本章でもふれていたので、よく読んでトイレを設置してみてください。家庭の事情や犬のサイズ、間取りや導線によっても、トイレの場所は違ってきます。

◆トイレに何を使う？

ペットシーツを使うか、古新聞を使うか？　トイレには何を使うのがよいか、今一度考えてみましょう。どちらにしても、処理しやすいこと、衛生的であることを考えて選びます。

犬にきちんと教えていくためには、前述したように、ある程度のグッズを揃え、うまく活用していくことも大切です。

◆よく観察しましょう

犬の排泄周期を観察しましょう。トイレの失敗はこの観察を怠っている場合が多く見られます。まずは下の円グラフのように１日の時間を５つに分けて、どの時間帯に排泄の回数が多いかを見つけてみましょう。

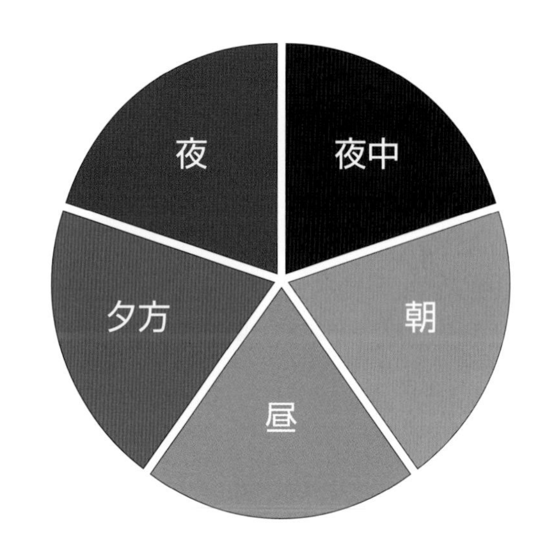

◆成功させる努力

排泄の時間帯を把握できたら、あとは根気よくその時間帯に犬をトイレに連れて行くようにします。少々失敗しても「気にしない、気にしない」。とにかく粘り強く、１回の成功をうんとほめましょう。

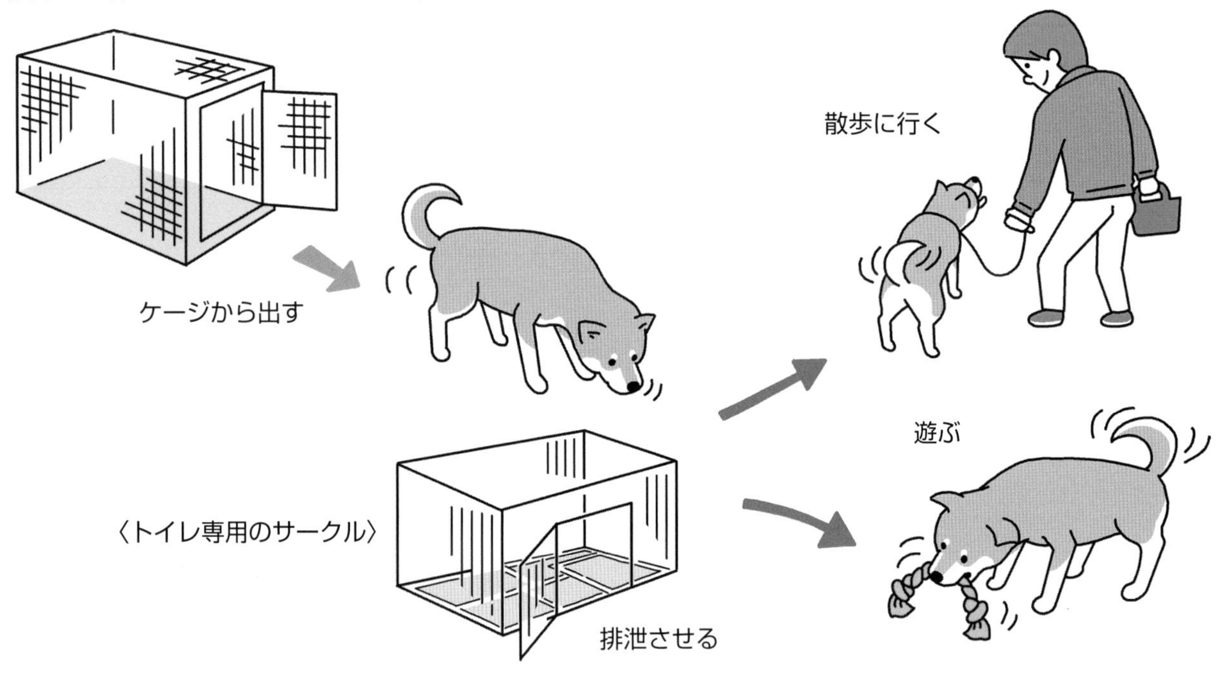

◆**有効な方法**

寝るところで排泄することを嫌う犬の性質を利用して、ケージを使うしつけ方法があります。このような方法をクレートトレーニングといいますが、これは様々な場面でとても有効な方法となります。

実際の方法を紹介します。

まずは、犬が安心して休むためのケージもしくはサークルと、トイレ専用のサークルを準備します。もし、飼い主が犬と一緒に寝ているようなら、改善できるか考えてください。

犬の寝るところをケージの中にして、そこから出すことでトイレに行けると教えます。この方法は、トイレだけでなく、犬に我慢することを教えることもできます。

犬をケージから出して、とにかくトイレに連れて行く、それから遊ぶなり散歩に行くなりしてみるとよいと思います。これを、犬の排泄の周期と結び付けるようにします。

第19章第2項

学習のポイント

犬のトイレのしつけは、「叱ることではなく、ほめること」で完成するものです。そのためには、犬の排泄の周期をリサーチするとともに、飼い主の行動パターンも同時にリサーチして、個々の行動特性をしっかりと観察し、把握することです。

3．犬はなぜ、吠えるのだろう

1．犬は吠える動物

犬が吠える行動をとるのはなぜなのか？　なぜ、吠えることがいけないのか？　対処するには、どのようなことを考える必要があるのか？　このテーマに関しては、実に多くの項目を細かく考えていかなければなりません。

●犬の自然なコミュニケーション方法

犬は吠える動物です。犬にとって吠えるという行動は、自然なコミュニケーションの方法であり、数え切れないほど多くの理由で吠えています。しかし、人とともに生活をしていく中では、長時間や過度の「吠え」は周囲を巻き込む大きな問題になります。

飼い主と一緒にいる犬は、まるで会話しているかのように、本当によく吠えます。でも、人とともに生活をしていない犬（俗にいう野良犬ではなく、野犬）やオオカミは、必要最低限しか吠えません。この違いは、安心できる場所を確保しているか否かではないかと考えています。

◆生粋の野犬は吠えない

行政の保健所では、動物愛護管理業務を担っており、その業務の中には、放浪している犬の保護（捕獲という）も含まれています。

この野犬の定義は、いわゆる野良犬が子供を産み、さらにその子供が出産をしていくことになります。野良犬はもともと人（飼い主）がいて、何らかの事情で放浪することになったもので、問題はこの野良犬の子供とさらにその子供ということになります。

この子供たちは、人に飼われた経験がないまま成長します。すると「人は怖いもの」という認識が芽生え、人に見つからないような生活をするようになります。また、人に気付かれない生活場所を選ぶようになります。声を出して「吠える」と人に気付かれてしまうので、自分の身を守るために次第に吠えることを止めるようになります。現に、明らかに成長の過程で人の手が加わったことがない野犬は、ほとんど吠えません。

これに対して、人に育てられた犬から生まれた子供たちは、早い段階から「吠える」という行動をします。親から受け継がれる遺伝要素も大きく影響していますが、欲求や要求のサインとして吠えるようになったり、何かを守るために吠えるようになったりします。この要因は、人が「しゃべる」ことでコミュニケーションを図る動物であることと関係しているといわれています。

●吠えることは犬の成長過程

犬は生後４カ月頃まではあまり吠える行動をしませんが、生後５カ月を迎える頃より、飼い主の行動や多くの刺激などに反応することで、吠えることが始まるようになります。これは、犬の成長過程であり、感受性（好奇心）の成長が影響しているのです。

人が犬と生活するときに、犬のコミュニケーション理論（ボディーランゲージ）を理解して生活することはありません。ほとんどは人のコミュニケーション方法を使って、犬と関係を築こうとします。要するに「言って聞かせる」ということで、飼い主は犬に向かってしゃべる機会が増えます。

人は会話を通じてコミュニケーションを図るため、

犬にとって吠えることは自然なコミュニケーション方法。

一緒に暮らす犬たちも自然と人の会話になじんできた（声を使ってコミュニケーションをとろうとするようになった）のではないかという行動学者もいます。

このように、犬が吠える根拠が少しわかってきました。人に対して吠えることでコミュニケーションを図ってきている犬は、より深い関係性を築くために様々な要因でサインを送り続けています。

2. 吠えることの何が問題なのか？

犬が吠えることは、何かを伝えるための行動です。危険や警戒、欲求や要求、痛みなど様々な状況を、それぞれの吠え方を通じて相手（仲間）に伝えようとしています。

吠えることで問題になるのは、興奮して過剰に吠えたり唸ったり、何かに反応して長時間吠えたり、夜遅くあるいは朝早くなど不適切な時間に吠えたりすることなどにあります。吠えること自体が問題なわけではありません。

犬が興奮して過剰に吠えたりするのは、警戒防衛本能が刺激されて「吠える」という行動を引き起こすためです。この行動は犬の性格や性質の違いで大きく変わります。すべての犬が吠えるわけではないことを理解してください。

●犬が興奮する理由

犬が興奮するのには、様々な理由があります。今まで経験したことのないような大きな音がしたり、目の前に何かが現れたり、また自分のテリトリー内に侵入者がいたり、それを知らせるような音がしたり、犬自身が神経質で怖がりもしくは人見知りの要因があったりなど、理由は多岐にわたります。

興奮して吠える場合は、犬のいる場所にも要因があります。家にいるとき、いつもの散歩コース、車の中などですが、ここで吠える犬はテリトリー意識が強いタイプやかなり自己主張が強いタイプなどとも考えられます。

●その他の吠える要因

犬が吠える要因としてはほかに、朝早くや飼い主の帰宅時といった犬自身の欲求を満たすための飼い主への要求のため、あまりにも退屈なため、そして分離不安症といわれる飼い主がいなくなり孤独に耐えられないためなどです。このような場合、飼い主との関係が問題の要因となっていることが多く、犬との関係改善を試みていく必要があるかもしれません。

もう一つの要因は、体調不良やケガをしている、過度のストレスを感じているためです。この場合は、獣医師の診察が必要なことがあるので、犬をよく観察してください。

3. 吠える問題を改善するために

前述しましたが、吠える問題の改善とは、犬自身が吠えないようにすることではなく、基本的には吠える回数や時間を短縮したり時間帯を調整したりすることです。

●吠えることは個性の部分が大きい

すべての犬が吠えるわけではありません。犬の特性というより「性格」的な個性の部分に左右され、個々の犬によって行動にも違いが多く表れます。

大胆でおおらかな、とてもフレンドリーな性格の犬は、うれしさや喜びを表現するために吠えるという行動があります。一方、神経質で何にでも敏感な、人見知りをするような性格の犬は、「近付かないで」「触らないで」という感じの警戒や拒否感を表すような吠え方をするでしょう。また、大胆で自己主張が強く、支配的な犬は、攻撃的に吠える傾向にあります。

このように犬の性格によって吠える目的が異なり、一概に「叱れば直る」というものではありません。ですが、犬の性格をある程度把握できれば、原因の特定につながっていきます。

●環境刺激

犬が吠える原因となる環境刺激はたくさんあります。環境刺激とは、犬がおかれている状況すべてが当てはまります。つまり物体や音、飼い主家族の動向、来客、留守番の状況、精神状態（ストレス状態）、飼い主と犬との関係性や接し方など、無数に存在します。これらすべての状況を把握し、細かく分析するという作業を経て、環境刺激を特定していきます。

「犬が吠える」という問題を改善するためには、犬を取り巻く環境刺激を挙げ、吠える環境刺激の要因を細かく分析し、そこで初めて対応策を考えることができます。

◆嫌悪刺激は犬のストレスを増大させる

対応策を考える上で、「犬のストレスの軽減」と「モチベーション維持」が、学習を進める第一歩となります。決して、「威圧（いあつ）する」「罰する」などの方法を使ってはいけません。というのは、犬が吠える問題に対しては「罰」などの嫌悪刺激は、犬のストレスを増大させます。その結果、飼い主への「攻撃」へと転じる可能性もあるからです。その場の状況だけを見て対応しないようにします。

●記録を残す

犬が吠える行動自体は「正常なこと」としても、放置してはおけません。どのような問題を犬が抱えていても、最初にするべきことは同じです。その行動を分析することです。

犬が「極端に吠える」ということは、その根底に深刻な問題が存在します。深刻な問題を解決するには根本的な治療を試みることが必要です。ただし、適切な対処をしないと問題を悪化させてしまうこともあります。

◆吠える行動を記録する

「第19章第１項」でふれましたが、分析するためには、吠える行動を記録することから始めます。つねにペンとメモを用意しておき、犬が吠えるたびに状況を書き留めます。留守がちの場合は、近隣住民から情報を収集したり、留守の間によく吠えるという場合は、ビデオカメラやウェブカメラなどを設置したりできるでしょう。

◆２週間程度続ける

観察は２週間程度続けます。そうすると行動の動機や傾向など、きっと何かが見えてくるでしょう。

次のような点に注意して、記録を残します。「第19章第１項」で挙げた項目とは若干違っているので、併せて参考にしてください。

- □**いつ吠える？（時間）**…決まった時間帯に吠えるなど、何か規則性はあるか
- □**どこで吠えている？（場所）**…家の中か屋外か、それとも両方か、車の中、散歩中など、吠えるときの場所
- □**そばに誰かいるか？**…犬だけか、人がそばにいるか、ほかに犬がいるか
- □**何に注目しているか？**…特定の人、動物、物体、物音
- □**いつ頃から問題は起こるようになったか？**…仔犬の頃から問題はあった、最近始まった、など
- □**解決を試みたことはあるか？　またその期間は？**…以前に解決方法を試したことがあれば、そのときの状況
- □**犬のストレスになっていることはないか？**…家の近くで工事が始まった、家の前の道路が学校の通学路になった、など。犬はストレスがかかりすぎると吠えるという行動に出ることがある

●分析してみる

ある程度の期間にわたって記録できたら、少し分析してみましょう。犬が吠える行動をするのには必ず理由があります。大きく分けて、以下の６つに分類されます。理由がわかれば、対策の大きなヒントになります。

①とにかくかまってほしくて吠える

誰でもいいから、かまってほしくて吠えています。人の気を引くことができるなら、吠えるだけでなく穴掘りやものをかじるなど、犬は何でもします。

②攻撃的に威嚇するために吠える

自分や所有物、なわばりを守ろうとして勇猛果敢（ゆうもうかかん）に吠えています。先制攻撃型の犬で（「第９章第５節」参照）、脅威と見なしたすべての人やもの（動物など）に対して唸り声を上げたり吠えついたりします。

このような場合、犬自身の頭の中に想定した境界線

があり、それを越えられると積極的に取り除く行動に出ます。すなわち「咬み付く」という行動をとります。

③退屈や暇つぶしで吠える

「時間も体力もあり余っていて、仕事もない。退屈だ〜」と吠えています。一定の等間隔(とうかんかく)のリズムで、強弱もあまり付けずに吠えます。時々遠吠(とおぼ)えのような吠え方をする犬もいます。

④怖さのあまり威嚇に出てしまい吠える

不安で臆病な犬は、怖いと感じた人やものなど、何にでも吠えかかります。服従性をもち合わせてはいるものの、逃げ道をふさがれてしまうなど追いつめられたときには攻撃に転じます。

犬の頭の中の境界線を越えられるとパニックに陥ります。先制攻撃型とは違い、自らが後退して逃げようとします。

⑤興奮していて吠える

とにかく楽しくて仕方ない、またはテンションが上がってどうしていいかわからないような混乱状態になって吠えています。

このような犬は、自分で抑制することができないほど大量のエネルギーと生活に対する積極性をもっています。周囲で何かが動けば、犬はそれに対して反応し、動き回ったり、尾を振ったり、ハァハァと息を荒くしたりします。

⑥分離不安により吠える

「私を放っておいて、(飼い主は)どこに行くんだ」と必死になって吠えています。

このような犬は特定の人と非常に強い絆で結ばれているために、その人がいなくなると大変なストレスを感じてしまいます。犬は鳴きながら歩き回り、よだれを垂らしたり、鼻を鳴らしたり、ガリガリと床や地面を引っかいたり、ものをかじったり、遠吠えをしたりするでしょう。

●放置するとエスカレートする可能性も

すべてに当てはまることですが、問題を対処しようとするときにはその問題を取り巻く環境を整える(考える)必要があります。解決に向けて大切なことは、問題に取り組む飼い主自身の姿勢であり、問題に対して対処するだけの時間と労力があるかということも考えなくてはなりません。

犬の問題はオートマチックに改善していくことはなく、ましてや「吠える」という問題は、放っておくとエスカレートしてひどくなる要素が含まれています。

何の目的もないムダ吠え、絶え間なく歩き回ったり、行ったり来たりする行動、つねに身体を舐める行動などは特に困難な問題であり、動物行動学専門の獣医師との連携(れんけい)も必要になってきます。

●対応するために

犬が吠える問題に対応するためには、予防的管理が大切となります。また、問題を分析し、それをふまえて改善方法を考えることが重要です。

◆良好な健康状態の維持

何を始めるにしても健康状態は重要です。食生活も犬の行動に影響を与える重要な因子です。

◆環境の改善

おかれている環境自体が、犬の吠える行動を強化している場合が多くあります。

犬が屋外にいて吠えるのであれば、家の中に入れることができるかどうか検討してみてください。家の中で自由に走り回っているのであれば、犬の居場所を設置することができるかどうか考えてみましょう。

環境を改善することで、吠える行動の6〜8割は良い方向へ進みます。

◆トレーニングをする

トレーニングをすることは、犬との生活全般において有用な方法です。トレーニングをすることは、飼い主のリーダーシップを発揮することにもなります。

トレーニングの方法などはしつけ方教室で教えてくれるので、近くの教室を探して通ってみることをお勧めします。

◆しっかりと管理する

「管理する＝犬の自由を取り上げ、束縛（そくばく）する」ということではありません。飼い主が管理しやすい環境づくりをすることは大切です。犬のストレスを考えて、犬に仕事を与えるようにしましょう。

例えば…

- □**散歩を増やす** …朝、少しだけ早く起きるようにして、散歩を１回増やすようにする。
- □**いろいろな場所へ連れ出す** …犬の社会化はとても大事である。
- □**犬の居場所を確保** …犬が屋外にいると、吠える場合の問題解決には結び付きにくい。できれば、飼い主の目の届く室内に犬の居場所をつくるといい。

◆原因を取り除く

原因がわかればそれを取り除くことで問題は解決します。しかし、犬が起こす問題の多くは、複合的な原因によるものが多く見られます。

□系統的脱感作

音に反応して吠えるのであれば、日常的にその音を犬が反応しない程度の音量で聞かせ、徐々にボリュームを上げて、段階的に慣れさせていきます。

□両立しない行動に報酬を与える

来客に反応して吠えるのであれば、来客時に大好きなボールを犬に投げたりフードを与えたり、マットやハウスへ行かせたりします。

□関連付けを改善する

知らない人を見ると吠えてしまう場合には、その人から犬にフードを与えてもらい、その知らない人は「おいしいもの」を持っていることを犬に教えます。

□興奮レベルを下げる

吠えている犬は興奮しています。興奮レベルが高い犬は興奮しやすい、と考えると、犬の興奮レベルを下げて興奮しにくくできれば問題改善の糸口が簡単に見つかります。

4．吠えるという問題トピック

●夜遅く、または朝早く吠える

夜、飼い主家族が寝静まった時間に吠える、または朝かなり早い時間に遠吠えのように吠えたり、クーンクーンという声で鳴いたりする場合は、理由として犬の精神的エネルギーが余っていることなどが考えられます。このような場合は、エネルギーの発散方法を考えてみます。

◆散歩の回数を増やす

基本的には、犬が「満足のいく」状況を飼い主が提供することですが、なかなか満足を提供できるものではありません。そこで身体的なエネルギーの発散として、散歩の関係を見直してみます。

アドバイスとしては、１回の散歩の時間を長くするのではなく、散歩の回数を増やすことを検討してみましょう。散歩時間を長くすることも効果がないわけではありませんが、気分転換の回数を増やすことでエネルギー発散が絶大になります。短い時間でもよいので、散歩の回数を１～２回程度増やしてみることをお勧めします。

◆簡単な遊びで脳をフル活用

その他の方法としては、飼い主とのコミュニケーションを図る簡単な遊びが挙げられます。少しメリハリのある遊びをすることで、犬は遊ぶために脳をフル活用します。どのような遊びがいいかというと、「オ

イデ・オスワリごっこ」「オスワリ５回ごっこ」* 「フセ５回ごっこ」* という具合です。

コミュニケーションを図りつつ、メリハリをきっちりと付けて遊べば、犬は集中力を高めて遊びに夢中になります。これが犬の脳を刺激し、学習を促しながら「満足」を提供できるのです。

＊第７章第６節で、成長過程のトレーニングにおいては"コマンドを繰り返さない"と記しています。それに対して上記の遊びは、問題の改善を目的とし、また成犬を対象としているため、飼い主との共同作業を楽しく進めていくためのゲームとして捉えています。

●来客時に吠える

来客時の「こんばんは～」といった挨拶や「ピーンポーン」などのドアチャイムの音に反応して犬が吠えてしまうことは、多々あります。また、ドアの向こうやガラス越しに見える人の動きに反応して吠えてしまうケースなども、なかなか手を焼く行動といえます。

来客や外の人や物音に対して吠える場合は、まず犬の性格分析が必要です。なぜなら、犬の性格により対応方法が違うからです。

怖がり、神経質、物音に過敏に反応してしまうなど、自己防衛的に吠えてしまう犬は、とかく飼い主の「声」は耳に入りません。ストレスがマックスになり、ほぼパニック状態に陥り制止が効きません。このような場合は、まず飼い主とのコミュニケーションを強くするトレーニングが必要です。「飼い主が一番」となるようトレーニングの精度を高めるのです。そして「落ち着くためのトレーニング」を実施しましょう。決して来客時に行動を治そうと思ってはいけません。荒療治（あらりょうじ）はより悪化させてしまう可能性があります。根気よく「基本トレーニング」を実施して、飼い主と犬との関係強化に務めましょう。

第19章第３項
学習のポイント

犬の吠える問題は、なかなか改善しにくいものです。できることなら、「犬は吠えるもの」という観点から、仔犬の頃から、吠えなくてもよい環境づくりを考えたり、アドバイスしたりすることが重要です。

それでも成長するにつれて、また生活していく中での学習によって吠えることを覚えてしまうものです。犬をよく観察して、本項の学習を進めてみてください。

4．犬の噛む問題

1．犬はなぜ、噛むのだろう？

犬は、吠える行動と同様に噛む行動をするものです。成長過程にある若い犬が噛む行動と成犬になってからの攻撃的な行動を、どのように捉え対処するべきか、しっかりと考えていきましょう。

●犬の感情表現

犬の「噛む」問題は深刻です。飼い主は、犬と生活する上で様々な「噛む問題」に直面します。この問題を改善するには、行動特性や感情表現の方法など個々の犬の性格について知らなければなりません。それを抜きにして、一律の改善方法を行っても、何ら解決はしないのです。

◆犬は人ではない

まずは、犬がどのような動物なのかを知り理解する必要があります。犬を見ていると人ではないかと錯覚してしまうことがありませんか？　これは犬の感情表現が人の表現ととても似通っていることによります。そのため飼い主は犬を「擬人化」して、あたかも自分のことを理解してくれていると思ってしまうのです。しかし、犬は人ではありませんので、そのことを理解して接していく必要があります。

犬は「うれしい」「悲しい」「怖い」などの「感情表現」がとても豊かな動物です。特に、耳や尾など身体全体を使ってわかりやすく表現し、飼い主にサインを送ってくるために、愛くるしく愛おしいと思うのです。では、同じように犬が飼い主を愛おしく思うかというと、少し違うように思います。

◆犬は利己的

犬はとても利己的で、とてもわがままな動物です。自分の要求を通すために、あの手この手で飼い主に接してきます。このアプローチが激しく「噛む」という行動を引き起こしてしまうことがあります。

●噛むときは興奮していることが多い

◆叱ると興奮度が増す

犬が噛むときには、多くの場合「興奮している」状態で、前後の判断がかなり鈍くなり、「何を言っても聞かない」という状況にあります。この状況を改善しようと多くの飼い主は、「ダメ、やめなさい！」などと、制止しようとしたり大声で叱ったりします。ところがこのような行為は、犬からすると、強制的に行動を止められそうに感じるため、かえって興奮度が増してしまいます。その結果、ますますひどくなり手に負えなくなってしまったり、これを毎日繰り返すために行動が定着してしまったりするのです。

◆問題が起きてないときに目を向ける

犬にはいろいろな性格があり「十人十色」ならぬ「十犬十色」であることを理解しておくべきでしょう。どの犬も一緒ではないのです。個々で性格が異なり、飼い主はその性格の犬とともに一生を暮らしていかなければなりません。

その中で、生まれながらに攻撃的な犬は存在するのでしょうか？　人にも、短気ですぐ怒り出す性格があることから、犬にも同じような性格があってもおかしくないと考えられます。ただ短気だからといって、四六時中怒っていることはないので、怒っていないときの心理状況や精神状態を分析し、対応することが大切になります。人はほとんどの場合において、問題が

起こったとき、つまり問題が起きてから何でも対処しようとしますが、そうではないときに目を向けることもとても大切です。

特に「噛む問題」では、きちんと原因を究明して分析を行い、今後の成長過程や日常生活において悪化させない適切な対応策を考えていかなければなりません。なぜなら犬の「噛む行動」が継続すると、行動自体がエスカレートしていき制御できなくなっていく可能性があるためです。

2．犬の成長と「噛む」という関係

●犬の成長段階と学習との関係

犬の「噛む問題」を考えるときに、犬の成長と学習の関係を理解することが欠かせません。犬は成長段階において、多くの刺激に対してどのようにふるまうべきかを学習して、行動を決めていきます。そして犬のもっている「習性」に基づいて学習を完結させていくのです。それが人に対しての行動へと定着していくのですが、その際に切り離せないのが「飼い主」という存在になります。

犬という動物種がもっている習性の基本は「群れで狩りをする」ということであり、もともと「群れのリーダーに従う」ことに基づいて学習を進めていきます。成長段階では「周囲から物事を学び、蓄積してきた経験によって行動を定着」させていきます。

仕組みは人の子供の成長と同じものですが、人と犬とでは早さが違います。犬は生後１年で人の18歳までの情緒反応などを含む行動を定着させていくので、飼い主は、犬のしつけを含む教育を怠っている暇はありません。駆け足で犬と向き合い、行動を良い方向に進めていく必要があります。

●犬の「口」は人の「手」

犬の「口」は、人の「手」と同じ役割をします。ものを確認するとき、人は手を使いますが、犬は口を使って確認します。例えば、子供が「あっちに行きたい」というとき、親の手を握り、引っ張ってその場所へ行こうとします。犬なら、飼い主の服などを噛んで引っ張って行こうとするでしょう。この行動を客観的に見てみると、犬が飼い主を「噛んでいる」ことになります。しかしこれは、犬が飼い主に危害を加えようとしているのではなく、あくまでも犬の要求のサインです。

犬が引き起こす「噛む問題」は、幼齢の頃から始まります。生後３カ月を過ぎる頃から、犬とかかわるたびに飼い主の手を噛んだり足を噛んだり、ひどい場合は唸りながら咬み付いたりするかもしれません。この時期の「咬み付き」には、攻撃という意味合いは少なく、飼い主とコミュニケーションを図りたい、要するに「遊んでほしい」という気持ちが表れています。

仔犬は生後６カ月まで、成長に合わせて行動が様々に変わります。特に噛む行動は、生後３カ月頃に発現し始め、生後５カ月程度をピークとして、生後６カ月頃から少なくなっていきます。この時期の仔犬の取扱い方を誤ると、噛むという行動はその後も延々と続き、ひいては「本気で噛む」という行動に向かっていってしまいます。

●しっかり犬にかまう

では、この時期の仔犬をどのように扱えばよいのでしょう？　基本的には「しっかりとかまってやる時間をつくること」であり、上手にエネルギーを発散させることが大切になります。

そして、仔犬の「噛む」「かじる」という欲求をいろいろな方法で満たしてやりましょう。例えば、「飼い主がものを投げて犬に持って来させる」遊び、「仔犬がくわえているものを互いに引っ張る」といった「引っ張りっこ」など、原始的な遊びを通して欲求を満たしてやれば、次第に「噛むこと」への興味が減っていくようになります。

ここで大事なのが、仔犬に「一人遊び」させるのではなく、コミュニケーションを図るために、飼い主と「一緒に遊ぶ」ことです。

仔犬とのコミュニケーションにおいては、「噛む」欲求を満たしてやるだけでなく、仔犬にリードを付けて歩く「散歩練習」も効果を発揮します。噛む行動とはかけ離れているように感じますが、仔犬は飼い主との共同作業を伴うコミュニケーションを求めているので、散歩はけっこうな効果を発揮します。

3．いわゆる「甘噛み」を対処する

いろいろ述べてきましたが、とはいっても仔犬の「噛む」という行動はどうしても起こります。仔犬の時期の「噛む」行動のことをおもに「甘噛み」といいます。この甘噛みは、実際には、若い犬（生後７カ月までの犬）が、人（飼い主含む）に対して噛む行動のことをいいます。この行動は、前述のように上手に犬の欲求を満たしてやれば、次第に収まります。

●「今、噛んでいる」状況の対応

では「今、噛んでいる」状況をどうすればいいのでしょうか？　基本的な考え方としては、あまりにもしつこい「噛み」の場合には「無視」が効果を発揮するといわれています。しかし、ただ無視をすればいいのか、というとそうではありません。上手に無視をしなければなりません。「上手な無視」とは、仔犬との接点を完全に遮断することです。

例えば、手などをしつこく噛んでくる場合には、ケージかサークルに仔犬を避難させてはいかがでしょうか？　あるいは、即座にリードを付けてどこかにつなぎ仔犬から離れてみてはどうでしょうか？　このとき仔犬が鳴くかもしれませんが「ここは完全無視」です。仔犬を一人ぼっちにさせて、部屋から出て行ってもかまいません。しつこく噛んでくる場合には、このようなことを毎回必ず行います。

●仔犬を冷静にさせる

飼い主のこのような行動は、仔犬に何をもたらすのでしょう？

実は仔犬を冷静にさせることができるのです。前述しましたが、犬が「噛む」ときは興奮しています。だとしたら、その心理状態を収めてやれば学習が進み、犬自身に「どうすればいいのか」を考えさせることができることになります。興奮が収まり冷静になったところで、仔犬との遊びを再開しましょう。

ここで飼い主に伝えたいのは、甘噛みする仔犬を「叱らなくてもよい」ということです。「叱る」という行動は、仔犬を興奮させ、学習を混乱させるだけです。

4．守ること、そのために「噛む」

犬はその習性として、いろいろなものを「守る」という行動をふつうに発現します。犬の守る行動にもいろいろ理由があります。「ものを守る」「なわばり（テリトリー）を守る」「犬（仲間）を守る」「飼い主家族を守る」「特定の人を守る」「食餌を守る」などが挙げられますが、最終的には「自分を守る」という行動に行き着きます。守ることを考えたときに、最終手段として「噛む」という行動を起こすことになります。

行動のすべてにそれぞれ意味があり、一括りに同じ方法で対処することはできません。以下のように、それぞれ対処する方法は異なります。

●ものを守るために「噛む」

ものとは、犬のおもちゃや床に落ちているティッシュ、いたずらでくわえたスリッパや靴下などです。

犬には「一度くわえたものは自分のものだ」という思考が働きます。飼い主がどんなに「これは私のもので、あなたのものじゃない」と犬に言い聞かせても、犬は理解してはくれません。経験したことのある人もいると思いますが、特にくわえたティッシュなどは取り上げることができないものです。おそらく、インストラクターであっても取り上げるのは無理でしょう。

◆改善は難しいので「予防する」

このように犬がものを守る行動は、「学習」で身に付いたと考えるよりは、犬自身の性格など気質による部分が大きいと考えられます。生まれもった遺伝的なものであり、改善することは大変難しいと認識すべきでしょう。

ものを守ろうとして噛むのであれば、第一に考えるべきことは、床にものを落とさない、犬の届くところにものを置かないことです。これは「予防する」という観点から、ものを守って噛む行動を犬に起こさせない飼育環境づくりとなります。ものを守ろうとして噛む行動が何回も起こると、この行動を学習して、次第に別の場面でも飼い主に対して強気な行動を起こすようになります。

犬の行動をコントロールすることができれば、将来的にものへの執着は薄れていくかもしれません。今一度、犬との関係性を見直し、飼い主がしっかりとリーダー性を発揮できるような関係性を築きましょう。

●テリトリーを守るために「噛む」

テリトリーとは、すなわち「なわばり意識」です。特に屋外でつながれて飼われている犬に多く見られる行動で、ドアチャイムに反応する犬もこの部類に入ります。

◆「噛む」行動に出やすい

テリトリーを守る行動は、犬自身がもっている気性の場合もあれば、生活の中で身に付いた「学習」という場合もあります。もともと自己主張が強く支配的な犬の場合は、前項の「ものを守る」という行動と併せて、侵入者（不審者）などに対して威嚇して吠えるという行動に始まり、次いで「噛む」という行動に出やすいでしょう。

室内にいる場合は、ドアチャイムに反応していち早く玄関まで行き、吠えると同時に侵入者に対して咬み付くかもしれません。また、吠えている犬を飼い主が制止しようとすると、その飼い主に対して咬み付くという行動をする場合もあります。その他として、とても怖がりであったり神経質であったりする犬も、同じような場面で噛んでくることがあります。

最初は吠えることも咬み付くこともなかった犬が、次第に噛むようになってきたという場合には、飼い主の行動や接し方などから学習していった可能性があります。

◆気性か学習かで対応が変わる

犬自身がもっている気性が理由で、テリトリーを侵害されて噛むという場合は、社会化を重視した環境改善やあらゆる刺激（物）に対して「慣れていく」というトレーニングプログラムを立てることが大切です。

一方、日常生活での学習を通して噛むという行動を身に付けてしまった場合は、興奮を抑えて落ち着いた犬にするためのトレーニングと今までの関連付けを変えることができるようなプランが必要になります。

●犬（仲間）を守る、もしくは飼い主を守るために「噛む」

犬は、仲間意識の高い動物です。ただし、利己的ではありますが…。犬は、自分が大事だと思うものを守る傾向にあります。仲間である犬を守る行動というのは、我が子を守る、いわゆる母性本能的なものと考えられます。この行動は、犬だけでなく、飼い主家族に対しても向けられます。

◆守るべきものを守っている

女性の飼い主から「私の膝の上に犬がいるとき、隣に夫が来て犬に触ろうとすると、犬が唸るんです。それでも触ろうとすると、犬が夫を噛もうとします」という内容の相談がよくあります。この場合、反対に、ご主人の膝の上に犬がいて奥様が隣に来て犬に触ろうとしても、同じように唸る・噛むという行動をするかもしれません。

この行動は「嫌いな人を排除」したいわけではなく、守るべきもの（人）を守っているという行動と考えられます。犬は守るべきものを自分で想定しています。もしかしたら守るべき人は誰でもいいのかもしれません。そうすることで、「守る」という衝動を満足させ、快適な空間をつくっているのです。犬は特定の人を守ろうとする行動もとることがあるので、状況をよく観察して犬の行動を見きわめ、対処の方法を考えていかなければなりません。

◆環境要因、気質要因をよく観察して判断

人を守るという行動は、飼い主との接し方やおかれている環境の要因が少なからず影響していると思われます。つまり学習によってこのような行動が起こっている可能性があるということです。ただ、犬の性格な

どの気質的要因も排除はできません。飼い主の接し方だけでこのような犬になったのではなく、もともと自己主張が強く、何事にも積極的な犬であったり、その逆にとても神経質であったりということも考えられます。いずれにせよ、よく観察して判断します。

●食餌を守るために「噛む」

「食餌」は生きていく上で最も重要なもので、犬にとって守るべき優先順位の高い項目となります。なぜ守るようになるのか、その理由は様々ですが、犬の「所有欲（占有欲）」や「支配欲」という欲求が特に強いという傾向にあります。そのため、前述の「ものを守る」という行動が同時に表れることも多くあります。

◆気質が大きな要因と考えられる

食餌を守る行動は飼い主の接し方によって生まれるというよりも、犬がもともともっている気質が大きな要因と考えられます。犬は状況の変化によって態度を変えていきます。それまではとても機嫌（きげん）がよくフレンドリーな態度をしていても、食餌をもらう直前や食べた直後になると、急に「強気」な態度に変わる場合があります。

犬が、食餌を守って噛む行動をしたときに飼い主がやってはいけないことは、「強く叱る」という行為です。犬が支配欲などで強気になっているところを強く叱れば、反抗をする行動に出るのは明白なことです。しかもエスカレートしていく傾向にありますから、十分に注意しなければなりません。

◆食餌時の「安心感」は犬を落ち着かせる

具体的にどんな対応をすればこの行動が直るのかについては、実のところわかりませんが、基本的には「ストレスを減らす」ことを考えるべきです。例えば、犬に食餌を与えたら犬が集中して安心して食べられるように飼い主はその場から遠ざかる、食べ終わった食器は犬の意識を別のほうに向けさせている間に回収する、などを考えるべきです。

これでは犬がますます強気になってしまうと思うかもしれませんが、実は逆なのです。食餌のときの「安

心感」には犬の気持ちを落ち着かせる効果があるため、好転するきざしが見えるようになります。

しかし、これだけで問題が解決するわけではないので、やはり飼い主と犬の関係性を向上させるためのトレーニングは実施するべきでしょう。

5．攻撃的な「噛む」という行動

犬の攻撃的な行動はどこから生まれてくるのか？この問題は、とても深刻で、とても難しく、取扱いにとても注意すべきことです。犬の性格や性質などの「気質」からくるものなのか、それとも飼い主との生活の中で身に付けていったものなのかを見きわめる必要があります。

●関係改善が問題解決の近道

かつては、犬の攻撃的な行動は支配的な性格によるもの、もしくは順位的な社会的地位を得るために飼い主を従わせようとしているものだといわれてきました。そして、そうさせないように人は犬よりも強い力で対抗することを学んできたと思います。

しかし近年の研究において、犬は「飼い主を従わせようなどとは思っていない」こと、関係性を改善することが攻撃的な行動の問題を解決する一番の近道になることなどがわかってきたのです。

●すべては「心地よい生活を送る」ため

社会性のとても高い動物は、集団行動をとりながら平和に共存していくことができます。その中で起こる

闘争行動は、「脅かされる」ことが根源となり起こってきます。脅かされることで、平和な生活がくずれるかもしれず、平和な生活を守るために攻撃的な行動をとるかもしれません。また「恐怖を抱く」状況も攻撃的な行動を促すことがわかってきました。

犬は、脅かされたり恐怖を抱いたりすると、その状況を改善するために、最初は優和行動*を示したり無関心を装ったり、もしくは立ち去ってみたりという行動をとります。この行動は、相手に対して状況を改善しようというサインを送っていることでもあります。しかし、飼い主はそのようなサインを犬が出していることになかなか気付きません。そうなると、犬は飼い主に対して、強気な態度で接するように行動を変えていくのです。要するに、犬はいつでも「攻撃的な態度」に出る準備を整えていくのです。すべては「心地よい生活を送る」ことができるかどうかにかかっています。

将来「攻撃的に噛む」犬にしないために、飼い主と犬がしっかりとコミュニケーションを図り、「関係性（リレーションシップ）」を重視した生活をすることをお勧めします。そのためにも、犬をよく知ることがとても重要です。

犬はきちんと「しつけ」をすることが必要ですが、「しつけ＝厳しく接する」ことではありません。飼い主のいっていることに耳を傾け、その指示を理解して行動する犬をつくり上げることで、犬との生活が楽しく、充実したものになるのです。

＊優和行動とは、服従的な行動や少し尻尾を振ったり、少し近付いてみたりするなど、無関心ではなく興味があるような行動のこと。

第19章第４項

学習のポイント

犬の「噛む」という問題には、様々な背景があります。

若い時期には甘噛みがあり、その根拠についてしっかりと理解し、対応する必要があります。攻撃的に「噛む」行動をする犬の対処は、慎重に行わなければ、問題がより大きくなってしまうことも理解する必要があります。

20 人とのコミュニケーション・スキル

インストラクターにとって、犬をトレーニングする能力や技術を有(ゆう)するのは当然のことですが、その技術や情報を飼い主などほかの人に効果的に伝えるコミュニケーション能力も欠かせません。特に言葉によるコミュニケーション・スキルを身に付けることが必要です。

1．インストラクターの資質

インストラクターの仕事をする上で、犬の信頼を得ることはとても大切なことであり、さらに飼い主の信頼を得ることができれば、その影響力は計り知れないものになります。

◆指導者であり助言者

飼い主は、犬に関する様々な悩みを抱えたとき、かかりつけの動物病院の獣医師や動物看護師、ペットショップのスタッフや犬友達に相談するでしょう。しかし、犬との生活全般にかかわる深刻な悩みは誰に相談するのでしょうか？　そう考えると、インストラクターは犬のトレーニング技術だけでなく、犬との生活における全般的な専門知識についても学ぶ努力を惜(お)しまず、飼い主に適切で最適なアドバイスをできることが理想です。インストラクターは、犬をトレーニングする指導者でありながら、より良い犬との生活に向けて飼い主にいろいろなアドバイスができる良き助言者でもあります。

犬のしつけ方教室や問題行動の改善に関するインストラクターとして成功するためには、その主たる仕事は何であるかを考えることから始まります。インストラクターには、犬をトレーニングする能力と技術が必要不可欠ですが、それに加えて必要なのは、その技術や情報を効果的に飼い主に伝えるスキルなのです。

人に何かを伝えるスキルは、犬のトレーニングとは異なる能力を必要とします。インストラクターは、飼い主と犬の双方を理解し、丁寧に対応することが要求されます。

●有能なインストラクター

有能なインストラクターにはどのような資質が必要でしょう？　まず大切なことは、真摯(しんし)に物事に取り組むことができることです。人にはそれぞれ社交性が高かったり、シャイだったり、感受性が強かったりといった個性があります。その個性は時と環境によって、プラスに働いたり、マイナスに働いたりします。大切なことは、その個性を十分楽しむことができる人であることです。

インストラクターとして必要だと思う項目を挙げてみました。以下の6つの項目は、インストラクターとしてだけではなく、日常の人間性を高める上でも、身に付けておいて損はないことだと思います。

①熱心にレッスンに取り組むこと

「熱心さ」とは、必ずしもユーモアや元気の良さではありません。人や犬をトレーニングすることへの熱意や情熱を意味します。熱心さは人から人へ伝染していくので、熱心に取り組めば全体の雰囲気を変えることもできます。

②好意をもって相手を気遣(きづか)うこと

コミュニケーションの達人になるには、「探してでも相手をほめなさい、そうすれば相手は話し始める」、スムーズな会話はその後に生まれるといいます。これが人から話を引き出すための技術です。

「ダメだね、悪い子だ」といった、上から諭(さと)すような態度や行動は反感を植え付けてしまいます。また、体育会系の指導法も良い効果をもたらしません。相手を好きになり、思いやれば、相手もあなたのことを好きになるという原則もあります。

うつむいていては、相手に話が伝わりません、顔を上げて相手の目を見て話すことも大切です。

③共感すること

飼い主が直面している犬の問題について、心から共感することは大切です。「初心忘るべからず」、インストラクターも最初は初心者です。この頃の心を忘れないように接していくことも非常に大切なことといえます。

飼い主が深刻な問題だと思っているならば、こちらも深刻な問題として取り組む必要があります。

④忍耐(にんたい)はインストラクターにとって切り離せないもの

飼い主やしつけ方教室の生徒が理解しないのは、指導に落ち度があったことが考えられます。当然、飼い主側の技量不足もあるかもしれませんが、それをもカバーしていくのがインストラクターなのです。

ドッグトレーニングインストラクターに求められる資質とは？

⑤ユーモアを使うこと。ただし、慎重に

ユーモアは全体を明るくします。ですが、人の受け取り方によっては違う印象を与えてしまうことがあるので、慎重さが求められます。

⑥柔軟(じゅうなん)性も必要

飼い主の能力に合わせた指導ができるよう技術力を高めましょう。同じ内容のことを違う言い回しで伝えられるようになることが大切です。

2．コミュニケーション・スキル

動物の学習には多くの感覚機能がかかわっていて、それぞれもっている性格や個性によって、効果のある学習方法は異なります。自分でやってみるよりも見ているほうが容易に学習できる人もいますし、実際にやってみなければ理解できない人もいます。

●3つの学習方法

犬のしつけ方セミナーなどに飼い主が参加すると想定します。座って講師の話を聞くだけというスタイルの場合、内容が記憶に残る確率は決して高くありません。ましてや飼い主が犬連れで参加しているとしたら、セミナーに集中できる時間は限られてしまい、大切な話を聞き逃してしまうかもしれません。

飼い主が集中して講師の話を聞くためには、どのような工夫が必要となるかを考えてみましょう。

これから紹介する学習方法は、「聞く、見る、やってみる」という3つのカテゴリーに分けています。「聞く」だけの効果、「見る」だけの効果、「やってみる」という効果の違いを理解してください。そして、効率的に飼い主へ情報を提供する場合の一つの指針にしてみましょう。ただし、一般的な結果を説明しているものであり、必ずこのようになるというものではありません。

●情報を記憶に残すには

一般的に「聴覚による学習は最も効果のない学習方法である」とされています。人は、情報を言葉で聞いた場合（例えばセミナーなど）、48時間後には聞いた

内容の50％程度しか正確に覚えておらず、１週間後になると10％程度しか正確に記憶に残らないといわれています。

聴覚のみと比較して「視覚による学習はより効果的である」とされています。情報を聞くだけでなく見ることもできると、１週間後に記憶に残っている情報量は35％まで上昇します。したがって、デモンストレーションやプレゼンテーション、スライド、動画などの活用は効果的な方法です。また、書籍やテキスト（ハンドアウトなど）も学習の手助けになるツールです。

「行動を伴う学習が最も効果的である」とされており、学習するときに同時に実行できれば、１週間後に記憶に残っている情報量は50％まで上昇します。

犬をトレーニングしたり飼い主を指導したりする際には、この学習の効果を理解してプログラムを組み立て、実践する技術が必要になります。

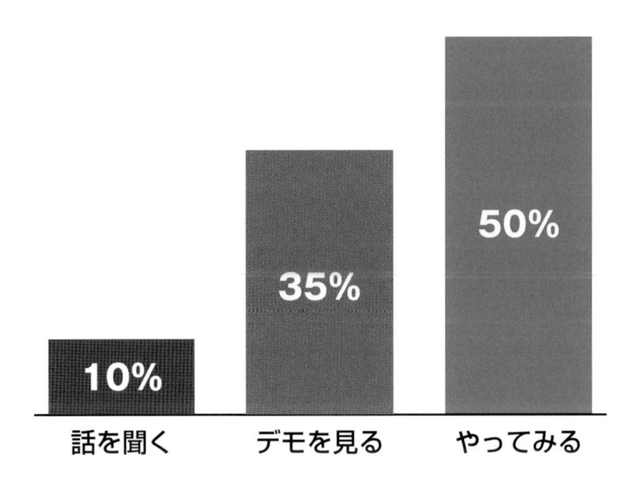

3．言葉によるコミュニケーション・スキル

最も効果が低いとされる「聞く」という学習方法ですが、人が何かを始めるきっかけの多くは「誰かの話を聞いた」ことだといわれています。また、カウンセリングやコンサルテーション*などを行う際には、話を聞くこと、情報を伝えることが重要です。そのような場面では、言葉に関する様々なテクニックを使うことになります。

*コンサルテーションとは継続的に相談と改善を行うものとし、本書においては、改善することを目標とするカウンセリングと区別しています。

●話すときのコツ、聞くときのコツ

インストラクターの仕事は、飼い主が犬との関係を改善するための手助けを行うことです。それには、飼い主としっかりコミュニケーションをとらなければいけません。飼い主は、自分や自分の犬がどのように受け止められているか敏感に感じ取っていくものです。対応には十分な注意が必要となります。

<飼い主とのコミュニケーションによる側面>

インストラクターが飼い主とコミュニケーションをとる際に、それぞれの立場や状況などがあるため、提供側と受け手との思いの違いが発生することがあります。

①**飼い主に話した内容**　…どのように相手に話したか
②**実際に飼い主が聞いて思った内容**　…相手がどのように聞いたか
③**飼い主の話を聞いた内容**　…実際にどのように伝わったか
④**実際に飼い主が話した内容**　…相手がどのように理解したか

このように、話をすることで互いが感じたり思ったりすることへの側面がたくさんあることを理解しましょう。

◆聞き手がどう受け取るか

言葉だけによるコミュニケーションは、電話での会話を思い浮かべるとわかりやすいでしょう。コミュニケーションの手段を「話す」と「聞く」に限定したとき、その効果には限界があることがわかります。電話では、表情やジェスチャーを使うことができないので、言葉でイメージを伝えなければなりません。

よくあるのは、電話で場所（への行き方）の説明をするケースです。事務的な内容を伝えることが、実は一番難しいかもしれません。試しに言葉だけで「ネクタイの締め方」を説明してみましょう。実際にやってみると、言葉だけで説明することはとても難易度が高いことがわかると思います。言葉には、その人の癖や性格が表れることもあり、的確にポイントを伝えることがより困難になるのです。

ここで重要なのは、メッセージの内容ではなく、メッセージを聞いた人がどのような行動をとるかとい

うことです。

言葉だけで十分に説明できるようになれば、デモンストレーションや道具を用いたときにとても効果的に意思を伝達することができるようになります。

●覚えてもらうための工夫

インストラクターが話した内容（アドバイス）はとても重要です。この内容を覚えてもらうために、工夫を凝らしましょう。私たちの生活の中には言葉による様々な刺激があります。

◆話したことを覚えてもらうために

□頭文字を並べて使う

いくつかの単語や言葉の頭文字を並べてつくった単語です。理解するための方法の一つです。

＜例＞

TOEIC（トーイック：国際コミュニケーション英語能力テスト）…Test of English for International Communication

UFO（未確認飛行物体）…unidentified flying object

ホウレンソウ　…ホウ　→　報告（義務）
　　　　　　　　レン　→　連絡（気配り）
　　　　　　　　ソウ　→　相談（問題解決）

料理のさしすせそ　…砂糖（さとう）、塩（しお）、酢（す）、醤油（せうゆ：しょうゆ）、味噌（みそ）

□同じ頭文字をもつ言葉

覚えなければならない事柄について、同じ頭文字をもつ単語を並べます。これも効果的に印象を与えることができます。

＜例＞

5S　…整理（せいり）、整頓（せいとん）、清掃（せいそう）、清潔（せいけつ）、しつけ

□比喩やたとえ話

説明したいことを相手に理解してもらうために、誰もがよく耳にして意味が浸透している、なじみ深い比喩やたとえ話が役に立つことは多くの場面であります。よく知られている概念と比較することで、飼い主も新しい概念をイメージしやすく、理解が高まります。

しつけ方教室には幅広い年代の飼い主が参加するので、インストラクターはいろんなたとえ話ができるように、情報を仕入れたり経験を積んでおいたりするといいでしょう。

＜例＞

質問「犬がよく吠えて困っているの。静かにしてほしくて犬を叩いて叱ったら、ますますひどくなっちゃって…。どうしたらいいでしょう？」

回答「吠える犬を叱ってもなかなか直らないのは、例えば、小さい赤ん坊が泣いているのを叱って止めさせる親っていませんよね、それと同じですよ。叱ったら泣き止むどころか、もっとひどくなると思いません？　叱るより、赤ん坊をあやしてあげて気分を落ち着かせるようにするほうがいいかもしれませんよ」

などと、飼い主が想像しやすい内容や自分の実体験などを交えて伝えていくことをお勧めします。

●話を聞いてどんな行動をするか

コミュニケーションが成り立ったかどうかは、伝えたメッセージが相手にどう影響を与えるかではなく、相手がそのメッセージを聞いて何をするかによって決まります。発言が聞き手に何か影響を与えればそれでコミュニケーションが成立したと思うインストラクターもいますが、実際には相手の行動がどのようになるかということが大切です。

犬の場合でも同じようなことが起こりますが、相手がどのように理解し関連付けたかということは、インストラクターにはわかりません。

◆メッセージの受け手は、自分に安全で正常な情報だけを受け入れる

一般にメッセージを受け取る側は、自分が気分よく安心できるようにメッセージを解釈し理解します。自分を危険なものから守るために、予防線のようなものを張って対応するのです。

自分にとって「安全で正常」な情報は通しますが、新しい情報や異常な情報、恐怖を感じる情報は遮断して、安全な側面だけを受け入れようとします。例えば、カードの入会時に規約が細かい字で延々と書いて

たくさんのことを説明しても飼い主は都合のいいことしか理解しない。

ある場合や、電化製品に厚さ数cmもある取扱説明書が付いている場合などを想像してみるとよいでしょう。インストラクターがたくさんのことを教えたとしても、飼い主はその一部しか、そして飼い主にとって大切だと思うことしか一番に理解しません。

◆犬も人も反復することで学習する

しっかりとメッセージを理解してもらうためには、インストラクターが様々な手法を使って飼い主にアプローチする必要があります。

犬も人も反復することで学習します。本当に伝えたいことを確実に相手に伝えるために、違う言葉や別の言い回しを使って伝えていくと効果的です。大切なことは、飼い主が本当に理解したかどうかを確認することです。

適切にメッセージが伝わったかどうか、以下のような言い回しで飼い主に直接聞いてみましょう。

□何か質問はありますか?

□どのように練習しようと思っていますか?

4．言葉によるコミュニケーションの障害

言葉によるコミュニケーションには、いくつかの障害があるので注意しましょう。

人は面と向かって自分の考え方を非難されると、その考えを正当化して強化しようとする傾向にあります。その状態のまま時間が経過してしまうと人は頑なになり、取り返しの付かない事態になりかねません。これは双方に対して、心の壁をつくってしまうきっかけになるので十分に注意します。

＜良くない例＞

・直接的な注意、脅し的な口調
・審査的、批判的、非難的な口調
・尋問的、調査的な口調
・ぶっきらぼうな指図、指導、命令的な口調
・対立的な口調

特に強硬な口調での指導は、受ける側にとっては大きなストレスとなりえます。飼い主を萎縮させてしまうおそれがあり、継続性を失う根拠となるので気を付けましょう。威圧的な指導も学習効果が低下するだけです。

相手の悪い点、できていない点にばかり集中してしまうと、上記のような口調になってしまいがちです。そして、このような口調で話していると、顔付きすら変わってしまうものです。

日頃から「観察する目」と「相手の良い点を見つける」ことに注力し、一方で自分を客観視することも忘れないでください。

5．聞き手の心に訴えること

伝えたい情報を確実に理解させるためには、情報を反復する必要があります。メッセージに興味を引かせるため、繰り返すたびに伝え方を変えるようにしましょう。

ここでのポイントは、できるだけ飼い主が「注意深く聞く」姿勢になってくれるように、つねに考えて努力することです。

◆なるべく飼い主に話をさせる

話の上手な人はたくさんいます。しかし、上手であるがゆえに一人でしゃべってしまう人が多いのではないでしょうか?　そうなると、メッセージは伝わっても心は伝わりにくいものです。なるべく飼い主に話をさせて、その話に対応する体裁をとりながら自分の言いたいことを伝えるようにしていきます。そうすれば、相手はこちらの主張を好意的に受け入れてくれる

ようになります。

●親近感をもたれるように話す

人は、自分の考え方や状況にかかわりが深いメッセージには注意して耳を傾ける傾向にあります。

相手の親近感を引き出すための手法として「SOS話法」というのがあります。これは、「相手を立てる」「相手の満足に配慮」し、その上で自らの意思を伝えていく話法です。話し方に長けていればコミュニケーションがうまくいく、とはかぎりません。飼い主に話をさせる時間が多ければ多いほど、つまりこちらが話を聞けば聞くほど、飼い主はあなたを好きになる傾向にあります。話し方のスキルよりも、「聞く姿勢」のほうが重要なのです。

アメリカの実業家、デール・カーネギーが「人の話を聞くことにより、人生の80%は成功する」という言葉を残しているのをご存知でしょうか？　誰にでも、自分の話を聞いてほしいという強い欲求があります。だからこそ、相手の話を真剣に聞けば、そうした姿勢に相手が感動し、信頼を得ることができます。人から得られた信頼は、成功への糸口となります。

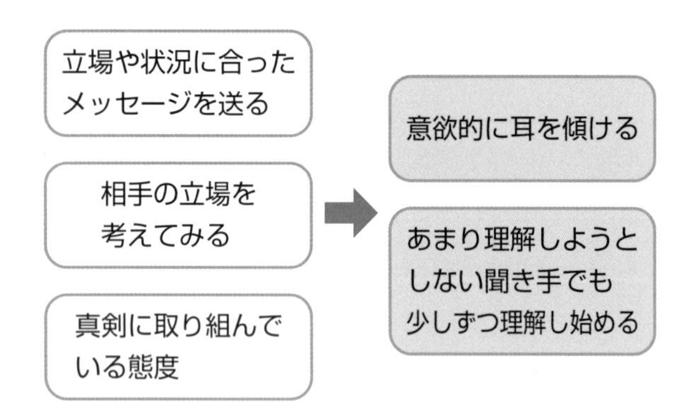

◆SOS話法

話を聞くきっかけをつくるには、日常の何か興味のあることを問いかけて、話を広げていけばいいのです。会話そのものに興味をもっていることを示し、飼い主の話したいことをこちらから質問すれば、相手も得意になって話し出すものです。

飼い主が気持ちよく話し、それをこちらが聞き入れる状況をつくるために、会話をうまくつなげる話法があります。会話がはずみ、飼い主が自然に話をしたくなるには「SOS話法」だけで十分です。SOSとは、会話のキーワード「すごいですね」「驚（おどろ）きました」「素晴（すば）らしい」の頭文字をとったもの。この３つの言葉を使って話を引き出していくと、自然と話し始めてくれるようになります。

<例>

インストラクター（A）と仔犬を飼い始めたばかりの飼い主（B）との会話で考えてみます。

A：「新しく犬を飼い始めたということですが、犬を飼うのは初めてですか？」

B：「いえ、飼い始めて５代目になります」

A：「５代目！　それはすごいですね。ずっと同じ犬種ですか？」

B：「そうなんです。見た目と性格が大好きで。私が子供の頃からお付き合いのある、歴史のあるブリーダーさんから譲り受けました。たしか戦後すぐからブリーディングを始めたみたいです」

A：「戦後すぐですか！　驚きました」

「一つの犬種にこだわって、歴史のあるブリーダーから犬を譲り受けたなんて素晴らしい」などのように、何気ない世間話でかまいません。飼い主の話を引き出すことが大切なのです。これは結果として、親近感をもたらすことにつながっていきます。

ほかにも、飼い主の話が少し長くなったときに「ああ、だから○○なんですね」とこちらで話を引き取って短くまとめるようにすると、相手は結論を言いやすくなります。この場合における相手の気分をよくさせる秘訣は、「つまりこうなんでしょ」ではなく、「そうでしたか！　だからAがBでCなんですね」と、納得したニュアンスを出すことです。

特定の聞き手に対して、どのような表現を用いればよいかをよく考えます。関連した新しいメッセージを付加したり、話を熱心に聞いたりすることも飼い主の理解を深めるために役立ちます。

●左脳と右脳の学習方法

情報の処理能力や蓄積方法、使用方法は人によって異なります。人によっても興味を引く表現が違います。脳は、人の情報を司る機能をもっています。ここでは脳の優位性について説明をしていきます。

ほとんどの人が、左脳か右脳のどちらかが優位に働くといわれています。脳の支配性は様々なことに影響しますが、個人の性格と学習する方法にも影響を及ぼします。左脳優位の相手には左脳に働きかける表現を用いると、心に訴えることができます。

◆「左脳優位」の人の特徴

規則と秩序(ちつじょ)を保った生活を営(いとな)み、計画性と集中力を備えています。勤労(きんろう)意欲があり、まじめに仕事に取り組みしっかりと仕上げていきます。作文を含めて言語能力が高く、苦労せずに自分を表現することができます。常識的、論理的かつ分析的な思考をもっていて、順序立てて物事を構築していきます。数学と科学に関心があり、つねに本質を探究していきます。責任感があり、几帳面(きちょうめん)で手際がよく有能です。

このような人は時間を守り、宿題や課題をこなしていきます。課題の一つ一つのステップを注意深く分析します。ハンドアウトなどのテキストを好む傾向にあります。

◆「右脳優位」の人の特徴

創造力、自発性、柔軟性に富んでいます。想像力豊かで、抽象(ちゅうしょう)概念を思い描くことができ、芸術と音楽を好みます。遊び好きでユーモアがありますが、同時に感情的で過敏に反応しやすい面もあるため、楽しみ、おそれ、怒り、悲しみを率直に表す傾向にあります。直感力があり、勘がいいのですがルールを守るのが苦手です。宿題や課題を達成したとしても、説明した手順どおりにやったとは限りません。容易に笑ったり泣いたりする面もあります。時間に遅れてきても笑い飛ばしてしまうかもしれません。基本的に、好奇心旺盛な話し方を「右脳言語力」といいます。口先だけでなく脳の中からしゃべることの、そのもとになっているのは好奇心です。

◆違うことを知る

ここで左脳と右脳を取り上げたのは、どちらが優れているということではありません。単に違うということだけです。バランスのとれた考え方や表現をするために、その特徴を知ることは大変重要となります。

●否定的なコメントについて

否定的な指導は、多くの場合において、やってはいけないことを指摘するだけでそれ以外の役には立ちません。この指導を続けていると、飼い主の気持ちがいずれ離れていってしまいます。否定的なコメントではなく、建設的で前向きな指導を行うべきだと思います。

●音楽を有効に使う

音楽を上手に使う方法もあります。音楽は心を和ませる効果をもっており、リラックスをもたらしてくれることもあります。犬のしつけ方教室や行動改善のためのカウンセリングを行っているときには、BGMとして音楽を流すことをお勧めします。様々な場面で使ってみるとよいでしょう。

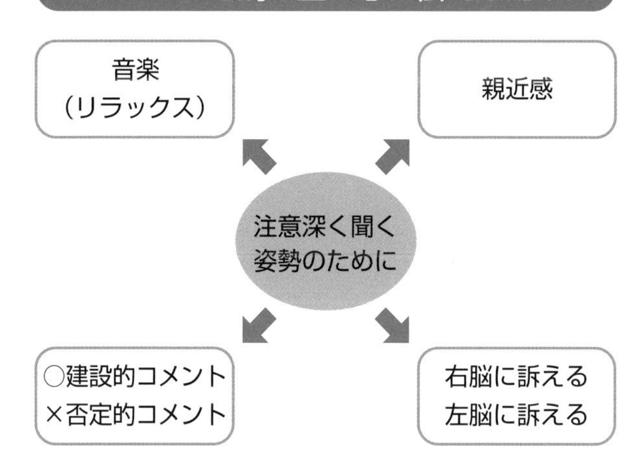

6．話を聞く技術

最も価値のある指導の手段は、話を聞くことです。人は話を聞いてくれる人の言葉に耳を傾けるものです。インストラクターは教えることに熱中するあまり、飼い主の話を聞く時間を削ってはいけません。

人には口が一つだけなのに、耳が2つもあるのには理由があります。人の話をよく聞くためにあるのです。飼い主に自分のことを語る時間を与えなければ、どうやって飼い主の状況を把握することができるのでしょうか？　考えてみてください。

●聞く力があると思わせる

話の聞き方は、全体を聞き、絞って聞き、結論を聞く方法です。飼い主が話しているときは、言葉で静かに「あー」などと相づちを打って話の続きを促していきます。そして話が長くなりそうになったら、飼い主が息継ぎをしたタイミングで話を引き取って要約していきます。聞く力があると思わせることも大切なポイントであり、自分の価値を高めることができます。

ジャンルは違いますが、例を挙げてみます。野球のバッテリーで見てみると、上手なキャッチャーはわざと音が出るように捕球するといいます。これには、ピッチャーから投げられる球の威力を誇張(こちょう)しバッターを威嚇すると同時に、ピッチャーの気持ちを盛り上げる効果があるようです。芸人の明石家さんま氏は、テレビのトーク番組でゲストの話に「うんうん」「そやな！」「ああ、なるほどな」などと相づちを打ち、さらに「ああ、だから○○と思ったんだ」などと、話に輪郭(りんかく)を付けて盛り上げる手法を使っています。

●聞き上手は必ず成功する

成功の鍵は「聞き上手」であること、正確には「話し手が満足できるように話を聞く」ということです。そのためには、ちょっとしたテクニックで相づちを打ち傾聴(けいちょう)する姿勢で向かえばいいのです。人にはインプットした量だけアウトプットしたいという欲求があり、情報が極端に増えた現代では、話したい欲求の強い人ばかりが見受けられます。

飼い主の話を聞く際に注意しなければならない点があります。

◆うわの空にならない

別のことを一生懸命考えたりしているために、話を聞くことに集中していない状態です。飼い主の話を注意深く聞いていません。

犬のしつけ方教室では、様々なことを考えながら運営しなければなりませんので、こうならないよう注意が必要です。

◆揚げ足取りをしない

飼い主の話を注意深く聞いてはいますが、欠点を見つけることに躍起(やっき)になっている状態です。

相手の心情を傷つけてしまう可能性があるので、十分注意しましょう。

●受動的に話を聞く（沈黙）

沈黙は、それ自体が意見を受け入れたことを示します。この手法は飼い主を信頼していることを意識付けることができます。しかし完全に黙り込んでしまうと、反対に自分に興味がないと相手に感じさせることになりかねないので、注意が必要です。

●相づち（認識反応）

飼い主に対し、しっかり話を聞いているということを伝えることができます。会話の途中で相手が話しやすくなるように、言語的または非言語的な合図を使って、話を聞いていることを伝えるようにしましょう。

□**言語的**　…「なるほど」「そうですね」「まぁ、わかります」「本当に？」「興味深いですね」など

□**非言語的**　…うなずく、身を乗り出す、ほほえむ、眉をひそめる、顔をしかめる、メモをとるなど

◆認識反応

人はほとんどが前述のような認識反応を織り交ぜながら会話をしているので、あえてこれらの反応を練習する必要はないでしょう。

うなずいたり、相づちを打つなど、話を聞く姿勢は大切。

認識反応は、話の合間に言葉や身ぶりで合図を送ったり、それらを同時に使ったりすることで飼い主に安心感を与えることができます。また、この相づちが、話し手には気持ちよく感じられるのです。言葉だけでなく、飼い主の表情やしぐさを見て積極的に反応するようにしてもよいでしょう。

◆フィールドを把握する

一般的に、反応のスピードを確保するためには、自分がよく知っている得意なフィールドだとよりよいでしょう。得意なフィールドとは、犬や猫にかぎらず野球やサッカーなどのスポーツ、音楽、料理などのジャンルを考えてみます。得意なフィールドであれば、相手を選ばずプロでもアマでもしっかりと反応してピンポイントで質問をぶつけていくことができます。

インストラクターは、自分の仕事のフィールドを深く把握し、飼い主の話にすぐに反応できるよう訓練が必要です。相手の話を受けて、身ぶり手ぶりを交えながら補足していきます。

映像が思い浮かぶような表現で話すことを「映像化相づち」と表現するようですが、飼い主に対して「例えば…」と言いながら映像化相づちを取り入れて説明できれば、話の内容が再現ドラマのように映像的にわかりやすくなります。その結果、飼い主には話の内容が理屈（りくつ）ではなく感覚で伝わることが期待できます。

●心を開く表現

相づちを上手に利用することで、飼い主の話をうまく引き出すこと、こちらの思っていることをうまく伝えることができます。また、自分の意見をうまく表現できない飼い主に対しても効果的な技法となります。

この技法は、評価するものではなく話を引き出していくことが目的であることを忘れないようにしてください。

◆表現の文句

・「そうですか、それからどうなりました？」
・「もっと詳（くわ）しく話を聞かせてください」

中間的な言い回しや表現を用いて、飼い主が話したいこと、こちらが聞きたいことなどの情報をできるだけ多く収集するようにします。ただし、発言を評価したり、相手に影響を与えたりするものではないことに注意しましょう。

●積極的に話を聞く

自分の意見を言わずに、飼い主の発言を繰り返すようにします。相手の話す内容をあえてインストラクターが自分の言葉で繰り返すことで、飼い主はこちらが興味をもって理解してくれていると感じます。早い段階で飼い主の信頼を得ることが重要です。積極的に話を聞くことで、飼い主の感情を受け止めることができ、気遣いや理解を示すことができます。それにより、次第に飼い主も話を聞いてくれるようになります。

また、飼い主の話を違う表現で繰り返すことで、飼い主は水平思考を使って物事を考えられるようになります。これは、飼い主自身が物事を考えて解決できるようになるための必要な手順となります。

ただし注意も必要です。応（こた）え方があまりにも機械的になると、誠意がなく恩着せがましく聞こえてしまう懸念（けねん）があります。

●話し方を変える

飼い主は、意見と助けを求めにしつけ方教室に来ています。見放すような言い方をしてしまえば、飼い主はアドバイスを受け入れなくなってしまうでしょう。

「あなたは～」を「私は～」に変えるようにして、飼い主にメッセージを伝えるようにしてみましょう。この場合、相手を非難するような表現は控え、助言的な表現を使うようにします。否定的な態度を肯定（こうてい）的な態度に変えるように心がけていくことが、インストラクターと飼い主をしっかりと結び付けていくことになります。

●インストラクターにとって大切なスキル

話すこと、飼い主にどのようにメッセージを伝えるかということは、インストラクターにとってとても大切なスキルとなることを心に留めておきましょう。

人は、インプットとアウトプットの量的なバランスがとれていないと落ち着かないといいます。現代人は、誰もがアウトプットしたい、話を誰かに聞いてもらいたいという願望が強いものです。そのため、相手の話をきちんと聞く人は、誰からも好かれる傾向にあります。話をして満足した飼い主は、こちらの話をよく聞き、応えてくれます。また、話す内容を整理してゆっくり話せば、驚くほど飼い主に話が伝わるようになります。

7．話し方をより向上させるために

話し方のプロフェッショナルといえば、アナウンサーやイベントなどの司会者、進行役の人たちではないでしょうか？（司会者や進行役のことをMC：Master of Ceremoniesといいます）

話し方や聞き方は、何もしないで自然にうまくなることはありません。学んで訓練して実践する、毎日の積み重ねが必要となります。学生の間は知識だけでもいいですが、社会人になったら実社会で使える能力を身に付けなければ通用しないのです。

●人を引き付ける話し方

人を引き付ける話し方にはコツが3つあります。

①相手を立てる
②相手の満足に配慮する
③その上で自らの意思を伝える

です。さらに「人柄」「内容」「伝え方」という、コミュニケーションの3大要素のバランスが説得力に大きく影響します。

また、あがり症などは、訓練すれば多くは克服できるのですが、これには練習の積み重ねが必要です。自分がうまく話をしている姿をイメージしながら、毎日練習するのです。そうすれば話し方はうまくなります。「これだけ練習したんだから大丈夫」と自分で思えるようになれば、その自信が飼い主に伝わります。

●説得を受け入れさせる「コップ理論」

飼い主へのカウンセリングの中で、飼い主の主張を聞きながら、こちらの意見も述べ、意図する思いを伝えていかなければならない場面があります。

コップ理論とは、コップに水がいっぱい入っていると、その水を一度出してからでないと、新たな水は入れられないという状況を説得の場面に当てはめたものです。相手の言い分（コップの水）を徹底的に聞いて吐き出させてからでないと、こちらの言い分（新たな水）は相手の耳（コップ）に入らないというものです。飼い主の言いたいことを聞いた後で、こちらから「実はそれに対しては、こんないいアイデアがあるんです」と切り出すことがポイントとなります。

中途半端に話を途切れさせてしまったり、強引に話を進めてしまったりすると、逆に相手は反論してくることになるので注意が必要です。

8．会話をスムーズにする「ほめる技術」

飼い主との会話をスムーズにするために欠かせないのが、「ほめる」という技術です。どんなに小さなことでもいいので、飼い主をほめる習慣を付けることでスマートな会話術が身に付くようになります。

効果的に人をほめるためには、まず飼い主をじっくりと観察することです。飼い主の良い部分、飼い主がほめてほしいと思っている部分を探し出します。事前に調査することもスキルアップにつながります。ほめられて嫌な気持ちになる人など、まずいないものなのですから。

ただし、ちょっとした浅めの事前情報や、会った瞬間に抱いた印象などを参考にしたほめ言葉が台無しにしてしまうことはよくあるので気を付けましょう。

●ほめる技術

「ほめ」は伝染します。よくほめる人ほど、よくほめられているものです。「ほめ」と「ほめられ」は、相互に作用しあい「強い引力」が働いて広がっていきます。ほめるという行為のもつ互恵的な要因は、インストラクターの気持ちを飼い主に伝えるという自発的な理由、円滑な人間関係を築くといういわば利己的理由、ほめることで飼い主の成長を促すという利他的理由が挙げられます。

◆「ほめ」は伝搬していく

つまり、ほめる行為は、飼い主のためにもなればインストラクターのためにもなる、しかも自然とそうしたくなるという性格をもつのです。ほめられれば大抵の人はうれしいと感じるものであり、ある集団の中で、誰かが誰かをほめれば、それが次々と伝搬していくのはとても自然なことなのです。

また、飼い主の気持ちをほぐし、会話を盛り上げるためには、最初から意気込んでほめようとしないことも重要です。意気込まず、先入観を捨て、会話の中で自然にほめるイメージです。

◆初対面の会話テクニック

初対面のときのほめ言葉は、あらゆるシーンで必要になる会話テクニックとなります。初対面の相手には誰しも良い印象を与えたいので、ほめ方にも力が入りわざとらしくなりがちです。「良い腕時計していますね！」などと大げさにほめてみても「調子のいいやつだ」としか思われないかもしれません。飼い主の容姿やファッション、持ち物といった外見だけにとらわれず、もっている情報や知識、わかりやすい話し方や人当たりの良さなどに目を向けることが、ほめやすくなるポイントでもあります。

相手の発言に注目してほめるというテクニックは、飼い主との対話の最中などにも通用するものであり、相手の要望を捉えて「とても参考になりました」「お応えできるようにいたします」と応じることで、飼い主への敬意を示し、心をくすぐることができます。

何より大切なのが、最後はきちんと相手の目を見てほめることです。自分は本気で思っているんだということをきちんと態度で示します。

●ほめるポイントを知り、ほめ上手になる

◆仕事道具をほめる …ほめる目線をどこにおくべきか

専門性が高い職人気質の人は、自分の仕事に誇りをもって取り組んでいることが多く、そのような人の仕事ぶりをほめるのは、きわめて危険です。その場合には、仕事道具をほめることがポイントとなります。こうした人は、道具へのこだわりが強いことを覚えておくといいでしょう。例えば、「その万年筆美しいですね」とか、自分が詳しく知らない場合は「どこのメーカーですか？」など、教えを請うような聞き方をして相手の気持ちをくすぐるようにしてみましょう。

気難しい人には、安易なほめ言葉は通じません。それよりも、発音やボディーランゲージを意識するように努めます。同じ言葉でほめるにせよ、椅子にふんぞり返っているより前のめりになって熱心に聞いてくれるほうが喜んでくれるものです。小細工は浅はかに見えます。自分の視点で、自分の言葉でほめるように努力してみましょう。

◆地位の高い人をほめる …確実にほめるポイントとなる

□頭の良さをほめる

「○○さんのように、できる人になりたい」という言い方をすれば上から目線になりません。

□顔をほめる

男性の場合、顔でもいいのですが肉体をほめるとより喜ばれやすいことがあります。顔をほめるときは具体的に。

□持ち物をほめる

「素敵な時計ですね」「どちらで買われたんですか？」などと質問するのもほめ言葉の一種。相手が会話に乗ってくればそこがほめポイントとなります。

□人格をほめる

頭の良さをほめることと一緒で、「○○さんのような、部下に信頼される上司になりたい」という言い方をするといいでしょう。

□会社をほめる

経営者などの地位の高い人なら、会社そのものをほめるより、会社経営の手腕をほめるべきです。

●じっくり傾聴しプロセスをほめる

ほめる以前に必要なことは、話をじっくり聞くということです。話を聞くだけなので簡単に思うかもしれませんが、これがなかなか実践しにくいものです。仮説を立てない、また、仮に言うことが先読みできても途中で話を遮らないように心がけます。

次いで、ほめるという行為に移るわけですが、結果

ではなくプロセスをほめると、一つ一つ積み上げている飼い主にとっては、高い目標の達成につながる第一歩となります。仮に、自分の殻を突き破って今までの自分ではできなかった行動を起こしたとしたら、そうした変化を捉えてほめるのです。相対評価ではなく絶対評価でほめることが、能力を引き出すコツとなります。特にしつけ方教室に通っている飼い主は日々練習を重ねている中でうまくいくこと、うまくいかないことを繰り返しながら次のレッスンに向かいます。飼い主のやる気を引き出すこともインストラクターの役目なのです。

能力を引き出すもう一つのポイントは、質問をすることです。ほめた後に「良い結果が出たのはなぜだと思いますか？」「うまくいった理由はどこにあると思いますか？」などと質問してみます。成功の理由を教えてといわれて、嫌がる人はほぼいません。飼い主の承認（しょうにん）欲求を満たしつつ、成功の要因を話してもらうことで、自発実践につながるようにしていくことが大切です。

●努力の過程でほめる

今はまだ成果は出せていないけれども「そうやって頑張っていれば、いつか成果が出る」という行為があったとしたら、それをほめるようにします。

◆5つのポイント

□最初からほめようとしない

会話を盛り上げようと、焦って最初からほめようとは思わなくてかまいません。まずはしっかりと話を聞くことです。無理にほめようとしなくても、会話の中からほめるポイントは見つかるものです。

□先入観をもたない

最初に挨拶したときの印象や事前情報などはいったん脇に置くことが大切です。先入観をもって相手を見てしまうと、相手の良いところを見つけにくくなることがあります。

□相手の発信に注目する

相手が話したことで、自分が初めて知ったことなど「なるほど」と感心するところがあれば、素直にそこをほめることも大事なポイントです。また、説明のうまさをほめることも相手の気持ちを引き寄せることにつながります。

□相手が謙遜（けんそん）しても二度はほめる

ほめたとき、相手が「そんなことないですよ」と謙遜しても、もう一度ほめる。そうされて初めて、相手もほめられているとわかるものです。

□目を見てほめる

ほめるときは最後しっかり目を見てほめる。そうしないと、本当にほめているのか疑われてしまいます。多少大げさでも真剣なまなざしでほめることが大切です。

9．語彙（ごい）数は多いほど正確に伝わる

●その場に一番ふさわしい言葉を選択できる

人が世の中のものを見て言葉にする場合、語彙（ボキャブラリー）は多いほうが、より正確にそのものを表現できます。要するに、1万の語彙よりも3万の語彙をもっているほうが、はるかに精密（せいみつ）に、いわんとすることを伝えることができるのです。

例えば、面接試験で「どんな仕事をしたいですか」と聞かれた場合、ただ「犬とかかわりたい」と答えるよりも、「飼い主さんと犬に幸せになってもらいたいので、問題行動の矯正に関する仕事をしたい」と答えるほうが、より具体的に面接官にやりたいことが伝わるものです。

また、語彙力があれば難しい言葉を易（やさ）しく言い換えることもできます。英語表現、カタカナ用語は特に注意する必要があります。専門的であることが多く、誰にでもわかる表現ではない上に、受け取る人によってはマイナスイメージをもたれてしまう可能性もあります。

語彙が豊富であれば、その場に一番ふさわしい言葉を選択でき、自分への評価を高めることができます。

●語彙は考える力にも影響を及ぼす

言葉が足りないと「その程度しか考えていないんだ」と誤解されやすかったり、場の空気を読む力はあるのに自分の意図を正確に伝えられなかったりすることは多いものです。また、語彙を身に付けても、それ

がマニュアル的になりすぎていると柔軟性に欠けてしまいます。

語彙が豊富であれば、言葉をもっと自由に使い分けて、しっかりと自分の考えを伝えることができます。そうすれば、言葉足らずで悔しい思いをすることは少なくなるでしょう。

語彙は、伝えるだけでなく考える力にも影響します。言葉は考えるために使うものであり、語彙が豊富だといろいろなことを考えられるようになります。例えば、草の名前を2～3種類しか知らない人と、たくさんの草の名前を知っている人とでは、同じ草でもまったく違う見え方をするはずです。つまり語彙が豊富であるか否かで、考え方にも差が出るということになります。

◆語彙が豊富だと

□自分の気持や意図を詳細かつ正確に伝えられる。
□相手や場面に応じて、より適切な言葉を選択できる。
□物事を考えるとき、深く細かく考えることができる。
□誤解を招いたり、悔しい思いをしなくてすんだりする。
□物事の見え方が変わり、理解の幅が広くなる。

●壁にぶつかったとき、乗り越える力

いろいろな場面において、壁にぶつかることがあります。そんなときどうやって乗り越えていくかを言葉に出して考えてみましょう。意思疎通を高める上でも多用な言葉を知っておき、それを使って自分の気持を表現できるほうがよいと思います。

◆言葉を使いこなせると…

□自分の残した結果や現状を冷静に振り返ることができる。
□成長に向けた次なるステップにつながる。
□不安材料がなくなり、気持ちが落ち着く。
□目標が明確になり、覚悟が決まる。
□飼い主とのコミュニケーションが円滑になる。

一つのことを説明するときに、そのことを表す言葉を150語用意しておけば、話す相手やその場に応じて20～30語などを取捨選択し、説明する内容や方法を変えることができます。言葉を発するときに、受け取る相手が言葉の意味を理解していないと、結局は自己満足に終わってしまいます。

ではいったい、どうすれば語彙を増やすことができるのでしょうか？　それには、五感を使って、物事をより多くの側面から分析することが大切です。

●五感で事象を真に捉える

五感を使って物事を捉えるために、イメージトレーニングをお勧めします。

例えば、森の中のドッグランにいると想定します。ドッグランを表現するのに、「広いドッグラン」という一言ですませてしまうかもしれません。そこをもう少し深く、五感を使って表現してみる癖を付けていきます。木々に囲まれた清涼感、雨が降った後の緑や土が香り立つ様子、肌に感じる風の感触もあるかもしれません。涼しい、柔らかい、心地よいなどの表現を取り入れて、イメージを膨らませていきます。目の前に広がるドッグランはどんな感じですか？　ほかに犬はいますか？　青々とした芝生の感触や木々の緑や鳥のさえずりはどんな感じですか？　五感を使ってイメージトレーニングしてみましょう。

◆ポイント

□左脳で理屈付けて、できるだけ多くの言葉で細かく分析する。
□感じる部位によって、表現する言葉が違うことを意識する。
□誰かに五感で感じた言葉を使って説明してみる。

物事を真に捉えるには、一つの側面からでは不十分です。だから五感を駆使して考えるようにするのです。そうすれば、ドッグランの風景に深みが加わり、見えていなかったものに気付くかもしれません。また、物事を分析的に捉えて言葉で表現しておけば、記憶に留まりやすく、後日誰かに説明することも容易になります。

言葉を使って表現することは非常に重要なことであり、いろいろな側面から物事に対峙して、それを言葉にする努力を怠らず続ける必要があります。

こちらの意思や考え方を示すときに必要となる「読む・書く・聞く・話す」に代表されるのは、コミュニ

ケーション力です。適切な言葉を知っていれば一言で伝えられるのに、知らなければ飼い主に自分の意思さえ伝えられないものなのです。

10. 経済的伝達力 いわゆる雑学の力

飼い主にアドバイスするにしても、プレゼンするにしても、交渉(こうしょう)するにしても、クレームを付けるにしても、経済的伝達力――いわゆる雑学の知識のある人のほうが圧倒的に優位になります。

なぜインストラクターに経済的伝達力が必要なのでしょう。一つは、語彙について前述していますが、この語彙力が付くことが挙げられます。また、話題の引き出しを増やすことで、対応できる年代の幅が広がります。そして何よりも信頼を得られることが大きなメリットです。

この力を付けるためには、新聞記事の音読(おんどく)が効果を発揮します。新しい言葉を覚えても、いざというときに口に出して使いこなせなければ意味がありません。音読することで、新しい語彙や効果的な表現が、自分のものになっていきます。音読した声を録音し、スケジュールの合間に聞いてみると、耳から入ってくることで新しい言葉が強化されます。同時に、自分の話し方の癖や欠点にも気付き、コミュニケーション力向上のヒントも得られます。

コミュニケーションの要素となるのが語彙であり、使える語彙を増やす訓練を繰り返すことが大切です。

◆経済的伝達力を身に付けるために

飼い主との会話をスムーズにしていくためには、いろいろな情報を上手に伝えることが必要です。そのためにつねに話をすることを意識して、以下の点に注目してみましょう。

□新聞を音読する

黙読(もくどく)するだけでは正しい読み方がインプットされないこともあります。言葉は声に出すことで定着し、使いこなせるようになります。 経済用語が豊富な経済新聞や経済面に加えて、スポーツ面や芸能面などもネタの宝庫となります。

□相手との「共通言語」を身に付ける

飼い主がふだん使っている言葉を使うことで、相手との距離を縮めることができます。ほかに類似の言葉があっても、あえて相手の好きな表現をそのまま使うことにこだわりましょう。視点を外に向けて相手への興味をもてば語彙を増やすことができます。

□早口言葉をいう

黙読することはできても口に出すと正しくいえない言葉はあります。滑舌(かつぜつ)を向上させる効果もあるので、習慣を付けてみるといいと思います。

□新聞記事を真似て書いてみる

話すだけでなく、書いてみることで語彙はさらに定着します。長い文章を書く必要はなく、新たに覚えた語彙を使って、新聞記事風の短文を書いたり、雑誌風のエッセイを書いたりしてみましょう。誰かに見せるわけではないので、文章のうまさを気にする必要はありません。語彙を使いこなす力が確実に向上します。

□旬(しゅん)のキーワードに注目する

雑誌の広告などを見て、新しい言葉やユニークな表現をチェックする、流行りそうな言葉はまず身近で試してみるなど、キーワード同士を組み合わせたり、活用法を考えたりするのも表現力向上に有効です。自分だけのネタ帳をつくり、気になった言葉をこまめに記録しておく習慣も付けるといいでしょう。

□飼い主の指摘や批判を素直に聞く

自分の言葉遣いや表現について他者から指摘を受けたときは、真摯に受け止めます。他者からのフィードバックは自分の言葉力を向上させる絶好の機会です。自分では気付かなかった欠点も、意識すれば修正していくことができます。

●伝える言葉が鏡の役割をする

重要なことは、その情報を知っていることを伝え、どう自分の心が動いたのかをできるだけ具体的にいい表すことです。手強(てごわ)い相手、気難しい相手と話す場合は、事前に相手の最新情報を入手しておくものです。最新情報というのは、相手の現在の最大の関心事だったり腐心(ふしん)したりしていることです。

相手の心を動かすほめ方をしようと思うならば、自分がどう感じたかを具体的に伝えられなければなりません。情報の全体像や詳しい意味まで把握しきれなくても、感じ入った部分だけは、詳細にいい表すことができるようにしておきましょう。気持ちが入っていないとどうしても言葉が陳腐になりがちなためです。

気難しい人と接する場合、いやでも応でも緊張してしまうものです。ちょっとした言葉一つで相手の機嫌を損ねてしまわないかとおそれるあまり、慣れない敬語を使おうとして逆に失敗することがあるので注意しましょう。

●人を動かす言葉には、つねに鮮度がある

気難しい人だからといって敬語をたくさん使っても、杓子定規になっては気持ちが伝わりにくくなってしまいます。

最初と最後の挨拶のときに、足を閉じて礼儀正しくいれば、それまでは多少姿勢をくずしてリラックスしてゆっくり話をしてもいいと思います。

□相手の最新情報を把握する

相手が手がけた最新情報などを知っておくといいでしょう。全部を把握できなくても一部でもかまいませんので、情報は積極的に得ておくようにします。

□感じ入った部分を具体的に表現

把握した最新情報でも、相手の発言の中でもいいので、自分の心が動いたことがあればその気持をできるだけ詳しく表現することはとても大切です。

□流れはあまり気にしない

準備しておいても、なかなかそのとおりにはいかないものなので、あまり気にしないほうがいいでしょう。事前の段取りにばかりとらわれず、しばらく様子を見て状況を確認します。

□小さなことは気にしない

こちらの要望を聞いてほしいときは、ほめてばかりはいられないというときもあります。大事なことを一つ伝えられたら、小さなことは気にしなくてもいいというおおらかさも大切です。

11. 視覚に訴えるコミュニケーション・スキル

飼い主の視覚を刺激するものを利用すると、より効果的に記憶に残ったり、理解を深めたりすることができます。最近では、デジタル機器の普及からいろいろなものが利用できると思います。

●テキストの有効利用

様々な場面で飼い主に対してアドバイスをしていても、言葉だけでは時間が経つと忘れられてしまい、「何を言われたっけ？」と思われてしまうことはしばしばあります。

◆プログラムに則した配布物

そこで必要なのは、しつけ方教室のプログラムに則したテキスト（ハンドアウトといいます）を飼い主に渡して、説明したことをしっかりと理解してもらうことです。ハンドアウトは情報を提供する手段としては大変有効なものです。

しかし、ハンドアウトの内容を充実させればよいかというと、そうではない側面もあります。文章や内容が長すぎると、飼い主は読んでくれないかもしれず、文章が短かったり内容が薄っぺらだったりすると役に立ちません。

ハンドアウトを上手に作成しましょう。より印象に残るように、カラー用紙を使ったり、キーワードだけを記してみたり、説明する項目に合った絵やロゴを入れてみたりすると効果が上がります。

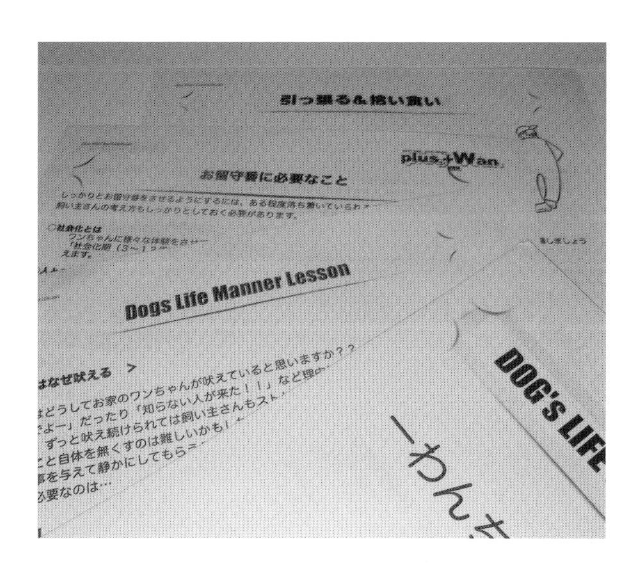

◆ハンドアウトの特徴

□しつけ方教室やアドバイスでよく使う言葉をそのまま流用することで、飼い主の理解を促す。

□なるべく簡潔にまとめて、読み進めやすくする。
□一つのハンドアウトは一つの項目にすることで、理解しやすくする。
□情報量でいっぱいだと読みにくいので、適宜余白を入れたり、イラストや図表を入れたりして、見やすくする。
□飼い主がメモを書き込めるよう、適度に余白部分をつくる。
□連続するプログラムであれば、ノート式にしてファイルしやすくする工夫も必要。
□インストラクターの連絡先や屋号、開催の日付を入れるようにする。
□質問があればいつでも応じる旨の文章を記載する。
□書籍や雑誌、ほかの資料から文章やイラスト、図表を引用する場合は著作権に十分注意および配慮する。場合によっては使用許可を取ることも必要。キャラクターもののイラストや写真は使用しないほうが無難。

誰が見てもすぐに理解できるようなハンドアウトをつくることはなかなか難しいことですが、飼い主の使い勝手を考えて、通しで見たときに順番や内容がわかるように、項目を集めた資料を用意しておくとさらにいいでしょう。

●セミナーを開く

セミナー、つまり講習会などを開催する場合には、参加者に話すこと、ハンドアウトを用意することのほかに、視覚に訴えるものを利用しましょう。最近はパソコンを利用する人が大変多くなっています。資料などをつくるためのソフトも充実しているので、大いに活用しましょう。

パソコンとプロジェクターを用意できるなら、プレゼンテーションソフトを使って事前にプレゼン資料をつくり込んでおくことをお勧めします。画面を見ながら、積極的に参加者に話しかけていくと興味を引くことができます。

また、映像を上手に利用することで、参加者の集中力を保ち、内容への理解を促します。しつけ方教室のレッスン中に動画やDVDを見ることはあまりありませんが、講習会などのセミナーや、しつけ方教室に通うためのオリエンテーションを開催するときには、短い時間のものを用意するといいでしょう。

ホワイトボードや黒板も、利用できるアイテムです。少人数のセミナーやオリエンテーション、しつけ方教室のレッスン時などに、話をしながら強調したいポイントなどを板書すると説明に対して理解を深めてもらう効果が期待できます。

●デモンストレーション

デモンストレーションは、説明したことを理解させる効果があります。特にしつけ方教室のオリエンテーションでは、デモンストレーションを上手に組み込むことで、犬のしつけの必要を訴えることができます。ただし、デモンストレーションの時間が長引くと逆効果になるので注意が必要です。

◆犬を使ってデモンストレーションをする

私たちは犬のスペシャリストを目指しています。犬を使ったデモンストレーションは、見ている人を引き付けるには効果絶大でしょう。パフォーマンスの場合は、ショータイムなので、できるだけ最高の技術を駆使して行いましょう。

一方、しつけ方教室のレッスン中やオリエンテーションでは、短時間でかつ簡潔に行うことがよいでしょう。大切なトピックを伝えたい場合に、より理解を深めてもらうことができます。

デモンストレーションにはどのような犬を使うのがよいのでしょうか。以下にそれぞれのケースの特徴を説明します。

□インストラクターの犬

インストラクター自身が世話をしている犬であれば、確実にコマンドに従い、犬の行動も予測できるので、時間を効率よく使うことができます。犬のトレーニングに対する考え方や接し方も的確に説明できるので、最高のデモンストレーション犬であり、インストラクターへの信頼も高まります。

欠点は、インストラクターがデモンストレーションを行うため、実演しながら同時に説明することが困難なことです。また「インストラクターの犬だから、で

きて当たり前」と思う参加者がいるかもしれません。

□アシスタントの犬

しつけ方教室のアシスタントの犬で行うこともできます。この場合、アシスタントがデモンストレーションを行うので、インストラクターはアシスタントと事前の打ち合わせが必要です。本番ではインストラクターは説明することだけに集中できます。

□飼い主の犬

もう一つの方法は、しつけ方教室の参加者の犬で行うことです。ただこの場合、インストラクターは大きなリスクを伴います。犬の性格を把握していないので、失敗するかもしれないということです。

一方、初見(しょけん)である参加者の犬を使うことで、様々な性格や反応を示す犬の扱い方を示すことができます。犬が思わぬ行動をとったとしても、正しい対処法を見せることができるでしょう。どのような行動があっても適切に優しく対処できれば、インストラクターの信頼度は増すばかりです。ただしこの場合は、インストラクターが経験豊富でないといけません。経験が浅いと扱いきれない場合があることを忘れないでおきましょう。

参加者の犬を借りてデモンストレーションを行う場合には、十分な観察を怠ってはいけません。特に犬がストレスを感じていると思ったら、すぐにデモンストレーションの中止を検討しましょう。

デモンストレーションに向いているのは、人やほかの犬を大好きな犬、しっかりコントロールできる犬、楽しそうな表情や動作を見せる犬でしょう。待機場所の確保が必要な場合もあるため、落ち着いて待てる犬を選ぶことも必要です。

●犬を使わないデモンストレーション

デモンストレーションは犬を使わなくてもできます。ぬいぐるみの犬やインストラクターの手、角材やボールペン、そして人を使います。

ぬいぐるみの犬を使うと、わかりやすく説明することができます。なぜならどこをどのように触っても怒らないからです。犬にやってはいけないことを具体的に説明するときにも役立ちます。

人の手は誘導することのデモンストレーションに使えます。

角材やボールペンは、犬の動作の基本を簡単に説明するときに役立ちます。インストラクターは、陽性強化という手法を用いて、犬を誘導しながら行動を教えていきます。このときに大切な「犬の頭をコントロールすれば、犬をコントロールできる」ことを、角材を使ってうまく示すことができます。

また、人を使ってデモンストレーションをすることで、犬の姿勢や基本的な動作、犬の思考について説明することができます。例えば、人が椅子に座っているとき、その人が立ち上がろうとするとどの部分が動くのか確認してもらいましょう。

デモンストレーションはアイデア次第で、いろいろなものを使って行うことができます。

●インストラクターとして飼い主と向き合う

インストラクターとして、多くの飼い主と様々な環境で飼われている犬たちの状況を的確に把握するには、一にも二にも「話を聞く」ことに尽(つ)きます。しつけ方教室は、決してインストラクター自身の主義主張を語る場ではありません。飼い主の不安を取り除き、「私でもできるんだ」という意識をもってもらう、「何とかなるんだ」という気持ちをもってもらうことが大切なのです。

話をしっかり聞くことで、飼い主の不安が払拭(ふっしょく)される可能性は高くなります。また、安心できる環境づくりを提供できれば、インストラクターとしての信頼も高まります。

様々な会場で、講義やセミナーを開く機会もあるでしょう。対象となる参加者の状況を想像しながら、話の構成を組み立てると思いますが、一人でも多くの人に理解してもらえるように、話し方や見せ方を工夫しなければなりません。

学習のポイント

犬の背後には必ず飼い主がいます。飼い主に犬のしつけ方や飼い方、トレーニングを細かく教えていくためには、様々なスキルを駆使して、適切に「伝える」作業をしなくてはいけません。そのための理論やスキルの選択肢は実に多様で、上手に選びながら適材適所で使っていく必要があります。

21 犬のしつけとトレーニングの基礎

ここまで、犬の動物行動学や学習理論、コミュニケーションスキルについて知識面を学んできました。本章では犬のしつけやトレーニングを実際に行っていくための基本的な知識とスキルを習得していきます。基礎を十分に理解し、必要に応じて応用できる技術も身に付けましょう。

犬を実際にしつけていく、トレーニングをしていくにあたり、犬との生活の中にルールを決めていくことが大切となります。このルールは、「リードを付けたらオスワリをさせる」「玄関のドアの前ではオスワリをさせる」「来客のときはオスワリをさせる」など、犬が守るべき項目を決めることですが、教える飼い主自身も守らなければいけません。

ここで紹介していくしつけやトレーニングは、一つの方法でしかありません。したがって、この基礎を十分理解して応用していく技術が必要です。

1．陽性強化法トレーニングを活用

1．ルールを決めてプログラムを実施（基本トレーニング）

犬との生活では、接し方や管理の方法において基本となるものが必要で、かつそれを確実に飼い主に実行してもらうことが何より大切です。しっかりとルールに従って生活をしていかないと、様々なトラブルを引き起こし、互いが生活できなくなってしまうでしょう。そのためには、家族みんなで守ることができるルールを決めることが必要です。

犬のしつけやトレーニングのポイントは「犬とのコミュニケーション」で、いうことを聞いてくれる犬をつくることが目標となります。特に「しつけ」においては、犬が自発的に「そうするものだ」という認識をもつように、無理なく毎日繰り返し教えるようにします。そうすることによって行動が定着していきます。

犬がどのように学習して、その学習をもとに行動をつくり上げていくのかについては「第7、8章」で述べているので、本章では、犬をトレーニングするための環境設定や実際の接し方、トレーニングの仕方について解説していきます。

2．トレーニングの手法は「陽性強化に基づくトレーニング」

◆ふつうにしていることをほめる

「第14章」でふれましたが「陽性強化法」は「コー

チング」ともいわれ、ビジネスや教育の世界でも多く活用され成果を上げています。陽性強化の基本を簡単にいうと「ほめて教える」ことです。

良いところを見つけるためには、ふつうにしていることをほめていく習慣が必要になります。すると、ちょっとした「変化」に気付くことができたり、何気ない動作にも反応できたりして、それをほめることができるのです。これはとても大切なことであり、大変なことでもあります。

特に犬のしつけやトレーニングを行う際に、どのような手法を使うことが犬にとって本当に良いのか、よく考える必要があります。

◆自らが進んで行動する

陽性強化という理論によって、「自らが進んで行動する」ようになると考えています。なぜなら、飼い主にも犬にも、大きなストレスをかけることなく動作を教え、その行動をほめることで「進んで行動する」犬にしていくことができるからです。

特に大きな成果をもたらすのは「飼い主」に対してかもしれません。しつけ方教室では、飼い主が自分の犬のしつけやトレーニングを行います。インストラクターは、飼い主にトレーニングの仕方を指導したり、生活面で重要な情報をアドバイスしたりします。その際、インストラクターは飼い主に「はい！　犬をほめて」とよく声をかけます。そうです、しつけ方教室で犬を叱るような指導はしません。それは飼い主に対しても同様で、飼い主は犬の先生であるインストラクターからつねにほめられているのです。当然、気分よく、犬に接することができるでしょう。これが飼い主と犬の絆を深くする方法なのです。

3．とても大切な基本トレーニングの概要

何のために犬のしつけやトレーニングをするのでしょうか？　その答えは、犬との暮らしを快適にするためであり、飼い主のいうことを聞く犬にしていくためです。警察犬や補助犬のような使役犬に育てたいのではなく、あくまでも家庭犬として、マナーの良い犬にしていくためなのです。難しいことをさせる必要はなく、飼い主の指示に従うように教えていきます。

●基本的な必須のトレーニング

犬が社会の中でともに、かつ快適に生活を送るためには、最低限の行動抑制（よくせい）トレーニングは欠かせません。これは、犬の安全を確保するために必要であり、また学習効率を高める効果も期待できます。

犬に教えなければならない基本的な行動とは、以下の６項目となります。

①注目すること（アイコンタクト）
②指示で座ること（オスワリ）
③指示で伏せること（フセ）
④その場でジッとしていること（マテ）
⑤呼んだら来ること（オイデ）
⑥落ち着いて待つこと（オスワリ、またはフセの状態を維持して動かない状況）

犬はこのすべての行動を、飼い主が指示しなくても自分で実施することができます。犬をよく観察していれば、何気なく座ったり、何気なく伏せたり、落ち着いて待っていたりするものです。

ではなぜ、これらの行動を改めて教える必要があるのでしょうか？　それは、飼い主の指示のもとで、その行動ができるようにする必要があるからです。服従性とよくいわれますが、重要なのは飼い主との「共同作業」を行うことで、飼い主の指示を聞くという「聞く耳」を養うことができる点です。

例えば、道端で知人とばったり会い世間話を始めようとした矢先に、犬がその知人に飛びつこうとしていたら話に集中できません。そんなとき、犬にオスワリやフセをさせておくことができれば、知人とゆっくり話をすることができます。

飼い主が「オスワリ」といって、犬が座れば、「賢いねぇ」ということになります。優しい言葉を聞くことで、自発性が生まれ、喜んで指示に従ってくれる犬に育ち、学習効率が高まっていくのです。

●トレーニングに必要な準備

犬のしつけを行うときに必要なもの、および心がまえを挙げてみました。

□モチベーターとポーチ

モチベーター（Motivater）とは、「やる気（モチベーション：Motivation）」を起こさせる物理的なものを指します。犬の嗜好性の高いモチベーターを利用すれば、学習意欲を高めることができます。

犬のトレーニングを行う際にモチベーターとなるのは、嗜好性の高いフードや、視覚を刺激する反応性の強いボールやおもちゃ、飼い主のうれしそうな表情や優しい言葉です。犬が欲しているものを使います。

併せて、フードやおもちゃがモチベーターの場合、トレーニング中にそれを入れておく用具も必要になります。すぐに取り出せるように、できればポーチやウエストバッグのような飼い主の身体に装着できるものがお勧めです。

□カラー（ハーネス）、リード

犬には、カラー（首輪）かハーネス（胴輪）を装着し、それにリード（引き綱）を付けましょう。犬をトレーニングする際は必ずリードを付けて行います。それにより、飼い主のリーダー性を発揮する効果があります。

カラーがいいかハーネスがいいかということについては、陽性強化によるトレーニングの場合は、特にこだわる必要はありません。カラーよりハーネスのほうが犬の身体への負担は少なく、急な引っ張りに対しても犬への影響は少なくてすみます。ただし、犬への負担が少ないぶん、犬をコントロールしきれないことがあるなど飼い主への影響は大きくなります。

□トレーニング場所

室内あるいはガレージなどを利用するとよいでしょう。もしくは、行き慣れた公園や広場、河川敷（かせんじき）などでもかまいません。

環境選びで大切なポイントは、犬が慣れた場所であること、ほかの刺激がないことです。その場所に慣れていれば犬の集中力を高めることができ、ほかの刺激が入ってこなければ注意散漫になることを防ぐことができます。

室内は、犬が最も慣れている場所であり、ほかの刺激に邪魔される心配もありません。屋外でも、屋根付きのガレージであれば、天候に左右されないので、犬が安心して飼い主に注目できると思います。

□しつけをすることは犬を教育すること

犬にしつけやトレーニングを行う場合、つねに意識すべきなのは、「犬が学習するように教える」ことです。犬が学習したかどうかは、犬の動作から判断します。また、教えたことをきちんと（教えたように）覚えたかについても、犬の動作から判断します。

人と違い、犬がどのように解釈し動作を行うかは犬次第です。個々により性格などの気質が異なるため、犬によって学習の仕方に違いが出てくることを覚えておきましょう。

2．セクション1

1．飼い主に注目することを教える

基本的に、犬の学習は「動機付け」といって、何回も同じ動作を繰り返し教えていくことで、行動を定着させスムーズに動作をするように促します。

最初のセクションでは、自然な行動や動作の中から「飼い主に注目する」ことを教えていきます。「アイコンタクト」につなげていくための大事なセクションです。

「できたことをほめる」ことが鉄則です。できないことを繰り返すくらいなら、犬がそのレベルにまだ達していないと判断し、犬をほめることができるようにレベルを落として犬ができることを繰り返すようにしましょう。

●環境に慣れさせましょう（ウォーキング：歩くこと）

慣れない環境では、どうしても犬の気が散ってしまいます。特に、犬は「鼻で考える動物」といわれるくらいに鼻がよく利くため、慣れない場所だとニオイを嗅ぐ行動が頻繁になります。この行動は本能であるため、止めようとしても無理です。むしろ、早めに慣れさせるためにトレーニングする場所を思う存分歩かせるようにしましょう。そうすると、ニオイに慣れるとともに新しいニオイが入ってこないため、飼い主に注目するようになります。

◆屋外だとムラが出る

屋内施設でのトレーニングはこのような状況から、飼い主へ注目するという行動への切り替えが早いのですが、屋外施設の場合は様々な要因（例えば風や音など）がつねに新しい刺激を運んでくるため、飼い主に注目するという行動にムラが出ることがあります。

●体調と健康状態はどうでしょうか？

日によって、犬の体調や健康状態に変化があります。トレーニングは、犬にとっても飼い主にとっても大変ストレスのかかる作業のため、インストラクターや飼い主は状況をきっちりと把握しておく必要があります。そのときだけを見ても健康状態の変化はなかなか気付きにくいものです。日頃の状況をよく観察しておき、その違いを早く発見できるといいでしょう。

●環境に慣れてきたら、飼い主の言葉に犬が反応するようにさせましょう

犬が環境に慣れてきたら、自然に飼い主を見るようになります。飼い主を見るようになり始めたら、犬が名前に反応するように促していきます。

何回も繰り返し行い、名前に対して犬が反応するようになったら、犬の動作のレベルを少しアップしていきましょう。基本的には、名前を呼ばれたら飼い主に注目して、犬自身が「オスワリ」をするように促します。上手にオスワリの姿勢ができたら「いい子」といいながら褒美を一つ与えます（この動作も動機付けの一つです）。

●犬が飼い主に注目することと、喜んで従おうとする行動の違い

飼い主に注目するようになったら、喜んで従うよという動作を教えていきます（この動作はけっこう大事なものです）。これは、飼い主のほうを向いている、そしてできるだけ近くにいることで判断します。

この段階から、犬を誘導することが必要になってきます。最初から「喜んで従うよ」という犬はあまりいないと思うので、まずは飼い主の前まで来てオスワリをするように促していきます。

●オスワリとフセの練習の意義

◆フセは飼い主への服従心を養う

オスワリとフセは、それぞれ犬に及ぼす影響が異なります。

オスワリは、「飼い主の指示を聞くきっかけづくり」になります。なぜならオスワリは日常で最も多く行う姿勢であり、次の動作に移行しやすいものであるため、犬としても容易に指示に従う行動をとりやすい側面があります。

フセは、「飼い主への服従心を養うことができる」動作になります。なぜならフセは、地面に一番近い体勢になるため、犬の中に飼い主に従おうとする気持ちがなければ、なかなかすることができない姿勢だからです。

この2つの姿勢を日常的に喜んでするように教えることができれば、知らず知らずのうちに飼い主に注目し、喜んで従ってくれる犬ができあがっていきます。

●犬の学習プロセス

効率よくしつけを行うには、犬の学習プロセスを理解することが大切です。やみくもに練習ばかりでは効果は上がりません。同じことをず〜っと繰り返すばかりでは、犬は飽きてしまいます。しかし、行動を定着させるためには、繰り返し教えることが必要です。ここでも褒美を使う利点がいくつかあります。

学習効率を上げるために必要なのは「モチベーション」(やる気)です。モチベーションを上げるためにフードを使いましょう。私は食べることへの要求度(意欲)が高い犬ほど、学習効率は高くなると考えています。

2. プログラムの概要

実際に犬を使ってのトレーニング方法と、その注意点について説明をしていきます。実際に犬を使ってみると、思い描いたようにはいかないものです。それでも思うように犬をコントロールするためには、繰り返し練習を行うことです。

●ウォーキング　…環境に慣れるためと、犬の健康状態の確認のために行います

基本的には、犬にリードを付けた状態で、飼い主に付いて歩くようにします。よくある方法では、4つのターゲットチェアもしくはターゲットコーンを置いて、その外周を1周まわります。上手に歩くことができるか、飼い主との関係はどうか、健康状態はどうかなどをチェックします。また、トレーニングプランの組み替えが必要かどうかも確認します。

◆右回りと左回り

1周まわっていく場合に、右回りと左回りで、犬の行動に変化が表れる場合があります。これは同じコースでも、犬にとっては右回りと左回りでは印象が違うことを表しています。気分転換を図る際のポイントとなるので、散歩コースを決めるときにも応用できるものであると考えています。

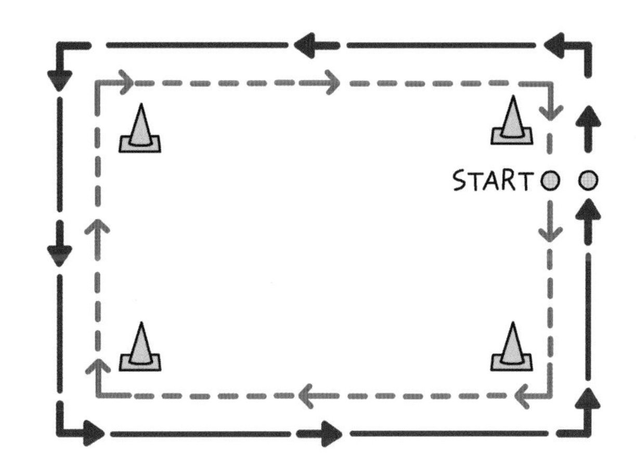

ウォーキングの図(イメージ)。スタートから右回りで1周(点線)、左回りで1周(実線)する。

◆動機付けが大切

ウォーキングで大切なことは、動機付けをすることです。よく「トレーニングはパターン化しないように」といわれますが、犬を効果的に動機付けする際はパターン化させて「この場合には、このようにする」ということを定着化させることが必要です。このウォーキングで犬をよく観察して、その日の犬の調子などをチェックするようにします。

●犬は褒美に注目していますか？　…アイコンタクトを教える際の最初の項目で“アテンション”といいます

犬が褒美に注目していれば、そのものへの欲求が高まり、手に入れるためにどのようにすればよいかを犬自身が考えます。これを利用して、座るという動作を促していきましょう。

犬を座らせる場合に「オスワリ」などのコマンドは使わず、犬の名前を呼ぶだけで、座る動作をさせるようにしてください。こうすることで、犬の自発的行動を定着化させることができます。

●オスワリ　…犬が飼い主に従おうとするきっかけをつくるために行います

犬に座るという行動を教えることは、さほど難しくないと思います。ですが、なかなか座る動作をしてくれないこともあります。日常的（自然な状態）に、犬がどの程度座る動作をしているか、また、食餌の前に犬を座らせているかなどを飼い主に確認してみましょう。トレーニングで大切なことは「オスワリ」とコマンドを与えたときに、犬に座る行動をさせることです。

◆犬に触って強引に座らせない

最初は褒美をルアーとして使います。犬の鼻先に褒美を見せて、徐々に犬の頭上へと上げていきます。すると犬は、目線で褒美を追ったまま釣られて頭を上げていき、自然に尻が下がる構図になって座る姿勢をとります。これだけで座るという動作をさせることができるので、決して犬の身体に触って強引に座らせないようにしましょう。

●フセ　…飼い主に対する犬の服従心を養うことができます

犬に伏せることを教える場合、基本は座っている姿勢をとらせます。座っている姿勢から伏せるという姿勢へと移行しやすいからです。

フセの姿勢は、地面に近いこともあり、飼い主に従うことを定着させる目的があります。そのため、飼い主に従う気持ちがない犬は、この動作をしようとはしない傾向にあります。

◆褒美をルアーに、頭を床面まで誘導

オスワリを教えたときと同様に、褒美をルアーとして使います。犬にオスワリの姿勢をさせた状態で、鼻先に褒美を見せて、ゆっくり真下に下ろしていきます。そうすると犬は、目線でそれを追い、釣られて頭が下がるので、床面まで誘導したらそのまま少し待ちます。すると犬は褒美が欲しくて前足を前に出すしぐさをし、その結果フセの姿勢をとることになります。

ここで説明したものは、あくまでも手順です。実際にはうまくいかない場合があります。ほかにも、犬にフセの姿勢を教える手順はあります。

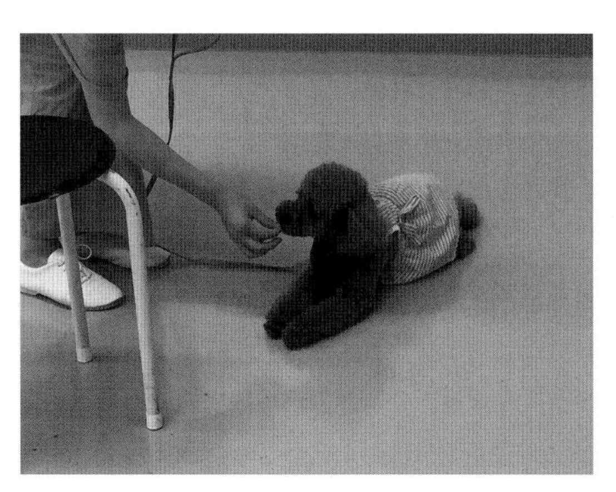

□くの字の足の下を通す

まず飼い主が足を伸ばして床面に座ります。次いで「くの字」にするように膝を折り曲げます。膝を頂点として床面と足との間にできる三角形の空間を、褒美で誘導して犬にくぐらせるようにします。これは、犬に無理なく頭を下げるよう教えることができる方法です。犬が楽しむように練習しましょう。

□シェーピング

「第15章第４節」で紹介した「シェーピング」を使い、スモールステップの手順を考えて実施します。これは少しずつ目標の動作に近付けていく方法です。

犬にオスワリの姿勢をさせたら、鼻先に褒美を見せてゆっくりと真下に下ろしていきます。このとき、犬の頭がその褒美に付いていき、床面に少しでも近付いたらその褒美を与えます。その動作がうまくできるようになったら、次に床面まで鼻先がくるようにします。鼻先が床面までくるようになったら、そこから少し前方へ褒美をずらしていきます。このように動作を細かく刻んで進めていきましょう。

●アテンションヒール　…飼い主への注目度を高めるために行います

より飼い主に従おうとする犬の行動を促すことができます。犬の「飼い主のそばに行こう」とする気持ちを高めることで、良い習慣を身に付けさせていきます。

◆飼い主に近付く

犬にさせる動作はオスワリの姿勢です。

前述したウォーキングという項目で犬が覚えるのは、飼い主が立ち止まったら、飼い主に注目すること、もしくはオスワリの姿勢をすることです。このアテンションヒールは、飼い主が立ち止まったら、飼い主に近付いて注目する、もしくは飼い主に近付いてオスワリの姿勢をすることです。ウォーキングとの違いは「注目するだけ」か「より近付こうとする」かです。

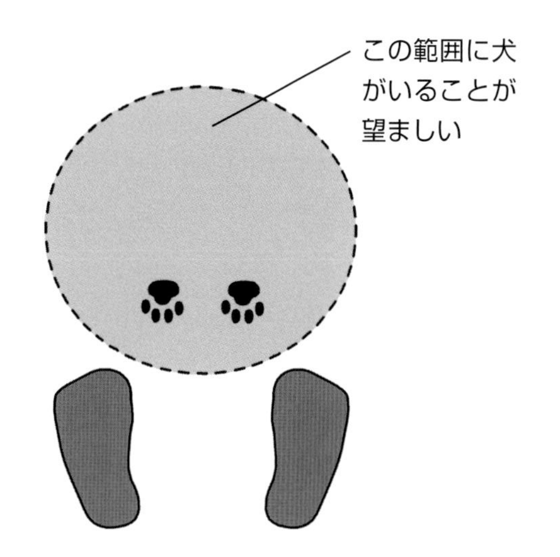

●誘導すること　…犬の頭をコントロールすることは、すべてをコントロールすることです

トレーニングは、犬を誘導することで動作をつくり上げていくことができます。まず飼い主が上手に犬を誘導することができるように練習します。マグネットハンドともいわれるように、犬の鼻先にフードを持った手を近付けて、フードに釣られた犬を飼い主が思いどおりにコントロールできるようにしていきます。

セクション１では、以上の項目がしっかりできるようにしていくことが大切です。犬へのトレーニングは毎日少しずつ行い、セクション２へつなげていくようにします。

3．セクション2

1．行動の定着を図る

セクション１の項目を毎回行うことで、犬の行動を定着させる、すなわち安定した動作をさせることができます。しかし犬にも調子の良いときや悪いときがあります。このことをしっかりと把握しておかなければなりません。

犬のトレーニングを行うことは、すなわち教育をすることです。犬がしっかりと学習するためには、その学習プロセスを知る必要があります。犬は、人の学習プロセスとは違うアプローチで学習をしています。

●適切な間隔でトレーニングすれば、行動は定着する

これは、しつけ方教室を行う中で気が付いたことなのですが、犬は行動をもとに戻そうとしている節(ふし)があるのです。犬は「利己的な便宜(べんぎ)主義者である」という観点から考えていますが、飼い主がしつけ方教室などに参加すると今までとは犬へのアプローチが変わってきます。犬も最初はそれに従おうとしますが、ある程度経過するともとの行動へ戻そうとします。このもとに戻そうとする行動が、飼い主にあまり従わないという動作につながります。そのときに、犬に対して新たなアプローチをすれば、犬はそれに従う行動をします。つまり適切な間隔でトレーニングを行えば、犬は確実に、かつ定着した行動になるのではないかということです。ですから、しつけ方教室でのトレーニング、すなわち新たなアプローチを行うためのトレーニングは、ある程度の間隔をもって行うことが大切だと考えています。

トレーニング成功の鍵は、成功体験を積み重ねること。

2．成功を重ねること

トレーニングの成功の鍵は「成功を重ねる」ことにあります。犬は楽しいことが重なることで学習を持続させていき、次第に集中力が養われるようになります。仮に「失敗」を繰り返しても覚えますが、これは失敗を繰り返した動作を覚えてしまう可能性があります。そして、失敗を叱ると「叱られた動作をしない」ようにはなりますが、良い動作を覚えるとは限りません。犬の場合、しっかりと学習させるためには「成功を重ねる」ことが一番の近道となります。

3．プログラムの概要

セクション２のトレーニングに進むには、セクション１の項目がある程度できることが条件となります。でなければ、間違ったことを覚えてしまうかもしれないためです。

セクション２では、段階を追って犬に「待つこと」を確実に教えていきます。犬との生活において「待つこと」はとても大切で重要な項目です。これは、犬の安全を守るためにも必要なことです。

●オスワリとフセ　…動作はある程度安定していて、理解しているかを確認します

犬がどの程度、飼い主のコマンドに対して従っているかを確認することが大切です。これはこの後に教えていく、待つことをしっかりと学習させていくことができるかどうかの鍵になります。

特にセクション１でフセという動作を覚えきれていなければ、このセクション２で確実にフセができるように仕向けていくことが必要となり、伏せて待つことを教えていくにはまだ早いかもしれないからです。

●マテ（ウェイト）　…その場で待っていることを教えます

犬に待つことを教える際に、２つのアプローチがあります。それはオスワリの姿勢で待つこととフセの姿勢で待つことです。

この２つのアプローチはそれぞれ違いますが、ここではマテという項目の進め方について説明していきます。マテという項目を、セクション２から４にかけて10のステップ（スモールステップ）に分けて教えていきます。

◆マテは「状態」を教えている

感覚の認識として、犬にオスワリとフセを教えることは動作を教えていることになり、これに対してマテはその状態を教えていることであると理解することも必要です。

また、マテをさせる位置も重要です。基本的に飼い主の正面で、できるだけ近い位置が望まれます。

●マテ<ステップ１>　…マテというコマンドを教えていきます

最初に教えなければならないことは、「マテ」というコマンドを犬に理解させることです。犬は「マテ」というコマンドは何であるかを知らないので、どのようにすれば理解するのかを考えなければなりません。

◆アイコンタクトが大事

オスワリかフセのどちらかの姿勢で行います。この場合「待っていればどんな姿勢でもいいや」という考え方はしないでください。なぜなら、犬に与えるコマンドが犬の名前「ポチ」、待たせる姿勢「オスワリ」（もしくは「フセ」）、そして「マテ」となるからです。

犬に与えるコマンドで犬の名前を呼ぶことにも理由があります。「第14章」の「９．基本的な指針」の項目で「犬に名前を教えること」について説明をしましたが、トレーニングの基本は「アイコンタクト」です。何かを教える際には、犬が飼い主に注目すること、すなわちアイコンタクトが大事なのです。

◆褒美を使って注目させる

実際のトレーニングでは、注目させるために褒美をルアーとして使います。犬の鼻先に褒美を持った手を近付けて「ポチ」「オスワリ」「マテ」というコマンドを与えて注目させます。このとき１～２秒待ったらすぐに褒美を犬に与えてください。

マテ<ステップ１>では、犬にコマンドを理解させるためのきっかけづくりができればいいと考えて、トレーニングをしましょう。

●マテ<ステップ２>　…注目して少し待つことを教えていきます

犬に待つことを教えるときに大切なのは、少しずつ確実にステップアップしていくことです。マテ<ステップ２>で、犬は待つことを覚えていくことになります。

◆歯切れよいコマンドと同時に褒美

手順としては、犬の鼻先でも頭上でもよいので、褒美を持って注目させます。その状態のまま「３秒程度」もしくは「５秒程度」待たせるようにします。犬が３秒、５秒とカウントすることはありませんが、注目しているうちに３秒程度は経過するので、経過したら「よし！」というコマンドと同時に褒美を与えます。

マテ＜ステップ２＞では、犬は何となく待っているという状況でもかまいません。大切なことは「よし！」という歯切れのよいコマンドと同時に褒美が与えられることです。この「よし！」というコマンドを犬に確実に教えていくことで、「いつまで待てばよいのか」を理解させていきます。

●マテ＜ステップ３＞　…その場で適切な時間待つことを教えていきます

犬に確実に待つことを認識させるために行うステップです。マテ＜ステップ２＞の手順で、待たせる時間だけを延ばしていきます。まずは目標を「10カウント」としましょう。「10秒」としないのは、待たせる時間を曖昧にする必要があるからです。

この段階は、犬それぞれに行動獲得に違いがあるため、その犬に合わせて「成功」を積み重ねていくことが大事となります。

●ボディーコントロール１　…犬の身体に触ってみて行動を観察します

多くの犬は、身体に触れられると興奮してしまい、手に負えなくなることがあります。そして、触る人の手に歯を当てる動作をするかもしれません。もしくは、触らせたくないと思っている犬もいるでしょう。しかし、どこを触っても嫌がらない犬にしていくことは、飼い主の責務（せきむ）です。これも無理をしないで少しずつできるように仕向けることが大切です。

◆触られて嫌がる部位を把握

犬がどこを触られるのが嫌なのかを把握しなければならないので、まずはそれを確認しましょう。

手順ですが、犬はどんな姿勢をしていてもかまわないので、頭の先から尾の先、マズル、耳、四肢の足先など身体の隅々（すみずみ）まで触ってみます。触っていく段階で犬の様子を観察し、どの部分を触ると嫌がるそぶりを見せるのか確認してください。

4．セクション3

1．繰り返し練習すること

犬をトレーニングして行動を定着化させるためには、繰り返し練習する以外に方法はありません。大切なことは、同じことを繰り返して練習し、飼い主の指示に従って行動するのは犬にとって「当たり前」となるようにしていくことです。

練習を繰り返すことで行動を定着させる

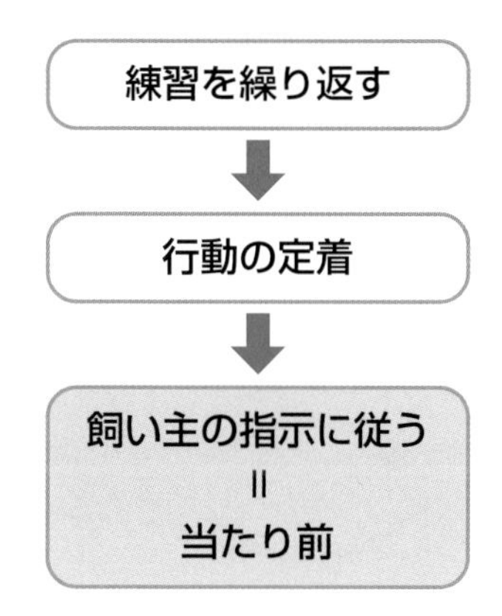

2．プログラムの概要

犬が「待つこと」を確実にできるようにトレーニングを進めていきます。マテ＜ステップ3＞までは、待つことを教えていく段階でしたが、マテ＜ステップ4＞からは犬にとって難しくなっていきます。

●マテ＜ステップ4＞　…飼い主との距離を認識して待つことを教えていきます

このステップから、時間で待たせることに加えて、犬との距離を理解させるようにしていきます。犬にとって、距離という感覚はどのようなものなのでしょうか？

◆飼い主の目線が変わると犬は反応する

実際にトレーニングを進めていくと、犬は意外なところを意識していることがわかります。実は犬は飼い主の目線が変わっても反応を示すのです。

例えば、マテ＜ステップ3＞までは犬の鼻先に褒美を見せるということをします。この動作を飼い主がしようとすると、どうしても前屈みになり、犬の目線との距離が近付きます。特にフセの動作で待たせようとする際には、飼い主はしゃがむかもしれません。下図のようにこの状態から飼い主が立ち上がると、目線が上がり、犬との距離が広がってしまうことになります。このとき犬は反応を示し、動くという行動をします。

この反応してしまうところを、待つように教育していきます。慎重にやらなければならない犬もいれば、難なくこなしてしまう犬もいるでしょう。

◆犬の目線との距離が広がったら褒美

手順としては、マテ＜ステップ1＞の状態のように犬の鼻先に褒美を見せて、ゆっくりと背筋を伸ばします。背筋を伸ばしきったところで「よし！」といって褒美を与えましょう。この場合、時間を待たせる必要はありません。犬の目線との距離が広がったら褒美を与えればいいのです。

上手にできるようになったら、次に褒美を持っている手を自分の胸のところへ置いてから背筋を伸ばすようにしましょう。

うまくいかない場合は、原因を探ります。例えば、犬が褒美を好きすぎて、鼻先に見せた褒美を動かすと犬も一緒に動いてしまうなどです。この場合、褒美を持った手を動かすことはできないので、まず褒美を持っている手を「グー」にします。その状態のまま時間だけ待たせるようにしましょう。

◆できるようになったら時間を延ばす

最初は３カウントから始めて、「３カウント」待てたら「よし！」といって手を「パー」の状態にして褒美を与えるようにします。この場合の「グー」と「パー」は効果があります。できるようになったら、「５カウント」〜「10カウント」というように時間を延ばしていきます。

これができるようになってから、背筋を伸ばす段階でトレーニングを進めてみてください。

●マテ＜ステップ５＞　…飼い主との距離と時間を認識して待つことを教えていきます

目線での距離に加えて時間を待たせるようにしていきます。

手順としては、マテ＜ステップ４＞の状態で「３カウント」程度待たせるようにしていくことから始めていきます。目標は、飼い主が褒美を持っている手を胸のところに置き、背筋を伸ばした状態で「10カウント」できるようにすることです。

◆飼い主が背筋を伸ばすことがポイント

このマテ＜ステップ４＞と＜ステップ５＞は飼い主が背筋を伸ばすということがポイントとなります。これは犬の動作に「メリハリ」を付けることができ、待つという動作を確実に学習できるようになります。

●マテ＜ステップ６＞　…犬から離れることを教えていきます

実際に犬から離れることを教えていきます。犬は飼い主との距離が広がれば広がるほど不安になります。この不安を取り除く作業として行うものです。

◆犬から１歩離れて、１歩戻る（重要！）

手順としては、マテ＜ステップ５＞の状態をさせて、犬から１歩離れます（実際には飼い主が１歩下がる感じになります）。そして、すぐにゆっくり慌てずに戻ります。一呼吸おいてから褒美を与えるようにしましょう。

この１歩離れるという行動では、１歩戻るという動作がとても重要となります。ここで犬は「離れた飼い主は必ず戻ってくる」ということを覚え、不安要素を取り除くことができます。

犬から離れたら必ず戻ること。

●マテ＜ステップ７＞　…犬から離れていても待つことを教えていきます

マテ＜ステップ６＞の状態に時間を加えていきます。

手順としては、マテ＜ステップ６＞の状態で「３カウント」程度待たせるようにしていくことから始めていきます。目標は、飼い主が褒美を持っている手を胸のところに置き、背筋を伸ばした状態で「10カウント」できるようにすることです。

大切なことは、決めた時間待つことができたら必ず犬のところへ戻ることです。それを忘れてはなりません。

●ボディーコントロール２　…身体に触られることを犬に慣れさせるようにします

犬の身体に触る練習をします。犬の身体をパーツに分けて順序よく触るようにし、楽しい状況で作業していくことが大切です。ボディーコントロールは健康

身体を10に分けた各パーツ

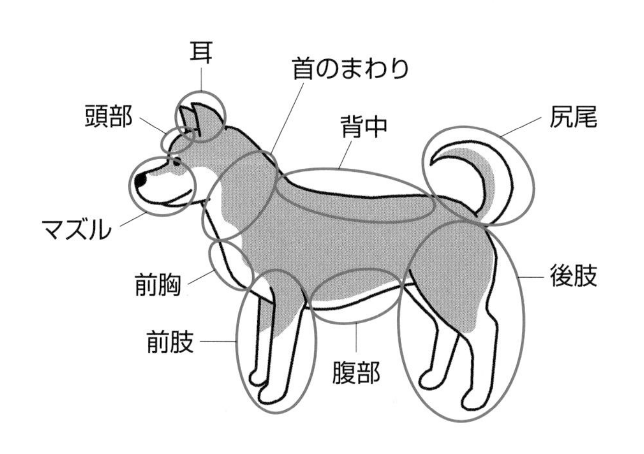

チェックも併せて行うことができます。日頃からボディーコントロールを行うことができれば、犬の身体的な異常の早期発見につながります。

◆全身を3パーツに分けて触っていく

犬の身体を、頭部、前躯、後躯の3つのパーツに分けていきます。

頭部においては、額部分（前頭部）、目のまわり、鼻口部（マズル）、耳、首のまわりというように分けて触るようにします。前躯は、前胸部、前脚部、足先と指の間、背中全体というように分けて触るようにします。そして後躯は、腹部、後脚部、足先と趾間（後足の指間）、尾と肛門まわりを確認するというように分けて触るようにします。身体を10のパーツに分けた左イラストをご参照ください。

手順としては、パーツごとに触っていきます。ただし犬が嫌がる部分はしつこく触らず、褒美を適宜与えるようにして進めていきます。

5．セクション4

1．集中力を高める

●落ち着く行動を定着させる

セクション1～3では、マテという項目を重点的に行い、落ち着くという行動を強化するようにしてきました。このセクションでも待つことを強化するトレーニングを実施しますが、犬が「落ち着く」ということがキーワードになります。

そして落ち着く行動が定着してくると、飼い主に対して「注目する」ことが増え、集中力が高くなってきます。

落ち着きが定着することで集中力が高まる

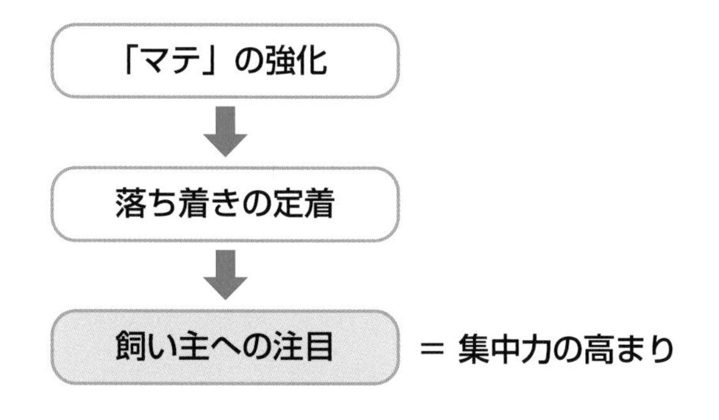

2．プログラムの概要

犬から飼い主が離れていく距離がどんどん広がっていき、待たせる時間も長くなっていきます。そうすることで、犬に待つことを確実に教えることができるのです。また、待つこととは反対の、呼べば来る犬にしていく必要もあります。

●マテ<ステップ8>　…犬からの距離を様々にすることを教えていきます

犬からの距離を広げたり、縮めたりして、様々な状況でも待てるように教えていきます。犬との距離に重点を置いてトレーニングするので、時間については長くならないような配慮が必要です。

マテ<ステップ7>で飼い主が1歩離れても待つこと、そして飼い主は自分のところに戻って来ることを教えました。このステップでは、1歩離れるところを2歩、3歩というふうに、距離を少しずつ広げていきます。

◆犬に合わせて段階を踏む

犬との距離を一気に広げてしまうと、犬に不安を与えてしまい、うまくいかなくなる可能性が高くなります。目標にするべき距離は犬により様々ですが、リードが張る程度まで離れる、もしくは適宜判断して、例えば10歩離れるなどというふうに、犬に合わせて決める必要があります。

ここでも忘れてはならないのが、飼い主が必ず犬のところまで戻ることで、褒美を与えるタイミングも重要となります。

●マテ＜ステップ９＞　…犬からの距離と時間を調整して待つことを教えていきます

マテ＜ステップ８＞の状態で、時間を長く待たせるようにしていきます。

手順としては、マテ＜ステップ８＞の状態で「５カウント」程度待たせるようにしていくことから始めていきます。目標は「20カウント」できるようにすることです。

●マテ＜ステップ10＞　…犬が落ち着いて待つことを教えていきます

待つことの総仕上げとなります。落ち着いている状態で待つことを定着させていきます。

◆犬のまわりを１周歩く

手順としては、マテ＜ステップ９＞の行動で、犬のところに戻ったら、１周だけ犬のまわりを回ってみます。犬はここで初めての経験をします。それは飼い主が自分のまわりを歩くということです。

犬は基本的に自分の背後に回られることを嫌います。また、飼い主を追って頭を移動させると、どうしても動いてしまう構図になります。そうならないために、１カ所に集中させて回ってみましょう。犬のまわりを１周回れるようになると、ずいぶんと犬は落ち着くようになります。

落ち着いて待つことを教える手順。マテをしている犬の周囲を歩いてみる。

◆時間をかけてウェイト（マテ）を教えていく意義

10のステップに分けてここまで徹底的に待つことを教えていくのは、「ウェイト（待て）」が犬との生活に欠かせないからです。そして、このセクションまでトレーニングが進むと、犬が飼い主に注目する度合いが最初の頃とは変わってきます。

●オイデ（カム）　…犬を呼び寄せることを教えます

次に教えていかなければならない「オイデ（カム）」は、ここまでのステップの積み重ねによって飼い主への注目度が高まっているため、容易に教えることができるでしょう。

犬にオイデを教えていきますが、どこにいても呼べば来る犬になっていると飼い主も安心な上に、犬の服従性も高くなります。

オイデの手順は３ステップに分けて教えていきます。

●オイデ＜ステップ１＞　…犬が飼い主のところへ来たときの動作を教えます

まずは犬に、来ることを教えるのではなく、飼い主のところへ来たときの動作を先に教えていきます。犬は飼い主のところへ走ってくる間に興奮し、飼い主のところへ来たときにはどうしたらよいかわからなくなってしまいます。この状況を防ぐためです。

◆飼い主の前に来たらオスワリ

手順としては、飼い主の前に犬をオスワリの姿勢で待たせ、1～2歩後ろに下がります。飼い主は「オイデ」といいながら犬を呼び寄せます。褒美で誘導してもかまいません。また、呼び寄せてから犬が来るまでに2歩程度下がりながら誘導してもよいでしょう。

犬が飼い主の前まで来たらきっちりオスワリをさせます。この場合「オスワリ」というコマンドを与えても、与えなくてもかまいません。基本的に飼い主のところへ来たら、真っ先に座ることを犬に教えることが大切です。

●オイデ<ステップ2>　…少しずつ犬が飼い主のところへ来る距離を延ばしていきます

オイデ<ステップ1>の行動が定着してきたら、犬との距離を広げるようにしましょう。犬は走っている時間が長くなると興奮する傾向にあります。この傾向をふまえて、飼い主に近付いたら座るという動作を促すようにプログラムを組んでいきます。

◆成功を重ねて難易度を上げていく

手順としては、オイデ<ステップ1>のように飼い主の前でオスワリの姿勢をさせて待たせ、散歩用のリードであればリードが張る程度まで、フレキシリードのように伸縮可能のリードであれば最初は5歩程度、犬から離れてみます。飼い主は「オイデ」と声を

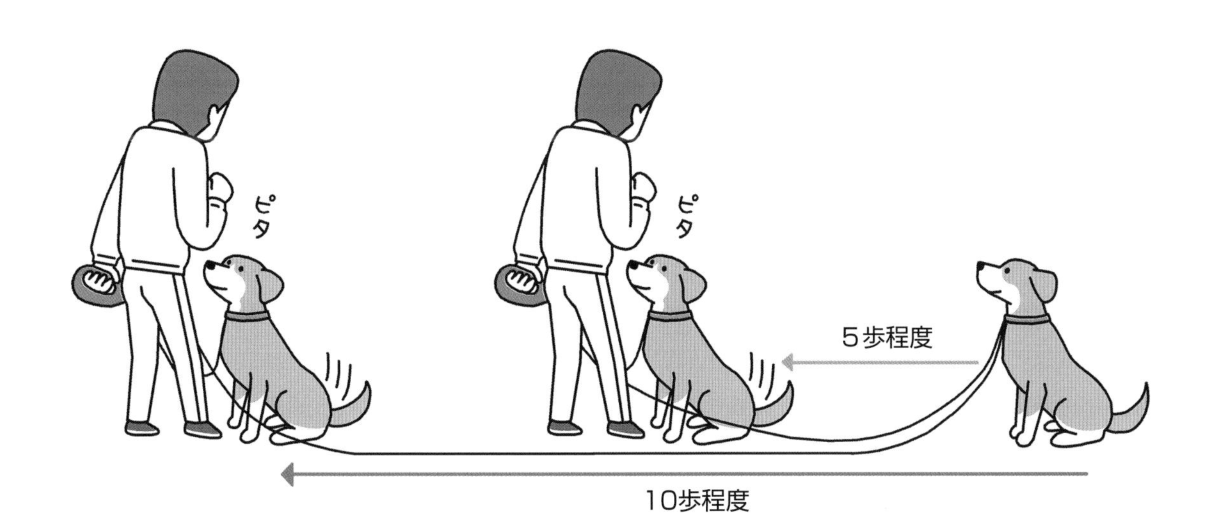

かけて犬を呼び、前まで来たら座るように促します。犬からそれほど離れていないので、うまくいくでしょう。

このように簡単な動作から教えていき、成功を重ねながら少しずつ難しくしていきます。要するに、どんどん犬との距離を広げていくようにするのです。

●オイデ＜ステップ３＞　…犬を呼ぶ目的は捕まえることですか？

飼い主から「うちの子、呼んだら来るんですけど、捕まえようとするとすぐに逃げちゃうんですよ～」「ギリギリ手の届かないところに座って、捕まえようとして手を伸ばすと後ろに下がっちゃうんですよ～」などの話をよく聞きます。こうなる原因は、飼い主が呼び寄せた目的が犬を捕まえることにあるからです。

◆「捕まえないよ」と犬に伝える

犬を呼ぶ目的は「近くに来ること」とか「オスワリをさせること」にあり、犬を捕まえるというのは別の行動です。しかし多くの場合、犬を呼び寄せたとたんにリードでつなぐなど、犬を捕まえるシチュエーションが見られます。この場合に必要なことは「私はあなたを捕まえるつもりはないよ」というサインを、犬に伝えることです。

オイデ＜ステップ２＞では、犬を呼び寄せてオスワリの姿勢をさせて、オイデの動作は終了と教えていますが、オイデ＜ステップ３＞では呼び寄せてオスワリさせた後に、もう一つエクササイズを付けます。飼い主が犬の首輪に触るという動作でオイデの行動を終了するようにするのです。

手順としては、オイデ＜ステップ２＞で犬を呼び寄せて座らせたら、首輪を触るという動作を付け加えるだけです。首輪に触ったら褒美を与えるようにします。最終的には首輪を握るようにして完成です。

●ボディーコントロール３　…条件を付けて犬の身体にふれる練習を重ねます

犬の身体にふれる際の条件を付けます。どんな状態でも触らせればよいという状態を避けるようにする必要があります。身体に触られる場合も、飼い主の指示に従うことを教えるためです。

頭部と前躯のパーツを触る場合はオスワリの姿勢をとらせ、後躯の場合は犬を四肢で立たせてから触ります。

このように条件を付けることで、身体のパーツを触る際に犬が動き回ることを防ぐことができ、確実にグルーミングや健康チェックをできるようになります。

6．セクション5

1．安定した行動を教える

●あらゆる刺激に慣れさせていく

犬の行動の安定と刺激への反応に対する対処を考えていきます。犬のトレーニングで大切なことは、ほめることで学習が進むということです。より多くほめるためには、安定した行動が必要です。そのために慣れた場所と刺激が少ない環境で行うことが大切です。そうすることで犬も飼い主も自信をもち、行動が安定していくのです。

日常生活には、犬にとっての刺激があふれています。あらゆる刺激に少しずつ慣れさせていく必要があります。

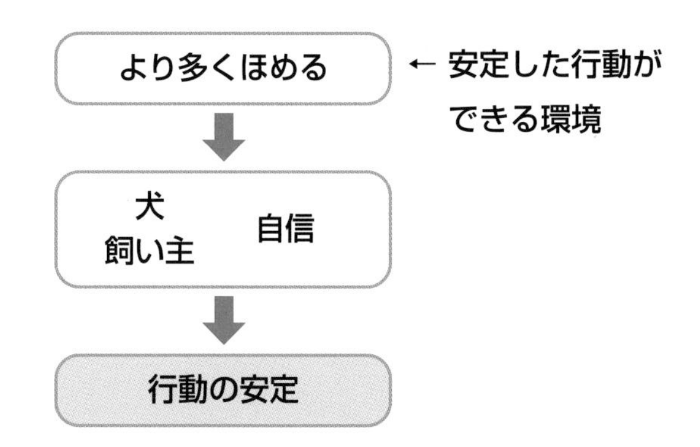

2．プログラムの概要

「落ち着く」ことがポイントになります。落ち着いた犬にしていくために、飼い主と一緒に歩くという項目も必要になってきます。

●コントロールウォーク　…リードを引っ張ってはいけないことを教えます

この項目は、犬のトレーニングで使われる脚側（きゃくそく）行進とは違います。あくまでも、引っ張らない犬にしていこうというものです。

◆散歩は楽しいものであるべき

ここで「散歩の定義」について考えてみましょう。散歩に行く理由は、犬のため、運動のため、気分転換のためなどいろいろあると思います。目的は何であれ最適な散歩は「楽しいこと」だと思います。散歩は、犬にとっても飼い主にとっても、楽しいものでなければいけません。

しかし、とにかく犬が引っ張る、あっちこっち行く、ニオイを嗅いで歩かないなど、実際の散歩は大変かもしれません。飼い主主導で散歩に行けるようにしましょう。

犬と一緒に歩くときに必要なことは、飼い主が歩くコースを決めておくことです。犬が自由にできるのは、リードの長さだけです。

散歩は
飼い主主導で。

◆犬がリードを引いたら立ち止まる

犬と一緒に歩き出して、リードを持っている手がかなり引かれたと感じたら、立ち止まります。次に犬がどのようにするか観察します。そのまま引っ張ろうとしたら、無視をして立ち止まったまま、こちらを見るしぐさをしたら犬の名前を呼び、褒美を与えましょう。これを何度か続けるようにします。これにより、リードを引くと前へ進めないことを犬が覚えるきっかけになります。意図的に犬が引っ張るような状況をつくり、犬がリードを引くと動けなくなることを教える方法もよいでしょう。

犬が引っ張ったら足を止める。

◆犬がリードを引いたら逆方向へ歩き出す

リーダーウォークという方法もあります。引くことが強い犬には効果的です。

犬と一緒に歩き出し、犬がリードを引っ張ったら、今進んでいる方向とは逆の方向へ歩き出します。犬は飼い主が方向を変えたことがわかると、飼い主が歩いているほうへ歩き出し、飼い主を追い抜いていくでしょう。そしてまたリードを力強く引くと思います。

そしたらまた逆方向へ歩き出してみてください。

これを何回か繰り返してから、今度は犬がリードを引く前に方向を変えてみます。犬は飼い主の行動に注目するようになります。

犬が引っ張ったら身体の向きを変える。

●コントロールヒール　…飼い主に付いて歩くことを教えます

飼い主のそばに付いて歩くことを教えていきます。この項目を教えるにあたり、飼い主の左右どちらに犬がいるのかを決めなくてはなりません。犬のトレーニングにおいては犬は左側というのが通説ですが、決まっているわけではないので飼い主が決めてかまいません。

ここでは通説に従って、犬は飼い主の左側に付くということで説明をしていきます。ここで初めて、犬のいる場所が左側と決まります。ここまでの練習では、犬のいる場所は明確ではなく、基本的に飼い主の前で何かの動作をすることがメインでした。

この項目で使うコマンドは「イコウ」とか「アトへ」などが一般的です。

◆1歩オスワリ

手順としては、飼い主の左側でオスワリの姿勢で待たせてから、褒美などを使って犬を飼い主に注目させます。次に、1歩だけ犬と一緒に進んで止まり、オスワリさせます。「1歩オスワリ」と呼んでいます。

歩き続けていることを「線」とするならば、歩き出す1歩は「点」です。すなわち散歩は、「点」がつながった「線」であると考えるのです。「点」をたくさんつなげば「線」になるわけです。「1歩オスワリ」は、この発想からきています。

練習を進めていけば3歩オスワリ、5歩オスワリというふうに、歩く・座るという行動を確実に教えることができるのです。

●ルアーエキサイト（誘惑刺激）…刺激に慣れるようにしていきます

犬が安定して待てるようになってきたら、犬を誘惑するような様々な刺激を取り入れていきます。

犬に対する刺激は、飼い主の行動の変化（しゃがむ、走るなど）、おもちゃなどの物品、ニオイのするもの（フードなど）、音の出るもの、犬が見たことのないものなど生活の中にたくさんあります。利用方法は、飼い主のアイデア次第です。

●5分間フセ・マテ　…落ち着いた犬にするために行います

犬にもクールダウンは必要です。犬は指示されて飼い主のそばでじっとしていることは苦手です。このセクションまで、指示に従うと褒美がもらえて楽しいことが起こると犬に教えてきているので仕方ありません。

しかし、飼い主のそばでじっとしていなければならない場面は、生活の中にたくさんあります。例えば、動物病院の待合室、ドッグカフェ、ペット同伴可のショップなどです。そのような場所で落ち着いたふるまいができれば、周囲の人たちは「まぁ！　賢い子」と称賛するでしょう。頑張って教える意義があるというものです。

◆トータル5分で練習を終わらせる

手順ですが、最初は犬がある程度「満足している」状態で行うのがよいでしょう。元気いっぱいのときに待たせることは、犬にとって苦痛であり持続できないからです。それでも、最初からうまくはいかないものなので、そのつもりで考えましょう。

いろいろな練習をした最後に、5分間だけ実施します。

大事なのは、実施している5分の間に、犬が動いてしまったら何度でもやり直しをしていくこと、そして何度やり直しをしても5分で終わらせることです。要するに、やり直しをした時点から再び5分をカウントするのではなく、やり直しも含めてトータルで5分だけ練習します。

もう一つ重要なことは、できるだけ犬と目を合わさないこと、5分になる最後はフセの姿勢を維持させてほめて終わることです。これにより次第に5分間伏せて待てるようになります。

実際のトレーニングの基本的なことを説明してきましたが、あくまでも一つの方法であり、完璧なものではありません。各々の思想の違いにより、使える項目もあればそうでないものもあるかもしれないということを申し添えておきます。

学習のポイント

犬のしつけとトレーニングの基礎では、実際に犬を動かすことによりわかることと、今までの理論的なものとを融合（ゆうごう）させて考えていく必要があります。

22 仔犬のしつけ～パピークラスを開きましょう

仔犬のしつけ方教室、いわゆる「パピークラス」や「パピーパーティー」「パピー教室」などと呼ばれるもので、仔犬を飼い始めた飼い主に向けて、これから犬と幸せに暮らしていくための大切な情報を提供するプログラムとなります。ここでは、犬の一生をサポートできる人材になるための情報を掲載しています。「第13章第３項」でふれた内容をさらに掘り下げています。

1．犬を迎えるにあたって

●仔犬の成長に飼い主の勉強が追いつかないケースも

ペットを飼いたいというニーズは高まっています。犬を飼い始めるとき、多くの人は仔犬から飼い始めることを選択するのではないでしょうか。ペットショップやブリーダーといった仔犬を供給する側が、様々なニーズを満たすように、あの手この手の顧客（こきゃく）獲得競争が熾烈（しれつ）をきわめていることも現状としてあります。

仔犬は小さくかわいいためか衝動（しょうどう）飼いを招くケースが少なくありません。それは結果的に、飼い主の犬の教育に対する知識や情報が少ないまま飼養を始めてしまうことへとつながっていきます。また犬は、人と比べると非常に成長が早く、早い段階から行動が激しくなり、落ち着かなくなっていきます。飼い主の勉強が追いつかないまま、仔犬が成長してしまうことも考えられます。

「パピー」すなわち「仔犬」を飼い始めた飼い主に対して、適切なアドバイスをすることは、インストラクターにとってとても重要な仕事となります。特にパピー期の行動と学習の吸収の早さには計り知れないものがあり、「気合い」を入れて取りかからなければなりません。

1．犬をどこから迎えたのですか？

仔犬のしつけ方教室（以下、パピークラス）には、生後６カ月までの仔犬が多く集まると思います。飼い主はそれぞれに仔犬との生活に期待と不安を抱えたまま参加しているかもしれません。

そこで飼い主に聞いてみましょう。「なぜ、犬を飼いたいと思いましたか？」そして「なぜ、その犬種にしたのですか？」と。次いで「どこからその子を手に入れられましたか？」と聞いてみましょう。

飼い主家族は多くの事柄を真剣に考えて、仔犬との生活を始めていることと思います。「第18章第１項」を参照し、仔犬にたどり着くまでのいきさつなどを聞き取りながら、飼い主とコミュニケーションを図るようにします。

◆ペットショップ

日本では、ペットショップで手軽に仔犬を手に入れることができます。大型のペットショップでは、かなり多くの種類の犬を扱っていて、ポピュラーな犬種もレアな犬種も、場合によってはその日に連れて帰ることもできるでしょう。要するに、人気犬種だと、遺伝的な疾病（しっぺい）を抱えている例も少なくありませんが、特に事前にその犬種について勉強していなくても「何とかなる」と思い飼い始めてしまうケースが、最も多く見られるものだと思われます。

◆ブリーダー

ブリーダーから仔犬を手に入れる場合、犬が性格的に安定していることが多いと考えられます。ただし、ブリーダーの考え方によっては、利益優先で狭いスペースの中で多数の犬を管理していると、仔犬がどうしても臆病になってしまう傾向にあります。ブリーダーから入手するとしても、必ずしも良い傾向になるとは限りません。

◆保健所や動物愛護センター

今の日本では、まだまだ保健所や動物愛護センターのような行政の施設から、犬や猫を家族として迎え入れる家庭は少ないものですが、行政の施設から犬を迎え入れた飼い主がパピークラスに参加した場合、十分注意しなければならないのは、その仔犬の性格や行動特性です。人に対して警戒心を抱えていたり疑心暗鬼（ぎしんあんき）になっていたりする仔犬も少なくありません。

◆動物愛護団体

動物愛護団体から手に入れた仔犬では、やはり臆病になってしまっている場合が多く見られます。このような犬の背景には、保健所などと同じように多頭飼育崩壊や劣悪なブリーダーから引き取られたといった様々な理由があると考えられます。

2. 犬を飼う準備はできていますか？

パピークラスは、おもに3～6カ月齢までの犬が参加できる月齢制限型のものが多いと思います。

パピークラスに参加する飼い主は、犬を飼うことへの意識が高い人たちだと思います。なぜなら、今の日本の現状からすると「犬への教育」に対する意識が全体として低いからです。参加しているのは仔犬のときから教育、いわゆるしつけをしっかりとしなければと思っている人たちなのです。

◆犬の成長と学習について

2019（令和元）年に改正された「動物の愛護及び管理に関する法律」では、ペットショップやブリーダーからの販売規制が生後56日を越えていないと販売できないとされています（一部の日本犬を除く）。飼い主の手元に仔犬が来るのは早くて生後3カ月弱ではないかと思います。

この時期の仔犬はとても好奇心が旺盛で、学習に必要なラインを上手につなげていく必要があります。

3. 犬の月齢別飼育のポイント

犬は感情表現が豊かで、環境に順応（じゅんのう）する能力をもち、学習により考えて行動していく動物です。決して仔犬の時期の生活をおろそかにしてはいけません。飼い主は、しっかりコミュニケーションを図り、豊かな表現をしていく犬に育てていく必要があります。

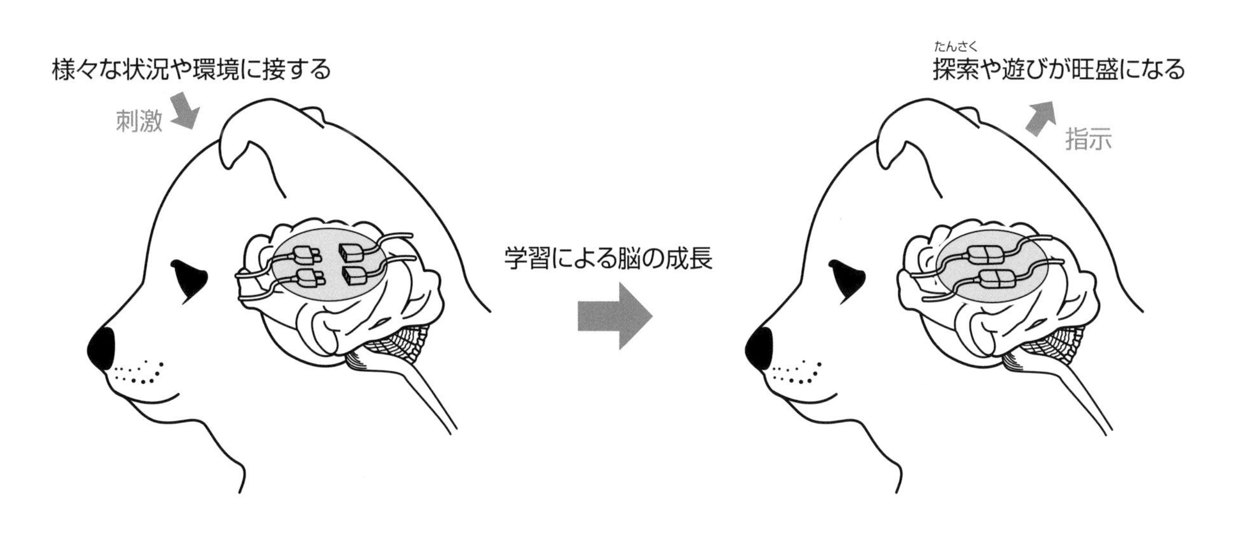

●3カ月齢の飼い方のポイント

□犬を新しい環境に慣れさせる。
□犬と一緒に遊ぶ機会を多くもつ。
□犬を呼び寄せる練習を何回もする。
□犬をカラーやハーネス、リードに慣れさせる。

犬が3カ月齢を迎える頃は、多くの場合、新しい環境に慣れていなくてはいけない時期です。あらゆるものを探索し、安全かそうでないか、日常的か非日常的かなど確認作業を行います。飼い主への依存度も高くなり、多くはかまってほしいという欲求が高くなります。

飼い主は、犬と一緒に遊ぶ時間をたくさんとりましょう。そうすることで、感情表現が豊かになり愛らしい犬へと成長していきます。

そして、「犬の名前」を呼んで反応するようにしたいので、呼び戻しの練習などを行いましょう。また、犬との生活に必要なカラーやハーネス、そしてリードに慣れさせたいので、リビングなどで仔犬を自由にさせる場合には、積極的に装着するようにします。

●4カ月齢の飼い方のポイント

□犬は何でも口で確認する。
□犬のケンカごっこが頻繁になる。
□犬のケンカごっこは攻撃ではない。
□おもちゃを使って犬と一緒に遊ぶ。
□犬の噛む行動を叱ることで直そうとしない。
□犬を呼び寄せる「呼び戻し」の練習をする。
□短い時間でも屋外へ散歩に行くようにする。
□犬に「楽しい」と思わせるようにする。

犬の生後4カ月頃は、とても活発に動き回り、周辺を確認するための探索を始めています。好奇心も旺盛な時期で、あらゆるものを口で確認したり、ケンカごっこが激しくなったりします。このケンカごっこには相手が必要ですが、その相手は飼い主が務めます。

この月齢の噛む行動は「攻撃」ではなく「コミュニケーション」としての噛む行動であり、叱る必要はありません。ただし、人の「手」は仔犬の噛むものではないので、ほかのものを与えて、それを噛ませるようにします。注意したいのは「一人遊び」をさせてはダメで、飼い主が必ず相手をしてやりましょう。おもちゃが好きな子であれば、おもちゃを投げて持って来させたり、引っ張りっこしたりなどの遊びが効果的です。遊んでいるうちに、あまりに興奮しすぎてウ～なんて唸り声を出すかもしれませんが、気にしないで大丈夫です。このときの唸り声は「威嚇」ではありません。ただし、興奮させすぎには注意してください。

この時期は、だんだんと「呼んでも来ない」ということが起こります。褒美をうまく使いながら、「楽しい」ことを犬とともに行うようにしましょう。

●5カ月齢の飼い方のポイント

□犬は「怖いもの」などへの反応が強くなる。
□犬の性格がはっきりする。
□犬はこの頃から「吠える」ことが多くなる。
□この頃の「甘噛み」は絶好調なもの。
□犬との共同作業の機会を多くつくる。
□散歩などを有効に利用する。

仔犬も生後5カ月を過ぎると、自我が芽生え「怖いもの」「危険なもの」への反応が顕著になってきます。犬の性格がはっきりとしてくる時期でもあります。今まで大丈夫だったものが、そうでなくなったり、いろいろな音への反応が出てきて「吠える」ようになったりと、今までと違った行動や動作が見受けられるようになります。

仔犬の「甘噛み」もピークになっていることでしょう。多くのストレスを抱える時期でもあるため、飼い主とのコミュニケーションをさらに向上させる必要があります。そのためには犬と飼い主との「共同作業」を多く取り入れていくことです。すなわち「犬のトレーニング」を始めていく絶好の機会となります。

この月齢の飼い方のポイントは、「気分転換」「ストレス発散」を兼ねられる「遊び」をすればよいのです。犬を散歩に連れ出す回数を多くすることも気分転換の有効な方法です。

●6カ月齢の飼い方のポイント

□犬の身体の大きさが成犬に近付き、力が強くなる。
□犬はいろいろな刺激に反応する。
□飼い主は犬との良い関係性を構築する。
□飼い主の指示を聞くことを犬に教える。

この時期になると動作が大きく力も強くなり、飼い主はいろんな場面で犬に振り回されることが多くなってきます。身体の大きさも成犬時に近付き、仔犬のかわいさから少し「おとな」になった感じになります。

そもそも犬は、猟犬の流れを汲んでいます。したがって、走るもの、転がるものなど「動くもの」への行動や反応が多くなります。そして社会における多くの刺激に対しても、様々な反応が出てきます。

ここでポイントとなるのは「関係性」です。新しい環境に十分慣れてきたこの時期、犬は「リーダー」を強く意識するようになり、飼い主が「信頼できるリーダー」であるのかを確かめようとします。

犬は家族で飼っていると考えられるので「家族全員」がリーダーである必要があります。この場合のリーダーとは絶対君主という意味ではなく、「この人のいうことは聞く」という対象としてのリーダーです。犬が飼い主をリーダーと思うようになれば、それだけ飼い主の指示に従う回数が多くなります。犬は「リーダーを得た自由」を喜ぶ動物なので、きちんとトレーニングしていきましょう。

日常生活の中で、ある種の「けじめ」「メリハリ」を付けるために、しつけやトレーニングを行っていきます。それには「オスワリ」や「フセ」といった動作を制御する指示を与え、それに喜んで従う犬づくり、すなわち教育をしていくことが欠かせません。

●子供と仔犬

家族の中に小さな子供がいると、仔犬にとって格好の遊び相手となってしまうことがあります。特に小学3年生以下の場合、仔犬はその子供を兄弟と思ってしまうようで、子供に向かって吠えてみたり、咬み付いてみたりと様々な行動をとります。

仔犬と子供たちとの関係をよくしていくためには、保護者と一緒に仔犬と遊ぶことが大切です。合宿や修学旅行などで、いつも（毎日）いるはずの家族の誰か（子供）が数日間（ごく短い日数だけ）会わない状況などがあると、子供が帰ってきたときの犬の興奮度が増しているため、注意が必要です。

2．仔犬の社会化

1．仔犬の社会化において大切なこと

●社会化

動物がほかの動物や環境との絆を構築する大切な時期です。人の飼育下においては生活の中の多様な環境に慣れていく必要があります。この時期の仔犬が視覚や聴覚、嗅覚などの五感にいろいろな刺激を受けると、生活環境に対して適応能力のある犬に成長するといわれています。逆にこの時期の社会化を怠ると、社交性の低い、臆病で様々な刺激に過剰に反応してしまう犬になりやすくなります。

仔犬は、飼い主のところへ来る前に親犬や兄弟犬とのふれあいの中で、犬特有のコミュニケーション方法を身に付けています。愛情を注がれて感情が豊かになったり、してはいけないことをすると叱られたりするなど、成長しながらルールを学んでいきます。したがって、あまり早い時期に親犬や兄弟犬と引き離されてしまうと、きちんとルールを学んでいないため、ほかの犬とうまく付き合えなかったり、飼い主との関係を上手に築けなかったりすることがあります。散歩でのいろいろな刺激や来客に対して過剰に反応して、攻撃的になるなどの問題も抱えてしまいかねません。

＜仔犬の社会化で大切なこと＞

□飼い主は楽しいリーダーと思ってもらえるように、犬と接する機会を多くもつ。

□身体のどこを触られても嫌がらないように、触られることに慣れさせる。

□ほかの犬への反応に適応できるように多くの犬との交流をもつ機会を与える。

□いろいろな人に慣れていくために多くの人との交流をもつ機会を与える。
□生活音や聞き慣れない音などに適応できるようにいろいろな音に慣れさせる。
□車やベビーカーなど生活にかかわるいろいろな刺激に慣れさせる。
□ペットショップや動物病院が楽しいところという関連付けをもてるような機会を与える。

以上のことを実施する上で注意しなければいけないことは、決して無理をしないことです。社会化は、無理をすると逆効果になってしまいます。仔犬の状況をよく観察し、大きなストレスを与えないようにしながら進めましょう。

●恐怖

人が犬とともに生活しているのは、犬という動物種が賢く危険を回避して進化してきたからです。恐怖心がなければ生き残ることすらできなかったことでしょう。

動物が危険を察知したときの行動は、次の３つに分類できます。「逃げる」「動かない」「戦う」です。この本能的な行動は、家庭犬にも当てはまります。これは本能的な行動なので、しつけやトレーニングで制御できることではありません。ですが、犬が生活の中において様々な刺激に慣れること、要するに社会化することによってコントロールできるようになります。

犬にとって恐怖という衝動はいろいろな行動を引き起こし、最終的には「吠える」「咬み付く」という問題行動として表れてきます。そうならないために、様々な刺激に慣れさせていくのです。

ところが、仔犬の怖がる行動は人からすると滑稽（こっけい）に見え、ついいたずら心が出てしまったりします。例えば、掃除機の音に犬が反応した動作を見て、わざわざ犬のいる方向に掃除機をかけてしまうなど、犬を興奮させるようなことをしがちです。しかし、飼い主からしたら些細（ささい）に見えるこのようなことが、のちに問題を引き起こしかねないのです。

犬との生活において、決して犬の恐怖を増長（ぞうちょう）させるようなことをしてはいけません。仔犬が少しでも怖いという動作を示したら、仔犬が怖がるであろう行動を中止して（例えば掃除機のスイッチを止めるなど）、飼い主は平然を装（よそお）いましょう。犬に「何事もないよ」というメッセージを送るのです。もし飼い主がその行動を続けたい場合は、恐怖の原因となっているものや事柄から犬を遠ざけてから、その行動をするようにしましょう（例えば、犬を別の部屋に移してから掃除機をかけるなど）。

また、犬は見慣れないものを目にしたときも、恐怖を示す動作をします。飼い主は大げさな反応をせず、犬の行動を見守るようにしましょう。実際に経験させて、犬に自分の目で確認させてやることをお勧めします。しかし、何事も無理強いしてはいけません。

新しいものを探索しているときに、仔犬が後ずさりして立ちすくむような動作をしても、そのままにしておきましょう。もちろん犬を無理に近付けるようなことはよくありません。とはいえ、犬を助けようとリードを強く引いたり、飼い主の腕に抱え込んだりすると、新しいものや人やそれらの状況に対して、自分自身で距離を調節する犬の能力を制限してしまうことになります。

仔犬の性格の大部分は16週齢までの経験で決まるといわれています。状況を複雑にしているのは、大事な時期の始まりと終わりが個体によって異なるためです。社会化のポイントは、時間をかけて、仔犬が恐怖を感じない状況をつくり出すことです。

パピークラスでは、インストラクターが仔犬のストレスサインやカーミング・シグナルを読み取り、状況に応じて対処していきます。仔犬に我慢させるようなことはせず、新しいものには徐々に慣らし、まわりの環境に対して自信をもたせていくように仕向けます。

●仔犬を取り巻く環境

仔犬の場合、必ず室内で飼養しましょう。仔犬は免疫力がまだ低く、心身ともに成長期にあり、飼い主が観察できる状況下で飼養する必要があるためです。また、飼い主家族との絆の構築をする上においても室内飼育は重要なこととなります。

室内飼育であっても、仔犬に自由気ままな環境を与えてしまうと、いろいろなものをかじったりトイレのしつけがうまくいかなかったりするばかりでなく、飼い主との関係構築もうまくいかなくなることがあります。ケージやサークルなどを利用し、中に入れて休ませる時間を設けるなど、けじめのある生活をするように心がけてください。ただし、ケージの中にずっと閉じ込めておけということではありません。犬をケージに入れたり出したりすることは、人との生活においてリーダーは誰であるのか、落ち着ける場所があるか、飼い主と遊ぶことは楽しいよ、我慢することは大切だ、ということを教えていくために必要なことです。

●クレートトレーニングは必要です

「仔犬を狭いところに入れておくなんてかわいそう」などと思う必要はありません。本来、犬は洞窟の中で生活をしていた動物であり、狭いのは安心できる場所だという認識をもっています。さらに、飼い主の指示で犬がクレートに入ることで、飼い主がリーダーであると犬に認識させることになります。

また、狭いところが安心できる場所という認識があれば、大きな災害があって避難しなければならないときにも役立ちます。被災し、避難しなければならない状況になると、飼い主も犬も大きなストレスに見舞われて、体調をくずすことがあります。避難場所では、飼い主と一緒にいることはほとんどできないでしょう。犬にとっては、それまでの自由気ままな生活から一転、クレートに入りっぱなしの生活となるため、環境の変化が大きくストレスが増大してしまいます。しかし、ふだんからクレートトレーニングができている犬は、環境の変化に適応することができるのです。なぜなら、クレートは安心できる場所という認識をもっているからです。

このように、クレートトレーニングにより、犬は自己主張を制御でき、我慢することを自然に体得できるようになるのです。

●仔犬は破壊行動をするもの

仔犬は好奇心旺盛でエネルギーがあり余っています。したがって、室内にあるものを手当り次第に噛んだり、かじったり、くわえて走り回ったりします。この行動を仔犬のときに抑制することはお勧めしません。むしろ、上手にエネルギーを発散させてやる必要があります。

そこで必要なのは、環境整備です。仔犬が口に入れたり噛んだり、かじったりするものは、仔犬の手の届かないところへ置くようにします。家具などかじられては困るものには、犬の嫌いな苦いスプレーをかけておくなどの対策を講じましょう。

2．飼い始めたときからしつけは始まる

仔犬のしつけは飼い始めたときから始まるものだと考えてください。

まずは、新しい家族に慣れることです。何人家族ですか？　家族の中に小さい子供はいますか？　高齢者はいますか？　各家庭によって状況は様々ですが、家族にまつわるすべてのことが、仔犬にとっては慣れなければならない刺激となります。

また、家の中にあるものから社会化トレーニング、つまり慣れさせることを始めていきます。

●リビングにあるもの

リビングは家族が集まる中心的なスペースであり、当然仔犬もそこにいる時間が長くなるでしょう。もしかしたら、ず～っとリビングにいるかもしれません。それはどんなリビングですか？　床はフローリング、カーペット、たたみなど様々な素材があります。キッチンとつながっているかもしれませんね。ダイニングテーブルに椅子、ソファー、テレビなどがあります。小さい子供がいれば子供のおもちゃもあるでしょう。

犬がいる環境として考えると、噛んでほしくないものを片付けるか、仔犬の届かないところに移動させ、移動できないものには噛まれないように苦い味やニオイのするスプレーなどをかけておくという配慮をする必要があります。環境を整えることで、仔犬に噛む機

会を与えないように仕向けるのです。

●食餌にかかわるしつけ

仔犬に食餌を与えるときには必ず「犬の名前」を呼んでから与えるようにしてください。食餌は１日数回必ず与えるものなので、このときにしっかりとコミュニケーションを図るようにします。

「食餌の量はどのくらいが適正ですか？」とよく聞かれるのですが、個々によります。与えるドッグフードのパッケージに書かれている量を目安にするとわかりやすいでしょう。

食餌にかかわるしつけでよく指導するのは、気持ち少なめに与えて食器の中を空っぽにする習慣を付けさせることです。なぜなら、犬の食欲にムラがあり完食したりしなかったりすると、健康な状態だけど食べないのか、病気で食べられないのかの区別が付きにくくなるためです。日頃からよく食べるという習慣を付けさせるように、飼い主が工夫しましょう。

●生活にかかわるいろいろなものに慣れさせる

仔犬と生活を始めるにあたり、様々な刺激に慣れさせる必要があります。これは、将来起こりうる問題点を回避するために必要なことです。

犬は大変社会性が高く、性格も十犬十色（十人十色）です。社会化だけで良い犬にすることは無理ですが、いろいろなものに慣れることで犬の気質や行動に様々なことへの耐性（たいせい）ができ、犬自身が自信をもつようになります。

また、周囲とのコミュニケーションを上手に図れるような犬にする必要があります。一歩外に出れば刺激がいっぱいあります。異常に人を怖がったり、自動車やオートバイ、自転車などを怖がったりしないようにするなどの社会化が大切な項目となります。

３．家庭での社会化

仔犬は、とても好奇心が旺盛です。何にでも興味を示し、確認して、欲求を満たすための行動をします。月齢（成長）に合わせて、行動に変化が表れてきますが、毎日接する飼い主はその変化には気付きにくいものです。

犬はこれから先、人の社会の中で生活していきます。多くの刺激に満ちあふれている私たちの生活に順応していくために、飼い主が手助けをする必要があります。

●仔犬がゆっくりと休める場所は必須

仔犬が家にやってきたときから「しつけ」は始まります。でも、いったい何から始めればよいのでしょう？

新しい環境におかれた仔犬は、大きなストレスを抱えています。このストレスを和らげていくために、ゆっくりと休める場所をつくります。適切な大きさのケージの中に、ドッグベッド、ペットシーツ（トイレ）、給水器（水飲み）を置きましょう。

ケージに仔犬を入れたら、声をかけずにしばらく自由にさせます。つまり、仔犬がゆっくりと休む時間を与えるようにします。これにより、ストレスが和らぎ、これから始まる新しい生活環境に慣れるための学習の準備ができるのです。

●リビングを探索

仔犬をケージから出しリビングで自由にさせると、ニオイを嗅ぎながらあちこち移動をします。これは、その環境に何があるか探索を始めているのです。

このときに飼い主が注意しなければならないのは、仔犬は何でも口に入れてしまうことです。あらゆる事故を想定して、予防を心がけた「管理」が必要です。仔犬が届くところには、触ってほしくないもの、危険なものを置かないようにするなど、最初のうちは仔犬から目を離さないようにします。

●早い段階から慣れさせる

仔犬は動くものやいろいろな音に反応します。飼い主はできるだけ早い段階から、生活環境の様々な事柄に仔犬を慣れさせることが大切です。

また、仔犬の学習による吸収力は想像以上に高いものです。仔犬のいろいろな学習は、関連付けから成り立っています。多くの刺激の中から飼い主の行動と結び付けて学習していくため、飼い主は気を抜いている暇はありません。

4．仔犬とのコミュニケーション

仔犬は、飼い主のところへ来るまでは親兄弟犬とケンカをしながら成長してきました。飼い主のところへ来たからといって、急に大人びたりはしません。子供のように遊びたがります。

「第13章第３項」でもふれていますが、次に、仔犬と遊べるゲームを２つ挙げますので、ぜひ活用してみてください。

●遊んでもよいおもちゃと悪いおもちゃゲーム

犬のおもちゃ４つと、靴下やスリッパ、ペットボトルといったおもちゃではないものを３つ用意します。それらをすべて犬の前方に並べます。

そして犬に自由に取りに行かせます。そのときスリッパなど犬のおもちゃではないものをくわえたり遊んだりしたら、すぐに取り上げて犬の届かないところに隠しましょう。

仕切り直して、もう一度遊ばせます。犬のおもちゃをくわえたり遊んだりしたら、すぐに犬と一緒に喜んで遊びましょう。こうすることで仔犬は、何のおもちゃで遊べば楽しいかを学習するようになります。

このゲームのポイントは、遊んでほしくないものをくわえたり遊んだりしたときには、無言で飼い主にそれを取り上げられてそのものがなくなってしまうことと、飼い主が自分に話しかけてもくれないことを学習させることです。

●主人はどこだ？　かくれんぼゲーム

仔犬と一緒にいるときに、仔犬がよそ見をした瞬間を見計らってカーテンやソファーの後ろに隠れてみましょう。仔犬が気付いたときに飼い主がいない、という状況をつくります。

すると仔犬は飼い主がいなくなったと思い、探すという行動をします。しばらくの間黙(だま)っていると、仔犬は鼻を高く上げてニオイを嗅ぐしぐさをして再び探し始めるでしょう。うまく見つけることができて飼い主に近寄ってきたら、大いにほめましょう。こうすることで飼い主との絆を深めることができるのです。

3．仔犬のトイレトレーニング

トイレのしつけは、大変な作業となることを覚悟(かくご)してください。そもそも仔犬なのでトイレの場所を知らなくて当然です。最初は大変でも、仔犬の時期にきっちりと教えることができれば、その後の一生を快適に過ごすことができます。

●仔犬の頃はトイレの回数が頻繁

仔犬は成長過程にありますから、排泄の回数が多いのは当たり前のことです。そして、トイレの失敗も当たり前です。人の子供も同じで、排泄の回数が多いので「おむつ」をするのです。

まずは仔犬の生活環境を見直します。基本的にきちんと管理できる飼い方を心がけます。そのためには「ケージ」か「サークル」を利用するのがお勧めです。そのケージの中に「寝る場所」と「トイレとなるペットシーツ」を半々に設置します。寝る場所には何か柔らかい素材の敷物を敷きましょう。

その状態で１週間程度観察をします。仔犬が敷物を敷いた「寝る場所」で寝てくれていれば、ペットシーツの上で排泄をしてくれると思います。一方、もしペットシーツの上で寝ているようなら、トイレの場所と寝る場所を入れ替えて、再び１週間程度観察します。

５カ月齢程度までは、こんな感じで観察し、ペットシーツの上で排泄しているのを見かけたら、大いにほめるようにします。このとき褒美を与えるようにすると仔犬の学習効率が高まります。

仔犬の時期はトイレで排泄をしたら、その度に汚れたペットシーツを取り替えるようにしてください。

●トイレトレーニング＜パターン１＞

犬にとって環境の変化は学習のきっかけとなります。

◆トイレサークルの設置

仔犬が生活をしているケージとは別に、もう一つサークルを準備します。このサークル内には、一面ペットシーツを敷きます。寝るところは必要ありません。これを「トイレサークル」と呼びます。

犬という動物は、環境が変わると排泄をしたくなるという習性があります。一般的に、飼い主は仔犬をケージからリビングに出して自由にさせることが多いと思います。すると仔犬は、リビングを走り回りながら早い段階で排泄をしてしまうのではないでしょうか？　これが環境の変化によって排泄が促されている証拠なのです。

◆入れたら10分間無視

そこで、トイレサークルを利用します。ケージから仔犬を出したら、すぐにリビングで自由にさせるのではなく、一度トイレサークルへ入れます。仔犬をトイレサークルへ移動させたら、10分程度、放置（無視）をします。このとき必ず無視をしてください。仔犬にかまったり、「トイレ、トイレ」などと声をかけたりしてしまうと、仔犬は排泄どころではなく「ここから出せ！」と飼い主へアプローチしてきます。ここは10分程度、完全無視です。その時間を使って、飼い主はそれまで仔犬がいたケージを掃除するなり、別のことをするなりして過ごすといいでしょう。

トイレサークルに入った仔犬は、サークルの中のニオイを嗅ぎ回りながら、排泄の機会をうかがうようになります。

◆排泄していたら、ほめて褒美を与える

10分程度経過したら、トイレサークルに近付き、状況を見ます。排泄をしていれば、仔犬にわかるように

大いにほめます。同時に必ず褒美を与えるようにしてください。ほめ終わってからリビングに出してやると、しばらくは排泄をしないと思います。

もし、10分程度経過しても排泄をしていなければ、一度トイレサークルから仔犬を出してリビングで遊ばせます。遊ばせながら仔犬をよく観察し、排泄をする前にもう一度トイレサークルへ入れます。そして、再び10分程度無視をします。これを繰り返します。

この方法はトイレの失敗がなく、目的を達成していればほめることに徹（てっ）することができるので、確実に仔犬がトイレの場所を覚えていきます。

●トイレトレーニング<パターン２>

◆排泄行動をリサーチ

犬のトイレのしつけで大事なことは、的確にトイレの場所で排泄をしてくれることです。そのためには、「犬はいつ排泄をするだろう？」ということがポイントとなります。一般的には、寝ていて起きたとき、食餌の後、動き回った後などが排泄のタイミングですが、個体差があるので、一度排泄行動のリサーチをしてみるといいと思います。

◆行動パターンで円グラフを作成

この円グラフは、１日を５分割（ぶんかつ）して、どの時間帯に排泄をすることが多いかを示したものです。

排泄行動の時間帯を調べるためのカテゴリー

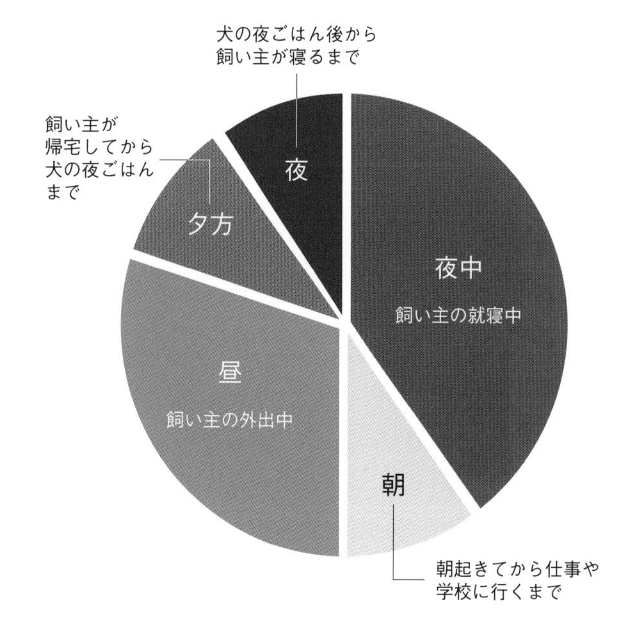

この分割の基準も、昼は11～13時というふうに時間で区切るのではなく、飼い主の行動パターンで分けるといいでしょう。就寝中、起きてから、仕事や学校に行くなど、家族によって動き方は様々なため、各家庭でアレンジしながら考えていくことができます。

リサーチ期間は、的確に犬の排泄パターンを知るために２週間程度は必要と思われます。

４．仔犬の噛み癖対処法

●仔犬にとってはアプローチの一つ

仔犬は、とにかく噛むものです。社会性が非常に高い犬は、コミュニケーションを多く図ろうと、飼い主に対してあの手この手でアプローチしてきます。そのアプローチの一つとして「噛む」という行動はあります。人のように言葉を介（かい）すことはないため、犬は行動によってコミュニケーションを図ってきます。ゆえに、この噛むという行動を止めさせようと思ってもなかなか難しいものとなります。噛んでいいものを積極的に与えて飼い主と仔犬が一緒に遊び、コミュニケーションを図りましょう。

●仔犬との遊びには規律が必要

「犬と遊ぶ」という方法を知らない飼い主が、意外と多く見られます。仔犬と上手に遊ぶコツは、「規律ある行動」です。規律ある行動とは、「遊ぶ」「止める」をはっきりさせることです。

飼い主が投げたおもちゃを拾って持って来させる、引っ張りっこをする、ものを追いかけさせる、などは仔犬が喜ぶ動作を促しますが、同時に興奮することも教えてしまいます。

そこで「犬のおもちゃ」と「犬と遊ぶおもちゃ」を分けて管理するようにします。「犬のおもちゃ」とは基本的に犬自身が遊ぶためのおもちゃ（一人遊びのおもちゃ）であり、飼い主はあまり介入（かいにゅう）しません。「犬と遊ぶおもちゃ」は飼い主が管理して犬と遊ぶときにだけ使うおもちゃ（飼い主と遊ぶおもちゃ）で、遊びが終わったら取り上げて、犬の届かないところに収納します。

このように遊びの中にもメリハリを付けることで、犬の好奇心を刺激し、気分転換を図りながら遊ぶことができるのです。

●仔犬の甘噛みは叱っても直せない

犬は成長する段階で様々な関連付けが起こり、学習が進み、行動を起こしていきます。この成長段階では遊びが非常に重要な項目となります。

人は成長していく段階で仲間意識を構築し、コミュニケーション方法を見つけ、信頼できる・できないということを判断しながら行動が定着していきます。この段階で言葉を使うことにより、スムーズなコミュニケーションを図ることができます。

一方、犬は言葉を用いず、コミュニケーションを図るときに動作を使います。特に仔犬においては、噛むという行動が顕著です。これは、成長期に狩猟本能が芽生え、ケンカごっこが顕著になるためだといわれています。要するに、本能による行動なのです。

本能による行動を制限することは非常に難しく、制限すると犬へのストレスも大きくなります。そのため、仔犬の行動に沿うように飼い主が対応していく必要があるのです。

◆狩猟に似た遊びを取り入れる

噛むことは狩猟本能の芽生えを意味しているので、狩猟に似た動きを取り入れて仔犬と遊ぶことをお勧めします。飼い主がおもちゃを投げて仔犬に追いかけさせる、おもちゃを拾って持って来させる、持って来たおもちゃを引っ張りっこするというイメージです。

ただし多くの場合、ここで問題が起きます。引っ張りっこをしていると、おもちゃではなく、おもちゃを持つ飼い主の手を噛んでくることが非常に多く見られるのです。これを回避するためには、「手を噛んできたら遊びを中断」することです。犬が手を噛むたびに中断、これを繰り返します。

すぐに止まるものではありませんが、この方法は犬へのストレスを小さくするもので、将来的に飼い主との関係構築に大きく役立ちます。

●あきらめの悪い飼い主になる

仔犬の成長過程では、ケンカごっこは生後５カ月頃がピークで、その後減少に向かいます。生後５カ月頃までは噛む傾向が強く、犬は「あきらめが悪い」ので何度も繰り返してきますが、対する飼い主も仔犬に負けないよう遊ぶことに熱中してください。仔犬に負けない「あきらめの悪い」飼い主になりましょう。

仔犬も四六時中ケンカごっこばかりしているわけではないので、好奇心を刺激して、興味を分散させてみることも行います。生後４カ月を越えてくると「共同作業」という枠組（わくぐ）みができてきます。一緒に何かをするということですが、飼い主と仔犬が一緒に何ができるだろうと考えると、散歩が挙げられます。仔犬にカラー（あるいはハーネス）とリードを付けて、一緒に歩く練習を始めてみます。リードを付けた状態で室内を歩いてみる、実際に屋外へ散歩に出てみるのもいいと思います（道を歩かせるかはワクチン接種を考慮）。好奇心が旺盛な仔犬なので、散歩が楽しい経験になるように、十分注意を払いながら歩きましょう。

5．パピークラス

1．パピークラスの重要性

飼い主に提供できるサービスの中で、最も重要なものの一つにパピークラスがあります。パピークラスは、５～６頭の仔犬とその飼い主たちが参加する構成となっているところがほとんどです。

プログラムの内容は様々ありますが、大きく分けてトレーニング重視と社会化重視の２つがあります。どちらが重要というものではありません。最も考えなければならないことは、仔犬の時期は学習能力が非常に高く、吸収能力も高いということです。

●ワクチンと社会化

パピークラスの参加対象を考えたときに、どうしてもワクチンなどの感染症対策をどのように考慮するかということが最初に浮かびます。

アメリカの獣医師であり動物行動学者のロバートK.アンダーソンは次のように述べています。

「仔犬のワクチンと社会化は同時進行すべし」

仔犬は生まれると同時に学習を始め、生後13～16週の間に経験したことが記憶に残り、学習に対する反応も高いといわれています（生後16週とは約４カ月齢に該当します）。

仔犬が学習する時期は、犬の行動に影響を与えるための最適な時期です。そして健康的に過ごすためには重要で、長く影響を与える時期でもあります。そのため飼い主は、ほかの仔犬や成犬だけでなく家族以外の子供や大人と接する環境を仔犬に提供し、学習や社会化の経験を積ませることが大切となります。飼い主と犬の絆を深めるため、またその後10年以上にわたり大切な家族の一員としてともに暮らしていくために、社会化プログラムを予防注射プログラムと同時に行うべきなのです。

この特別な学習期間を最大限に活用するために、８～９週齢から仔犬の社会化プログラムを実施する必要があります。しかし、社会化プログラムに参加するためには、伝染病に対するワクチンを少なくとも１回は終了していることが必要となります。

社会化プログラムを実施するインストラクターは、抗原（こうげん）に対する予防策に注意を払い、衛生環境を整え、参加する仔犬ができるかぎり危険な環境にさらされないようにします。社会化プログラムとトレーニングは、仔犬が健康に過ごすプランの重要な一部として捉えていく必要があります。

ワクチンを接種（せっしゅ）してさえいればまったく危険がないということはありません。パピークラスの開催前に、さらに予防接種が必要となる特殊（とくしゅ）なケースや環境について、獣医師のアドバイスや判断に従いましょう。

また、パピークラスへの参加が時期的に遅れる場合には、仔犬が学習する特別な時期を最大限に活用するために、飼い主が家族以外の子供や大人に対する社会化プログラムを実行できるようにアドバイスをしていくことが大切です。

2．仔犬の社会化と環境

パピークラスで得られるメリットの大きさは病気感染のリスクを上回ります。ワクチンプログラムが終了していない仔犬に関しては、かかりつけの獣医師にパピークラスに参加してもよいかの確認をとり、許可が出たら、早速パピークラスに参加してみましょう＊。

＊多くの仔犬が一堂に会するパピークラスへの参加は、犬同士の接触が密（みつ）になるため、特にワクチン未接種の仔犬については獣医師のアドバイスを仰（あお）ぐ必要があります。

3．パピークラスを始めましょう

パピークラスの目的は、犬がいろいろな刺激に慣れていく社会化と、飼い主と犬が幸せに暮らしていけるようにするための絆の構築、そして飼い主には周囲の人たちに迷惑をかけないような社会的なマナーを学んでいく場を提供することにあります。

●仔犬の教育

仔犬の時期のしつけは、まず「いいこと」をほめる（陽性強化）ことにあります（「第３章第３節」参照）。仔犬の時期に、悪いことを叱る（処罰強化）という方法で教えると、何かをすると叱られるという関連付けが犬の中でできてしまい、飼い主との関係を損ねてしまうばかりでなく、対抗策として「攻撃」の火種（ひだね）になりうるかもしれません。

犬のしつけは、生活の中で活かされるものでなければなりません。したがって、訓練するというイメージとは違います。仔犬と接触することは「遊ぶ」ことです。遊びは楽しいもので、仔犬はその遊びを通じて学習をしていきます。様々なものに興味があるこの時期に、上手に「やる気」を育てるように仕向ける必要があります。

仔犬は食欲が旺盛です。食欲が旺盛な仔犬ほど学習効率が高くなります。なぜなら、「ほしい」という欲求が高くなり、それを手に入れるために「どうすればいいか」をつねに考えるからです。

パピークラスにおいて大切なことは、適切に学習を進められるように、仔犬の欲求度の高い褒美を使い、命令ありきではなく、仔犬の自発的な行動を促して、飼い主が意図する行動へと誘導していくことです。

●飼い主から発せられる言葉の力

このときに、飼い主から発せられる声も重要になってきます。犬は人の言葉を完璧に理解することはできませんが、これは人が犬の言葉を完璧に理解できないのと一緒です。

しかし、ある程度は互いに理解できるようです。いろいろな研究で、人は犬が発する声、つまり「吠え声」を聞くだけである程度「何で吠えているのか」を理解できているそうです。とすると反対に、犬も人の言葉をある程度理解できる能力をもっているのではないかと思われます。

はたして、飼い主から出る声はどのようなものがいいのでしょうか？　ほめるときの声と叱るときの声を比較してみます。ほめるときの声は、優しく丸い感じの声を出します。文章ではイントネーションが伝わりづらいですが、例えば「**よ〜しよしよし**」「**いい子〜**」という言葉には、緊張感はありません。一方、叱る言葉には、短く強く張りのある尖った感じの声を出します。例えば「**ダメ！**」「**イケナイ！**」という言葉は、まわりを緊張させるほどの力があります。

声のトーンも影響すると思われます。ほめるときは声が高くなり、叱るときは声が低くなります。犬は飼い主から発せられる声のトーンなどを聞き分けて、今どのような状況なのかを判断するのです。

パピークラスは、遊びを通じて楽しみながら行うことが大切です。決して緊張感のあるクラスにしてはいけません。仔犬は遊びの中からいろいろな刺激に慣れるための社会化や、身体検査を含むボディーコントロール、飼い主との信頼関係を深めるための絆構築プログラムを学んでいきます。キーワードは「とにかく楽しく！」です。

4. 開催するメリット

パピークラスは、仔犬を飼い始めた家族と仔犬のために必要なサービスです。ペットショップにおいては、大切なアフターフォローやアフターケアになり、信用性が一段とアップします。つまり、犬を買ったショップには何でも相談でき、適切なアドバイスをもらえるという印象を飼い主に植え付けることができます。また、これから犬を飼いたいとショップを訪れた人には、安心感を与えることになり、リピーターを増やしていくことにつながります。

しかし、実際にパピークラスを開くにはそれなりのスペースが必要となり、毎日開催するサービスでもありません。また、しつけや飼い方については、本来の目的である買い物でショップを訪れた際、スタッフをつかまえて「ついでに聞く」という感覚をもっている飼い主がよく見られます。ペット関連の業界においては、情報に対してお金を払うというシステムがまだ定着していない現状があるようです。

だからといって無料でパピークラスを開催することは、お勧めできません。なぜなら、そのパピークラスで得られる情報はそこでしか手に入れることができず、それなりに人員や労力を費やしているからです。そして何よりも、情報は有料だという認識をもってもらうことが必要だからです。適切な料金設定をすることでショップの売上にも貢献できます。

パピークラスの開催に際して、専門知識を有しているスタッフの雇用も問題となっています。これは「仔犬だから、誰でもアドバイスできる」と思われていることによるのですが、実は仔犬の教育というのは、犬の行動学を学んだ人の分野です。仔犬がどんどん成長していく過程で個々の性格を読み取り、将来の行動特性を予見し、家庭での扱い方などについて慎重にアドバイスできるスタッフが必要となります。

日本の場合は、犬をしつけたりトレーニングしたりすることへの習慣がまだそれほど根付いてなく、発展途上の段階です。そのことからも「仔犬だし何とかなるでしょ」「まだ仔犬だから特に何もしなくていいだろう」など、犬はラクに飼えると思い込んでいる飼い主が多くいます。しかし、これだけペットブームも定着し、日常生活の中でのペットの存在がふつうになりつつある今、飼い主のマナーやモラルが問われる時代だからこそ、パピークラスは必要不可欠なものなのです。

5. 開催要項

実際にパピークラスを企画した場合、開催に向けていくつかポイントがあります。

●開催場所

開催する場所をどこにするかという問題をクリアしなければなりません。

パピークラスは必ずインドアで行います。インドアでの利点は、開催場所を清潔に保つことが容易で、天候に左右されることもないことが挙げられます。

ペットショップの場合、通常、フードやグッズの売り場でほとんどのスペースが埋まっています。常時開催でなければ、パピークラスのスペースを確保することは難しいといえます。

参加頭数をしぼるなどして、一時的にショップ内にスペースを調整できるといいでしょう。スペースのまわりは必ずサークルで囲います。犬が自由に動き回っても安全な場所を提供できるよう考慮しましょう。

●参加条件

対象となる仔犬の参加条件を決めます。ペットショップで行う場合、不特定多数の犬と飼い主が買い物にやってきます。つまり、病気へのリスクが高まるということです。病気は犬だけが持ち込むわけではなく、飼い主が持ち込んでくる可能性もあります。

対象となる仔犬の月齢の上限を決めます。これは犬の成長と学習の関係を考えて、生後6カ月までが妥当ではないかと考えます。一方、下限をどうするかについては、本来であればできるだけ早い時期の参加が望まれます。しかし、ワクチン接種との関係があり、見きわめが大切となるのでよく検討しましょう。

参加者に事前に告知しておき、当日、ワクチン接種証明書の提示をしてもらいましょう。今後は、行政への登録がすんでいるかの確認も必要になってくると思われます。

●開催日程・開始時間

週1回のペースで行うのがよいと思います。週1回のペースで4回開催すれば1カ月が経過するので、4レッスンのカリキュラムを組むなどの目安になり、告知広告をつくる際にも日程を紹介しやすくなります。

開催曜日もある程度決めておきます。多くの飼い主に参加してもらうためには、やはり土曜・日曜といった週末に開催することになるでしょう。

プログラムの時間は、どのくらいが適切なのかを考えてみます。基本的には、仔犬と飼い主の集中できる時間からいっても1回につき45分～1時間がだいたいの目安になります。この時間内にできるだけ詰め込もうとするプログラムはよくありません。なるべく多くのことを教えなければ、とは考えずに、時間にゆとりがもてるプログラムづくりを心がけるべきです。

開始時間は、午後のほうが参加しやすいかもしれませんが、次のような考え方もできます。パピークラスが午後2時からだとすると、どこか少し遠出をしようと思っても、その日は遠出ができません。参加する飼い主にとってその日はパピークラスのための1日になってしまいます。一方、開催時間を午前10時にすれば、午前中でパピークラスが終わるので、それから少しの遠出であれば午後の計画が立てられます。

どのようにしたら飼い主が参加しやすくなるのか、家族構成や交通手段など、参加者の立場に立って、想定される材料を集めていろいろと検討することをお勧めします。

6．パピークラスのプログラム

1レッスン45分～1時間を目安に、実際にプログラムを組み立てていきます。

仔犬の飼い主のマナー向上を図ることもパピークラスの目的の一つなので、本章の「第1項」の項目を飼い主に伝える必要があります。しかし口頭で伝えていると時間がかかる上に、その場では覚えきれないと思うので、プリント資料として配布する方法をとり、時間内で軽く補足説明をするとよいでしょう。

本章の「社会化」に関連する項目に書かれていることを参考に、実際に準備して実施方法をシミュレーションしてみることをお勧めします。

●飼い主は楽しいリーダーと思ってもらえるように、犬と接する機会を多くもつ

最初に、仔犬が自分の名前に反応するようにすることが大切です。名前は楽しいこと、うれしいこと、ほめてもらえるなど仔犬が良い印象をもつように心がけましょう。この際には、犬の印象を深くするためにも、褒美（フードやおもちゃ）を使うことが必要です。反対に、叱るときに、決して犬の名前を呼ばないようにします。

飼い主が楽しいリーダーになるためには、仔犬を自由にさせて呼び戻す練習も効果があります。喜んで飼い主のところへ来ることを教えて、最終的にはスムーズに犬を捕まえることができるようにしていきます。飼い主が自分の犬を捕まえることができないケースは多く見られるので、呼び戻しのレッスンは、時間をかけて何回も行うとよいでしょう。

仔犬はつねにエネルギーに満ちあふれています。上手に遊んでそのエネルギーを発散させる必要があるので、飼い主におもちゃで遊ぶ方法とそのルールを教えていきましょう。大切なのは、仔犬の喜ぶことをする前に、飼い主がコマンドをかけることです。これは、遊びの始まりを飼い主が宣言するようなもので、いうことを聞くという第一歩となります。コマンドをかけてから楽しく遊ぶようにしましょう。

また、エネルギーいっぱいの仔犬を落ち着かせるレッスンも必要となります。基本的にまだ仔犬なので、飼い主の膝の上に犬が仰向けになる感じで抱えましょう（犬を仰向けにするわけではありません）。しばらく抱えていて静かになったら、ほめながら自由にしてやります。このとき仔犬が暴れていても、飼い主は過剰に反応しないことがポイントです。このプログラムも犬の性格が関連してくるので、攻撃性をあまりにも表す仔犬は無理に抱え込まないほうがよいでしょう。あくまでも仔犬に無理なく進めていきます。

●身体のどこを触られても嫌がらないように、触られることに慣れさせる

仔犬は身体の一部を押さえられたり、締め付けられたりすることを嫌います。しかし犬を抱き上げたり、ボディーチェックをしたりする場合などはどうしても犬をある程度は拘束しなければなりません。

そこで、仔犬のときから全身を触る練習をしていきます。まず軽めに、頭の先から尾までを順序よく触っていきます。その際、触る手に仔犬が顔を向けたり、歯を当てる行為をしたりしたら、その部分は嫌な感じがあるというバロメーターになります。

ある程度嫌な部分がわかったら、まずはそれ以外の部分を触る練習をします。嫌な感じをもっている部分は後回しにし、触っても嫌がらない部分を触った後で触るようにします。早く慣れさせようとするあまり、嫌な感じをもっている部分だけをしつこく触る練習は決してしてはいけません。優しく声をかけながら軽く触る練習から始めていきます。

全体を触れるようになってきたら、健康チェックができるようにしていきましょう。ブラシやコームを使ってグルーミングしたり、タオルで前後の足先や身体全体を拭いたりするようなプログラムも取り入れてみます。

犬の成長にしたがって、歯みがきに慣れさせる必要もあるので、口まわりを触ることへの順応練習も行うようにしましょう。

●ほかの犬への反応に適応できるように、多くの犬との交流をもつ機会を与える

犬同士の交流は、飼い主が見ていても楽しく微笑ましいものです。また、仔犬同士の交流は飼い主との絆

構築にも良い機会となります。

しかし、交流させるには注意が必要です。月齢があまりにも違いすぎる犬同士、同じ月齢でも大型犬と小型犬、性格の違いなどは様々な問題を抱えてしまう結果になりかねません。

単に犬同士を会わせるだけでは、上手に交流できるようにはなりません。インストラクターは、犬をよく観察して、ダメであると感じたときにはすぐにそのプログラムを中断する必要があります。

交流は一番楽しいプログラムですが、指導する立場のインストラクターにとっては一番注意すべき時間でもあります。ある程度の経験者が指導すべきでしょう。

●いろいろな人に慣れていくために、多くの人との交流をもつ機会を与える

ここでは刺激に対する順応性を高めていくようにプログラムを組みます。

社会の中には、いろいろな人がいます。いろいろな人とは、高齢者や子供、赤ちゃん、ヒゲを生やしている人、帽子をかぶっている人、レインコートなど衣擦(きぬず)れの音がする素材の服を着ている人、傘を差している人などを指します。外見上の刺激に対して犬を慣れさせていくようにします。また、飼い主ではない人からフードをもらうことも、人への順応性から必要なことです。

犬にストレスを与え、怖がらせてしまっては何にもなりません。このプログラムも、犬の性格をしっかりと見きわめられるインストラクターが指導するようにしましょう。

●生活にかかわる音や聞き慣れない音などに適応できるよう、いろいろな音に慣れさせる

日常生活には、様々な音が存在します。人にとっては何でもない音が、犬にとってとてもストレスのかかる音であることはよくあります。特に多いのが「ドアチャイムに反応する犬」です。ドアチャイムは、野生には存在しないので、人と生活をするようになり、学習をすることで吠えるようになります。学習して吠えるようになるのであれば、吠えるようになる前（吠えることを学習する前）からドアチャイムに慣れさせるプログラムを行えるといいでしょう。

ほかに、パトカーや救急車、消防車のサイレン、掃除機、花火、雷など犬が反応しやすい音はたくさんあります。このような刺激音に慣れさせるプログラムも必要になります。

●車やベビーカーなど、生活にかかわるいろいろな刺激に慣れさせる

犬になぜ散歩が必要なのかというと、社会に順応させるためです。人の社会には犬の視覚を刺激する様々なものがあります。自動車、オートバイ、自転車、走っている人、ベビーカーや台車を押す人などに、犬は反応する場合があります。

パピークラスの開催場所に車を持ち込むことはできませんが、ベビーカーや買い物カート、台車、スーツケース、掃除機など動くものは準備できるかもしれません。それらを利用しながらプログラムを行ったり、足元素材といって、すのこやペット用クールマットなど様々な感触の材質の上を歩かせるなどの企画も取り入れたりしてみましょう。

また、実際に散歩に出るプログラムを企画できるかもしれません。

●ペットショップや動物病院が楽しいところという関連付けをもてるような機会を与える

ペットショップや動物病院は犬を連れて行くところです。その場所が楽しいところと思わせるようなプログラムも必要です。開催場所がペットショップであれば、店内を歩くことで、どのようなマナーを身に付けるべきかを学べると思います。

最近では、犬に洋服を着せることがふつうのことになってきました。飼い主の選んだ洋服をフィッティングするという作業は、犬は嫌いかもしれません。そのようなことへの順応性を養うことからも、ショップを好きにさせる必要があります。

●パピークラスのリスクマネジメント

◆リスク管理

パピークラスを開催する際に、リスク管理は欠かせません。開催告知のウェブサイトやチラシなどの参加要項に、「パピークラスに参加するにあたり、以下の項目を順守(じゅんしゅ)していただきます」と表して、以下の項目を掲載しておくことをお勧めします。当日に配布するのではなく、あらかじめ了承(りょうしょう)しておいてもらう事柄となります。

□参加できる犬の年齢は、生後3～6カ月までとなります。

□参加できる犬の条件は、2回以上のワクチン接種ずみであることとします。

□ワクチン接種未完了の犬（追加接種が必要な犬）は、飼い主さんのかかりつけの獣医師によるパピークラス参加の許可が必要です。

□パピークラスでは、インストラクターの指示に従ってください。

□パピークラスでは、ご愛犬をほかの方（第三者）が触ることがあります。

□パピークラスでは、犬同士の交流を目的にスペース内を犬が自由に行動します。スペース内での移動の際には犬に十分な注意をしてください。

□パピークラス中に、ご愛犬が粗相などをしてしまったら、飼い主さんご自身で処理をしてください。

□パピークラスは仔犬が多く参加するプログラムであり、病気のリスクが存在します。必ず「ワクチンと病気のリスク」*をお読みいただき、ご了承いただいた上でご参加ください。

＊「ワクチンと病気のリスク」については250ページをご参照ください。

6．まとめ

●仔犬の成長と行動とその予防

仔犬の成長とともに「学習と行動」の関連付けが起こり、思わぬ行動へと発展していくことがあります。将来起こりうる行動を予見(よけん)して、悪い行動（人との生活に適さない行動）の芽を摘(つ)み、良い行動（人との生活に適した行動）を伸ばしていくようにしましょう。

◆家庭で社会化を継続する

そのためには、失敗させないトイレのしつけと噛むおもちゃのトレーニング（ムダ吠えや分離不安の予防にもなります）を継続すること、成長したときに怖がりになったり、攻撃的になったりしないよう、家庭で人に対する安全な社会化を継続することが日常生活の中で求められます。

◆仔犬が家に来た日から始める

犬の気質（よくも悪くも）や行動習慣は仔犬の早期に形成されます。予想可能な行動問題（排泄物で家を汚す、ものをかじって破壊する、ムダ吠え、留守番時のいたずら）に加え、分離不安やハンドリングの問題を予防することは、仔犬の教育課題の中でも最も緊急性を要するものです。ブリーダーの犬舎にいるときから始めてもらえるのが理想ですが、遅くとも仔犬を家庭に迎えたその日から始めてください。

◆人に対する社会化

人に対して社会化することは、仔犬が成長していく過程において2番目に重要なものです（最重要課題は咬み付きの抑制）。仔犬は3カ月齢に達するまでに、つまりパピークラスに通うことを考える前までに、十分な社会化を身に付けておくことが必要です。家庭内の安全な環境のもとで行う、人に対する仔犬の社会化の緊急性をぜひ飼い主に伝えてください。

そしてできるならば、犬の専門家であるインストラクターと連絡をとり、家庭訪問のもと相談をし、パピークラスに申し込むことをお勧めしましょう。

●獣医師の目線から

獣医師の目線からきわめて重要なのは、仔犬の初受診時に、将来この仔犬が人を噛む可能性があるか、という予兆を見逃さないことです。自信をもてない怖がりの犬は攻撃性に訴えることがよくあるためです。

どんな仔犬や成犬であれ、手を出されたら後ずさりをしたり首をすくめたりする、人見知りをする、怖がる、あるいは保定すると嫌がるなどの様子が見られたら、犬の専門家からのアドバイスを直ちに受けるようにしてください。その仔犬はストレスを感じているのであり、診察回数を重ねるごとにハンドリングがどんどん難しくなっていく可能性があります。

仔犬の早期社会化クラス：リスクvs恩恵という議題で議論されたキャスラン・ミーヤー獣医学円卓会議において、4名（イアン・ダンバー博士、ブレンダ・グリフィン博士、カースティー・セクセル博士、ジェニファー・メッサー博士）から、会議の参加者に投げかけられた最終質疑は最も啓発的なものといえます。

『「パピークラスに参加した結果として感染症が広まるという根拠があるでしょうか？」――会議に参加した全員の答えは「NO」であり、その会議の時点で全参加者は10～27年もの間、パピークラスを教えていた経験の持ち主でした。』

それどころか、すべての仔犬はパピークラスに参加すべきであると飼い主に説（と）くでしょう。なぜなら、怖がりで、診察を嫌がり、攻撃的になる成犬よりも、自信があり、落ち着いて、友好的な成犬を診察するほうがずっと好ましいからです。

◆パピークラスで、獣医師が受ける恩恵（メリット）

犬の社会化によって動物病院の獣医師が受ける恩恵は、数限りなくあるでしょう。犬の行動は、獣医師の仕事に大きな影響を与えます。マナーを身に付け、行儀よく、性格の良い犬を診察するときは、獣医師は仕事を効率よく進めることができます。一方、行動や気質、トレーニングの問題を抱えた犬を診察するときは、時間的効率が悪く、経済的な負担もかかります。さらに獣医師だけでなく、飼い主や犬自身も不愉快（ふゆかい）な思いをしなくてはなりません。

●パピークラスに通うことで

気質の問題を抱えている犬には、何かをしようとする際に時間と手間がかかります。例えば、触られることを嫌がる怖がりの犬を保定し、診察したりトリミングしたりするときがそうです。攻撃性のある犬を扱うことは、時間がかかるだけでなく危険も伴います。さらに、見知らぬ人に見知らぬ場所で保定され、診察されたりトリミングされたりすることを楽しめない犬にとって、定期的な通院やペットショップ、トリミングサロンへの来店はきわめてストレスのかかることなのです。

実際に、単純で予想ができ、予防可能な行動問題こそが、飼い主が犬を保健所などシェルターに引き渡す最大の理由になっている現状があります。飼い主は犬を失い、犬は質の高い生活を失い、動物病院は患者を失い、ペットショップは顧客を失うことになります。

一方で、パピークラスに参加したことのある飼い主は、犬を生涯飼い続ける可能性が高くなります。

このようなことからも、新たに仔犬を飼った飼い主には、積極的に「犬との生活」について理解を深めてもらい、あらゆる知識を身に付けてもらえるように促していきたいものです。

学習のポイント

パピークラスへの参加の必要性を、どのように飼い主に伝えるのか、また、実際にパピークラスに参加した飼い主やインストラクターがその効果をどのように犬に学習させていくかということが、今後の犬の成長に大きく影響します。このことをしっかりと理解し、パピークラスのプログラムを構築していきましょう。

結果的には動物病院、ペットショップにおけるマナーの向上にも大いに役立つことをつねに念頭におき、パピークラスを運営していくようにします。

＜ワクチンと病気のリスク＞

◆ワクチンとは

病原体が体内に侵入したとき、病原体の侵入を察知して身体がその病原体に対して攻撃を開始します。たいしたことのない病原体はこれでやっつけることができますが、強力な病原体にはさらなる対応が必要となります。

そんなときに活躍するのが“専門ワクチン”です。この“専門ワクチン”は、その病原体のみを専門に攻撃する力をもっています。さらに、ワクチンは素晴らしい記憶力ももっています。2度目にその病原体が体内に侵入したときには、「前にやっつけた相手がまた侵入してきたぞ。やっつけ方はもう記憶しているぞ」と、病原体が増殖する前に撃退する力をもっているのです。ワクチン（免疫）を接種する意味とは、「万が一、病原体が体内に侵入してきたとき、それをやっつけるためにあらかじめ意図的に身体に免疫を育成しておくこと」なのです。

◆ワクチンの種類

狂犬病予防注射以外にワクチン接種をする必要があるのは、感染症を予防するための通称「混合ワクチン」です。

狂犬病予防接種は法律で義務付けられていますが、混合ワクチンは人間のインフルエンザや水痘（みずぼうそう）のような任意接種です。犬用では5～9種、猫用では3～7種までの感染症に対するワクチンがあります。

何種のワクチンが最適なのかは、生活環境や飼育方法などによって異なります。混合ワクチンの接種については、時期や種類などを獣医師と相談した上で行うことをお勧めします。

◆仔犬・子猫の接種時期

ワクチンは、病原体から動物を保護するために接種するものですが、仔犬や子猫はいつ頃からワクチン接種するのが好ましいのでしょうか？

仔犬や子猫は、初乳を通じて母親から「免疫」を受け取ります。この自然の免疫が存在する間は、いくらワクチンを接種したとしても母親からもらった免疫にワクチンの作用を邪魔されてしまいます。免疫は8～14週でなくなるといわれているので、通常であれば仔犬や子猫のワクチン接種は生後8週以後に行うとよいのではないでしょうか。

◆犬のワクチン副反応

ワクチンには「生ワクチン」と「不活化ワクチン」があります。

生ワクチンは、病原性を失わせた上で生きた病原体を接種するものです。一方、不活化ワクチンは、死んだ病原体、あるいは病原体の一部（病原性のない部分）からつくられます。どちらも毒性を失わせているのですが、当然身体には刺激として伝わります。この刺激によって、まれに副反応が表れる場合があります。その副反応には、注射部位の軽度の熱感からアレルギー反応まで、様々なものがあります。

妊娠中の動物に生ワクチンを接種すると形成不全や流産が起こる危険性があるので、接種時期をずらす必要があります。

◆ワクチン副反応の発生率

犬のワクチンアレルギーは、15,000分の1と低い確率ではありますが存在します。

ある報告によると、ワクチン関連性副反応（非特異的ワクチン反応、アレルギー反応、じんましん、もしくはアナフィラキシー）は、年齢が若いほど、体重が軽いほど、また去勢・避妊をしていないほど、そのリスクが増加するといわれています。つまり、中性化していない若い小型犬は、ワクチン接種後72時間以内のワクチン関連性副反応のリスクが高いということです。

このような理由もあり、ワクチンの接種時期や接種前のコンディションについて、かかりつけの動物病院で確認・相談する必要があるのです。

◆ワクチンアレルギー対策

花粉などに対する季節性のアレルギーがある犬は、“アレルギー症状の出ない時期”にワクチン接種するほうがよいといわれています。というのも、一年の内のある一定期間だけ皮膚炎などの症状が出るアレルギー性皮膚炎の犬に対して、症状が出ている期間にワクチンを接種すると、ワクチンアレルギーが悪化するという報告があるからです。

また、接種後の犬の状態を注意深く観察する必要もあります。通常、アレルギー反応はワクチン接種後、数分～数時間（24時間未満）以内に起こるといわれています。ワクチン接種後、動物病院の待合室に戻った時点から観察を続け、特に接種後30～40分は様子をよく見ておきます。自宅に戻ってからも、食欲や元気など通常と少しでも違うことがあればすぐに動物病院に連絡できるようにしましょう。

ワクチンによる副反応の発生は限りなくゼロに近くあるべきですし、ゼロに近付けるための研究も進んでいます。しかし、健康な動物に対して薬物であるワクチンを投与するため、確率的に低いとはいえ、副反応がまったく起こらないわけではありません。だからといってワクチンを接種しない、という選択は賢明ではありません。ワクチンを接種せずに感染症のリスクを背負いながら生活をするのは非常に危険です。

大切なのは、かかりつけの動物病院としっかりと話し合い、適切な時期に適切なワクチンを接種することで愛する犬や猫を感染症のリスクから守ることです。

◆ワクチン接種未完了犬のパピークラス参加時の注意点

ワクチン接種がすんでいない仔犬にとって最も感染リスクの高い場所は、動物病院の駐車場の地面と、待合室の床の上の２箇所です。ワクチン接種していない犬たちによって汚染されている公共の場へと、仔犬を頻繁に連れ出すことを急ぐ必要はありません。

とはいえ、仔犬のうちにできるだけ早く対応していきたい課題は、人に対する社会化を身に付けハンドリングされることを楽しむこと、咬み付きの抑制を身に付けることです。これらは、家庭内の安全な環境の中で、あるいはパピークラスで行うことができます。

獣医師ならば感染症のリスクを考慮することは当然であり、ワクチン接種がすんでいない仔犬がパピークラスに通うことへの安全性を心配する獣医師もいます。しかし、自宅であってもパルボウィルスなどの感染症に対して100％安全とはいえない事実からすれば、室内で行われるパピークラスは比較的安全であると考えられます。

動物病院では、身体的健康、行動・精神的健康の両方の予防医療にも努めています。そして、身体疾患や内臓疾患の予防と同じくらい、行動、気質、トレーニングの問題の予防を重要と捉えている動物病院も増えてきています。

動物病院で、飼い主が駐車場から仔犬を抱いてきたり、キャリーバッグに入れたりした状態で診察室へと入り診察台に乗せる（駐車場の地面や待合室の床に仔犬を降ろさない）のと同様に、パピークラスでも飼い主が仔犬を抱いてきたりキャリーバッグに入れてきたりすることで感染症のリスクをできるかぎり減らしましょう。

23 犬のしつけ方教室を開くために

犬のしつけ方教室は何のために開くのでしょうか？　犬のしつけ方教室とは、飼い主のために行われるものであり、飼い主が犬との生活において自信をもって犬を管理できるように、インストラクターが指導やアドバイスをする場所です。

1．犬のしつけ方教室

1．犬のしつけ方教室とは

「犬のしつけ方教室」と聞いてどのような印象を感じるでしょうか？　およそ20年前までは、「犬の訓練所」が主流でした。その後、社会の変化に伴い、犬を取り巻く環境や犬のしつけの状況は変わってきました。大型犬や中型犬が主流だった頃から小型犬にシフトしてきて、犬のトレーニング事情も訓練所からしつけ方教室へと変わってきたのです。

◆飼い主が学ぶための場所

ジャーマン・シェパード・ドッグやシベリアン・ハスキーが全盛だった頃は、訓練所に犬を何カ月か預けて、トレーナーにトレーニングをしてもらっていました。その後、ゴールデン・レトリーバーやラブラドール・レトリーバーに主流が変わり始めた頃には、飼い主のニーズが「自分でトレーニングをして楽しむ」という風潮（ふうちょう）になり、飼い主自身が犬のしつけ方を習うための「犬のしつけ方教室」が開催されるようになりました。つまり、犬のしつけ方教室は飼い主が犬の扱い方、飼い方、トレーニングの仕方などを学ぶための場所となります。

◆ニーズに合わせていろいろな教室がある

内容については、アジリティやドッグダンス、フライングディスク（フリスビーなど）など飼い主と犬がともに楽しめるアクティビティや、仔犬に特化したパピークラス、犬の特性を活かした鼻を使って脳を活性化させる目的のノーズワークや飼い主への服従性を競うオビディエンス、タレント犬を目指す教室、問題行動などの行動問題を専門に扱う教室など、飼い主のニーズに合わせて、いろいろなジャンルのしつけ方教室があります。また最近では、ペットショップや動物病院、行政の主催による犬のしつけ方教室も行われています。

そして、犬のしつけ方教室を開催していくためには、豊富な知識とスキルと経験、人とのコミュニケーションスキルと将来的なアドバイスができる観察眼をもったインストラクターが必須となります。

2．しつけ方教室の形態

犬のしつけ方教室の形態は様々です。

運営側が場所を設定して、そこまで飼い主と犬に来てもらう形式（施設型）もあれば、飼い主宅にインストラクターが訪問して、飼い主にしつけ方を教える形式（訪問型）もあります。また、犬をインストラクターが実際にしつけるというような教室を開いていることもあるでしょう。

また、陽性強化によるものなのか、強制的な方法なのか、など手法も様々です。

ここでは、施設型と訪問型のしつけ方教室につい

犬のしつけ方教室の形態	特徴	長所	短所
施設型	場所を設定して、そこで飼い主と犬に参加してもらい、犬のしつけ方を教えていく。マンツーマンの場合もあれば、グループで行う場合もある。	場所を設定しているので、インストラクターのプログラムや環境設定が容易である。	状況によっては、犬の本来の姿を把握しにくい面がある。
訪問型	インストラクターが飼い主宅まで訪問して、犬のしつけ方をマンツーマンで教えていく。	家庭におけるふだんどおりの飼い主と犬との関係性を把握しやすい。	スペースや環境の設定が様々であり、プログラムを立てにくい面がある。

て、いろいろな提案や教室管理と運営、飼い主へのアドバイスなどについて説明をしていきます。上の表もご参照ください。

●飼い主が犬とともに学ぶ教室

施設型であれ訪問型であれ、参加している飼い主は、しつけ方教室への期待が大きいと思われます。どのような方法でどんなことを教えてくれるのか、どこまで犬が自分のいうことを聞くようになるのか、犬が本当におとなしくなってくれるのかなど、様々な思いがある中でしつけ方教室に参加します。

教室に来るといつも犬が喜び、いつもより飼い主に注目し、それに呼応（こおう）して飼い主も犬とのトレーニングにやりがいを感じさらに楽しむようになる…互いが連鎖するように、楽しく教室を進めていきましょう。それによって飼い主に継続性が生まれ、トレーニングをしっかりとこなしてくれるようになります。

●しつけ方教室を開く目的

犬のしつけ方教室を開く目的はなんでしょうか？

◆飼い主から見ると

飼い主の目線で考えると、しつけ方教室では、犬の専門家であるインストラクターの指導のもと、実際に犬をしつけていく方法を教えてもらいます。犬の扱い方や接し方、トレーニングの仕方、生活の中でのマナーのあり方、問題点の改善方法などを細かく教えてもらいながら、犬との楽しい生活を送っていく術（すべ）を身に付けていくことにあります。

◆インストラクターから見ると

インストラクターの目線で考えると、しつけ方教室では、犬を飼い始めた飼い主に、適切な犬の扱い方や接し方を教えていきます。実際に犬を扱いながら、それぞれに個性があり、行動もそれに伴っていることを教えます。そして、犬が飼い主に注目するように上手にアドバイスし、飼い主が犬の扱い方に自信がもてるように教えていきます。

犬との生活の楽しみは、つねに一緒に行動し、時には癒されたり、時には喜びや哀しみを分かち合ったり、いろいろなアクティビティを楽しんだりできるところにあります。アウトドアでもインドアでも、飼い主と犬がともに楽しめるのです。

小型犬でも大型犬でも、飼い始めたら「何とかなる」ものではなく、専門家のサポートを受けることでより快適な生活を送ることができるのです。インストラクターは、このことをしっかりと心に刻み、しつけ方教室に臨まなければなりません。

●しつけ方教室を開く場所

犬のしつけ方教室は、どこで開催するのがよいのでしょう？

現状では、動物病院の待合室やペットショップ、ドッグカフェの一角といった屋内施設を利用したイン

犬のしつけ方教室、屋内施設での開催（左）と屋外での開催（右）の様子。

ドア形式でのしつけ方教室と、公園やドッグランを利用したアウトドア形式でのしつけ方教室が主流です。

◆かつては公園での開催が多かった

日本で犬のしつけ方教室が普及し始めたのは、前述のとおり今から20年くらい前で、当時は多くのインストラクターが公園を利用して開催していました。ただし、公園でのしつけ方教室は、多くの点で注意が必要でした。

まず天候に左右される点で、雨天時の開催をどうするかという問題があります。犬の逸走も十分注意が必要で、リードをしっかりと持っていないと、ほかの犬とかかわる中でついリードを放してしまうなどの問題が起こりえます。そして、犬の集中力です。屋外でのレッスンはどうしても誘惑的なニオイや音の発生につねに気を配る必要性がありました。これらのことを克服しながら、今日のしつけ方教室の普及があります。

◆屋内施設での開催

屋内施設は、何よりも天候に左右されないことが、ビジネスとして展開するにあたり大きなメリットになります。インストラクターからすると、しつけ方教室のスケジュールを組み立てやすくプログラムを進めやすくなります。参加者にとっても予定を組みやすく、プログラムどおりにこなしていくことができます。その結果、インストラクターは飼い主の信頼性を獲得することができるでしょう。

また、屋外と比べて多くの誘惑刺激を遮断できるという利点もあります。誘惑刺激が少ないぶん犬が飼い主に集中しやすく、飼い主から出されるコマンド（指

屋内施設での開催の長所と短所

	長所	短所
インストラクター	・天候に左右されない ・プログラムを進めやすい ・デモンストレーションを構成しやすい	・環境変化による行動を見せにくい
飼い主	・関係構築がしっかりできる ・集中力を維持できる ・自信につながる	・家での行動が発現しにくい
犬	・多くの刺激を遮断できる ・飼い主に集中する ・学習意欲が高まる	・社会化に偏りが出る

示）や誘導をしっかりと覚えるなど、学習に効果を発揮します。そのため飼い主と犬との関係性向上をプランどおりに進めやすくなります。これは、参加する犬にとっても良い条件となります。

◎犬の社会化に偏りが出る

しかし、良いことばかりではありません。飼い主に集中し学習効率も向上するのですが、環境にも慣れやすく、逆にこれが弊害となります。つまり状況学習に偏りが出るのです。屋内の刺激の少ない場所だと、突発的な誘惑刺激やいろいろな雑音に慣れにくく、一般的にいう社会化に偏りが出るということです。

日常生活は、日々同じことが繰り返されるわけではなく、多くの刺激の中で暮らしています。犬にも同じことがいえるわけですが、人ほど刺激に対しての順応性が高いわけではなく、突発的な刺激など多くの場合にはどうしても反応してしまいがちです。

ほかにもデメリットはあります。犬は同じような環境に慣れやすいため、しつけ方教室が室内だと、その場所（環境下）での学習と行動の定着は早くなります。「しつけ方教室に来ると賢い犬に見える」という声をよく聞きますが、これは、この場所だと学習効率が向上するからです。

では、なぜ向上するのでしょう？　まずは、飼い主への犬の集中が高いことが挙げられます。加えて、褒美の頻度、与えるタイミング、ほめるタイミングなどに対して、インストラクターの指導があることも影響していると思います。

左ページ下に、屋内施設での開催についてまとめた表があるのでご参照ください。

◆屋外での開催

屋外の場合、注意しなければならない項目が多くあります。

おもな開催場所としてドッグラン、公園、河川敷などが挙げられますが、公共の場所は、不特定多数の人が利用するので、ある程度のスペースを確保すること自体に苦慮することがあります。そして天候に左右されてしまう点も、考慮しなければなりません。

そして、もう一つは犬の逸走という問題です。ドッグランであれば可能性は低いのですが、公園や河川敷では、しつけ方教室の開催エリアをサークルなどで囲うことはできませんので、つねに注意を払う必要があります。

その他に、前述のとおり誘惑となる刺激が多いことも、スムーズにしつけ方教室を進行する際の妨げとなりかねません。しかし見方を変えると、このことは屋外の利点ともなりえます。屋内施設とは違って、様々な刺激に対して順応性を身に付けさせることができるためです。特に散歩中の問題点の改善については、屋外であれば問題となる行動を発現しやすいぶん、対応方法を教えやすくなります。

3．しつけ方教室の運営

●「訓練業」として動物取扱業の登録許可が必要

犬のしつけ方教室は、飼い主に対して犬のしつけやトレーニングの方法を教えていくサービス業であり、集客作業、広報作業などを行う必要があります。

また、業として仕事をするため、許認可もきちんと行わなければなりません。「動物の愛護及び管理に関する法律」により、規制の対象である「訓練業」となるので、第一種動物取扱業の登録が必要になります。

●開催日と開催時間

「第22章第５項」のパピークラスに関する記述でもふれましたが、飼い主が参加しやすい開催スケジュールを考えます。昨今では、男女分け隔てなくバリバリと仕事をこなす社会となっています。多くの人は月～金曜まで、つまり平日は仕事があるため、ウィークエンドに開催スケジュールを立てる必要があります。

もし平日にスケジュールを組む場合は、飼い主が仕事終わりで参加できるナイトプログラムなどを企画できるかもしれません。

◆グループレッスンとプライベートレッスン

開催規模とレッスン時間についても考えます。グループレッスン（４組程度）を想定した場合、最短でも１時間30分程度は必要だと見積もります。プライベートレッスン（１組のみ）を想定した場合は１時間程度を見積もりましょう。

プログラムにもよりますが、飼い主が参加して「よかった」とポジティブに思えるだけの時間を見積もります。犬を使うプログラムと、それに対する説明がきちんとフォローできるだけの時間が必要となります。

●プログラム内容

犬のしつけ方教室におけるプログラムについては、まず指導するインストラクター自身が「自信」をもって教えることができるものは何か？　を考える必要があります。素晴らしいプログラムであっても、インストラクターがしっかりとインストラクティングできなければ、参加した飼い主の信頼を損ねてしまうばかりか、クレームの発生につながりかねません。まずは、自身のキャリアとスキルを見直し、どんなテーマであれば参加者にわかりやすくレクチャーできるのかということを考えます。「自分に自信があること」が絶対条件です。

◆飼い主のニーズを考える

しつけ方教室で何を教えていくのか、対象を明確にすることが大切です。「第22章第５項」でも書きましたが、犬を飼い始めたビギナー飼い主向けの内容（入門コース）にするのか、犬のマナーとコントロール性を向上させる内容（初級コース）にするのか、下の写真のようにより高度なコントロールが求められる上級飼い主向けの内容（アドバンスコース）にするのか、犬の特性を活かした内容にするのかなどを考えていきます。

いずれにしても、「飼い主のニーズがどこにあるのか」を考えることが大切です。

●回数について

しつけ方教室のプログラムを１回で終了するものにするか、４～６回程度続けてもらうものにするのか、それとも終了期日や回数は考えずに飼い主と犬のレベルに合わせていくものにするのか、構成を考えます。

犬は繰り返し練習することで覚えていく性質をもっているので、何回でもしつけ方教室に来てもらうプログラム構成は必要だと考えています。

◆飼い主参加の勉強会も可能

一方で、犬は同伴せず飼い主だけが参加する勉強会のような形態のしつけ方教室も企画できるでしょう。内容は指導するインストラクターの力量によりますが、飼い主にとっては犬に気をとられないぶん知識の取得に集中できるメリットがあります。その反面、犬がいないため動きやタイミングをイメージしにくいというデメリットもあります。それを払拭（ふっしょく）すべく、インストラクターは言葉で説明するスキルを上げていく必要があります。

●宿題（課題）について

犬のしつけ方教室は、基本的に飼い主が自身の犬のトレーニングを行います。インストラクターは、飼い主に犬のトレーニング方法を教えることが仕事です。

プライベートレッスンであれ、グループレッスンであれ、単発のイベントのしつけ方教室であれ、参加した飼い主には宿題（課題）を提示しましょう。しつけ方教室の中で上手にできるようになっても、家に帰ってから同じようにできるとはかぎりません。しつけ方教室では、犬のプロであるインストラクターが状況を

グループレッスン（左）とプライベートレッスン（右）の様子。

見て、飼い主が上手にできるようにタイミングよく指示を出しているからできているにすぎないのです。要するに、**しつけ方教室でしつけやトレーニングを覚えるのは飼い主であって、犬ではない**のです。

◆自宅でフォローアップしてもらう

そこで必要になるのが、家に帰ってから実施してもらう「宿題」です。しつけ方教室では、どんな家庭でもできるようにわかりやすく、デモンストレーションを含めて提示して飼い主のやる気を高めていきます。しつけ方教室で教えたトレーニングを宿題にすると、自宅でも作業を忘れずに行うこととなり、しっかりとフォローアップされることになるのです。このような観点から宿題の提示はとても重要となります。

4．しつけ方教室の効果

犬のしつけ方教室に通うと、飼い主が笑顔になっていくのはなぜでしょう？

そもそも、しつけ方教室の扉を開けるきっかけとして、社会化の方法を学びたい、犬との生活における困った行動――いわゆる問題行動の対処方法を知りたいという飼い主が多く見られます。犬を飼い始めたものの「こんなはずではなかった」という思いから、しつけ方教室に通い始める人が多いのです。犬についてよく知らなかった自分に気付くことで、飼い主は一生懸命に犬をトレーニングしていくようになり、犬との関係が次第に改善されていきます。

◆犬との生活が明るく楽しくなる

飼い主はコミュニケーションの大切さを知るとともに、犬をコントロールできるようになっていきます。犬との生活が明るく楽しく、しつけ方教室に通うことも励み(はげ)になり、思わず笑顔がこぼれてしまうのではないでしょうか――これは理想であり、現実でもあります。そのくらい犬のしつけ方教室は効果があります。

当然、誰しもができることではなく、インストラクターにはそれなりの知識とスキルと経験が必要です。その上、犬のしつけやトレーニングは即効性のものではなく、日々の生活と成功体験の積み重ねが大切となりますが、その効果は必ず犬にも飼い主にも表れてきます。

5．犬のしつけ方教室を有意義なものに

犬のしつけ方教室は、犬との生活に欠かすことのできない絶対的なサービスです。しかし、まだまだ認知度が低い状態にあります。

インストラクターは、動物の行動学を知識として得ていても何にもなりません。また、犬のしつけやトレーニングをするスキルをもっているだけでは何にもなりません。大事なのは、**その知識とスキルを活用すること**にあります。

しつけ方教室を通じてインストラクターがもっている知識とスキルを上手に飼い主に伝え、丁寧に犬へとコミュニケーションの楽しさを教えていくことができ

れば、飼い主にとって最高の「師」になることができます。

飼い主はしつけ方教室に通うことによって、犬への対応やコミュニケーション能力が飛躍的に向上します。そして、飼い主がそれらの対応や能力を体得していくことで、犬との生活がさらに豊かになるのです。

2．犬の保育園（幼稚園）スタイル

「犬の保育園」や「犬の幼稚園」という言葉を聞いたことがありますか？　近年、耳にする言葉だと思いますが、どんな形式のものなのでしょう？（犬の保育園と犬の幼稚園は同意語のため、以下「犬の保育園」で統一）

1．犬の保育園とは

◆準委任型サービス業

基本的に、所定のトレーニングを終えることを約束して仕事を引き受ける請負・委任[*1]型サービス業であり、宿泊を伴うものは寄託契約[*2]が加わる複雑なビジネス形態となります。また、犬のしつけやトレーニングは結果の仕上がりを約束することができないものであるため、実際には準委任[*3]型サービス業となります。

なぜ犬のトレーニングが結果を約束することができないのかというと、犬は個々に性格や行動特性があるため、仕上がりがそれぞれ異なるからです。もちろん請け負った以上、インストラクターは飼い主の希望に合う仕上がりを目指しますが、犬ごとに生活環境の違い、飼い主の扱い方の違い、担当するインストラクターの違いが作用し、当然、仕上がりに差は表れます。

＊1　請負・委任契約：所定の仕上がりを約束して仕事を引き受け、実際にそのとおりに仕上げていく契約形態
＊2　寄託契約：犬を預かって宿泊が伴う場合の契約形態
＊3　委任契約：所定の仕上がりを約束しないで仕事を引き受ける契約形態

◆飼い主の飼い方のサポート

一時的に飼い主から犬を預かって犬のトレーニングをして返す犬の保育園は、飼い主の飼い方のサポートを仕事にしています。基本的な業務内容としては、生活に必要な基本的なマナーやしつけの導入、犬の体力発散、犬の社会化、毎日のケア管理、飼い主へのしつけ方フォローなどで、月曜日から金曜日までの業務として考えることができます。

●なぜ、犬の保育園なのか

犬の保育園という形態において、インストラクターのスキルは犬に対してとても大きな影響力を発揮します。しっかりとサポートできる体制のもと、インストラクターはチーム意識をもって犬のトレーニングに取り組む必要があります。

◆留守番の時間を利用してトレーニングを行う

仔犬の時期は、とてもやんちゃで成長ごとに行動が激しく変わり、ともに暮らす飼い主の生活も大変な状況になっていきます。そこで、月齢の若い仔犬を日中預かって、社会化（多くのいろいろな刺激に慣れさせること）をメインにプログラムを立て、飼い主のサポートの一つとして仕事をしていくのが仔犬の保育園となります。要するに、本来であれば日中に犬が留守番をしている時間を利用し、インストラクターが預かってトレーニングを行うというシステムなのです。

保育園を利用することで、仔犬の時期に社会化の構築と人との接し方をスムーズに覚えさせることができます。

●犬の保育園のポリシー

犬の保育園は、犬にとって大切な成長期である生後４カ月頃から参加することができます。適切な刺激を提供して、犬の健やかな成長と最適な社会化を促していきながら、飼い主と良好なコミュニケーションを図れることを目的に行うものです。同時に飼い主に向けて、犬との友好な関係づくりのアドバイスを送ることも欠かせません。

◆園のポリシーをあらかじめ飼い主に伝えておく

犬の保育園を利用する飼い主向けに、園の考え方や取り組みに対する姿勢をあらかじめ伝えておくとスムーズです。ここではポリシーとして、その一例を以下に挙げます。

□一生にわたって犬が飼い主と一緒に寄り添える存在であるために、犬との生活に関する様々な情報を提供していきながら、生活全般のサポートを行っていきます。

□家から一歩外へ出たら、犬も飼い主もマナーを守っていかなくてはいけません。仔犬の時期からマナーを伝えることで、マナーを守ることが当たり前の習慣になるように指導していきます。それにより犬を飼っていない人に対しても住みやすい環境を整えることができます。

□季節に合わせた、犬が犬らしく遊べる状況についての情報を提供することによって、季節ごとの適切な飼養方法や環境を整えるためのアドバイスを行っていきます。

□犬にとって一番の生活の場所は飼い主の家庭です。家庭で幸せに暮らせるように、犬の保育園を上手に活用してもらい、これからの犬の生活に飼い主家族が欠かせない存在になっていくようにします。

2. 犬の保育園プログラム

犬の保育園という考え方に沿ったプログラムを構築することが大切です。人社会に適応するための「犬の社会化」と学習プロセスを適切に進めていく「犬の学習」、人との接し方を身に付ける「犬のコミュニケーション」がしっかりと含まれていること、そして、飼い主が犬のコントロールを学ぶプログラムも取り入れます。

●細かいクラス編成

犬の保育園は預かり業務のため、対象となる犬の月齢に合わせた管理プログラムを構築することがよいと思われます。

園として業務のリスクをできるだけ回避するためには、預かる犬について各種ワクチン接種をすませていることが望ましく、定期的な健康チェックも欠かせません。特に仔犬においては注意が必要です。

◆パピークラス

若年層（じゃくねん）（期）前期の仔犬が参加するクラスで、生後4～6カ月程度の仔犬の行動特性や学習の発達を考慮しながら、プログラムを構築していきます。

基本的なしつけの導入、犬のエネルギー（体力）発散、犬の社会化がおもなプログラムになります。特に日常生活で見られる様々な刺激に対して、適切に反応するように学習させる必要があります。また、飼い主のしつけ方や扱い方のフォローも忘れてはいけません。

月齢に合わせたプログラムのため、生後6カ月になったらこのクラスを卒業します。卒業の際に、次のクラスへ進級できるようにチェックテスト（レベルチャレンジという）を行うことも考えてみましょう。

□パピークラスのレベルチャレンジ項目例

①手入れ（ブラッシング、歯みがきなど）
②アイコンタクト
③コマンド理解（オスワリ、フセ、マテなど）
④呼び戻し
⑤社会化（視覚、聴覚、嗅覚、触覚を刺激）
⑥甘噛み対処
⑦クレートトレーニング

◆ヤングクラス

若年層（期）後期の犬を対象にしたクラス編成で、

犬とのアイコンタクトにチャレンジ。

生後7カ月～1歳6カ月程度の犬の行動特性と学習の発達を考慮しながら、プログラムを構築していきます。

基本的なしつけの定着とトレーニング項目を実施し、飼い主への注目度向上（アイコンタクト）と落ち着いた行動をとれることが目標となります。飼い主へのフォローも忘れずに行います。

このクラスも月齢に合わせてプログラムを進めていきます。クラス卒業の際、次のクラスへの進級を目指してチェックテスト（レベルチャレンジ）を行うとよいでしょう。

□ヤングクラスのレベルチャレンジ項目例

①手入れ（ブラッシング、歯みがきなど）
②アイコンタクトとアテンション（飼い主を意識）
③コマンド理解（オスワリ、フセ、マテなど）
④オイデ（飼い主のところへ戻る）
⑤社会化（様々な刺激に対しての反応をコントロール）
⑥飼い主とともに歩く
⑦クレートトレーニング
⑧トリック

◆その他のクラスを考える

パピークラス、ヤングクラスを終了した後のクラス編成として、1歳7カ月～7歳のアダルトクラスがあります。この年齢の犬は活動期に入っているため、ストレスの発散や活動意欲の向上と発散を教えるようにプログラムを構築していく必要があります。

また、8歳以上のシニアクラスでは、活動期の終盤から老齢期に入ることから運動方法の改善や飼い主とのコミュニケーションのとり方などをメインにしたプログラムを構築することができます。

3．飼い主と犬のために勉強会を開く

昨今、動物愛護の機運（きうん）が高まっていることは先般（せんぱん）より述（の）べてきていますが、ではインストラクターとしてそれをどのように広めていけばいいのでしょうか？
その答えは、飼い主の意識を高めていくことです。

●飼い主の意識を高めるために

飼い主の意識の向上を目指す方法の一つに、セミナーの開催があります。飼い主のニーズを拾い上げ、それに沿ったテーマでセミナーを企画します。参加対象を飼い主家族、またはこれから犬や猫を飼っていきたいと思っている人などに設定して、犬や猫を参加させない（同伴させない）ことがポイントです。

◆定期開催を目指す

犬との生活をテーマにするときに大事なのは「今、何を求めているのか」ということです。となると、やはり「問題点の改善」がテーマとして挙がってきます。飼い主が「困った」と思っているのは、「トイレの問題」「吠える問題」「噛む問題」の3大問題行動ではないでしょうか？　これらのテーマを一つずつ取り

上げて定期的にセミナーを開催することで、飼い主の心を掴（つか）むことができ、リピーターへと変わっていくのです。

犬のしつけ方教室への参加を促すためのセミナーも、定期的に開催することを考えましょう。定期的な開催は周囲への告知効果があり、そこから新たな飼い主獲得への道が開けます。

●その他のテーマを考える

動物愛護をテーマにしたセミナーであれば、いろいろなジャンルを取り扱うことができます。特に飼い主の意識向上を目指すためのジャンルとして、「災害時の防災」「生後６カ月までの飼い方」「生活における問題点の改善方法」「動物関連の法律」「犬や猫がおかれている現状」などが挙げられます。

テーマの専門性が高い分、その分野に精通(せいつう)した専門家をセミナー講師に招くことで、より内容に深みが出ることも覚えておきましょう。

学習のポイント

犬のしつけ方教室に関するアイデアはいろいろと広がります。

基本的には、どのようにして飼い主にしつけやトレーニングの方法を教えていくのかということ、また、いかに上手に犬をコントロールすることの喜びや楽しさを教えていくのかということなどです。犬のしつけ方教室は、飼い主に犬との幸せな生活を送ってもらうことが目標となります。

24 ケアと管理

動物と暮らすこと、特に犬と暮らすことはとても素晴らしく、飼い主に有意義な時間をもたらしてくれます。しかし、楽しい時間を快適に過ごすためには、犬に対するこまめなケアとしっかりとした管理が必要になります。

1.「ケアと管理」という考え方

犬を飼うこと、一緒に暮らすことの楽しみはたくさんあります。その反面、守らなくてはならないこと、やらなくてはならないこともたくさんあります。

犬を飼うことは、おもちゃを一つ手に入れたのとは意味合いがまったく違います。「命」を大切にする気持ちをもって日々接していかなくてはなりません。

●犬のケア

犬のケアとは、外見的に清潔できれいな状態を保ち、内面的に食餌内容や日々のストレスなどに注意を払うことであり、日常生活で欠かせない健康維持・管理をすることです。ケアを怠ると体調をくずしたり、病気になったり、行動に変化が表れたりします。

ケアを通じてふだんから犬の状態をよく観察し、変化にいち早く気付くことが大切で、すべてにおいて「予防する」という心がけが必要となります。

◆日々のルーティンに組み込む

食餌の食べ方や食べる量、肥満・削痩などの様子をつねにチェックし、当然、糞尿(ふんにょう)の変化もチェックします。散歩時の行動に変化がないか、ブラッシング時には毛や皮膚に異常はないかなど、行動や体調に変化はないかをよく観察します。毎日チェックばかりしなければなりませんが、日々のルーティンに組み込んでしまえば、犬がいつもと異なる動作をしたときに違和感を覚え、変化に気付くことができるでしょう。

ケアは犬と接する作業が多いため、コミュニケーションアップにもつながります。

●犬の管理

人と犬が一緒に生活をする環境下には、犬にとって様々な刺激があります。注意すべき例として、電気コードをかじったり、スリッパをくわえて走ったり、思わぬところに上ってみたり、ペットシーツをグチャグチャにしたりなどのいたずら行為が挙げられます。

飼い主は飼養動物の保護者であり、責任者です。室内で自由にしているときや留守番のときは何をしているのかといった、自身の不在時を含めて犬の行動を把握することや、おもな生活の場所をどこに設置するか、散歩コースをどのルートにするかなど犬の生活環境を整備することを行います。これらの管理は、何気ない毎日の中で行う「点検・確認」する作業であり、必要であれば「改善」を行います。

◆管理＝安心・安全な環境をつくること

もっと端的(たんてき)にいうと、管理とは安心できて安全な環

境をつくることです。犬の周辺に危険なものやいたずらされそうなものがないか、近年では温暖化の影響もあり犬の居場所の気温と湿度管理も環境の整備においては必要になります。犬との生活を始めれば次第に行動スペースは汚れていくものなので、清掃と消毒の知識も必要になっていきます。

管理においては、感染症対策も欠かせません。生きている以上、病気と向き合っていかなければなりませんが、ワクチンの接種や健康診断など「病気の予防」についても十分な知識と配慮が必要になってきます。

春になれば寄生虫などの対策、夏になれば“暑さ対策”が必要です。秋になれば被毛の管理が、冬になれば“寒さ対策”が必要になります。このように季節に応じて対策を練(ね)ることも大切です。また、もしものときの応急処置にも備えておけるといいでしょう。

要するに、犬を飼う、動物を飼うということは、日々のケアと管理が重要だということです。「知らなかった」ではすまされません。そのツケが回るのは犬たちなのですから。犬を飼う上で、しつけをするのと同じくらいケアと管理は重要なことなのです。

2．散歩と運動

飼い主にとって、犬との散歩は大切な毎日の楽しいイベントですが、犬も楽しみにしています。散歩は、日々の気分転換を図り、ストレスを解消し、代謝機能を高めて肥満防止、体力維持に貢献し、人社会における社会性を身に付けていくことができます。

また、散歩の時間は、貴重な健康チェックの時間でもあります。元気の有無、排尿便の状態、歩き方の状態、呼吸の変化など、観察する習慣を付けておけば「いつもと違う！」ということにいち早く気付くことが可能です。

◆散歩には様々な問題が潜(ひそ)んでいる

メリットばかりのように思えますが、飼い主を引っ張り回す、ほかの犬や人に吠えかかる、道に落ちているものを拾い食いするなど、散歩には飼い主との関係が悪化しかねない様々な問題が潜んでいます。

では、「散歩」と「運動」はどのように違うのでしょう？　運動のために散歩に行くのでしょうか？　この質問の答えは、飼い主がどのような目的で散歩に行くのかで決まります。つまり、その定義は曖昧です。

●散歩について

散歩は、飼い主も犬もリラックスできて気分転換を図れるものです。当然ですが、散歩がストレスになるようではいけません。気分よく心身ともに充実できるように散歩に行きましょう。

散歩において、互いのストレスの原因となるのが「引っ張り」「拾い食い」「ニオイ嗅ぎ」「ほかの犬や人との出会い」問題です。気分よく散歩に行こうと思っても、あれは「ダメ」これは「ダメ」といってばかりでは、飼い主も犬も気分転換どころではなく、かえってストレスがたまってしまいます。さらに、この「引っ張り」「拾い食い」「ニオイ嗅ぎ」問題は、すぐには改善できません。

◆犬の「引っ張り」に対する考え方

まずは、犬の「引っ張り」問題について考えてみましょう。飼い主は、犬が自分の前に出て引っ張ると、ほぼ必ず犬を「引き戻す」という行為をします。これは「飼い主より前に出ていると、犬がリーダーになってしまう」という心理が働くからでしょう。しかし、いつもそのようなことを考えながら散歩に行くとなると、リラックスどころではなくなります。そのうちギスギスした散歩になってしまうかもしれません。

では、飼い主も犬もリラックスして散歩に行くためにはどのようにすればいいのでしょうか？

◎犬が前を歩いたらリーダーになるのか？

「犬が飼い主より前を歩いたら本当に犬がリーダーになってしまうのか？」というと、そうではありません。飼い主を引っ張るという行動自体には自分がリーダーになるという意思はあるかもしれませんが、犬が前を歩いていても飼い主を引っ張るという行動をさせなければ、基本的にリーダーになってしまうということはありません。

したがって、リードを付けて散歩に行くのですから、飼い主がそのリードをピンと張らせることなく、弛(ゆる)んだまま保っていればいいのです。その場合、犬が飼い主より前にいても後ろにいてもかまいません。そのような散歩ができれば、飼い主も犬もリラックスして気分転換を図ることができます。

◎引っ張る理由は様々

「犬が引っ張る」といっても、その理由は様々です。「家を出たばかりのときは引っ張るけれど、少し歩くと引っ張らなくなる」ことがあります。これは、犬にとって何か目的があるのでしょう。例えば、決まった場所でオシッコをしたい、うれしさのあまり興奮している、公園に行けば走り回れるから早く行きたい、などかもしれません。あまりにも散歩への期待感が高くなるために、このような行動に出るのです。

この場合、しつけの視点からは何らかの対処をする必要があります。

◎散歩の回数を増やす

「引っ張り」の対処として、散歩の回数を増やすことが効果を上げています。多くの飼い主が平均1日2回の散歩をしています。犬の立場から考えれば、とても大事なイベントが1日2回しかありません。「ここぞ」とばかりにエネルギーを発散させることでしょう。これが1日4回とか6回程度散歩に行くようにしたら、そのエネルギーは分散されて、落ち着いて散歩に出ることができるようになります。さらに、散歩の回数が増えることで、互いのコミュニケーションが深まり、犬を管理しやすくなる効果もあります。

◎散歩の時間の長さ

次に問題になるのが「散歩の時間の長さ」です。飼い主は犬のストレスをできるだけ発散させようと、1時間あるいは2時間という時間をかけて散歩に行くことでしょう。しかし実はこの散歩方法は、犬も飼い主も疲れるだけで良い結果に結び付きません。なぜなら、飼い主が散歩中にどれくらい犬とコミュニケーションをとっているかが問題になるからです。

ある例を紹介しましょう。ある飼い主が私のところに相談に来ました。犬は中型犬で、相談内容は「犬が噛む」というものでした。どんなときに噛むのかを聞くと「散歩に行こうとリードを持って犬に近付くと噛んでくる」ということで、散歩の内容を聞くと「犬のために毎日2回、2時間近くオートバイで散歩に行く」ということでした。犬のために一生懸命やっているのになぜ噛まれるのか、と訴えてきます。

私はこの飼い主に、オートバイではなく徒歩で散歩に行くように指導しました。さらに、できれば1回の散歩の時間を少し減らして回数を増やすことを提案しました。

それから何日か後に飼い主が再訪したときには「先生！　直りました。犬が噛まなくなりました」と報告がありました。

この相談で問題になるのは、散歩時間の長さとオートバイで散歩に行くということです。この散歩は、犬にとって苦痛だったのでしょう。徒歩にして散歩の回数を増やすことで、飼い主と犬との絆も深まり、それ以後問題を起こしていません。

この事例からわかるように、回数を増やして1回の時間の長さを短くするという散歩方法には十分な効果があります。

◆「拾い食い」に対しての考え方

犬との散歩にどうしても付きものなのが「ニオイ嗅ぎ」と「拾い食い」です。散歩中、犬は鼻先を磁石のように地面に着けて歩きますが、これは犬の本能です。犬のニオイを嗅ぐ能力は人の100万～1億倍ともいわれており、ニオイによって情報を処理しているのですから仕方ありません。

ただしこれは「犬本位」という立場からの意見であり、「飼い主本位」に立って犬をコントロールすることはできます。

◎情報を選(よ)り分ける

人は多くの情報を視覚によって得ており、より情報を得ようと様々な情報に接しようとします。その一方で、氾濫(はんらん)している情報を適当に選り分けて生活してもいます。この情報の選り分けは、脳の一部である「網(もう)様体(ようたい)賦(ふ)活系(かつけい)」の働きによるものであり、重要な情報とそうでない情報を選り分けることができるのです(「第16章第5節」参照)。

犬にもこの機能は存在するといわれています。飼い主が犬をコントロールできるようにすることで、「ニオイ嗅ぎ」や「拾い食い」は予防できます。ただし、そのためにはトレーニングなどによって、犬を飼い主のコントロール下に置くことが重要となります。

◎ニオイ嗅ぎを中断させて飼い主に注目させる

コントロールの方法は以下となります。

犬の好きなもの（興味を引くことができるもの）を準備して、散歩に行きます。適宜(てきぎ)散歩中に、名前を呼ぶなどして、犬の注意をこちらに向けさせます。これを根気よく、毎回行うのです。要するに、犬の名前を呼ぶことで、ニオイ嗅ぎを中断させて飼い主に注意を向けさせるようにするのです。

ここで気を付けたいのは、犬にとってニオイを嗅ぐという行動は、犬社会におけるコミュニケーションの一つであるということです。散歩中のニオイ嗅ぎを全面的に禁止するのではなく、ニオイを嗅いでもよい時間や嗅いでもよい場所を提供することが大切だと考えます。

犬のニオイ嗅ぎはコミュニケーションの一つ。
散歩中はメリハリをつけてあげるといい。

●運動について

散歩と大きな違いはないかもしれません。しかし、運動には、肥満防止、体力維持、ストレス解消という健康面での良い影響があります。心身ともに、健全な犬づくりにおいて運動は大切です。犬にとって飼い主と過ごす大事な時間であることは、散歩と変わらないでしょう。

アジリティやフライングディスク（フリスビーなど）、フライボール、ドッグダンスといったドッグスポーツを行うのもよいでしょう。散歩との違いは、飼い主がどのような目的で行うのかということにあります。肥満防止、体力維持など、どのような目的にせよ、トレーニングと合わせて運動メニューをしっかりと決めて、犬の体調管理を行っていく必要があります。

●散歩の注意点

◆犬同士のケンカ

散歩中に見られる犬同士のトラブルとして、ケンカが挙げられます。特にほかの犬との挨拶には注意が必要です。

◆交通事故と逸走に注意

交通事故にも十分注意します。習性的に、車やオートバイ、自転車など動くものに反応する犬も多くいます。外れたり切れたりしないよう、散歩前に、リードやカラー（もしくはハーネス）の強度やきちんと装着されているかを毎回チェックしておきます。

また、散歩中の逃走（逸走）もよく起こるため、注意しなければなりません。公園などで安全だと思い放してしまい、そのまま逃走してしまう例もあります。

法律や都道府県の条例により、犬の放し飼いは禁止されています。

交通事故や逸走の際に、早い段階で飼い主のところに戻ってくる手段としては、カラーなどに所有者の連絡先がわかる迷子札などを付けておくとよいでしょう。関連する法律として、「動物愛護管理法」の「動物が自己所有に係るものであることを明らかにするための措置」に明示されています（この点からも法律についての知識も必要になります）。

ちなみに現在、保健所などに収容される案件として、猫の交通事故、道路をうろつく犬などの保護があります。このような場合の対処としても、犬や猫には飼い主がわかるための措置（カラー装着のほかに迷子札やマイクロチップなど）を講ずることが必要です。

●不妊処置（去勢および避妊手術）について

オスならば去勢、メスならば避妊の手術をすることをお勧めします。

散歩中に起こる問題として、オスであればマーキングが挙げられます。マーキングは、ほかの犬に対するコミュニケーションサインの一環で行うニオイ付け行動です。去勢手術を実施することで、散歩中の排泄（マーキング）の回数を抑制することができるように感じています。かつ、犬同士の興奮行動の抑制にも役立つと考えられます。

メスであれば、周期的な発情があります。発情の時期にはオシッコの回数が多くなる「頻尿（ひんにょう）」が見られ、交配適期になるとフェロモンを放出し、オスの興奮を呼び起こします。この時期には、メスの逸走が増加する傾向にあるようです。

雌雄（しゆう）ともに不妊処置を講ずることは、病気の発生と伝染、行動の抑制といった面で効果があり、精神的に安定する効果もあります。仔犬をとる（産ませる）ことを考えていないのであれば、前向きに考えていくべき事柄です。

3．排尿と排便について

犬の健康管理の基本として、排尿と排便のチェックは非常に重要な項目です。犬は、わりと定期的にオシッコとウンチをしてくれます。ただし、精神的な緊張（ストレス）が環境中にあると、オシッコ・ウンチをしない傾向にあります。

また、犬の性格で怖がりだったり神経質だったりすると、緊張が高まりオシッコ・ウンチを我慢する傾向にあります。そのため、緊張緩和のための措置が必要なこともあります。

●排尿に関する観察ポイント

オシッコの色やニオイ、量およびその間隔を観察します。通常の状態を知っておく必要があるため、毎日の観察が必要です。そして、通常とは何か違うと感じたら入念にチェックし、わからない場合は動物病院へ連れて行きましょう。

◆チェックの方法

室内飼育ではペットシーツを使っているケースが多いと思われます。その場合、ペットシーツがオシッコを吸い取ってしまうため、時間が経過すると色の確認が困難になることがあります。特にニオイについては、オシッコをしたばかりのときでないとわかりにくく、基本的には、飼い主がいるときの排尿でチェックする形となります。

屋外や散歩のときにしかオシッコをしない犬の場合は、状況の確認を怠りやすいので、飼い主はつねに注意しておきます。散歩時でしか排尿しない場合は、ペットシーツで排泄をさせてから散歩に行くというふうに習慣を変えてもよいと思います。

現在では、人の生活も都市化が進み、散歩中に犬の好きな場所でオシッコさせることが困難になってきていることも事実です。散歩中に排泄をさせる場合のマナーとして、ペットボトルに水を入れて持ち歩き、オシッコをしたらその上から水をかけてさっと流すなどの配慮も必要です。そのタイミングでオシッコの確認ができるのではないでしょうか。

犬のオシッコの異常をいち早く知ることができれば、病気の早期発見につながります。

●排便に関する観察ポイント

ウンチに関しても色、ニオイ、量、そして形と回数および間隔を観察します。犬が食べたものが、消化・吸収、代謝され、最後に不要な老廃物がウンチとして出てきます。ウンチにどんなものが混じっているかを観察することも重要です。

日頃から健康な状態のウンチをチェックしておかないと、異常な状態がわかりません。犬に腸内寄生虫がいるとウンチに混じって出てくることもあります。この場合は、明らかに寄生虫がいることがわかるので、確認したら動物病院に行きましょう。犬はいろいろなものを口にするため、腸内寄生虫に関しては確実な予防をすることは実際には困難です。そのため、定期的な検便をして、寄生虫がいれば適切に駆虫をすることをお勧めします。

ウンチの処理をしたら、必ず手を洗いましょう。これは、人と動物の共通感染症予防の観点からも大事なことです（「第18章第３項」参照）。

◆ウンチの状態

ウンチの状態は、硬かったり柔らかかったりすると思いますが、硬すぎず、処理をしたときにペットシーツに跡が残りにくいものは健康なウンチといえます。

ウンチの形がくずれたり、処理しにくかったりするものを軟便といいます。ウンチに水分を多く含んでいる状態のものは下痢便です。さらに、この下痢をしている状態を通り越してオシッコのような状態を水様便といいます。ウンチ自体が血液にまみれている便を血便、ウンチ自体は血にまみれておらず、そのウンチに血が付いている状態を血液付着便といいます。

このようにウンチの状態を細かく分けて確認をするようにしましょう。そして、異常を確認したら動物病院での受診をお勧めします。

４．全身の手入れについて

犬は全身を毛で覆われていますが、汗をかくという機能をもち合わせていません。人よりも代謝機能が不十分なため、その機能がうまく働かなくなると犬は体調をくずし病気になってしまいます。

健康維持、コミュニケーションを図る上でもブラッシングなどの日々の手入れは欠かせません。タオルで拭いたり、ブラッシングしたりする際には、皮膚や毛の状態や外部寄生虫がいないか、栄養状態の観察も同時に行います。

●ブラッシング

ブラシやコーム、タオルを使って全身をきれいにしますが、犬がこれらの用具や作業に慣れていないと大変な手間がかかります。そのために、仔犬の頃から全身を触る練習を始め、ブラシやコームなどの用具（およびその感触）に慣れさせ、タオルで全身を拭くという作業を容易にさせてくれるようにしつけておく必要があります。

適度なブラッシングは毛の絡みをほどき被毛間の通気性を上げるとともに、皮膚にほどよい刺激を与え新陳代謝を促す効果があります。ただし、毛玉を引っ張ったり、ゴシゴシと強い力でとかしたりすることは逆効果になるのでやめましょう。犬種によっては毎日行う必要があります。毎日ブラッシングをすることで毛玉になるのを防ぎ、皮膚病の予防にもなります。さらに、犬の抜け毛は人のアレルギー疾患の原因にもなるので適切に処理をしましょう。

蒸したタオルで身体全体を拭くことは、代謝を助け、ニオイの予防にもつながります。

●入浴（シャンプー）

ブラッシングと同様にシャンプーをすることも重要です。あらかじめブラッシングとすすぎを念入りに行い、汚れをあらかた落としてからシャンプー液を付けるようにしましょう。

シャンプー液すなわち薬剤を使って洗うことは、毛や皮膚の脂分も落としてしまうことになるので、毎日シャンプーすることは控えるか、シャンプー後に皮膚をしっかりと保湿する必要があります。そうでなければ、毎日シャンプーすることでむしろ毛や皮膚の状態が悪化し、代謝機能にも悪影響を及ぼしかねません。

シャンプーの際は、シャンプー液が犬の目や耳や鼻などに入らないように気を付けましょう。入ってしまった場合は、シャンプー液が残らないように優しく湯でよくすすぎます。

アレルギーに敏感な犬には低アレルギー性のシャンプー液を使用することも必要になります。もしシャンプーしたことが原因で異常を起こしたら、直ちに動物病院を受診してください。

◆すべての犬が水を好きなわけではない

すべての犬が水を好きで入浴を好むわけではありません。犬にとって入浴は大きなストレスとなる作業であることを意識しましょう。

入浴後のドライヤー使用にも注意が必要です。多くの犬は風が身体に当たることを極端に嫌がります。それをドライヤーの音と関連付けて、ドライヤーの音に対して攻撃的になることがあります。そうならないように、少しずつ慣らしながら、優しく取り扱うように心がけます。

●耳の手入れ

動物にとって、耳はとてもデリケートな部位です。そのデリケートな部位を触られたり押えられたりした挙句に不快な思い（痛みなど）をしてしまうと、その後の耳の手入れを嫌がるようになり、しまいには耳を触らせなくなることさえあります。犬が嫌がる無理な手入れをしないようにしましょう。

犬はジッとしている動物ではないこと、「ジッとしていなさい！」といっても伝わらないんだということを覚えておきます。つねに不意に動くことを想定して、十分注意して作業することが肝心（かんじん）です。

コットンや綿棒、イヤーローションなどを利用して、耳の中やまわりの汚れなどをきれいに拭き取ります。このとき、決してゴシゴシとこすってはいけません。強くこすると炎症の原因となります。

耳の手入れの際には、耳のまわり、耳の中などに異常がないかも確認します。しっかりと目で見て確認すること、耳内の汚れがひどかったり、耳垢（じこう）がいつもの色と違ったりする場合は何かの病気ではないかと疑ってみることも必要です。

●爪の手入れ

犬の爪は放っておくと伸び続けます。伸びすぎた爪はいろいろなものに引っかかりやすくなりケガをすることがあります。そのため、定期的に爪を切り、適切な長さを保つようにしましょう。

爪切りの作業を、ほとんどの犬は好みません。むしろ嫌いな作業の一つといえます。爪を切るときは、嫌がる犬を羽交い締め（はがいじめ）のように保定したり、足先を強く握ったり引っ張ったりせず、とにかく優しく扱うことが大事です。

犬の爪は、伸びるにしたがって血管や神経も一緒に伸びていくため、切る際には注意が必要です。もし出血をした場合は、市販されている止血パウダーなどを使用して対処します。また、見落としがちですが、犬の足には狼爪（ろうそう）があり、狼爪も伸び続けるので、適切に処理しましょう。

●目の手入れ

目は非常にデリケートで大切な部位です。目のまわりを触られることに犬を慣れさせ、つねに目に異常がないか確認するようにしましょう。

中には、目ヤニや流涙（りゅうるい）（および流涙による涙ヤケ）という症状が出やすい犬種もいます。目ヤニなどは頻繁（ひんぱん）に取り除きます。目のまわりの毛を湿った状態で放置していると炎症を起こしやすくなるので、乾いたコットンで水分や汚れを拭き取ります。その際に、あまりゴシゴシと強く拭かないように気を付けます。目のまわりをきれいに保つように、日頃から手入れをする習慣を付けましょう。

●尻まわりの手入れ

犬の肛門の両側には肛門嚢という袋があり、その中にはペースト状の分泌液が溜まっています。ふつうは排便のタイミングでウンチと一緒に分泌されるものですが、分泌液が溜まりすぎていると、肛門嚢炎などを引き起こす可能性があります。そのため、肛門嚢から分泌液を絞り出す作業を定期的に行います（いわゆる肛門腺絞り）。

犬の尻まわりは汚れにくくはなっているのですが、それでもひどく汚れている場合は、便の状態が悪いか、どこか体調が悪いのではないかと疑い、犬をよく観察する必要があります。

●口まわりと口の中の手入れ

現在、犬の疾患の中で肥満の次に多く見られるのが口腔内疾患だといわれているようです。

多くの犬種が存在し、口の形状（咬み合わせ：咬合という）も様々です。健全な柴犬などの咬み合わせを鋏状咬合（シザーズバイト）といい、ブルドッグやシー・ズーなど短吻種に多いのが下顎突出咬合（アンダーショット）といいます。咬み合わせは、ものを食べる点においてとても重要で、犬種によっては切端咬合（レベルバイト）や上顎突出咬合（オーバーショット）、下顎突出咬合のようなものは不正咬合と判断されます。咬み合わせの状態が不適切だと、口のまわりに異常が表れることがあります。

犬の永久歯は、すべて裂肉歯（肉を食いちぎるのに適した歯）でできていて、全部で42本あります。大型犬も小型犬も歯は同数のため、口の小さい小型犬は歯間がつまった状態で生えていることになります。歯に関係する疾患の中では、歯周病が多くなっています。

歯周病を予防するためにも、デンタルケア（歯みがき）、オーラルケアは欠かせません。犬用の歯ブラシが市販されているなど、犬の歯みがきはポピュラーになりつつありますが、それでもまだまだ飼い主の意識はそこまで高くはないのが現状です。

犬の歯みがきは、毎日のケア項目に入れていく必要があります。ただ、口を触られるという行為自体、多くの犬は嫌がり、さらに口の中に異物（歯ブラシ）を入れるとなると拒む犬も多く見られます。そのため、歯みがきは敬遠されがちです。歯周病予防のためにも、毎日少しずつ慣らしていくことをお勧めします。

はじめに、口まわりを触られることや口唇をめくられること、歯を触られることに犬を慣れさせていきましょう。最初はマッサージするという感覚で行うとよいと思います。次に、飼い主の人差し指にガーゼを巻いた状態で歯を触っていきます。犬に拒否されないように、無理強いはせず優しく扱うようにします。

5．犬の一般的な健康チェック

犬の健康チェックは、飼い主としての義務です。犬は自ら体調不良を訴えたりしないため、つねに気にしてやることが必要です。ここでは、犬の各部位をチェックするポイントとその方法について考えます。一連の動作として習慣付けるようにしましょう。

●鼻の状態

色素が濃いことが望ましいとされています。通常、鼻先（鼻鏡）にツヤがあり、しっとりと湿っている状態です。

犬にとって、鼻はとても重要な機能を担っています。わずかなニオイを感知する優れた機能は、湿っている鼻からもたらされます。したがって鼻が乾いている状態は、その機能に何らかの異常があると考えられます。ただし、犬が眠っているときや起きた直後などは、鼻の機能が働いていないため湿っていません。

鼻水が出ていたり、くしゃみを連発したり、鼻から出血をしていたり、粘液性の鼻垢がついていたりするなどは、異常がある徴候です。

●目の状態

基本的に澄んでいて濁りがない、目の膜（瞬膜）が出ていない、充血していない、目ヤニがない、涙を流していないなどです。また、まぶたをめくって結膜が赤く腫れていないかも確認します。目を細めていたり、まぶたを痙攣させていたりするような場合は、角膜などに異常がある可能性があります。

目の機能自体に異常がないかも確認するようにします。この場合は、左右の瞳孔反射、動くものへの反応の有無などをチェックします。

目の代表的な病気には、緑内障、角膜炎、結膜炎、白内障などがあります。

●頭部の状態

頭部で注意しなければならないのは泉門の状態を確認することです。泉門とは、頭蓋骨の前頭骨と頭頂骨の間のへこんでいる部分もしくは柔らかい部分のことで、骨格形成が不完全か未完全な場合に見られます。

泉門は、基本的に仔犬の頃に開いていても成長とともにふさがるものです。開いていると頭蓋骨による保護を受けずに脳が露出している状態に近く、その開きが過大である仔犬は虚弱で、ストレスに弱いことが多く、成長後も完全に融合しない例が見られるようです。泉門の開きが大きい場合は、一生ふさがらない可能性もあるため、生涯にわたり頭部への衝撃を避ける対策が必要となります。

●耳の状態

犬の耳の形状は、立ち耳（半直立耳含む）か垂れ耳の２種類あります。立ち耳の場合は、犬自身で耳を動かすことができますが、垂れ耳の場合はその形状から動く範囲が狭くなります。

耳の機能は音を集めることであり、適切に機能するためには、耳周辺が汚れていないか、皮膚病はないか確認します。耳内に生えている毛が多かったり耳道が狭かったりする犬は耳の奥が蒸れやすいようです。耳が汚れていたら、耳ダニやマラセチア性外耳炎の可能性も考慮します。また、耳に引っかき傷がある場合は、痒みがあることを示しています。

さらに、耳は身体のバランスをとる、要するに平衡感覚を司るための重要な機能もあります。

聴覚の有無は、少し離れたところから手を叩いてみる、金属音を立てるなどして反応を見ます。

●口と歯の状態

外見から、よだれ（唾液）が異常に多く垂れていないか、口を気にして前足で引っかいていないかなどを確認します。外見上異常が見られる、口臭がひどいなどの場合は、口の中を確認しましょう。

仔犬の場合、口を開いて口蓋の状況を確認することも必要で、へこみや穴などがないか確認するようにしましょう。

一般的に貧血の有無を調べるのに、可視粘膜を確認する方法があります。歯肉（歯ぐき）を指で押して、離してみます。白っぽくなった歯肉が、１秒以内にもとの色に戻るかどうかを確認します。その他に欠歯と前述した咬み合わせについても確認しましょう。

●喉の状態

犬の喉の部分を触ってみて、下顎リンパ節を確認しましょう。異常に大きい場合はリンパ腫という病気を疑います。リンパ腫は悪性のものが多く、体内の免疫を担うリンパ球ががん化する病気です。

また、気管を上から下へ指で触れていき、軽く刺激する程度の力をかけて指で喉を押すようにします（カフテストという）。何も反応しなかったり、押した刺激で少々むせたりする程度なら問題はありません。もし咳が続くようなら、ケンネルコフを発症している可能性があります。

ヨークシャー・テリアやトイ種では、気管虚脱が見られることがあります。呼吸に伴って気管が扁平に変形し、息が荒くなってガチョウの鳴くような乾いた咳が出て、ひどくなるとパンティング（あえぎ）や呼吸困難といった症状が表れる病気です。

気管虚脱の症状は肥満により悪化しますが、それ以外に高温の環境、運動や興奮によっても悪化します。

パグやシー・ズーなどの短吻種では、上顎の粘膜が垂れ下がってくる軟口蓋下垂が起こりやすくなっています。垂れ下がった軟口蓋が喉の入り口をふさぐため、呼吸をするたびにヒダが震えてビービーと音がし、ひどい場合には手術が必要になることもあります。

●胸部の状態

犬の胸部には肺や心臓があり、まわりにある肋骨が内臓類を守っています。前方から見て船底型をしているのが理想的です。平坦な胸部だと心臓や肺が圧迫されている可能性があるため、心拍に異常がないかを確認しましょう。

仔犬においては、遊んでいるときに呼吸が荒くないかを確認します。ゼイゼイと息を切らしたり呼吸が荒かったりする場合には、気道が狭かったり、心臓肥大の可能性があったりするので、動物病院での受診をお勧めします。

●腹部の状態

犬の腹部が大きく腫れていないかを、目視と実際に触ってみて確認します。大きく腫れているなどの異常がある場合は、腫瘍、胃捻転症候群、腸捻転などが疑われるので、すぐに動物病院に連れて行きましょう。

嘔吐や下痢がある場合も、腹部を実際に触ってみて確認をします。犬は口で（咀嚼による）消化をせずに食べ物を飲み込んで（丸飲みして）胃で消化するため、食べたものを吐いてそれをまた食べるという行為は異常ではないことが多くあります。

腹部を押して痛みが強く、ガスが膨満しているような場合は、腸閉塞などを起こしている可能性が高いため、すぐに動物病院に連れて行きましょう。

●体格・骨格・関節の状態

犬の全身をなでながら、肋骨にふれられるかどうかを確認します。簡単に肋骨が確認でき、ゴツゴツしているようであれば、痩せすぎていると判断します。また背骨と骨盤も触ってみてゴツゴツした感じがあれば、痩せていることになります。

一様に肩の部分から足先に向けて触り、骨盤の部分から足先に向けて触ってみて、関節に異常がないか確認することも大切です。

仔犬の時期は、成長期なので多少コロンとしているほうが望ましいといえます。また、骨格が大きくしっかりしている仔犬は、食欲旺盛なことがうかがえ、将来、身体が大きくなる傾向にあります。成犬では、上から見て腹部が少しくびれているくらいが丁度よく、肥満になってくると、骨や関節の病気になりやすい傾向にあります。

このように肥満かそうでないかを調べる指針としてボディ・コンディション・スコア（Body Condition Score：BCS）があります。上手に活用してみるとよいでしょう。

●尾の状態

尾の形状には様々あり、尾を切る（断尾）犬種もあります。断尾は生後３日目ぐらいで処置をします。

垂れ尾の犬種では、尾と肛門の間に便が付着しやすく、そのため肛門周囲がただれてしまうこともあります。こまめにチェックしケアするようにしましょう。

巻き尾の犬は、巻いた尾が身体に食い込んでその部分がただれ、悪臭と粘着性のネバネバした脂漏性の皮膚炎になることもあるので、確認してケアします。

尾の先が短毛であったり尾が長かったりする犬は、尾の先を痛めて骨折や出血、皮膚炎などを引き起こす場合があるので、注意が必要です。

●肛門付近の状態

基本的に、犬の肛門まわりは汚れないものです。肛門のまわりが汚れている、便が付着しているなどの場合は、下痢をしている可能性が高いので糞便の状態を確認します。下痢が慢性的になると肛門周囲がただれてくるようになります。また、脱肛という症状がないか、糞便中あるいは肛門に寄生虫の虫体がないかも確認しましょう。鞭虫などは節があるため、肛門に付着している場合があります。

肛門のまわりに異常な膨らみがある場合は、会陰ヘルニアの可能性があります。動物病院での受診をお勧めします。

●皮膚の状態

毛に覆われているため、多くの犬では毛をかき分けなければ皮膚の状態を確認することができません。ふだんからブラッシングやタオルでの手入れを行っていれば、その感触で皮膚の異常を確認できます。

皮膚を見て、フケや異常な脱毛、発疹、かさぶた、膿疱などがないかを確認し、何か異常があればその原因を突き止めましょう。あるいは動物病院での受診をお勧めします。

仔犬の場合には、陰部まわりの尿かぶれにも注意します。

脱毛の原因として、真菌、疥癬、ニキビダニなどが多く見られます。身体全体の毛の表面に白い粉状のものが付着していたらツメダニの可能性もあります。

皮膚に黒い砂状のものがあれば、ノミの糞かもしれません。その砂状のものをティッシュの上に乗せ、上から水を１滴垂らしてみます。溶けて赤くなればノミの糞ということになります。糞の付着を確認したということは、ノミがいることになるので、早急に駆虫を行う必要があります。なお、ノミは条虫の中間宿主のため、同時に内部寄生虫の駆虫も必要となります。

皮膚の代謝をよくするために、手入れをこまめに行うことをお勧めします。代謝をよくすることは皮膚病の予防につながります。

●被毛の状態

犬の毛は、健康状態や栄養状態を知る上で重要です。仔犬の頃は成長過程で変化しますが、ツヤとハリがある状態が良いといえます。また不自然な抜け毛は、皮膚の状態と密接に関連しているので注意が必要です。

●臍、鼠径部の状態

犬を四肢で立たせて、臍の部分を触ります。少々出っ張っていて硬く、動くような感じがなければ心配ありません。押してへこんだり、穴がある感じがしたりすると、臍ヘルニアを起こす可能性があります。

仰向けに寝かせると犬は緊張し身体に力を入れます。このときに鼠径部がポコっと出っ張る感じがあると、鼠径ヘルニアを起こす可能性があります。

こまめに触って確認をするようにしましょう。

●生殖器官の状態

生殖器官は、オスとメスで形状が違います。

オスは、睾丸が２個あるかどうかを確認します。１個しかない場合は停留睾丸（潜在精巣）の疑いがあるので、獣医師に相談をしてください。続いて、陰茎（ペニス）の状態を確認し、膿のようなものが出ていないかをチェックします。多くの膿が出ているような場合には細菌感染の可能性があるので、動物病院の受診をお勧めします。また、包皮中の陰茎の状態も確認する必要があります。腫瘤や出血などがあれば、ポリープの可能性があります。

メスでは、陰部から膿状のおりものや不正出血が大量に見られる場合は子宮蓄膿症を疑う必要があります。どの場合にせよ、自己判断はできないため、異常があると思ったら動物病院で受診しましょう。

●狼爪の状態

犬には前足に狼爪があります。後足含め４本の足全部にある場合もあります。

前項の爪の手入れのところでもふれていますが、狼爪は犬が歩いても地面には触れず伸び続けてしまうため、定期的に爪切りなどのケアが必要です。狼爪の切除も考慮しましょう。ただし、犬種標準において狼爪をもつのがスタンダードとなっている犬種もいます。

●パッド（肉球）の状態

犬の肉球部分のチェックもしましょう。柔らかで弾力のあるパッドが正常であり、パッドが硬くなっている状態では、ほかに病気をしていないか確認します。

足先は通常、毛で覆われています。毛が異常に変色している場合は、自分で足先を舐めていたり、生活環境が衛生的でなかったりするので、確認しましょう。

６．犬の食餌管理

犬が健やかに成長していくためには、食餌管理はとても重要です。現在では、ペットフードの総合栄養食*を上手に利用していくことが、犬の健康を維持する上で大切だと思います。栄養学の必要な知識を身に付けて、適切なアドバイスができるようにしましょう。

＊総合栄養食とは、そのフードと水だけを与えていればペットの栄養素がまかなわれるフードのこと。

●犬に必要な栄養

肉などのタンパク質の豊富な食材は、食べたらそれがそのまま筋肉などになるわけではありません。基本的に体外から取り入れた物質は、消化吸収されて体内に取り込まれます。体内に取り込まれた栄養は、分解され、様々な成分になりエネルギーとして使用されます。これを「代謝」といいます。

ここでは、詳しい栄養学の知識ではなく、犬の食餌方法、ドッグフードについてなどテーマを絞って進めていきます。

◆犬のエネルギー要求量について

成長期の仔犬のエネルギー要求量は、成犬の２倍にもなります。仔犬の消化器容量や未発達の消化能力から考えると、平均的な品質の維持期用ドッグフードを与えても、十分な栄養を得ることは困難であるといえます。したがって、成長期の犬には、信頼できる仔犬用のドッグフードを与えることが必要となります。

食餌が果たすべき役割は、生体のエネルギー要求量を満たすことにあります。生体内でエネルギーバランスが保たれるためには、「エネルギー摂取量＝エネルギー消費量」の関係が維持されなければなりません。

エネルギー摂取量が多くなれば脂肪として蓄積され肥満をもたらし、エネルギー摂取量が少なくなる状況下では、エネルギーを満たすために自身の体組織を代謝消耗し、長期化すれば体重が減少していきます。エネルギーバランスはエネルギー摂取量によってコントロールされることになります。人とともに生活し安定しているとはいえ、犬はつねに安静状態にあるわけではなく、犬の生活状況により必要カロリーは変動します。様々な生活状況下におけるエネルギー要求量の変動を考える必要があります。

◆代謝エネルギー

３大栄養素である炭水化物、脂肪、タンパク質は、それぞれエネルギーの効率に違いがあります。炭水化物とタンパク質は１gあたり約４kcalのエネルギーを発生させ、脂肪は１gあたり約９kcalのエネルギーを発生させることができます。

３大栄養素は生体内に取り入れられてエネルギー源となりますが、取り入れられた栄養素のすべてがエネルギーに変わることはありません。糞便や尿などによって排出され失われるエネルギーを差し引いて考える必要があります。

生体内に取り入れられた総エネルギーに対して、生体が消化吸収することのできるエネルギー（可消化エネルギー）の割合を「消化率」といいます。

可消化エネルギー ＝ 総エネルギー － 糞便中に排泄されるエネルギー

（可消化エネルギー ＝ 消化率）

さらに、吸収されたエネルギーの必要部分は組織に利用されますが、残りの部分は尿中に排泄されます。最終的に組織に利用されるエネルギーを「代謝エネルギー」といいます。

代謝エネルギー ＝ 可消化エネルギー － 尿中に排泄されるエネルギー

●食餌の与え方

犬の食餌について、初めて犬を飼う人にとっては何回与えればいいのか、どのくらい与えればいいのか、とわからないことだらけです。犬に与える食餌については、その動物が必要とするエネルギー量を満たしてやれるように配慮します。

◆定時給餌法

犬のライフステージに応じて、一日量を決まった回数に分けて与える給餌方法で、一般の家庭で最も望ましい方法です。

犬種にもよりますが、仔犬のときは１日３～４回に分けて与え、成犬では１～２回というふうにし、ある程度決まった時間に、決まった食器で与えます。

食餌は、家族であれば誰でもが与えられるようにしておきましょう。基本的には与える時間も決めて、食餌時間がある程度過ぎたら食べきっていなくても食器を引き上げ、だらだら食いをさせないようにします。

一日の食餌量は、目安としてドッグフードのパッケージに書いてある、体重とその量を念頭におきましょう。ただし、個体差があるので、今与えている量と犬の様子をよく観察して、犬が太るようであれば量を減らし、痩せていくようなら量を増やします。

◆自由採食法

犬がいつでも自由に食べることができる給餌方法です。食器内のフードが少なくなったら補充して、つねに切らさないようにすることが大切です。基本的にドライタイプのドッグフードを利用します。

この方法は成長期の子猫や妊娠していて出産前の犬や、授乳期、体重を増やしたい場合などに用います。

手間があまりかからず、食餌による興奮がなくなるため、犬や猫は静かでいます。しかし、犬には、あまりお勧めできる方法ではありません。というのも、肥満になる傾向が強く、飼い主とのコミュニケーションが不足しがちで、健康状態のチェックをしにくくなるためです。

◆少量頻回給餌法

獣医師による処方であったり、一度に多くを摂取できなかったりするときに利用します。摂取回数が多くなりますが、エネルギー消費量も増えていきます。

ストレスや季節の変わり目などで食欲が落ちた場合などにも利用できます。

●食餌の切り替えについて

一定内容の食餌を、一定の方法で長期間継続して与えると、犬の消化機能はその食餌に順応するといわれています。一般的に仔犬のときから与えられている食べ物を好み、多種の食餌を並べた場合には、習慣となった食べ物を選ぶことが知られています。

したがって、食餌内容や給餌方法を切り替える際に、急激な変更は一時的な下痢や食欲減退を引き起こす可能性があります。食餌内容を変更する場合には、10日程度の期間をかけて毎日10%ずつ新しい食餌を加えていくようにします。当然、等量の旧食餌を減らすことを忘れないでください。

●ドッグフードの種類

ドッグフードはいろいろなメーカーから、犬種ごと、犬の成長に合わせてなど多くの種類の製品が販売されています。

ドッグフードを選ぶ際の注意点は、犬の成長過程に合わせたフードを選ぶようにすることです。一般的に目にするのは、仔犬用フード、成犬用フード、そして高齢犬用フードの３種類でしょう。これは犬のライフステージに合わせた栄養素や必要なエネルギー配分となっています。近年は、犬種特有で必要な栄養を補った犬種別のフードや、肥満に対処するフードも出ています。

●ドッグフードのタイプ

ドッグフードのタイプは、フードの水分含有量によって区別されています。

◆ドライフード

フードの製品水分が10%以下のものを「ドライフード」といいます。フードが乾燥しているため、常温での長期保存が可能で保存料も添加されていません。

◆セミモイストフード

水分量が25～35%程度のフードを「セミモイストフード」といいます。品質保持のため防カビ剤などの添加物を使用し、水分保持のため湿潤調整剤を使用しています。酸化や微生物の発生を抑える脱酸素剤が包装容器に使用されることもあります。このタイプのフードは、ドライフードより水分を摂取できることやウエットフードよりも開封後の品質を長く保てるメリットがあります。

◆ソフトドライフード

セミモイストフードと同じ水分量を含有しているもので「ソフトドライフード」があります。これはドライフードと同じく発泡処理されています。品質保持のため、酸化防止およびカビの発生を防ぐなどのための添加物や、水分保持のための湿潤調整剤を多く使用しています。

◆ウエットフード

水分量が75％程度のものを「ウエットフード」といい、品質保持のための殺菌行程を経て、缶詰、アルミトレー、レトルトパウチなどの密封(みっぷう)容器に充填(じゅうてん)されています。

●ペットフードの表示

◆必要表示項目

ペットフードの表示については、2002（平成14）年12月に「ペットフードの表示に関する公正競争規約」として改正されました。それまでは「ドッグフードの表示に関する公正競争規約」として1974（昭和49）年10月に公正取引委員会から官報(かんぽう)告示され制定されていました。

ペットフードのパッケージへの必要表示項目は以下のようになっています。

□ドッグフードまたはキャットフードである旨(むね)

その製品がドッグフードなのかキャットフードなのかを、はっきりと記載(きさい)する必要があります。

□ペットフードの目的

目的分類とは、「総合栄養食」、おやつなど「間食」、「療法食」*、「その他の目的食」（例えば栄養補完食、副食、サプリメントなど）を記載します。

＊療法食とは、犬が病気になったときに、その治療の一助(いちじょ)として与える食餌です。療法食は獣医師の処方（指示）により利用されるもので、特定の成分を抑えたり増やしたりして病状をコントロールするために使用されます。健康な動物に使用することは、栄養バランスをくずしてしまうため望ましくありません。

□内容量

その製品の内容量をグラム（g）、キログラム（kg）などの単位で正味量(しょうみ)（NET）が明記されています。

□給与方法

ペットの体重やライフステージに合わせて与える量や与え方などが記載されています。

□賞味期限または製造年月日

賞味期限とは、未開封のまま指示された保存状態でおかれた場合に、製品の栄養および食味(しょくみ)を保証できる期間のことです。

□成分

重量百分率で、保証できる量を記載します。粗タンパク質○％以上、粗脂肪○％以上、粗繊維○％以下、粗灰分(そかいぶん)○％以下、水分○％以下と表示されます。

□原材料名

製品に使われている原材料の使用量の多い順に記載されています。

□原産国名

原産国とは、ペットフードの最終加工工程が行われた国のことをいいます。

□事業者の氏名または名称および住所

「製造者」「販売者」「輸入者」、その他これに類する表示により事業者の種類を明示し、住所が記載されています。

7．季節別の健康管理

犬を衛生的で清潔な場所で飼養し、毎日の手入れや適度な運動やしつけを行いながら、観察し、異常を早期に発見することで、健康な状態を維持していきます。ここでは、季節に沿った注意点と飼い主が覚えておくべきことを習得しましょう。

●日常の健康管理

◆犬の体温

平常時の平均的な犬の体温は38℃程度で、人よりやや高めです。小型犬は大型犬よりも高めで、幼犬は成犬よりも高めです。

通常、筋肉の活動を高めると体温は上昇します。運動後や食餌後は、通常より0.5℃程度高くなります。このため、興奮しやすい犬では、動物病院などストレスのかかりやすい特殊(とくしゅ)な環境下においては体温が上昇します。

また、妊娠中の犬では体温が徐々に上昇し、分娩(ぶんべん)が近付くと急激に体温が一時低下します。

検温は正確を期(き)すため、排便後、安静時、一定時間をおいて数回行うことなどが必要となります。また、午前中は午後よりも通常0.5～1℃程度低いようです。

◆犬の呼吸数

成犬では、通常1分間に10～30回程度です。

気温が上昇すると、人は血液の流れの増加や発汗(はっかん)によって体温を下げようとしますが、汗腺が少なく体温調節機能が劣る犬では、呼吸やパンティング（あえぎ）によって放熱させ、体温を下げようとします。

夏季の犬の管理や密閉状態での移送時には、人が許容できる環境温度であっても、犬にとっては限界を超えてしまい熱射病に陥ることがあるので、十分に注意が必要です。

◆犬の脈拍

1分間に65～150回ほどあり、大型犬より小型犬のほうがやや多い傾向にあります。運動後や食餌後は脈拍数が増えるので、安静時に計るようにしましょう。

脈拍は、親指を犬の後肢の外側、ほかの指を内側に入れて、股を挟むように軽く触れて大腿動脈で計ります。内股で計ることを嫌がる犬は、前肢の手首部分（手根関節）の内側か、前足の甲にあたる部分でも計ることができます。

●季節に合わせた管理の注意点

◆春の管理

春先は、皮膚の新陳代謝が活発になります。冬に密生していた毛が夏の毛に変わる換毛の季節でもあり、毛の手入れが必要となります。毎日のブラッシングを念入りに行い、死毛（老廃毛）を取り除き皮膚の代謝を高めて、皮膚病を予防しましょう。

犬の居場所を清潔に保つため、こまめに清掃しましょう。気温も高くなってきて、ノミやダニの活動が活発になってきます。清掃と消毒をしっかり行いましょう。犬のノミ・ダニ対策として、定期的な駆虫薬の投与や薬浴をします。ノミやダニはアレルギーの原因ともなり、皮膚病になることもあります。フィラリア（犬糸状虫）予防をするために、事前に動物病院で検査を受けることもお勧めします。

一般的に、春先はオスもメスも発情が活発になりやすいため、避妊対策が必要になることを覚えておきましょう。発情期については、特にオスの管理が難しくなりがちです。オスはメスの発情などの刺激によって興奮しやすく、気が立つことがあります。咬傷事故につながるおそれがあるので、注意しましょう。

この時期は、朝晩の気温差が大きいため体温調節や気温に対する順応が困難な場合もあります。風邪や気管支炎、肺炎などを誘発するケースもあるため、体力のない仔犬や高齢犬では、生活の中の温度差を少なくする工夫をすることと、天気の良い日は適度に日光浴をさせるといいでしょう。

犬の飼養にあたり市町村への登録をすませていれば、「狂犬病予防注射のお知らせ」が届きます。狂犬病の予防注射は動物病院でも接種できるので、忘れないようにしましょう。

◆夏の管理

夏は、犬と一緒に出かけることが多くなる時季です。車で移動する場合には、車内での熱中症に十分気を付けましょう。

春から始めているのが理想ですが、夏も引き続きノミ・ダニなどの外部寄生虫に注意しなければなりません。さらに、蚊を媒介して罹患するフィラリア対策も必須となります。定期的に駆虫することと、蚊の発生を防ぐ対策も考えましょう。

ノミ・ダニ以外の虫も、夏は活発に活動します。ハチやムカデに刺されたり、浜辺や磯、河川敷、山道などにいる生物に刺されたりすることもあります。周辺環境の状況を確認し、対策を講じましょう。

食餌に関する注意が必要になる季節です。腐敗による食中毒を起こさないよう、食べ残しは早めに始末し、食器は衛生的な状態を保ちます。つねに新鮮な食餌を与え、飲み水も切らさないように気を付けます。体力の消耗も激しくなり夏バテ対策も必要となるので、食餌をきっちり管理しましょう。

近年、夏の高温化が問題となっています。しっかりと冷房対策を講じる必要があるでしょう。とはいえ、室内飼育において神経質になりすぎて冷えすぎてしまうのもよくありません。犬の生活している高さが適温になるように調節します。屋外飼育の場合は、必ず日陰をつくり、風通しを良くしてやります。犬は発汗作用による体温調節が十分でないため、暑さに弱い動物だという認識をもちましょう。

散歩は朝晩の涼しい時間帯を選んで行くようにします。犬は道路を裸足で歩いているようなものです。熱くなったアスファルトやマンホールのふたの上などを歩き、火傷(やけど)をしてしまうというケースも見られるので注意しましょう。

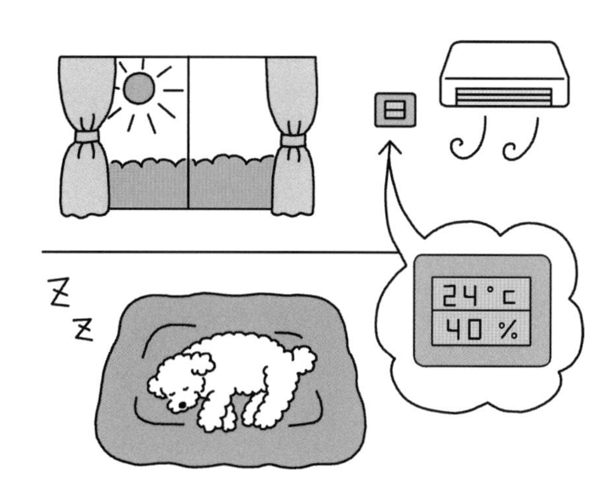

◆秋の管理

春先と同じように過ごしやすくなる反面、一日の中での温度差が大きいことがあるので体調管理には注意が必要です。夏に落ちていた食欲が復活してくることもあります。

基本的には、春と同じような管理で対応できますが、この時期にも換毛が始まる犬がいます。こまめにブラッシングして老廃毛を取り除きましょう。

◆冬の管理

冬は地域によって環境が異なります。雪がたくさん降る地域もあれば、まったく降らない地域もあります。全般的に気温が低くなり、比較的、犬にとっては過ごしやすい季節ではありますが、その一方で、仔犬や高齢犬、小型犬など体力のない犬の体調管理が難しくなります。日中に天気が良ければ、陽の当たる温かい場所に犬がいられるようにする配慮も必要です。

室内飼育の場合は、過剰に暖かすぎる環境もよくありません。皮膚や粘膜が乾燥して目ヤニや風邪の原因になります。こたつやストーブの使用にも注意し、火傷や酸素不足による中毒を起こさないように配慮しましょう。

寒さにより痩せてくる場合もあるので、その場合はカロリーの高いフードに切り替えてもよいでしょう。

学習のポイント

犬の健康管理を中心に考えていく「ケア」の目的を一つ一つ理解し、日々の取り扱いや接し方の中で、継続してできる方法を考慮します。そして、その犬にとって適切な「管理」とはどのようなものかをつねに考えていくことが本章のポイントとなります。

散歩と運動では、気分転換とストレス、そしてトレーニングとの関係を考えます。健康管理のバロメーターであるオシッコとウンチの状態の変化を観察し、被毛や皮膚の状況を知るために、日頃の手入れが重要であること、日々の食餌管理では、必要な栄養とバランス、エネルギー要求量に着目し、季節別の健康管理では、気温と湿度と季節の変わり目での体調変化に注意することが大切です。

25 法律への理解を深めましょう

人は、法律という枠組みの中で生活をしています。当然、ペットと暮らすことも法律がかかわってきます。法律は飼い主とペットを守ってくれるものであり、決して軽んじてはいけません。きちんと理解をして活用していく必要があります。

動物たちとともに生活している私たちは、動物たちを守る責任を果たしていかなければなりません。「動物の愛護及び管理に関する法律」(動物愛護管理法)や「狂犬病予防法」を理解し、活用して、犬との関係性と福祉と環境の向上を目指していくことは、これからの社会には欠かせない課題となっています。

1．動物愛護管理法

1．概略

「動物愛護管理法」をご存知ですか？　正式名称は「動物の愛護及び管理に関する法律」といいます。

本法は「人と動物の共生する社会の実現」を目指すことを目的としています。目的の柱として２つの項目が挙げられます。一つは、「動物の愛護を基軸とする動物の虐待や遺棄を防ぎ、適正な飼い方や健康と安全を守ることを通じて命を大切にする心豊かな平和な社会を築くこと」です。もう一つは、「動物の管理を基軸とする動物による人の生命や身体、財産に対する侵害や生活環境保全の支障を防止し、人への迷惑となることを防止すること」であり、それぞれとても大切な項目となっています。

◆時代に合わせて５年ごとに改正

本法は、1973（昭和48）年９月に「動物の保護及び管理に関する法律」として制定され、その後1999（平成11）年12月に「動物の愛護及び管理に関する法律」として改正されました。

その際に、飼い主の責任の強化や動物取扱業者に対する規制、虐待や遺棄に対する罰則の強化、動物愛護推進員の委嘱、協議会の設置などが決められ、2005（平成17）年６月の改正では、動物取扱業の登録制の導入、特定動物の飼養規則の一律化が図られました。

2012（平成24）年９月の改正では、法律の目的に「人と動物の共生する社会の実現を図る」ことが明記されました。営利性の動物取扱業を第一種とし、動物愛護団体や公園での展示など営利性のない動物取扱業は第二種として区別され、犬や猫を取り扱う場合には「犬猫等販売業者」として基準が新たに設けられました。その中で犬や猫の夜間展示の禁止（夜８時～翌朝８時）、犬や猫の健康安全計画の提出とその遵守、幼齢動物の販売規制が設けられたのもこのときの改正からです。幼齢動物の販売については、2016（平成28）年にも規制強化されています。このように約５年ごとの見直し、改正がなされています。

2019（令和元）年６月にも改正されました。改正されたのは、第一種動物取扱業の犬や猫の販売場所を事業所に限定、幼齢動物の販売は生後56日を経過しないものの禁止、動物虐待に対する罰則の強化（殺傷は懲役５年、罰金500万円、虐待や遺棄は懲役１年、罰金100万円）、マイクロチップの装着の義務化（販売業者）などがおもな内容です。

本法は、動物の飼い主およびその動物だけでなく、動物を扱うことをビジネスにしている人たちも対象としています。これは動物取扱業と呼ばれ、ペットショップやブリーダー、犬のトレーニングを行う人たちも規制の対象になっています。

また近年、各地で大きな災害が起こっていますが、被災した際にペットと暮らす飼い主がどのように行動すればいいのかということにもふれられています。

2．基本原則を考える

本法の基本原則は以下のようになっています。

「すべての人は、「命あるもの」である動物をみだりに殺傷したり苦しめたりすることのないようにするだけでなく、人と動物が共生していけるように、動物の習性をよく知り、適正に取り扱うようにしなければなりません。また、動物を取り扱う場合には、動物の種類や健康状態等に合わせて適切に餌や水を与え、必要な健康管理を行い、動物の種類や習性等に応じた環境の確保を行わなくてはなりません」。

●人のための法律である

私がこの法律と本気で向き合うようになったのは、およそ８年前です。きっかけは、福井県の動物愛護管理業務を民間として請け負うことになったことでした。それまでも、「法律は大切であり…」などと訴えてはいたのですが、今思えば、どこか他人事というか現実味が薄かったかもしれません。

それが行政の仕事を請け負うことになり、急に現実味を帯びてきて、本気で理解しないと業務の遂行ができないと感じました。その中で強く感じたのは「これは、動物のための法律ではなく、私たち人のための法律である」ことです。動物の命を守らんがために、私たちが窮屈な思いをすることはないのです。すべて人のための法律なのです。

◆極端な擬人化はしない

前述の基本原則は、法律では第一条と第二条に記載されていることが要約されています。拡大解釈をすれば「地球上に生息している動物すべてが命あるものである」となりますが、実際には野生動物と産業動物、実験動物、家庭動物などに分けられ、動物愛護管理法による規制は、野生動物を除くものに適用されます。

基本的に、私たちの身近にいる動物たちに対して殺傷したり苦しい思いをさせたりしないこと、ともに暮らしていけるようにその動物の習性や行動特性といわれるものをしっかりと理解していくものとなります。極端な擬人化はしないようにしなければなりません。

また、飼養している動物においては、状況に合わせて適切な管理が必要であることも明示されています。

3．飼い主責任を考える

犬や猫を含む動物を飼養する場合、いわゆる飼い主となる場合には法律上の飼い主責任が発生します。この飼い主責任には、大きく２つの要因があります。それは「動物への責任」と「社会への責任」であり、この２つはそれぞれに責任要件が明記されています。

飼養している動物の飼い主は、「生命あるもの」であるその動物を愛護し適切に管理する責任があります。解釈的に曖昧なのが「愛護し適切に管理する」ということです。

●動物を愛護すること

動物を愛護することとは、人それぞれに想いがあり価値観が違うと思うのですがいかがでしょうか？

「生命を守ること」「幸せな時間を過ごすこと」「ストレスを与えないこと」「いたわること」「優しさをもって接すること」「愛でること」などなど、挙げればキリがないほど様々な言葉が浮かんできます。一つ

動物が日々穏やかにすごせるように。

の捉え方としては、「人が飼養する動物は、決して野生に還すことができないと認識し、責任をもってその動物の一生の面倒をみてやること」になるのではないでしょうか。ただ食餌や水を与えているだけでよい、というわけではないのです。

●適正に管理すること

適正に管理することとは、どういったことだと思いますか？

法律では、「その動物の習性や行動特性を理解し」とあります。動物を飼養する際には、それぞれに動物としての特性があることへの理解が必要なのです。「いえばわかってくれる」は通用しないのです。

犬は扱い方を間違えれば「噛む」という行動をしてしまいます。「飼い主を噛むなんて」と思う人もいますが、犬にも感情があり、ストレスが大きくなる生活環境や扱い方をしていれば、次第に反抗するようになり、やがて「咬み付く」という行動をとってしまうのです。

◆動物の健康面にも配慮する

この適正な管理には、動物の健康面にも配慮することが明記されています。特に家庭動物などにおいては、ケガや病気になったら獣医師による医療を受けさせることとされ、適切な処置を受けさせない場合には虐待となるおそれがあることも明記されています。

また家庭動物などの訓練、しつけについても、習性や生態などを考慮し適切な方法で行うこととされ、殴打や酷使などは虐待となるおそれがあることを認識する必要があります（「家庭動物等の飼養及び保管に関する基準」）。

適正な管理には、「安全」と「迷惑」についても書かれています。日常の管理で日照の通風の確保、温度や湿度の管理、そして起こりうる事故や交通事故などを防止するための施設を設けることなどのほか、生活環境保全の観点から公共の施設や場所、他人の土地や建物、持ち物などを壊したり糞尿などで汚したりすることのないように配慮が必要であることなどについて触れています。

また、排泄物など汚物に関しても適切な処理をし、汚物が堆積しているような環境での飼養は虐待とみなされるおそれがあることも理解してほしいと思います。この点については、社会への責任と捉えることができます。

●終生飼養

何よりも大切なのは、飼っている動物の面倒を一生にわたってしっかりと見る必要があることです。これを「終生飼養」といいます。終生飼養を実施するために無計画に数を増やさないことについても、「動物愛護管理法」でふれています。

ペットを飼い始めたら終生飼養が原則。

むやみな繁殖を制限する措置のことを不妊処置といい、オスならば去勢手術、メスならば避妊手術の実施が明確化されています。また、飼養頭数においても適切な頭数にしなければならないことにもふれられています。

●人と動物の共通感染症とマイクロチップ

法律では、次の２つの点についても明記しています。

一つが、飼い主は飼養動物もしくは自身を介して病気の伝搬が起こることについて十分理解するように書かれており、感染症の知識をもち、予防に注意を払うこととしています。

人と動物の共通感染症については「第18章第３項」で解説しました。伝染性の感染症はいろいろな伝搬方法により周囲に広がる病気であり、重篤な症状に陥る疾患も含まれているため、法律により注意喚起しています。

本法で明記されている、もう一つが、所有明示です。マイクロチップや迷子札などによって、飼っている動物が自分の所有であることを示します。

これまで「特定動物」においては、マイクロチップの装着が飼養者に義務付けられていましたが、2019年の改正で、犬や猫の販売業者に対しても、マイクロチップの装着と「動物ID普及推進会議（AIPO）」への所有者情報の登録が義務付けられることとなりました。マイクロチップについては「第18章第２項」を参照してください。

●動物のカテゴリー

本法では、人の管理下にある動物のカテゴリーを４つに分類しています。それぞれのカテゴリーに関する基準も設定されています。

①家庭動物：家庭や学校などで飼われている動物
「家庭動物等の飼養及び保管に関する基準」

②展示動物：展示やふれあいのために飼われている動物
「展示動物の飼養及び保管に関する基準」

③実験動物：科学的目的のために研究施設などで飼われている動物
「実験動物の飼養及び保管並びに苦痛の軽減に関する基準」

④産業動物：ウシや鶏など産業利用のために飼われている動物
「産業動物の飼養及び保管に関する基準」

４．罰則を考える

本法では、罰則規定についても定められています。動物愛護の機運の高まりもあり、また近年、動物を虐待する事例も多発していることから、2019年の改正法では罰則規定が厳罰化（げんばつか）されました。

併せて、「殺処分ゼロ」を合言葉に動物愛護活動の広がりの影で、飼養者のネグレクト（飼育放棄）事案や、愛護団体のアニマルホーダー問題も取り沙汰（ざた）されているのが現状です。

罰則規定には、愛護動物というカテゴリーがあり、飼い主の有無にかかわらないすべての「牛、馬、豚、めん羊、山羊、犬、猫、いえうさぎ、鶏、いえばと及びあひる」と、それ以外で人に飼われている「哺乳類、鳥類又は爬虫類に属するもの」とされています。

おもな罰則規定には、愛護動物をみだりに殺したり傷つけた者に対して、５年以下の懲役または500万円以下の罰金、愛護動物をみだりに虐待したり遺棄した者に対して１年以下の懲役または100万円以下の罰金（ともに2019年改正法で厳罰化）、無許可で特定動物を飼養保管した者に対して６カ月以下の懲役、または100万円以下の罰金、無登録で第一種動物取扱業を営（いとな）んだ者に対して100万円以下の罰金となっています。

５．飼い主に守ってほしい７か条について

動物を飼うことについては前述したので、ここでは環境省による「みんなで守ろう‼　飼い主の７か条」について要約します。環境省のウェブサイト*では動物を飼い始める人、飼っている人に向けての啓蒙が掲載されています。

＊　環境省ウェブサイト　https://www.env.go.jp/nature/dobutsu/aigo/2_data/pamph/h2810a.html

①終生飼養：動物の習性などを正しく理解し、最後まで責任をもって飼うこと

人とは違う動物とともに暮らすということは、それがどんな動物であり、人とどのように違うのかをしっかり理解する必要があります。

②迷惑防止：危害や迷惑の発生を防止すること

動物と暮らしたいと考えている人と動物を嫌いだと考えている人が一緒に社会に暮らしていることを理解していく必要があります。その上で、適切に動物を飼うことを目指していきましょう。

③災害対策：災害に備えること

この日本は災害大国です。被災してしまってから対策を考えていたのでは、間に合いません。今こそ災害についての知識や行動計画をしっかりと立てておかなければいけません。ともに暮らしている動物を救うことができるのは、飼い主家族だけです。日頃からの対策を立てましょう。

④繁殖制限：むやみに数を増やしたり、繁殖させたりしないこと

動物とともに暮らすことを考えたら、まず不妊処置について考えましょう。「自然にあるものを…」「病気でもないのに…」と考えず、飼い主がしっかりとコントロールできる生活環境を整えることは必要です。

⑤病気の知識と予防：動物による感染症の知識をもつこと

感染症には、生命を脅(おびや)かすとても恐ろしいものが含まれています。日本では発症例がない「狂犬病」も、日本以外のアジア諸国をはじめ他国では多く発生しています。知識をもつことで病気を未然に防ぐこともできます。

⑥逃走防止：動物が逃げたり迷子になったりしないようにすること

ともに暮らしている犬や猫は、飼い主がきちんと逸走防止を図らなければなりません。一度家から出てしまったら、そこには「危険」がいっぱいです。事故などで生命を落とすことのないよう、対策を十分にしてください。

⑦身元表示（所有明示）：所有者を明らかにすること

所有明示には迷子札が一般的ですが、これを着けるためにはカラー（首輪）の装着が必要になります。また、大きな災害が起こったときに効果を発揮するのが「マイクロチップ」です。これは外見からは装着しているかがわからず、読み取りには専用の器具が必要となりますが、脱落がなく、確実に飼い主の情報をつかむことができます。

6．殺傷、虐待、遺棄について考える

動物を殺傷したり、意図的に虐待したり、山や公園などに遺棄をしたりすることは禁じられており、前述のとおり罰則規定もあります。なかには刑事事件へと発展する可能性がある項目も含まれているように思われますが、実際に立件されるにはいろいろと満たさねばならない要件が多くあります。

●虐待の禁止について

犬のしつけに興味のある人が動物虐待についての知識を得ることは、私たちの次の世代、子供たちにかかわってきます。今後、犬が人々の周辺からいなくなることはおそらくないでしょう。これからも続いていく人と犬の関係は、今後もっと密接になり、動物たちへの扱い方も変わってくると思います。

◆動物虐待の定義は難しい

動物の虐待（Animal Abuse）について、その定義は難しいものです。危害を加えたりすることだけでなく、必要な世話をしない「ネグレクト（飼育放棄）」も虐待に含まれます。何をもって虐待であり、そうでなければ虐待ではないといえるのか、その基準を決められません。これは動物に対する価値観が個人によって異なるとともに、国や文化、宗教によっても違いがあるからだといわれています。

動物虐待研究の第一人者であるフランク・アシオーンは「動物に必要のない痛み、苦しみ、苦悩を非偶発(ひぐうはつ)的に与え、または死に至らしめる社会的に受け入れがたい行動」と定義しています。またアシオーンは、動物虐待が起こる理由について、次のように定義付けています。

□小児(しょうに)の好奇心から結果的に
□年長児では心理的問題もかかわる
□青年期では仲間たちと遊び半分に

これらは、それぞれに「教育」や「療育(りょういく)」「司法」がかかわることになるともいっています。結果的に動物虐待であっても、その年齢によって根幹(こんかん)が違うことも頭に入れて考えなければならない問題となります。

また、動物虐待の動機には、「衝動コントロールが弱くて、ついしてしまう」「自らのストレス発散のためにしてしまう」「自らの快楽のためにしてしまう」とも定義付けています。

◆小児虐待、家庭内暴力、高齢者虐待とリンク

動物虐待の研究では、小児虐待、家庭内暴力、高齢者虐待とリンクしていることがわかっています。ただ

し、統計的な証拠はないのが現状のようです。

先に挙げた小児虐待などのいずれかがあれば動物虐待に発展する可能性はありますが、動物虐待があるからといって小児虐待などがあるとは考えにくいものだともしています。

法律の規定には、積極的（意図的）虐待の例として、殴る、蹴る、熱湯をかける、動物を闘わせる、動物がケガを負うまたはケガを負うおそれのある行為や暴力を加える、心理的抑圧、恐怖を与える、酷使するなどが挙げられています。

◆ネグレクト

またネグレクト（育児放棄：必要な世話をしないこと）の例として、世話をしないで放置する、健康管理をしないで放置する、病気を放置する、健康や安全が保てない場所に拘束して衰弱させる、排泄物の堆積した場所やほかの愛護動物の死体が放置されている場所で飼養するなどが挙げられています。

●遺棄について

遺棄とは動物を捨てることですが、どのような心理が働くのでしょう？　遺棄の理由を考えると、「飼い続けることができない」「数が増えすぎた」など、飼い主側の身勝手によるものが多いのではないでしょうか。また、自然界で生きていくのがよいなど、何の根拠もない理由によるものもあるかもしれません。いずれも、遺棄をする前は人が飼っていたという事実があります。飼い主による遺棄の理由のどれもが、考えれば解決策が見出せるものだと感じます。

◆解決策を見出す努力をする

「飼い続けることができない」のであれば、いろいろな手段で新しい飼い主を探す、その動物が高齢だったり持病を抱えていたりする場合でも相談する人を見つける努力を惜しんではいけません。その努力もしないままに飼い主自身で抱え込んでしまうと、いろいろな考えが閉鎖され、遺棄という結果にたどり着いてしまうのです。

「数が増えすぎた」場合は、そうなる前にその動物の繁殖制限を考えるべきだったと思われます。繁殖制限をすることで、数の増える状態を防ぐことはできます。また、増えてしまった場合でも、新しい飼い主を探す手立てを模索する努力を怠ってはいけません。まずは、相談できる相手を見つけることです。

むやみに遺棄をすることで、生物多様性に問題が生じたり、希少動物の保護の観点から種の保存に関する問題にまで発展したりする可能性があることも認識する必要があります。

このことからも、動物の飼い主は日頃から周囲とコミュニケーションをもつように心がけ、日々の状況を話せる相手を見つけるようにしておくことが肝心です。特に犬のインストラクターは、飼い主とその動物との生活全般をサポートする役目があると思います。

2. 狂犬病予防法

1. 概略

●狂犬病を発症すると治療方法はない

狂犬病は、犬だけでなく人や猫などの哺乳類、鳥類などの恒温動物に感染するウイルス性の病気で、発症すると治療方法はなく、ほぼ100％死亡するという非常に怖い病気です。現在、日本では感染による死亡事故は発生していませんが、国外の多くの地域では依然発生していて、毎年約６万人が狂犬病によって死亡しているとの報告があります。

◆1950年に制定された法律

狂犬病予防法は1950（昭和25）年に制定されました。その目的は、狂犬病の発生を予防し、その蔓延を防止しおよび撲滅することにより、公衆衛生の向上および公共の福祉の増進を図ることにあります。

本法が適用される動物は、人に狂犬病を感染させるおそれが高いとされる犬や猫、アライグマ、キツネ、スカンクの５種に限定されています。犬については登録とワクチン接種の義務が課せられていますが、犬以外の４種については、通常の措置としては国内への狂犬病の伝染を防止する観点から検疫に限った措置のみが義務付けられています。

◆通常時の措置

通常時の措置とは、現在のように国内で狂犬病が発生していないときの措置です。

□犬の登録

犬の飼い主（所有者）は、犬を所有した日から30日以内に、所在地の市町村長に犬の登録を申請します。登録されると「犬の鑑札」が交付され、飼い主は犬にその鑑札を付けることが義務付けられています。なお、犬が死亡したり、犬の所在地、飼い主の住所氏名の変更があったりした場合は、その旨の届け出が必要です。

□予防注射

犬の所有者は、毎年１回（４～６月）、犬に狂犬病の予防注射を受けさせなければならないとされています。注射を受けると獣医師より「注射済証」が交付されるので、これを市町村長に提出します。すると写真のような「注射済票」が交付されるので、この票を犬に付けておくことが義務付けられています。

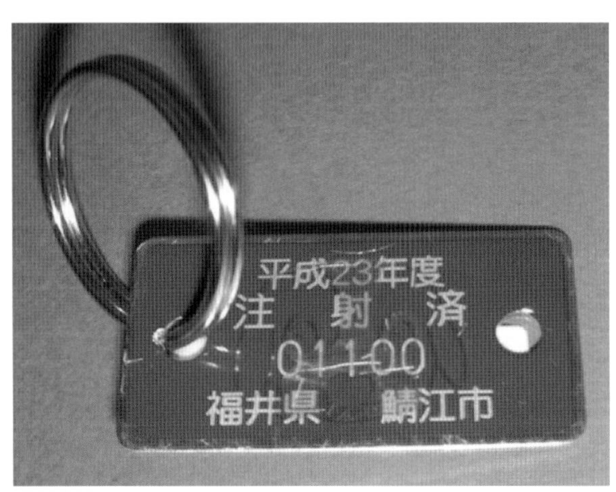

狂犬病予防注射済票（コピー）

□輸出入時の検疫

犬や猫、キツネ、アライグマ、スカンクの５種は、検疫を受けたものでなければ、輸出入することはできないとされています。

□罰則

犬の所有者は、犬の登録をしなかったり、鑑札を犬に付けていなかったり、狂犬病の予防注射を受けなかったり、その済票を犬に付けなかったりした場合、罰則の対象となり、20万円以下の罰金に処せられます。

◆狂犬病発生時の措置

狂犬病が発生した場合は、狂犬病にかかった犬やその疑いのある犬を診断した獣医師またはその犬の所有者に対し、保健所長への届け出義務やその犬などの隔離義務が課せられています。

実際の流れとしては、狂犬病発生の届け出を行い、罹患犬などを隔離する措置と同時に罹患犬は殺害の禁止措置がとられます。また、死亡している場合は死体の引き渡しを行い、病性鑑定の措置がとられます。

次いで発生の公示と犬の係留命令が出され、蔓延防止のための一斉検診と予防注射の接種が行われます。それと同時に、動物の移動制限措置がとられ、発生地域の交通の遮断または制限が行われるとされています。

学習のポイント

犬や猫と人がかかわる法律は、私たちが生活をする場面で活用していくことができます。また、法律の知識をもつことで、守る必要性や啓発していく必要があることも理解できるでしょう。

大切なのは、今後の法律の改正を見すえ、自分たちの意見を積極的に述べることで、犬や猫たちの環境改善、福祉改善につながっていくことです。

さくいん

【た】

【な】

【は】

参考文献

- 『人イヌにあう』コンラート・ローレンツ 著、小原秀雄 訳、至誠堂
- 『犬の行動学』エーベルハルト・トルムラー 著、渡辺格 訳、中央公論社
- 『動物行動学：専門基礎分野：動物看護学教育標準カリキュラム準拠』全国動物保健看護系大学協会カリキュラム検討委員会 編、水越美奈 監修、インターズー
- 『アニマルラーニング：動物のしつけと訓練の科学』中島定彦 著、ナカニシヤ出版
- 『ドッグズ・マインド：最良の犬にする方法・最良の飼主になる方法』ブルース・フォーグル 著、山崎恵子 訳、八坂書房
- 『犬と猫の行動学：問題行動の理論と実際』Valerie O' Farrell ほか 著、ヒトと動物の関係学会 編、武部正美・工亜紀 訳、学窓社
- 『パピーケアスタッフbook：子犬のしつけとパピークラス開催の基礎知識（as ムック）』村田香織 著、インターズー
- 『ドッグケア』Sue Guthrie・Dick Lane・Geoffrey Sumner-Smith 編著、梶ヶ谷博 監訳、メディカルサイエンス社
- 『ダンバー博士のイヌの行動問題としつけ：エソロジーと行動科学の視点から』イアン・ダンバー 著、尾崎敬承・時田光明・橋根理恵 訳、モンキーブック社
- 『なるほど！ 犬の行動と心理』水越美奈 監修、西東社
- 『イヌの心理学』マイケル・W・フォックス 著、北垣憲仁 訳、白揚社
- 『テリー先生の犬のしつけ方教室』テリー・ライアン 著、水越美奈 監訳、日本動物病院福祉協会
- 『やさしい犬のトレーニング』ブルース・フォーグル 著、長屋アニー 訳、誠文堂新光社
- 『家庭動物管理士テキスト』、全国ペット協会
- 『家庭動物管理士２級テキスト』、全国ペット協会
- 『飼う前に考えて』、環境省
- 『ダンバー博士の犬の咬傷事故査定基準表』

著者略歴

小西　伴彦（Konishi Tomohiko）

高校を卒業後、民間の警察犬訓練所に見習い訓練士として入所。その後独立し、犬の繁殖と家庭犬のしつけトレーニングを行う。1994年、テリー・ライアン女史との出会いにより理論的なしつけトレーニングの重要性を痛感し、陽性強化によるトレーニング法を中心にしたしつけトレーニングを実施する。飼い主への指導に主眼を置いた犬のしつけ方教室を展開し、現在に至る。現在は北陸を中心に動物病院、ペットショップなどでしつけ教室を開催するかたわら、ペット関連の専門学校での教務全般にかかわりながら学生にしつけやトレーニングに関する授業を担当。また、福井県、石川県などの行政と連携を取りながら動物愛護事業の活動も行っている。2020年4月からは飼い主と犬への教育を中心にした施設（Global.plus Wan）の運営を始める。公益社団法人 日本動物病院協会（JAHA）認定　家庭犬しつけインストラクター、一般社団法人ふくい動物愛護管理支援センター協会　代表理事。

この子は、訓練所時代に私に警察犬とはどういうものかを教えてくれた犬です。警戒訓練、臭気訓練ともに警察犬として優秀な犬でした。この子のような犬をつくり上げていくことが、当時の私の目標でした。この写真は、尻尾を振りながら揚々として警戒訓練をしているひとコマです。

この子は、私が主宰しているしつけ方教室に足繁く通ってくれている柴ちゃんです。けっこうわがままで、飼い主さんをたくさん困らせる行動をするのですが、飼い主さんの声かけには確実に反応してくれる、教室ではとても優秀な柴ちゃんです。この写真は、しつけ方教室でアイコンタクトをしているひとコマです。

新版　犬のしつけ学（基礎と応用）

2011年3月25日　第1版1刷発行
2013年4月1日　第2版1刷発行
2020年3月25日　第3版1刷発行
2022年11月30日　第3版2刷発行

著　者……小西伴彦
発行者……太田宗雪
発行所……株式会社EDUWARD Press（エデュワードプレス）
〒194-0022
東京都町田市森野 1-27-14 サカヤビル2F
編集部　Tel. 042-707-6138 Fax. 042-707-6139
営業部（受注専用） Tel. 0120-80-1906 Fax. 0120-80-1872
振替口座　00140-2-721535
E-mail：info@eduward.jp
Web Site：https://eduward.jp（コーポレートサイト）
https://eduward.online（オンラインショップ）

カバーデザイン　I'll Products
DTPデザイン　邑上真澄
イラスト　フジサワミカ
印刷・製本　株式会社シナノ パブリッシング プレス

ISBN978-4-86671-094-5 C3047